计算机辅助设计项目化教程

王　海　王　珺　主　编
吴亚群　副主编
王小妹　丁　强　谢　慧　参　编

内容简介

本书以工作过程为导向，以学生职业能力培养为目标，以具体的工作任务为载体，采用项目化课程教学模式，并充分融合了CAD操作员考证的要求。全书通过8个项目26个工作任务，由浅入深，循序渐进的讲解CAD软件的基础应用和操作技巧，以及在城镇规划、市政工程、给排水工程技术等专业中应用。本书可作为高职高专院校城镇规划、市政工程、给排水工程技术、建筑设计以及计算机、机电一体化等专业的教材，也可作为从事城镇规划、市政工程设计、给排水工程设计、建筑设计、机械设计等工作的工程技术人员的自学参考书和培训用书。

图书在版编目（CIP）数据

计算机辅助设计项目化教程/王海，王珺主编. —天津：天津大学出版社，2016.8

ISBN 978-7-5618-5614-7

Ⅰ. ①计… Ⅱ. ①王… ②王… Ⅲ. ①计算机辅助设计—高等学校—教材 Ⅳ. ①TP391.72

中国版本图书馆CIP数据核字（2016）第189496号

出版发行 天津大学出版社
地　　址 天津市卫津路92号天津大学内（邮编：300072）
电　　话 发行部：022-27403647
网　　址 publish.tju.edu.cn
印　　刷 昌黎太阳红彩色印刷有限责任公司
经　　销 全国各地新华书店
开　　本 185mm×260mm
印　　张 22.5
字　　数 568千
版　　次 2016年8月第1版
印　　次 2016年8月第1次
定　　价 45.50元

前 言

本书以工作过程为导向，以学生职业能力培养为目标，以具体的工作任务为载体，采用项目化课程教学模式，并充分融合了 AutoCAD 操作员考证的要求。全书通过 8 个项目 26 个工作任务，由浅入深、循序渐进地讲解了 AutoCAD 软件的基础应用、操作技巧以及在城镇规划、市政工程、给排水工程等专业中的应用。

本教材主要具有以下特色：

（1）强化能力培养；

（2）注重职业实践；

（3）体现课证融通。

本书主编是甘肃林业职业技术学院的王海、王珺，副主编是甘肃林业职业技术学院的吴亚群，甘肃林业职业技术学院的谢惠、丁强、王小妹参与了编写。编写人员的具体分工：王海负责前言、项目二（任务五、六、七、八、九和任务十二）、项目六、项目七（任务二十四、二十五）的编写和全书的统稿、定稿工作；王珺负责项目一、项目二（任务十、十一）、项目七（任务二十一、二十二、二十三）的编写和全书的总撰工作，吴亚群负责项目三、项目四的编写，谢惠负责项目五、项目八的编写，丁强、王小妹负责文字的校订和相关案例的制作。

在编写工程中，我们借鉴了大量的参考文献、论著和教材。

由于编者能力有限、时间仓促，书中难免存在疏漏和不足，敬请读者给予批评指正。

编　者

2016 年 6 月

目 录

项目一

基础图形绘制

1 任务一

绘制五角星

1.1 学习目标

知识目标

- 熟悉 AutoCAD 软件的操作界面。
- 了解 AutoCAD 软件绘图的基本流程。
- 理解图层在绘图中的意义。
- 熟悉各种绘图环境的配置方式。

技能目标

- 掌握 AutoCAD 软件中文件的管理。
- 熟练掌握图形界限的确定和设置方法。
- 熟练掌握 AutoCAD 软件中坐标的计算和输入。
- 熟练掌握直线命令的使用方式。
- 熟练运用各种辅助绘图操作工具。

1.2 任务介绍

本任务为绘制完成一个边长为 100 mm 的五角星图形（如图 1-1 所示），并将其保存。

要完成这个绘制任务，首先需要了解所选用的 AutoCAD 软件；其次还需要掌握使用这个软件绘图的基本操作流程；最后在具体的绘制阶段提前分析构成图形的所有元素，选用适当的绘制工具。

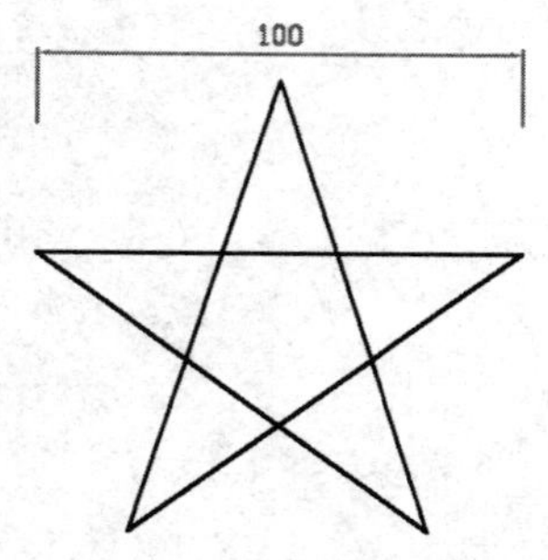

图 1-1　五角星图形示例

任务图形五角星由 5 条直线构成，图形构成比较简单，绘制时需要使用直线绘图命令。考虑到在操作过程中可能会出现出错等情况，故可能需要使用修改命令来删除。

1.3 相关知识

1. 了解AutoCAD软件的界面（以AutoCAD 2007的界面为例）

一切AutoCAD的操作都是在软件界面下进行的，所以首先应该了解软件的操作界面，熟悉所有工具的名称及所在位置，明确软件所具备的各项功能。AutoCAD 2007的操作界面如图1-2所示。

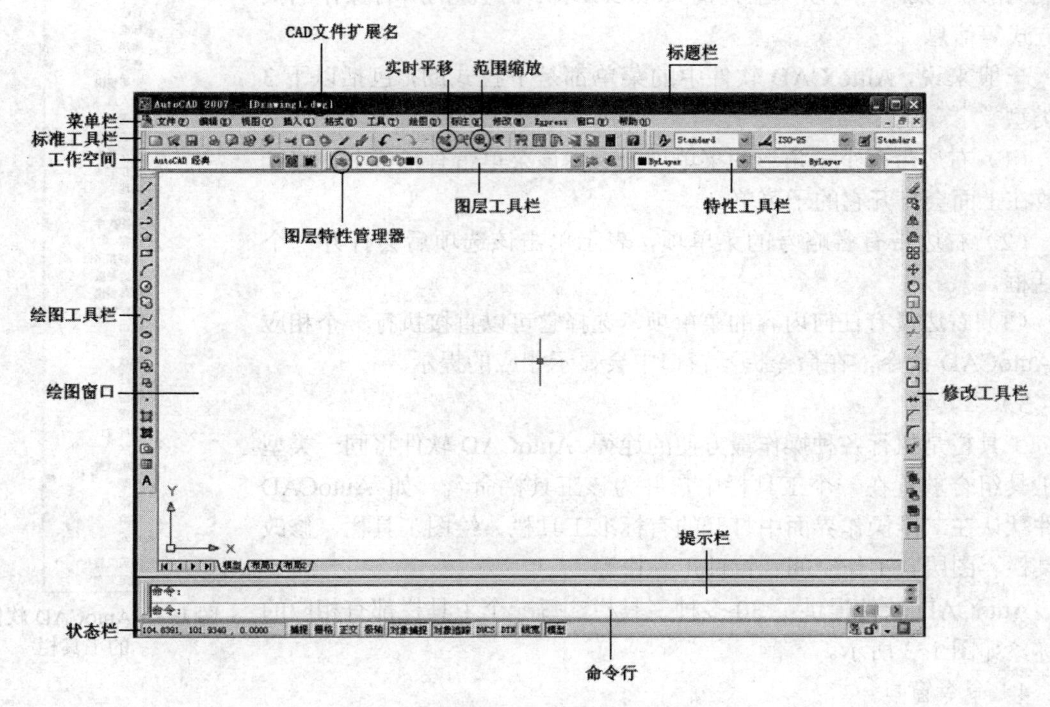

图1-2　AutoCAD 2007的操作界面

1）标题栏

标题栏显示软件的版本号以及当前用户正在操作的文件名，如[Drawing1.dwg]。

2）菜单栏

菜单栏包含AutoCAD软件的主要操作功能，用户可以单击其中的任意下拉菜单选择执行相应的命令，实现快捷方便的操作。

“文件”菜单：提供文件管理工具，如文件的打开、关闭、保存、打印以及数据的导出等。

“编辑”菜单：提供文件编辑工具，如复制、剪切、粘贴及清除等。

“视图”菜单：提供视窗管理工具，如绘图区缩放、分割以及三维视窗设置等。

“插入”菜单：提供插入文件的工具，如插入图块、外部引用、布局以及其他AutoCAD软件可以识别的文件等。

“格式”菜单：提供文件参数设置工具，如图层、颜色、线型、标注以及其他文件参数设置等。

“工具”菜单：提供绘图辅助工具，如捕捉、栅格、查询、属性窗口等。

“绘图”菜单：提供基本绘图工具，包括 AutoCAD 软件中大部分的二维和三维绘制命令。

“标注”菜单：提供各种尺寸标注和标注样式修改工具。

“修改”菜单：提供图形编辑工具，如复制、镜像、偏移、圆角、修剪等。

“窗口”菜单：进行文档窗口管理，同时提供了层叠、横向平铺、纵向平铺和排列图标四种窗口排列方式。

“帮助”菜单：可以从中查询 AutoCAD 软件提供的所有操作的执行方式等信息。

一般来说，Auto CAD 软件中的菜单都是下拉式的，包括以下 3 种类型。

（1）右边带有小三角形的菜单项，表示该菜单带有子菜单，将光标放在上面会打开它的子菜单。

（2）右边带有省略号的菜单项，表示单击该选项后会打开一个对话框。

（3）右边没有任何内容的菜单项，选择它可以直接执行一个相应的 AutoCAD 命令，在命令提示窗口中会显示相应的提示。

3）工具栏

工具栏是执行各种操作最方便的途径。AutoCAD 软件将同一类型的工具组合放置在一个工具栏中，并为该工具栏命名。如 AutoCAD 软件默认在二维操作界面中打开的有标准工具栏、绘图工具栏、修改工具栏、图层、工作空间、特性工具栏等。

AutoCAD 软件提供了 30 多种工具栏，每一个工具栏都有相应的名称，如图 1-3 所示。

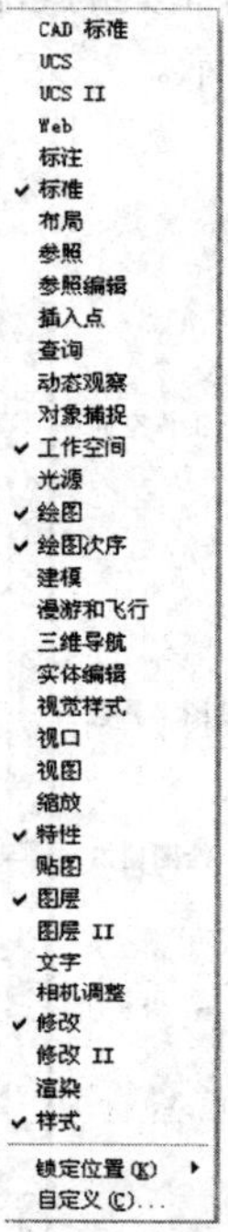

图 1-3　AutoCAD 软件的工具栏

4）命令窗口

命令窗口位于绘图窗口的下方，它是用户与 AutoCAD 软件进行交互对话的窗口，分为提示栏和命令行两个部分。

在绘图时，无论是从菜单栏和工具栏中选择执行命令，还是直接在命令行中输入相关操作命令，命令窗口都会有相应的提示信息，包括出错提示、命令选项等。

在命令窗口的提示栏内可以查看完整的命令操作记录，如需一次性显示还可以使用文本窗口查看。启动文本窗口的方法是按下 F2 键。提示栏显示的文本行数可以改变，将光标移至命令行上边框处，光标变为双箭头时，按住鼠标左键上下拖动即可。

5）状态栏

状态栏在操作界面的最下部，能够显示相关的提示信息。状态栏中的若干功能键是 AutoCAD 软件的辅助绘图工具，它们可以不同程度地简化绘图过程。控制这些功能按钮的方法如下。

（1）使用鼠标左键单击即可打开或关闭任一选项。

（2）状态栏选项的快捷功能键如表 1-1 所示。

表 1-1　状态栏选项的快捷功能键

状态栏选项	快捷功能键
捕捉	F9
栅格	F7
正交	F8
极轴	F10
对象捕捉	F3
对象追踪	F11
DUCS（允许/禁止动态 ucs）	F6
DYN（动态输入）	F12

（3）使用快捷菜单。状态栏中的捕捉、栅格、极轴和对象捕捉工具可以在相应的按键上单击鼠标右键，在弹出的快捷菜单中选择“设置”选项进入“草图设置对话框”对相应选项进行设置等。

6）绘图窗口

绘图窗口也称工作区、绘图区。绘图区是一个绘制、编辑和显示图形的矩形区域，即移动十字光标可以达到的范围。在此区域内，左下角是坐标系图标，表示当前使用的坐标系原点和坐标轴方向，根据使用需要，用户可以选择打开或关闭该图标。

2．图形文件管理

1）新建图形文件

进入 AutoCAD 的工作环境之后，系统已经打开了一个新的图形文件，在标题栏上可以看到 AutoCAD 2007－[Drawing1.dwg]，表示当前的图形文件还没有定义文件名，用户可以在保存文件的时候自行确定文件名及存储位置。

执行方式

通过工具栏：从“标准”工具栏中选择“新建”按钮。

通过菜单栏：选择菜单栏中的“文件”→“新建”。

通过命令行：NEW。

操作步骤

（1）“选择样板”对话框。

在用户设置不显示“启动”对话框的情况下，使用菜单栏和命令行的新建方式后，会弹出“选择样板”对话框，如图 1-4 所示。

在此对话框下方的“文件类型”中单击后边的下拉按钮，会出现三个选项，用户可根据自己的需要选择相应的选项。单击“打开”按钮，在列表框中会出现 AutoCAD 已定义好的相应类型的样板文件列表。每个样板文件都包含了相应图形所需要的基本设置，如单位、图框、精确度等。本任务选择“acadiso.dwt”选项。

在“选择样板”对话框中，“文件类型”有三个选项。

第一种，图形样板。它是默认的选择类型，文件扩展名为“.dwt”。

若不想使用样板，只想创建一个空白的图形文件，应单击“打开”按钮右侧的三角形按钮，在弹出的快捷菜单中选择“无样板打开-英制”或“无样板打开-公制”，如图 1-5 所示，即可创建一个新的图形文件，这个新建文件没有使用任何图形样板文件的设置。

图 1-4 “选择样板”对话框

图 1-5 创建空白图形文件

第二种，图形。文件扩展名为“.dwg”，是 AutoCAD 默认图形文件的保存格式。

第三种，标准。文件扩展名为“.dws”。为维护图形文件的一致性，可以创建标准文件来定义常用属性，如图层特性、标注样式、线型和文字样式等，将其保存为一个标准文件。然后将标准文件同一个或多个图形文件关联起来，定期检查该图形，以确保它符合标准。为了增强一致性，用户或用户的 AutoCAD 管理员可以创建、应用和检查图形中的标准。因为标准文件可使其他人很容易地对图形作出解释，所以在合作环境下标准文件是特别有用的。

（2）“创建新图形”对话框。

在用户设置显示“启动”对话框的情况下，使用菜单栏和命令行的新建方式后，会弹出“创建新图形”对话框，如图 1-6 所示。该对话框与“启动”对话框一样，只是第一行左起第一个按钮“打开文件”处于不可使用的状态。

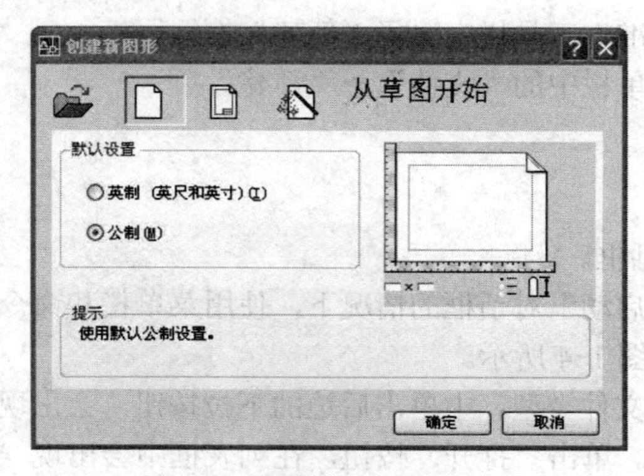

图 1-6 “创建新图形”对话框

2）打开图形文件

执行方式

通过工具栏：从“标准”工具栏中选择“打开”按钮。

通过菜单栏：选择菜单栏中的“文件”→“打开”。

通过命令行：OPEN。

此时打开“选择文件”对话框，在此对话框中，单击“打开”按钮右侧的三角按钮，弹出的快捷菜单中有四个选项，如图 1-7 所示。

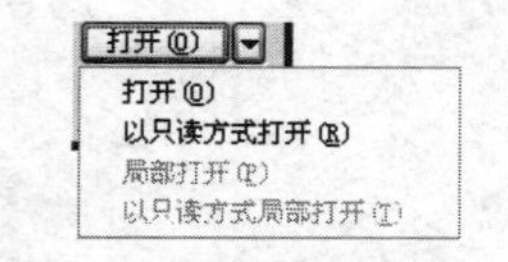

图 1-7　图形文件打开方式

选择不同打开方式所打开的文件属性也不同。

（1）选择“打开”时，绘图窗口中将显示该文件的全部内容。

（2）选择“以只读方式打开”时，不能修改打开后的图形文件。

（3）选择“局部打开”时，可以打开文件中的某个图层。

（4）选择“以只读方式局部打开”时，会弹出“局部打开”对话框，此时可以按所选择的图层打开图形文件，但打开后不能对其进行修改。

3）保存图形文件

执行方式

在文件编辑完成或中途退出 AutoCAD 软件时，需要将当前编辑的图形保存，一般分为“保存”和“另存为”两种，具体操作方式如下。

（1）“保存”的执行方式。

通过工具栏：从“标准”工具栏中选择“保存”按钮。

通过菜单栏：选择菜单栏中的“文件”→“保存”。

通过命令行：SAVE。

（2）“另存为”的执行方式。

通过菜单栏：选择菜单栏中的“文件”→“另存为”。

通过命令行：SAVEAS。

知识拓展

（1）设置密码。

如果文件具有保密性，在保存文件的同时还需要为保存的文件设置密码。在“图形另存为”对话框的右上角有一个“工具”按钮，在其下拉菜单中选择“安全选项”，如图 1-8 所示。然后在打开的“安全选项”对话框中选择“密码”选项卡，如图 1-9 所示，就可以设置用于打开此图形的密码或短语了。

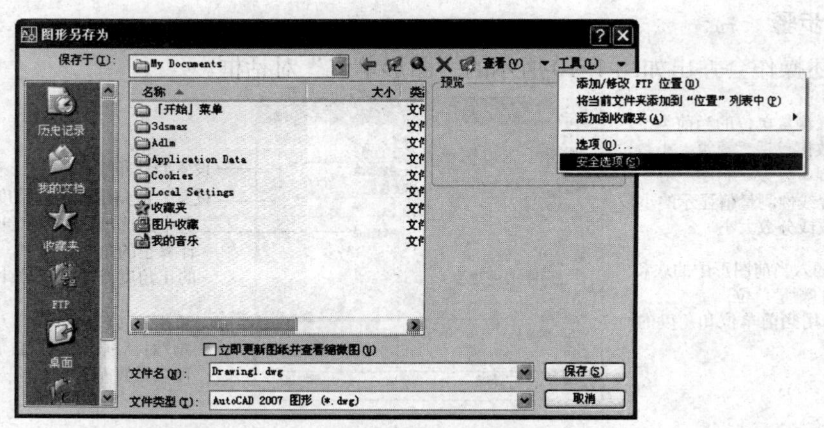

图 1-8　“图形另存为”对话框中的“安全选项”

图 1-9 设置密码

（2）参数设置。

```
命令:filedia
输入 FILEDIA 的新值<1>:0
```

上述命令所设置的参数是用来控制“另存为”命令的执行方式的。默认数值为 1，此时另存为的操作是在之前介绍的设置窗口中完成的；当数值为 0 时，“另存为”的操作会在命令行以命令的形式完成，例如：

```
命令: saveas
当前文件格式: AutoCAD 2007  图形
输入文件格式 [R14(LT98&LT97)/2000(LT2000)/2004(LT2004)/2007(LT2007)/标准(S)/DXF/样板(T)] <2007>:
图形另存为 <D:\Backup\我的文档\Drawing1.dwg>: H:\2013\cad 教材\项目\任务七\7-1.dwg
```

3. 配置绘图环境

要在 AutoCAD 中进行图形绘制，首先需要设定绘图环境。设置好的绘图环境可以大大提高绘图的准确性和效率。绘图环境包括图形单位、图形界限、图层等。

1）设置图形单位

在绘图之前，首先要设置图形单位。

执行方式

通过菜单栏：选择菜单栏中的“格式”→“单位”。

通过命令行：UNITS。

操作步骤

执行上述操作会弹出如图 1-10 所示的“图形单位”对话框。

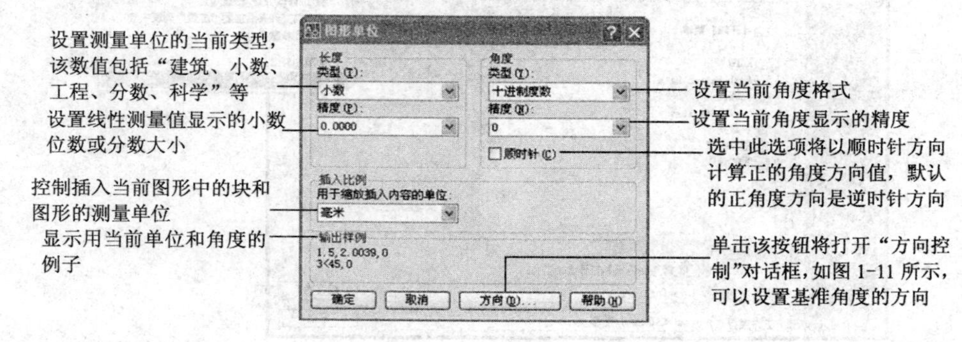

图 1-10 “图形单位”对话框

2）设置图形界限

在 AutoCAD 中绘图，一般按照 1:1 的比例绘制。图形界限可以控制绘图的范围，相当于手工绘图提前选定图纸的大小。设置图形界限还可以控制栅格点的显示范围，栅格点只在图形界限范围内显示。

执行方式

通过工具栏：从“标准”工具栏中选择“窗口缩放”按钮，如图 1-12 所示。

通过菜单栏：选择菜单栏中的“视图”→“缩放”，如图 1-13 所示。

通过命令行：ZOOM。

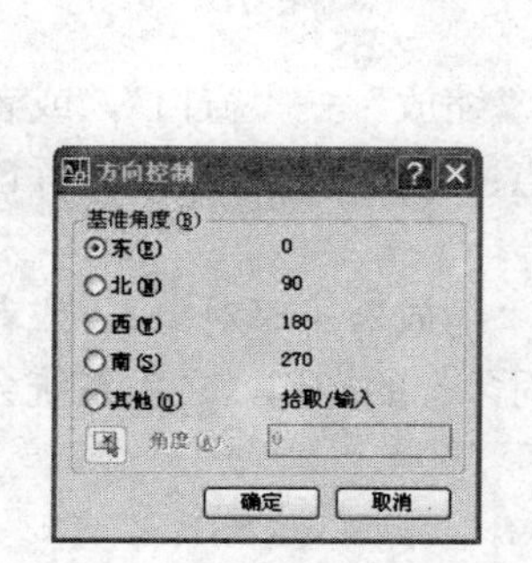

图 1-11 “方向控制”对话框

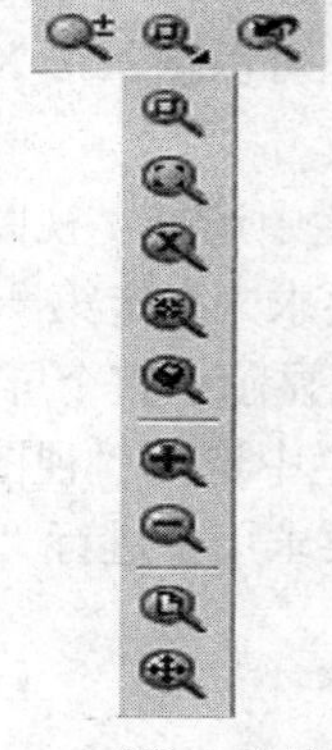

图 1-12 “窗口缩放”按钮

图 1-13 “视图”菜单栏中的“缩放”选项

操作步骤

```
命令: zoom
指定窗口的角点，输入比例因子(nX 或 nXP)，或者
[全部（A）/中心(C)/动态(D)/范围(E)/上一个(P)/比例(S)/窗口(W)/对象(O)] <实时>:
```

选项说明

（1）实时。这是“缩放”命令的默认操作，即在输入“ZOOM”命令后，直接敲回车键（也可以在菜单栏中选择“视图”→“缩放”→“实时”，或者在“标准”工具栏中选择图标），将自动执行实时缩放操作。执行以上操作后，在屏幕内上下拖动鼠标，或者使用鼠标滚动轴，都可以连续地放大或缩小图形。

（2）全部。选择该选项后（也可以在菜单栏中选择“视图”→“缩放”→“全部”，或者在“标准”工具栏中选择图标），显示窗口将在屏幕中间缩放显示整个图形界限的范围。如果当前图形的绘制位置超出图形界限，命令将最大化地将整个图形显示在屏幕的可视范围内。

（3）中心点。选择该选项（也可以在菜单栏中选择“视图”→“缩放”→“中心点”，或者在“标准”工具栏中选择图标），在图形中指定一个中心点，然后指定一个缩放比例或者高度来显示一个新视图，选择的点将作为该新视图的中心点，显示区范围的大小由指定窗口高度决定。

（4）动态。选择该选项（也可以在菜单栏中选择“视图”→“缩放”→“动态”，或者在“标准”工具栏中选择图标），可以动态缩放视图。此时绘图窗口中出现一个小的视图框，单击鼠标左键可以确定该窗口的中心位置，然后移动鼠标改变参照窗口的大小，以确定缩放比例，调整完该设置后单击鼠标右键或敲回车键即可执行本次操作。

（5）范围。选择该选项（也可以在菜单栏中选择“视图”→“缩放”→“范围”，或者在“标准”工具栏中选择图标），可以将图形界限或者已经绘制好的图形最大化地显示在可视范围内。这是设置完图形界限后最常使用的一种缩放方式。

（6）上一个。选择该选项（也可以在菜单栏中选择“视图”→“缩放”→“上一个”，或者在“标准”工具栏中选择图标），将返回前一个视图状态，在默认设置下连续使用此选项可以恢复前 10 个视图。

（7）比例。选择该选项（也可以在菜单栏中选择“视图”→“缩放”→“比例”，或者在“标准”工具栏中选择图标），将按照指定的比例来缩放视图。要指定相对的显示比例可输入带 X 的比例因子；如果正在使用浮动窗口，可以输入带 XP 的比例因子来相对于图纸空间进行比例缩放。

（8）窗口。选择该选项（也可以在菜单栏中选择“视图”→“缩放”→“窗口”，或者在“标准”工具栏中选择图标），命令行会要求“指定第一个角点：指定对角点：”，执行该操作系统会将确定的矩形范围内的图形最大化地显示于整个屏幕。

（9）对象。选择该选项（也可以在菜单栏中选择“视图”→“缩放”→“对象”，或者在“标准”工具栏中选择图标），命令行会要求用户进行“选择对象”的操作，之后系统会将选中的图形对象最大化地显示在可视范围内。

3）视图的平移

使用平移视图的命令，即实时平移命令，可以重新定位图形的显示位置，以便看清楚图形的某一部分。此项操作不会改变图形相对于图纸的位置或显示比例等。

执行方式

通过工具栏：平移操作中的实时平移，可选择 “标准”工具栏中的按钮。

通过菜单栏：选择菜单栏中的“视图”→“平移”，如图 1-14 所示。

通过命令行：PAN（实时平移），-PAN（定点平移）。

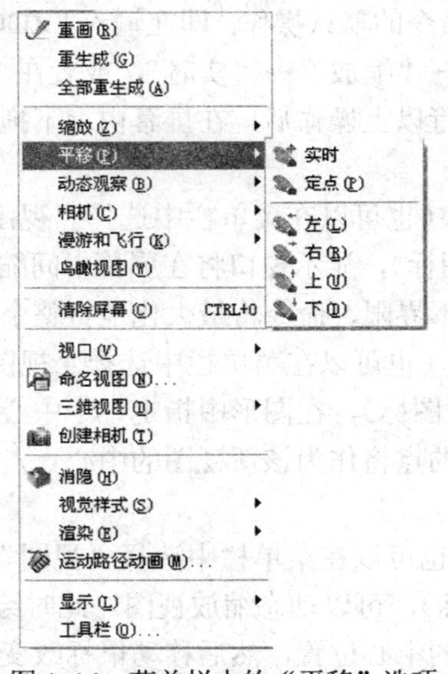

图 1-14　菜单栏中的“平移”选项

选项说明

（1）实时。执行此项操作，光标将变成一个手形图标，按住鼠标左键拖动，窗口内的图形会按照光标的移动方向进行移动。释放鼠标左键后，按“Esc”键或直接执行其他命令即可退出此命令。

（2）定点。选择此选项，命令行会要求“指定基点或位移：指定第二点：”，指定两个点后，系统会将选定的第一点移动到第二点所在位置。此时，图形的形状、角度等其他属性不变。

（3）左、右、上、下。选择这类选项，每执行一次，图形均会向所指定方向移动一下。

（4）视图的显示控制。绘图时，为了更好地观看局部或全部图形，需要经常使用视图的缩放和平移等操作工具。为了解决这类问题，AutoCAD 提供了缩放、平移、视图、鸟瞰视图和视口命令等一系列图形显示控制命令。

4）设置图层

在 AutoCAD 软件中，所有图形对象都具有颜色、线型、线宽等基本属性，图层作为这些属性的组织方式，可以方便地控制对象的显示和编辑，提高绘制复杂图形的效率和准确性。AutoCAD 的图层是一系列拥有相同坐标系的透明电子纸。

执行方式

通过工具栏：从“图层”工具栏中选择“图层特性管理器”按钮。

通过菜单栏：选择菜单栏中的“格式”→“图层”。

通过命令行：LAYER。

操作步骤

执行上述操作以后，系统打开“图层特性管理器”对话框，如图 1-15 所示。单击对话框中的“新建图层”按钮，可以建立新的图层，也可以使用“删除图层”按钮将不需要的图层删除。“置为当前”按钮是把选中的图层设置为当前被操作的图层。

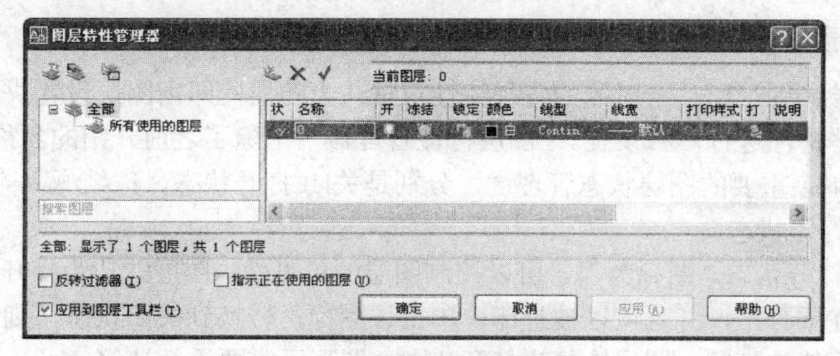

图 1-15　“图层特性管理器”对话框

新建的图层需要修改图层名称，设置线型、线宽、颜色等。其中，设置线型是在“线型加载器”中进行的，如图 1-16 所示；设置线宽是在“线宽”设置框中进行的，如图 1-17 所示；设置颜色是在“选择颜色”设置框中进行的，如图 1-18 所示。

选项说明

（1）一个图形中可以创建的图层数以及每个图层中可以创建的对象数理论上是无限的。

（2）图层在重命名时最多可使用 255 个字符的字母、数字等。其中，“图层 0”的图层名是不能修改的，图层也不能被删除。

（3）如需创建多个图层，除了使用“新建图层”按钮以外，还可以直接敲回车键，或者在更改完图层名之后敲逗号键。

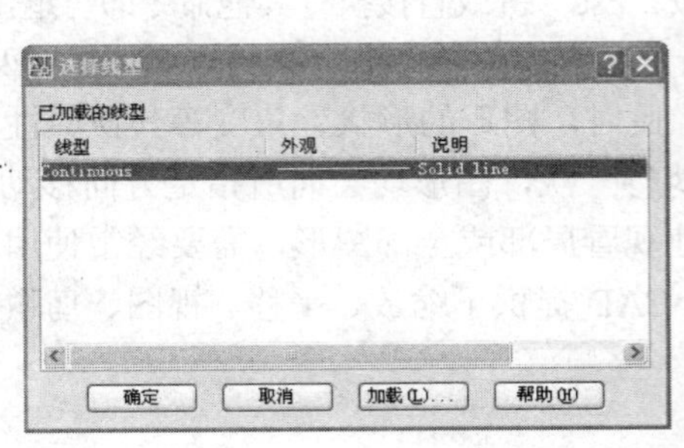

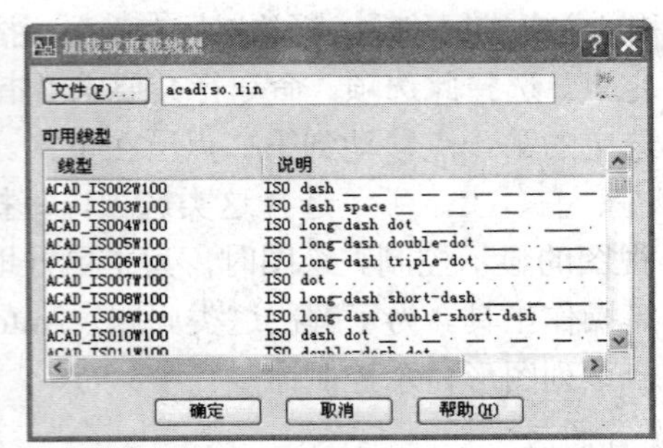

图 1-16　线型加载器

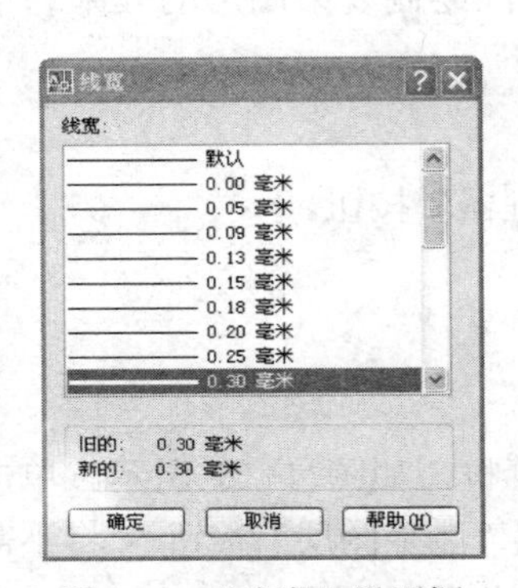

图 1-17　“线宽”设置框

图 1-18　“选择颜色”设置框

知识拓展——设置图层特性

使用图层绘制图形时，新对象的各种特性将默认为随层，即由图层设置决定。在使用过程中也可以对这些特性进行单独设置。“图层特性管理器”中除了之前介绍的名称、线型、线宽、颜色外，还有 4 个重要的图层状态管理键，分别是关闭/打开状态、冻结/解冻状态、解锁/锁定状态和打印/不打印状态。

（1）关闭/打开状态。图标为 ，可以控制图层的可见性。图层默认为打开状态，图层上的图形全部显示在屏幕上，并且可以被打印。单击该图标，转换到关闭状态，则该图层上的图形不可见，并且不能被打印。图层恢复为打开状态，图形不需要重新计算。

（2）冻结/解冻状态。图标为 （在所有窗口中冻结/解冻）和 （在当前窗口中冻结/解冻），可以控制图层的可编辑性。图层默认为解冻状态，图层上的图形全部显示在屏幕上，并且可以被打印。单击该图标，转换到冻结状态，则该图层上的图形不可见，并且不能被打印。图层恢复为解冻状态，图形需要重新计算。

（3）解锁/锁定状态。图标为 ，可以保护图层中已经绘制好的图形。图层默认为解锁状态，图层上的图形全部显示在屏幕上，并且可以被打印。单击该图标，转换到锁定状态，该图层上的图形仍然可见，并且能被打印，也能够继续绘制新的图形，但是所有图形都不能被编辑修改或者删除。

（4）打印/不打印状态。图标为 🖨，可以控制图层上的内容是否打印出图。图层默认为打印状态，图层上的图形全部显示在屏幕上，并且可以被打印。单击该图标，转换到不打印状态，则该图层上的图形仍然可见，但是不能被打印。

4．坐标输入

1）坐标系

在绘图过程中，如果要精确定位某个对象的位置，则需要以某个坐标系为参照。AutoCAD 提供了世界坐标系（WCS）和用户坐标系（UCS），掌握坐标系对于精确绘图十分重要。

（1）世界坐标系（WCS）。

世界坐标系是 AutoCAD 默认的坐标系，它由三个互相垂直的坐标轴组成，在绘图过程中不能被改变。

（2）用户坐标系（UCS）。

用户在使用 AutoCAD 进行绘图的过程中，可以根据需要自己定义坐标原点或坐标方向，这就是用户坐标系。

执行方式

通过菜单栏：选择菜单栏中的“工具”→“新建 UCS”。

通过命令行：UCS。

操作步骤

```
命令: ucs
当前 UCS 名称: *世界*
指定 UCS 的原点或 [面(F)/命名(NA)/对象(OB)/上一个(P)/视图(V)/世界(W)/X/Y/Z/Z 轴(ZA)] <世界>:
```

选项说明

① 面（F）。根据用户指定的图形所在面创建新的坐标系。首先需要选择一个面，然后在图形所在面的边界内或构成图形的线条上单击，被选中的面将高亮显示，新 UCS 的 X 轴将与找到的第一个面的最近边对齐。

② 命名（NA）。给当前的UCS定一个名字，在之后的绘图过程中可以通过名字调用这个坐标系。

③ 对象（OB）。根据用户选定的二维图形创建新的坐标系，这个坐标系的各项属性一般可用“右手定则”判断：以二维图形所在平面为新的坐标平面，保持右手大拇指与其他四指垂直，则大拇指所指方向为新的 X 轴正方向，其他四指指向 Y 轴正方向，Z 轴正方向穿过手心与整个手掌所代表的新坐标平面相垂直。常见的几种利用二维图形创建新的坐标系的情况如图 1-19 所示。

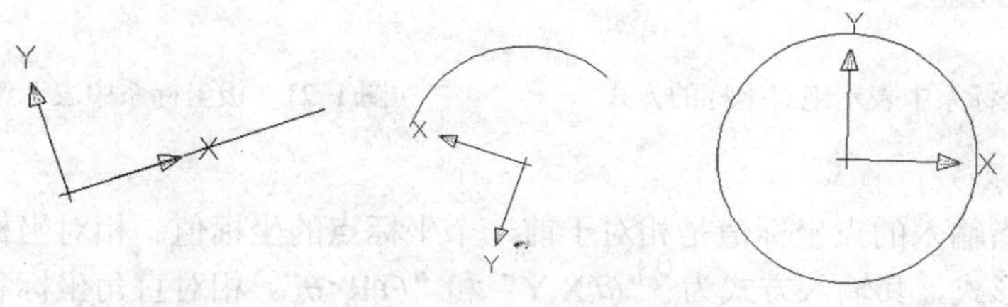

图 1-19　利用二维图形创建新的坐标系

④ 上一个（P）。使坐标系恢复到上一次的状态。

⑤ 视图（V）。将坐标系的 *XOY* 面设置为与当前视图相平行，且 *X* 轴指向当前视图中的水平方向，坐标原点保持不变。

⑥ 世界（W）。回到系统默认的最初坐标系状态。

⑦ *X/Y/Z*。将当前坐标系绕某一个选定轴旋转得到新的坐标系。

⑧ *Z* 轴（ZA）。在不改变原坐标系的 *X* 轴和 *Y* 轴的前提下，通过确定新坐标系的原点和 *Z* 轴正方向上的任一点，创建新坐标系。

2）坐标的键盘输入法

坐标的输入是整个 AutoCAD 绘图的基础，无论绘制什么图形，都要确定其形状和位置，通过键盘输入坐标的方式是最直接的。AutoCAD 为了方便用户绘制，提供了多种坐标，最常用的有平面直角坐标系和极坐标系，这两种坐标系又分为绝对坐标和相对坐标。

（1）绝对坐标。

绝对坐标是指输入的点坐标值是相对于当前坐标原点的坐标值。

① 直角坐标系。

直角坐标系有三个坐标轴：*X*、*Y* 和 *Z* 轴。直角坐标的输入方式是“*X,Y,Z*”，其中 *X* 值表示水平距离，*Y* 值表示垂直距离，*Z* 值表示垂直于 *XOY* 平面方向的距离。在二维绘图时，通常省略 *Z* 值，即以“*X,Y*”的形式表示。*X* 和 *Y* 值前可以加正负号来表示数据所指坐标轴的方向。直角坐标系中表示绝对坐标的方式如图 1-20 所示。

② 极坐标系。

极坐标系使用距离和角度来定位点，通常只用于二维图形。极坐标的输入方式是“$R<\theta$”，其中代表距离的 *R* 始终是正值，代表角度的 θ 前可以加正负号来表示点所在的方向。极坐标系中表示绝对坐标的方式如图 1-21 所示。

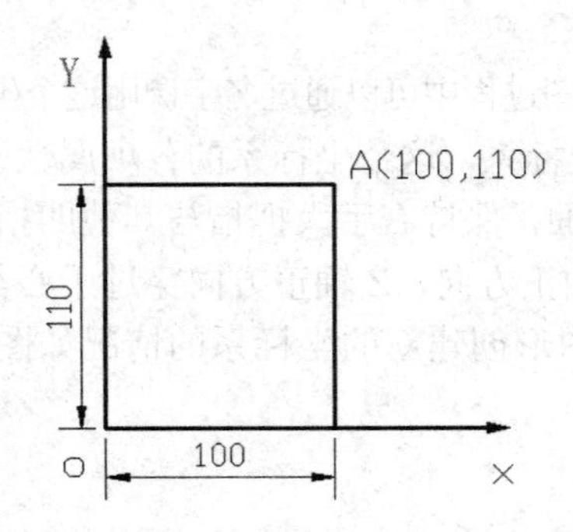

图 1-20　直角坐标系中表示绝对坐标的方式

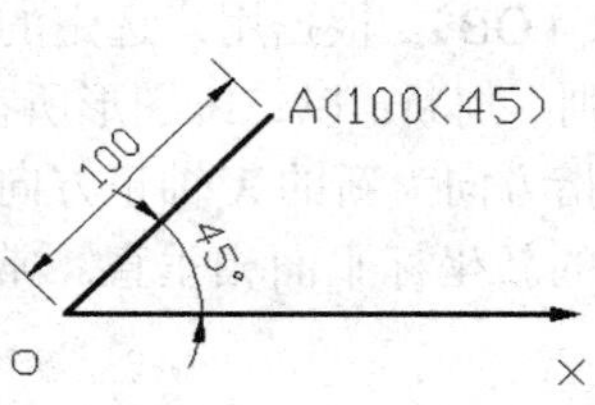

图 1-21　极坐标系中表示绝对坐标的方式

（2）相对坐标。

相对坐标是指输入的点坐标值是相对于前一个坐标点的坐标值。相对坐标也有直角坐标系和极坐标系两种形式，其输入方式为 “@X,Y”和“@$R<\theta$”。相对直角坐标和相对极坐标的表示方式分别如图 1-22 和图 1-23 所示。

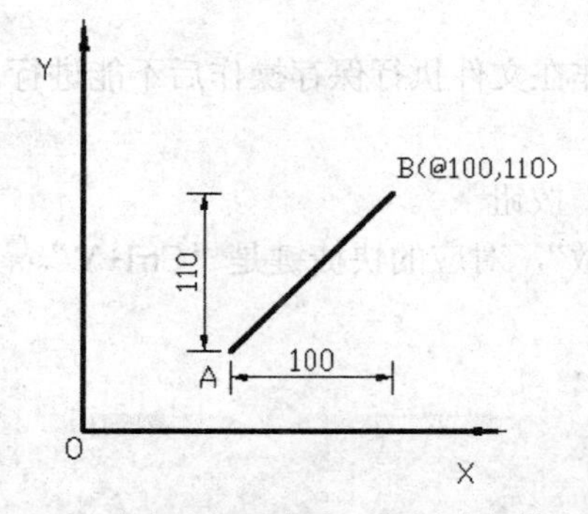

图 1-22　直角坐标系中表示相对坐标的方式

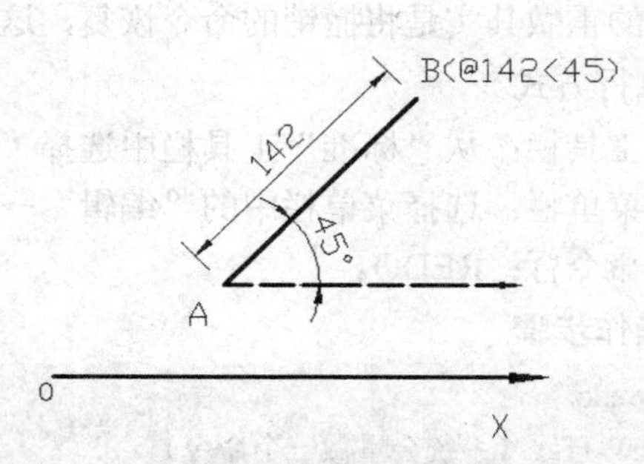

图 1-23　极坐标系中表示相对坐标的方式

5．命令的重复、撤销、重做

1）命令的重复

在 AutoCAD 软件中重复执行一个命令有四种方法。

（1）在执行完命令后直接敲回车键或空格键。

（2）在绘图窗口的空白区域单击鼠标右键，从弹出的快捷菜单中选择“重复”选项。

（3）在绘图窗口的空白区域单击鼠标右键，从弹出的快捷菜单中选择“最近的输入”选项。

（4）要多次重复执行同一个命令，可以先在命令行执行“MULTIPLE”命令，系统将自动重复执行同一个命令，直到用户使用“Esc”键结束操作。

操作步骤

```
命令: multiple
输入要重复的命令名: line
指定第一点:
指定下一点或 [放弃(U)]:（回车结束此命令）
LINE 指定第一点:（系统自动重新执行直线命令）
指定下一点或 [放弃(U)]:
指定下一点或 [放弃(U)]: *取消*（使用“Esc”键退出重复状态）
```

2）命令的撤销

命令的撤销有两种情况：一种是中断正在执行的命令，另一种是撤销已经执行完的命令。中断并退出正在执行的命令，直接敲“Esc”键即可。撤销已经执行完的命令如下。

执行方式

通过工具栏：从“标准”工具栏中选择“放弃”按钮。

通过菜单栏：选择菜单栏中的“编辑”→“放弃”，对应的快捷键是“Ctrl+Z”。

通过命令行：UNDO。

操作步骤

```
命令: undo
当前设置: 自动 = 开，控制 = 全部，合并 = 是
输入要放弃的操作数目或 [自动(A)/控制(C)/开始(BE)/结束(E)/标记(M)/后退(B)] <1>: 2
圆 GROUP 直线 GROUP（系统按照设置，撤销最近执行的两个命令）
```

3）命令的重做

命令的重做其实是将撤销的命令恢复，这个操作在文件执行保存操作后不能进行。

执行方式

通过工具栏：从“标准”工具栏中选择“重做”按钮。

通过菜单栏：选择菜单栏中的“编辑”→“重做”，对应的快捷键是“Ctrl+Y”。

通过命令行：REDO。

操作步骤

```
命令: redo
GROUP 直线（系统会重做一个命令）
```

6．选择对象和退出选择状态

1）选择对象

在 AutoCAD 软件中除了直接利用绘图工具绘制新的图形之外，还需要对已绘制的部分图形对象进行修改和编辑，用户必须进行“选择”操作。下面介绍几种常用的选择方式。

（1）单击选择。

使用单击鼠标左键的方式逐个选择图形对象。

（2）窗口选择。

在操作窗口内单击鼠标左键，然后移动鼠标，拖动出一个矩形的选择窗口。拖动鼠标的方向不同，出现的窗口颜色不同，选择的效果也有所不同。

① 从左向右的窗口是蓝色的，需要把图形对象完整地包含在窗口内，图形对象才会被选中。

② 从右向左的窗口是绿色的，被框到的图形对象都会被选中。

（3）全选。

要一次将窗口中的所有图形对象都选中，可以直接使用快捷键“Ctrl+A”。

2）退出选择状态

取消对所有图形对象的选择，可以直接使用“Esc”键。要取消对某一图形对象的选择，可以按住“Shift”键，然后用鼠标左键单击该图形对象。

7．绘制命令

1）直线命令

执行 AutoCAD 中的直线命令，可以一次绘制出一系列首尾相连的线段，这些线段都是独立存在的图形对象。

执行方式

通过工具栏：从“绘图”工具栏中选择“直线”命令。

通过菜单栏：选择菜单栏中的“绘图”→“直线”。

通过命令行：LINE（快捷命令 L）。

操作步骤

```
命令: line
指定第一点:（输入线段一个端点的坐标值）
指定下一点或 [放弃(U)]:（输入线段另一个端点的坐标值）
指定下一点或 [放弃(U)]:
指定下一点或 [闭合(C)/放弃(U)]:
```

选项说明

（1）放弃。每使用一次，可以取消最近绘制的一个点。

（2）闭合。直接连接到本次命令的起始点，并结束命令。

2）删除命令

在编辑、修改图形对象时，可能出现一些错误或没用的图形对象。这时可以利用删除命令将其取消。

执行方式

通过工具栏：从"修改"工具栏中选择"删除"命令。

通过菜单栏：选择菜单栏中的"修改"→"删除"。

通过命令行：ERASE。

操作步骤

命令: erase
选择对象: 指定对角点: 找到 1 个（使用窗口选择的方式选择到一个需要删除的图形对象）
选择对象:（敲回车键或单击鼠标右键执行并结束命令）

1.4　操作分析

1．设置单位

根据本图形的要求，单位设置中的各项数据都不需要特别改变，所以此步骤省略。（本书所讲的任务大部分都不需要特别进行单位设置，所以此内容在以后的任务中都将省略）

2．设置图形界限

本任务要绘制的图形最大尺寸估计为 100 mm ×100 mm，图形界限应在此基础上适当放大，所以选择图形界限为 200 mm×200 mm 的矩形。

操作步骤

命令: limits
重新设置模型空间界限:
指定左下角点或 [开(ON)/关(OFF)] <0.0000,0.0000>:（直接敲回车键，使用默认数值）
指定右上角点 <420.0000,297.0000>:200，200（输入图形界限右上角的坐标值）

3．视图缩放

直接执行"范围缩放"操作，将图形界限中矩形区域最大化地显示在可视范围内。

命令行内容如下：

命令: zoom
指定窗口的角点，输入比例因子 (nX 或 nXP)，或者
[全部(A)/中心(C)/动态(D)/范围(E)/上一个(P)/比例(S)/窗口(W)/对象(O)] <实时>: e

4．设置图层

根据图形分析，本任务中的图形需要两个图层，分别是：轮廓线层，白色，实线线型，线

宽为 0（因为图层较简单，可以直接使用默认的“0”图层）；尺寸标注层，绿色，实线线型，线宽为 0。具体设置如图 1-24 所示。

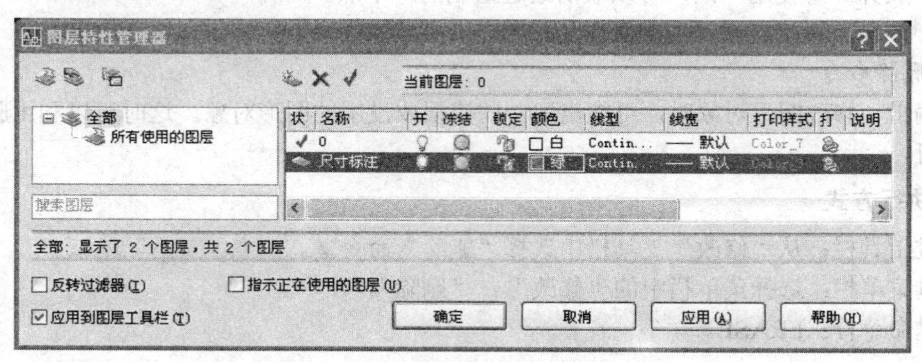

图 1-24　任务一的图层设置内容

5．绘制图形

在轮廓线层完成所有图形绘制内容。

本任务中的图形可以使用直线命令绘制完成，绘制过程中使用相对坐标确定点。以下是从 *A* 点开始，依照 *A*、*C*、*E*、*B*、*D*、*A* 的顺序绘制任务中的五角星图形的操作步骤，如图 1-25 所示。

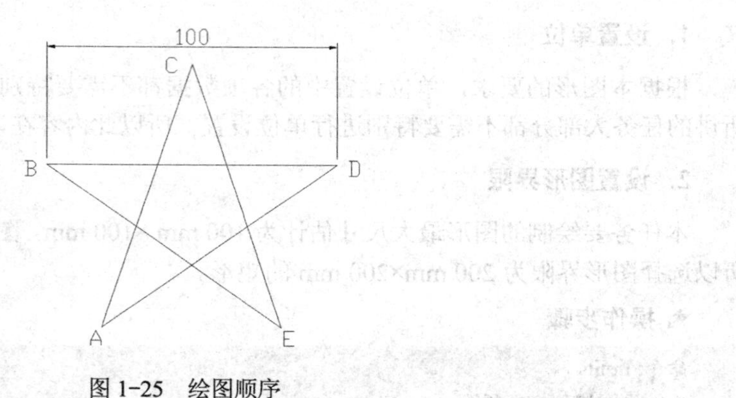

图 1-25　绘图顺序

操作步骤

命令: line
指定第一点:（在图形界限左下角的适当位置单击鼠标左键作为 A 点。）
指定下一点或 [放弃(U)]: @100<72（输入 C 点相对于 A 点的坐标值）
指定下一点或 [放弃(U)]: @100<-72（输入 E 点相对于 C 点的坐标值）
指定下一点或 [闭合(C)/放弃(U)]: @100<144（输入 B 点相对于 E 点的坐标值）
指定下一点或 [闭合(C)/放弃(U)]: @100<0（输入 D 点相对于 B 点的坐标值）
指定下一点或 [闭合(C)/放弃(U)]: c（回到起始位置，并结束命令）

6．保存设置

绘制完成后，利用 AutoCAD 软件特有的“.dwg”格式的文件将图形及所有配置内容保存起来，如图 1-26 所示。

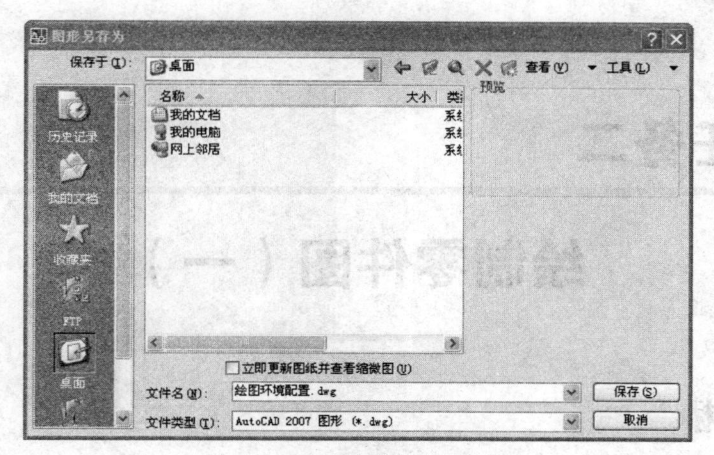

图 1-26　保存文件的相关设置

配 套 练 习

1．按照完整绘图方式完成图 1-27 的绘制任务，并将其保存。

2．按照图 1-28 所给尺寸绘制窗间墙节点，并将其保存。

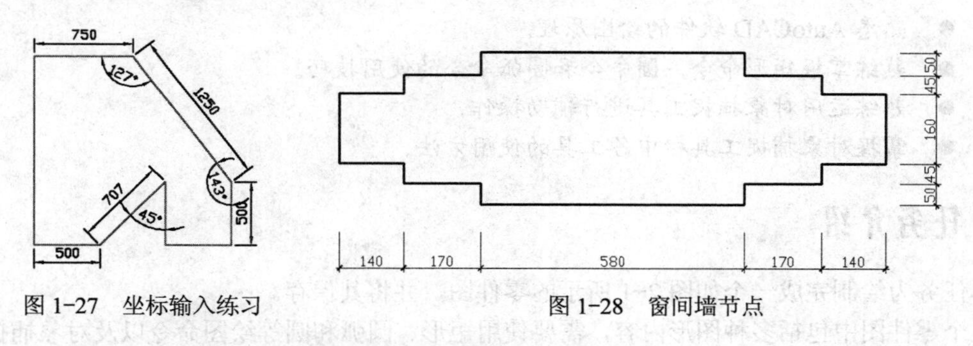

图 1-27　坐标输入练习　　　　图 1-28　窗间墙节点

3．按照图 1-29 所给尺寸绘制电视机侧立面图，并将其保存。

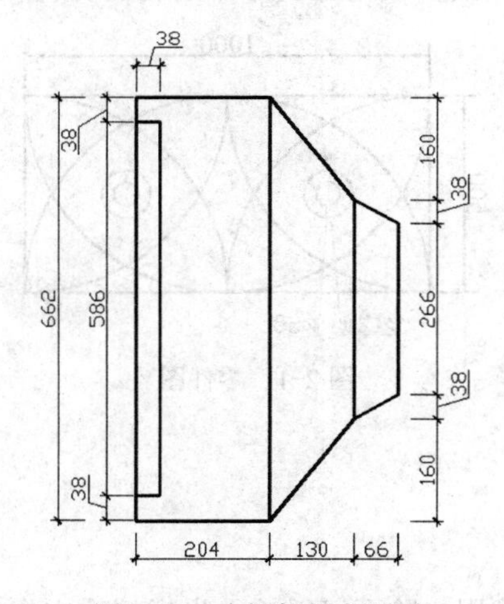

图 1-29　电视机侧立面图

2 任务二

绘制零件图（一）

2.1 学习目标

知识目标

- 了解状态栏中的辅助工具的使用方式。
- 了解对象捕捉工具栏以及对象捕捉工具的使用方法及特点。
- 熟悉矩形命令、圆命令和圆弧命令。

技能目标

- 熟悉 AutoCAD 软件的绘图原理。
- 熟练掌握矩形命令、圆命令和圆弧命令的使用技巧。
- 熟练运用对象捕捉工具进行辅助操作。
- 掌握对象捕捉工具栏中各工具的使用方法。

2.2 任务介绍

本任务为绘制完成一个如图 2-1 所示的零件图，并将其保存。

这个零件图中包括多种图形内容，需要使用矩形、圆弧和圆等绘图命令以及对象捕捉等辅助命令。在绘制同心圆的时候还需要使用直线命令绘制辅助线，以确定圆心。

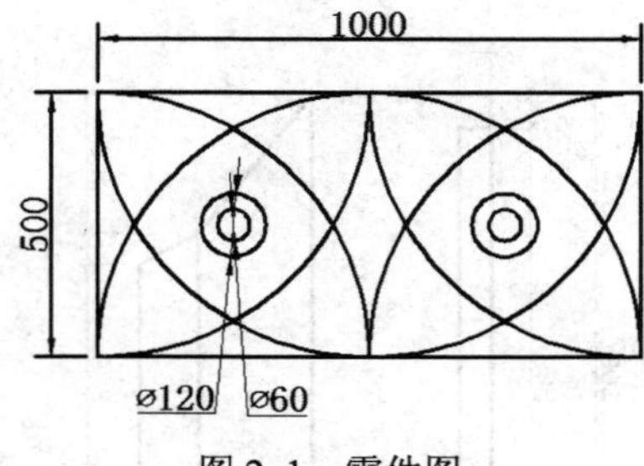

图 2-1　零件图

2.3 相关知识

1. 辅助命令

对象捕捉。在绘图过程中，用户除了可以输入坐标精确定位点以外，还可以使用 AutoCAD

提供的点捕捉功能（即对象捕捉）辅助操作，这项功能可以根据用户的操作意图自动、准确地找到图形上的特殊点。

执行方式

通过状态栏：在状态栏中直接单击“对象捕捉”按钮。

通过快捷键：F9。

选项说明

在执行对象捕捉操作之前，可以对其效果进行设置，在“对象捕捉”按钮上单击鼠标右键，然后选择“设置”选项，会弹出“草图设置”对话框，如图 2-2 所示。

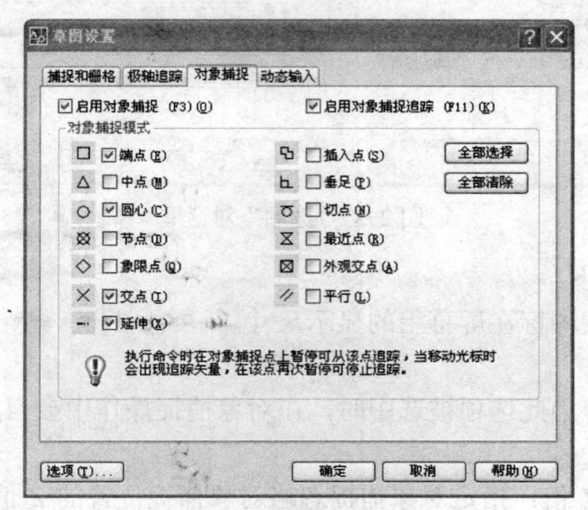

图 2-2 “草图设置”对话框

“草图设置”对话框中的相关操作内容如下。

（1）启用对象捕捉。此复选框可以控制打开或关闭对象捕捉操作。

（2）对象捕捉模式。该选项组列出了 AutoCAD 可以自动捕捉到的所有特殊点，用户可以根据绘图的实际需要设置。

（3）全部选择、全部清除。选择和清除所有对象捕捉模式的选择状态。

知识拓展

（1）个性化设置。

在“草图设置”对话框中，单击“选项”按钮，在弹出的“选项”对话框中选择“草图”设置框，如图 2-3 所示。在此设置框中可以对对象捕捉的操作方式等进行个性化设置，具体内容如下。

① 自动捕捉设置。

标记：控制自动捕捉标记的显示。标记是当十字光标移动到捕捉点上时显示的符号。

磁吸：打开或关闭自动捕捉磁吸。磁吸是十字光标在靠近图形的一定范围时，自动移动并锁定到最近捕捉点上的状态。

显示自动捕捉工具栏提示：此选项用来控制光标捕捉到特殊点时是否显示提示信息。

显示自动捕捉靶框：此选项用来控制光标捕捉到特殊点时是否显示“⌖”形标靶。

颜色：单击该按钮，弹出“图形窗口颜色”设置框。

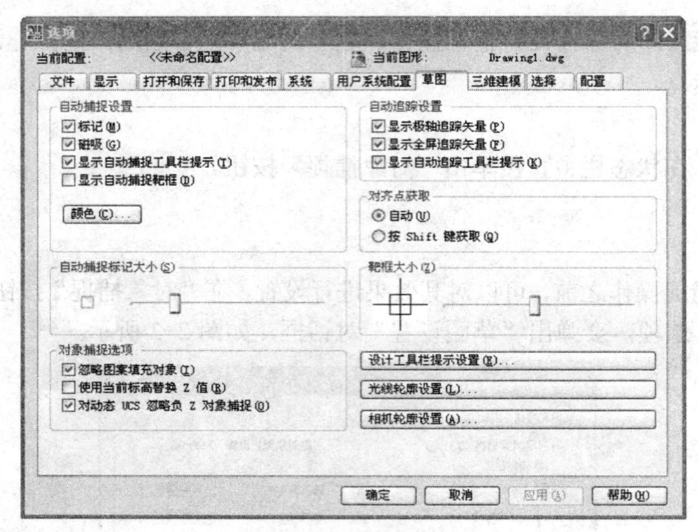

图 2-3 “选项”对话框

② 自动捕捉标记大小。

由一个滑块调整捕捉图标在屏幕上的显示尺寸。

③ 对象捕捉选项。

忽略图案填充对象：当此选项被选中时，在对象捕捉操作中会自动忽略图案填充内容中的特殊点。

使用当前标高替换 Z 值：指定对象捕捉忽略对象捕捉位置的 Z 值，并使用当前 UCS 设置的标高 Z 值。

对动态 UCS 忽略负 Z 对象捕捉：指定使用动态 UCS 期间对象捕捉忽略具有负 Z 值的几何体。

④ 自动追踪设置。

控制与自动追踪方式相关的设置。

显示极轴追踪矢量：当此选项被选中时，将沿指定角度显示一个矢量。使用极轴追踪时，可以沿角度绘制直线。

显示全屏追踪矢量：控制追踪矢量的显示。

显示自动追踪工具栏提示：控制自动捕捉标记、工具提示和磁吸的显示。

⑤ 对齐点获取。

控制在图形中显示对齐矢量的方法。

自动：当靶框移到捕捉对象上时，自动显示追踪矢量。

按 Shift 键获取：当按住 Shift 键并将靶框移到捕捉对象上时，显示追踪矢量。

⑥ 靶框大小。

设置自动捕捉靶框的显示尺寸。如果选择“显示自动捕捉靶框”，捕捉到对象时靶框显示在十字光标的中心。靶框的大小决定了磁吸将靶框锁定到捕捉点之前，光标应到达与捕捉点多近的位置。

（2）对象捕捉工具栏。

需要打开不常用的工具栏时，可以在任何一个已有的工具栏上单击鼠标右键，然后在弹出的列表中选择相应的名称将工具栏打开。

“对象捕捉”工具栏（如图 2-4 所示）中包含了所有捕捉模式，还提供了临时追踪点和捕捉的操作工具。

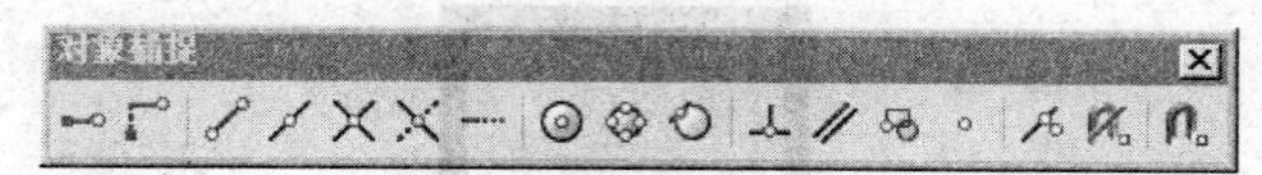

图 2-4 “对象捕捉”工具栏

2．绘制命令

1）矩形命令

矩形作为基本的二维图形，在 AutoCAD 中较常使用，根据它的几何特性，确定其位置以及形状的最简单方法为指定对角点，这也是 AutoCAD 中矩形命令的默认绘制方式。采用矩形命令绘制出来的四个线条是一个整体。

执行方式

通过工具栏：从“绘图”工具栏中选择“矩形”命令□。

通过菜单栏：选择菜单栏中的“绘图”→“矩形”。

通过命令行：RECTANG（快捷命令 REC）。

操作步骤

命令: rectang

指定第一个角点或 [倒角(C)/标高(E)/圆角(F)/厚度(T)/宽度(W)]:（单击鼠标左键或者输入矩形一个角点的坐标值）

指定另一个角点或 [面积(A)/尺寸(D)/旋转(R)]:（确定与上一个点相对的点的位置）

选项说明

（1）倒角。

指定矩形的第一个倒角距离<0.0000>: 20

指定矩形的第二个倒角距离<20.0000>: 30（可以绘制如图 2-5 所示的矩形）

（2）标高。

指定矩形的标高 <0.0000>:（标高指二维图形在 *Z* 轴方向的位置，即图形与 *XOY* 面之间的距离）

（3）圆角。

指定矩形的圆角半径 <0.0000>: 50（可以绘制如图 2-6 所示的矩形）

（4）厚度。

指定矩形的厚度 <0.0000>: 50（可以绘制如图 2-7 所示的矩形）

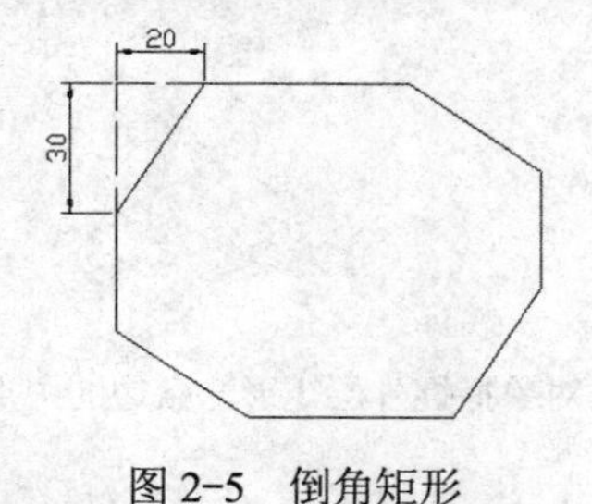

图 2-5　倒角矩形

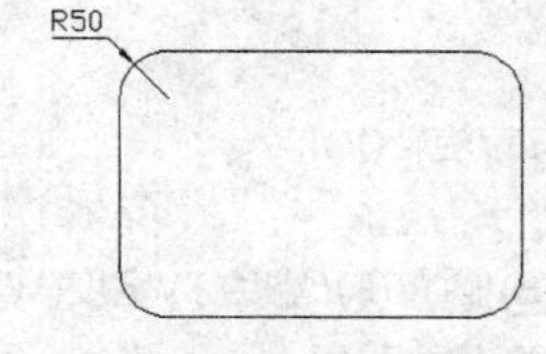

图 2-6　圆角矩形

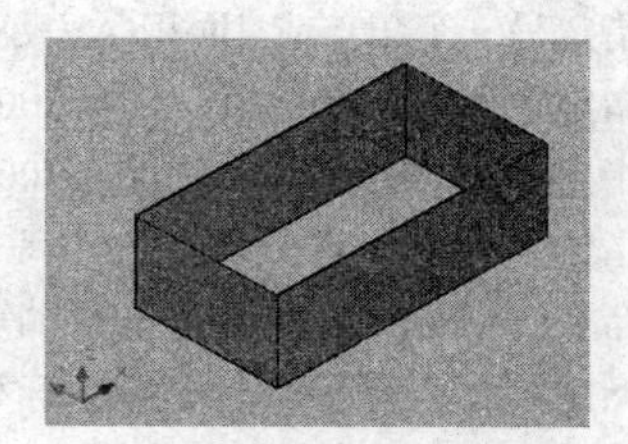

图 2-7　设置了厚度的矩形

（5）宽度。

指定矩形的线宽<0.0000>: 50（可以绘制如图 2-8 所示的矩形）

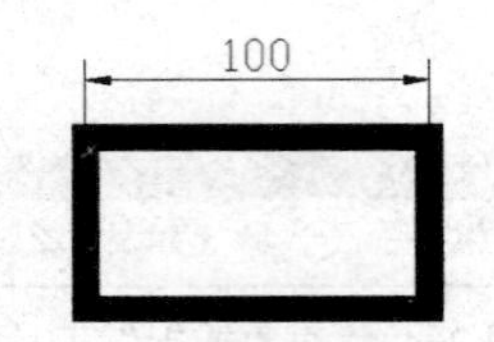

图 2-8　设置了宽度的矩形

（6）尺寸。

指定矩形的长度 <10.0000>:（输入 *X* 轴方向的相关长度数据）

指定矩形的宽度 <10.0000>:（输入 *Y* 轴方向的相关长度数据）

指定另一个角点或 [面积(A)/尺寸(D)/旋转(R)]:（在矩形所在象限内的任意位置单击鼠标左键，确定矩形的位置）

这是一种在已知矩形边长的情况下绘制图形的方法。特别要注意的是，在 AutoCAD 中命令行要求指定"长度值"均指 *X* 轴方向的相关数据；要求指定"宽度值"均指 *Y* 轴方向的相关数据；要求指定"高度值"均指 *Z* 轴方向的相关数据。

（7）旋转。

指定旋转角度或 [拾取点(P)] <0>:（输入矩形的一条边与 *X* 轴所成的角度）

这是一种绘制边不在水平、垂直方向的矩形时，按指定的旋转角度创建矩形的绘图方式。角度可以由输入值、指定一个点或"拾取点（P）"的方法指定。其中，拾取点的方法是在屏幕上指定两个点，以这两个点连线与 *X* 轴所成的夹角，作为旋转来确定矩形的位置。

上一次绘图使用的旋转角度会被作为下次绘制时的默认角度值。

实例演练

绘制如图 2-9 所示的图形。

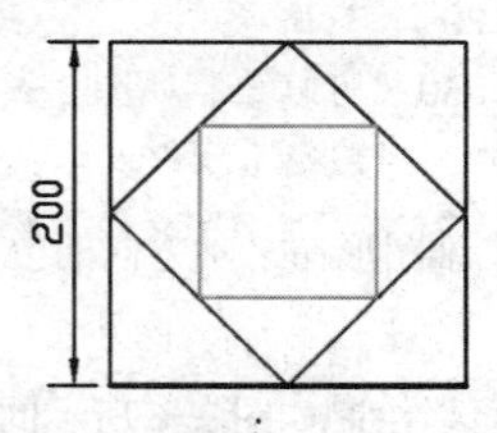

图 2-9　矩形

命令: rectang（绘制最外层的矩形）

指定第一个角点或 [倒角(C)/标高(E)/圆角(F)/厚度(T)/宽度(W)]:

指定另一个角点或 [面积(A)/尺寸(D)/旋转(R)]: d

指定矩形的长度 <10.0000>: 200

指定矩形的宽度 <10.0000>: 200

指定另一个角点或 [面积(A)/尺寸(D)/旋转(R)]:

命令: rectang（绘制中间一层的矩形）

指定第一个角点或 [倒角(C)/标高(E)/圆角(F)/厚度(T)/宽度(W)]:（对象捕捉外层矩形一条边的中点）

指定另一个角点或 [面积(A)/尺寸(D)/旋转(R)]: r

指定旋转角度或 [拾取点(P)] <0>: 45

指定另一个角点或 [面积(A)/尺寸(D)/旋转(R)]:（对象捕捉外层矩形对边的中点）

命令: rectang（绘制最内层的矩形）

当前矩形模式：旋转=45
指定第一个角点或 [倒角(C)/标高(E)/圆角(F)/厚度(T)/宽度(W)]：（对象捕捉中层矩形一条边的中点）
指定另一个角点或 [面积(A)/尺寸(D)/旋转(R)]: r
指定旋转角度或 [拾取点(P)] <45>: 0
指定另一个角点或 [面积(A)/尺寸(D)/旋转(R)]：（对象捕捉中层矩形对边的中点）

2）圆命令

AutoCAD 提供了 6 种常用的画圆方法。

执行方式

通过工具栏：从“绘图”工具栏中选择“圆”命令。

通过菜单栏：选择菜单栏中的“绘图”→“圆”，会弹出一个下级菜单，如图 2-10 所示。

通过命令行：CIRCLE（快捷命令 C）。

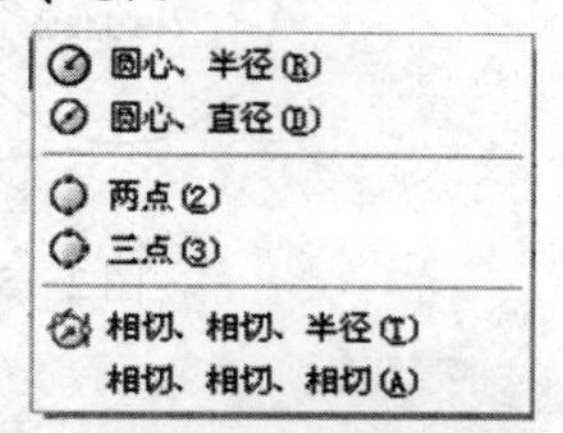

图 2-10 圆命令的下级菜单

操作步骤

命令: circle
指定圆的圆心或 [三点(3P)/两点(2P)/相切、相切、半径(T)]：（指定圆心的坐标值）
指定圆的半径或 [直径(D)]：（指定圆的半径）

选项说明

（1）三点。

指定圆上的第一个点：（指定圆上任意三个点）
指定圆上的第二个点：
指定圆上的第三个点：（绘制原理如图 2-11 所示）

（2）两点。

指定圆直径的第一个端点：（指定圆上任意一条直径的两个端点）
指定圆直径的第二个端点：（绘制原理如图 2-12 所示）

（3）相切、相切、半径。

指定对象与圆的第一个切点：（对象捕捉切点，在第一条直线上找第一个点）
指定对象与圆的第二个切点：（对象捕捉切点，在另一条直线上找第二个点）
指定圆的半径 <30.0000>: 60（指定圆的半径，绘制原理如图 2-13 所示）

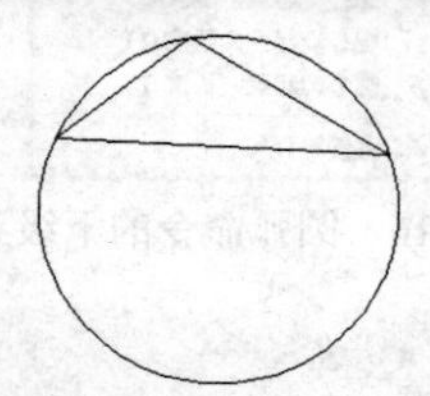

图 2-11 三点法画圆

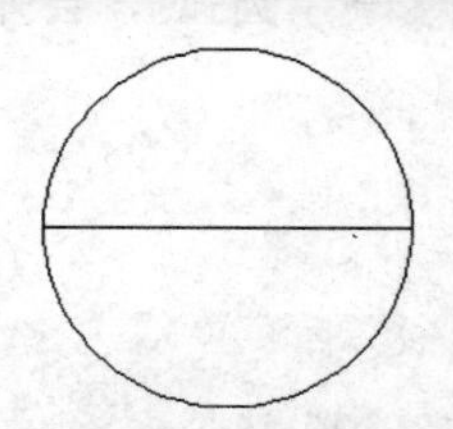

图 2-12 两点法画圆

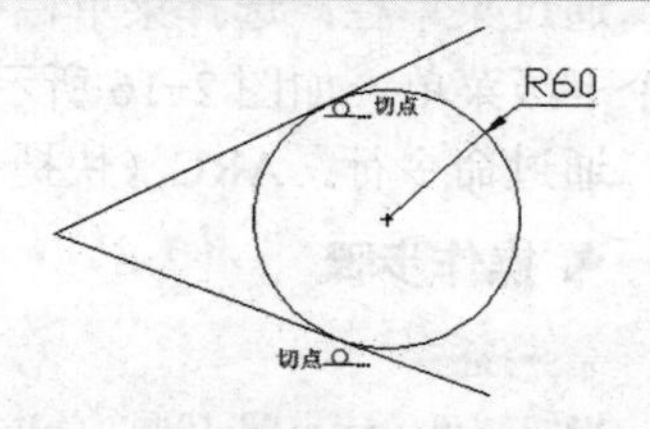

图 2-13 相切、相切、半径法画圆

（4）相切、相切、相切。

指定圆上的第一个点: _tan 到（对象捕捉切点，在第一条直线上找第一个点）
指定圆上的第二个点: _tan 到（对象捕捉切点，在第二条直线上找第二个点）
指定圆上的第三个点: _tan 到（对象捕捉切点，在第三条直线上找第三个点，绘制原理如图 2-14 所示）

这是一种比较特殊的操作，这一绘图选项只能通过菜单栏执行。

实例演练

绘制如图 2-15 所示的图形。

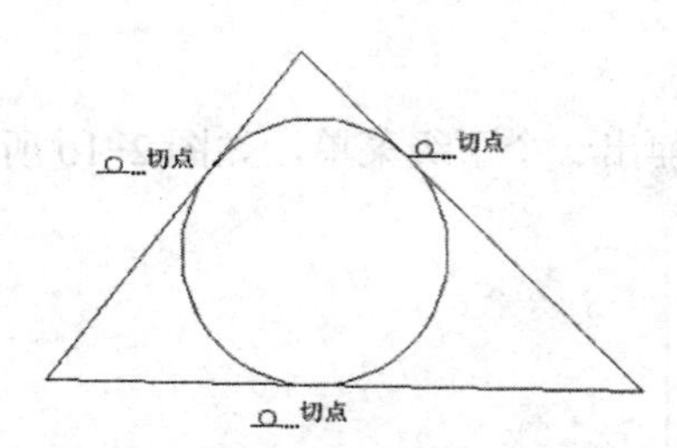

图 2-14　相切、相切、相切法画圆

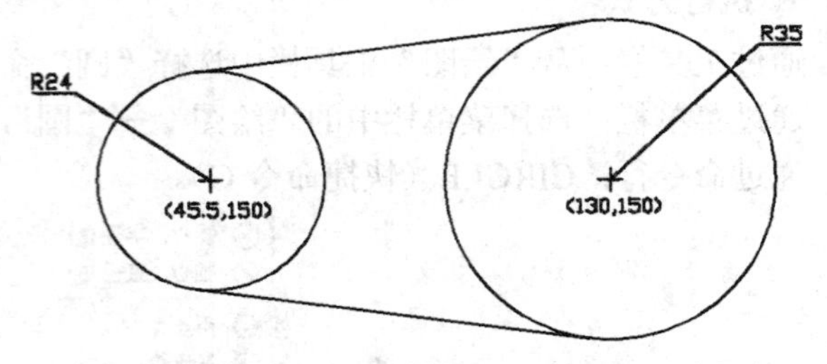

图 2-15　圆与外公切线

命令: circle（绘制半径为 24 mm 的圆）
指定圆的圆心或 [三点(3P)/两点(2P)/相切、相切、半径(T)]:45.5，150
指定圆的半径或 [直径(D)]:24
命令: circle（绘制半径为 35 mm 的圆）
指定圆的圆心或 [三点(3P)/两点(2P)/相切、相切、半径(T)]:130，150
指定圆的半径或 [直径(D)]:35
命令: line（绘制上边的外公切线）
指定第一点:（在左边圆的上半部分对象捕捉切点）
指定下一点或 [放弃(U)]:（在右边圆的上半部分对象捕捉切点）
指定下一点或 [放弃(U)]: （敲回车键结束命令）
命令: line（绘制下边的外公切线）
指定第一点:（在左边圆的下半部分对象捕捉切点）
指定下一点或 [放弃(U)]:（在右边圆的下半部分对象捕捉切点）
指定下一点或 [放弃(U)]:（敲回车键结束命令）

3）圆弧命令

AutoCAD 提供了 11 种常用的绘制圆弧的方法。

执行方式

通过工具栏：从“绘图”工具栏中选择“圆弧”命令。

通过菜单栏：选择菜单栏中的“绘图”→“圆弧”，会弹出一个下级菜单，如图 2-16 所示。

通过命令行：ARC（快捷命令 A）。

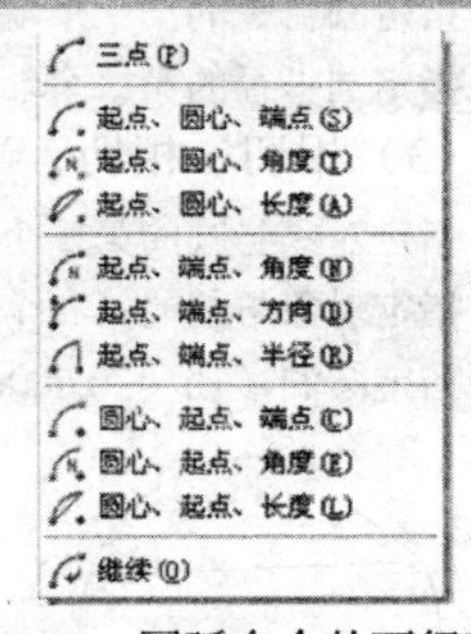

图 2-16　圆弧命令的下级菜单

操作步骤

命令: arc
指定圆弧的起点或 [圆心(C)]:（选择圆弧的一个端点）

指定圆弧的第二个点或 [圆心(C)/端点(E)]:（指定圆弧经过的任意点）
指定圆弧的端点:（指定圆弧的另一个端点）

实例演练

绘制如图 2-17 所示的篮球场平面布置图。

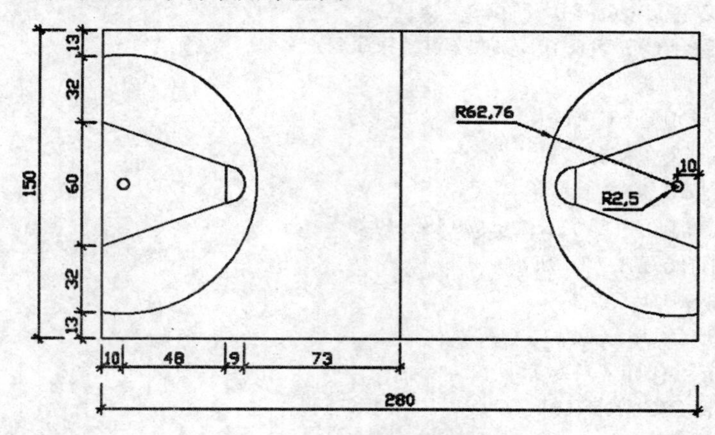

图 2-17 篮球场平面布置图

整个图形左右两边相同，以左半部分为例进行绘图步骤分析，如图 2-18 所示。

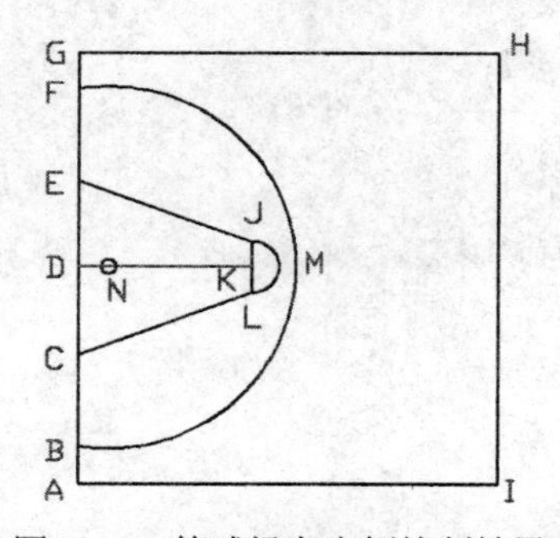

图 2-18 篮球场左半侧绘制效果

命令: line（绘制矩形 *AGHI*）
指定第一点:（*A* 点）
指定下一点或 [放弃(U)]: @0,13（*B* 点）
指定下一点或 [放弃(U)]: @0,32（*C* 点）
指定下一点或 [闭合(C)/放弃(U)]: @0,60（*E* 点）
指定下一点或 [闭合(C)/放弃(U)]: @0,32（*F* 点）
指定下一点或 [闭合(C)/放弃(U)]: @0,13（*G* 点）
指定下一点或 [闭合(C)/放弃(U)]: @140,0（*H* 点）
指定下一点或 [闭合(C)/放弃(U)]: @0,-150（*I* 点）
指定下一点或 [闭合(C)/放弃(U)]: c
命令: arc（绘制圆弧 BMF）
指定圆弧的起点或 [圆心(C)]:（对象捕捉 *B* 点）
指定圆弧的第二个点或 [圆心(C)/端点(E)]: @72.76,62（*M* 点）

```
指定圆弧的端点:（对象捕捉 F 点）
命令: line（绘制辅助线 DNK）
指定第一点:（对象捕捉直线 CE 的中点 D 点）
指定下一点或 [放弃(U)]: @10,0（N 点）
指定下一点或 [放弃(U)]: @48,0（K 点）
指定下一点或 [闭合(C)/放弃(U)]:（敲回车键结束命令）
命令: arc（绘制圆弧 LJ）
指定圆弧的起点或 [圆心(C)]: c
指定圆弧的圆心:（对象捕捉 K 点）
指定圆弧的起点: @0,-9（L 点）
指定圆弧的端点或 [角度(A)/弦长(L)]: @0,18（J 点）
命令: line（绘制直线 CL、LJ、JE）
指定第一点:（对象捕捉 C 点）
指定下一点或 [放弃(U)]:（L 点）
指定下一点或 [放弃(U)]:（J 点）
指定下一点或 [闭合(C)/放弃(U)]:（E 点）
指定下一点或 [闭合(C)/放弃(U)]:c
命令: circle（绘制小圆）
指定圆的圆心或 [三点(3P)/两点(2P)/相切、相切、半径(T)]: (对象捕捉小圆的圆心 N 点)
指定圆的半径或 [直径(D)]: 2.5
命令: erase（删除辅助线 DNK）
选择对象: 找到 1 个
选择对象: 找到 1 个，总计 2 个
选择对象:（敲回车键执行并结束命令）
```

2.4 操作分析

1．设置图形界限

本任务要绘制的图形最大尺寸估计为 1 000 mm×500 mm，图形界限应在此基础上适当放大，所以选择图形界限为 1 500 mm ×1 000 mm 的矩形。

操作步骤

```
命令: limits
重新设置模型空间界限:
指定左下角点或 [开(ON)/关(OFF)] <0.0000,0.0000>:（直接敲回车键，使用默认数值）
指定右上角点 <420.0000,297.0000>:1500,1000（输入图形界限右上角的坐标值）
```

2．设置图层

根据图形分析，本任务的图形需要两个图层，分别是：轮廓线层，白色，实线线型，线宽为 0；尺寸标注层，绿色，实线线型，线宽为 0。

3．绘制图形

在轮廓线层完成所有图形绘制内容。

本任务需要先绘制出外部的矩形；然后使用对象捕捉工具，利用矩形的特殊点确定各圆弧的相关数据绘制圆弧；再通过辅助线确定同心圆的圆心位置，将四个圆绘制完成。

操作步骤

（1）绘制 1 000 mm×500 mm 的矩形。

```
命令: line
指定第一点:（在图形界限左下角的适当位置单击鼠标左键作为 A 点，如图 2-19 所示）
指定下一点或 [放弃(U)]: @0，500（输入 B 点相对于 A 点的坐标值）
指定下一点或 [放弃(U)]: @1000，0（输入 D 点相对于 B 点的坐标值）
指定下一点或 [闭合(C)/放弃(U)]: @0，-500（输入 E 点相对于 D 点的坐标值）
指定下一点或 [闭合(C)/放弃(U)]: c
```

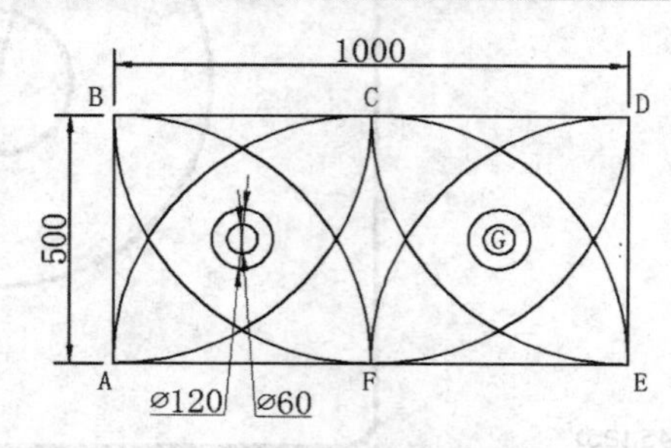

图 2-19　零件图

（2）绘制图形中的圆弧部分。首先绘制圆弧 *ACE*，圆弧 *BFD* 的绘制原理与其相同。

```
命令: arc
指定圆弧的起点或 [圆心(C)]:（对象捕捉 A 点）
指定圆弧的第二个点或 [圆心(C)/端点(E)]:（对象捕捉 C 点）
指定圆弧的端点:（对象捕捉 E 点）
```

（3）绘制其他四个小圆弧，以圆弧 *AC* 为例。

```
命令: arc
指定圆弧的起点或 [圆心(C)]:（对象捕捉 A 点）
指定圆弧的第二个点或 [圆心(C)/端点(E)]: c
指定圆弧的圆心:（对象捕捉 B 点）
指定圆弧的端点或 [角度(A)/弦长(L)]:（对象捕捉 C 点）
```

（4）绘制同心圆。首先需要找到圆心，绘制一条辅助线 *AC*，*AC* 的中点即为圆的圆心，然后指定半径绘制出圆。其他圆与其相同。

```
命令: line
指定第一点:（对象捕捉 A 点）
指定下一点或 [放弃(U)]:（对象捕捉 C 点）
指定下一点或 [放弃(U)]:（敲回车键结束命令）
命令: circle
指定圆的圆心或 [三点(3P)/两点(2P)/相切、相切、半径(T)]:（对象捕捉 AC 的中点）
指定圆的半径或 [直径(D)]: 60
```

配套练习

1．按照图 2-20 所示完成图形绘制任务，并将其保存。

2．按照图 2-21 所给尺寸绘制床头柜平面图，并将其保存。

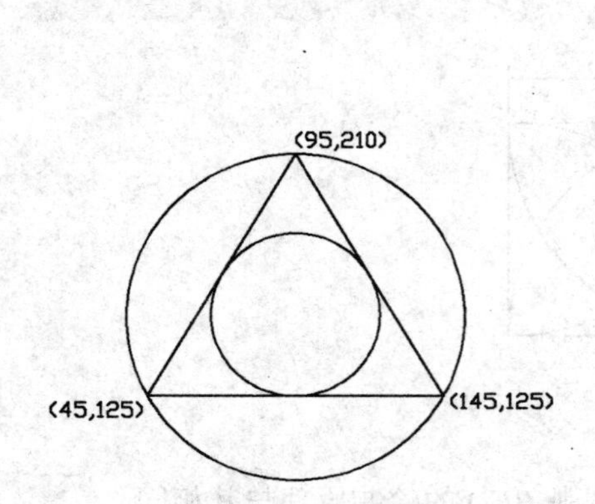

图 2-20　内切圆与外接圆

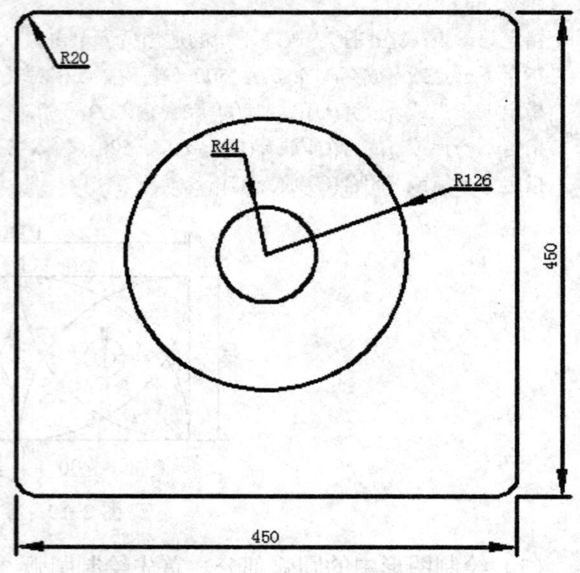

图 2-21　床头柜平面图

3．按照图 2-22 所给尺寸绘制花坛平面图，图中的三个圆均与相邻的线条相切。

4．按照图 2-23 所示绘制图形，并将其保存。

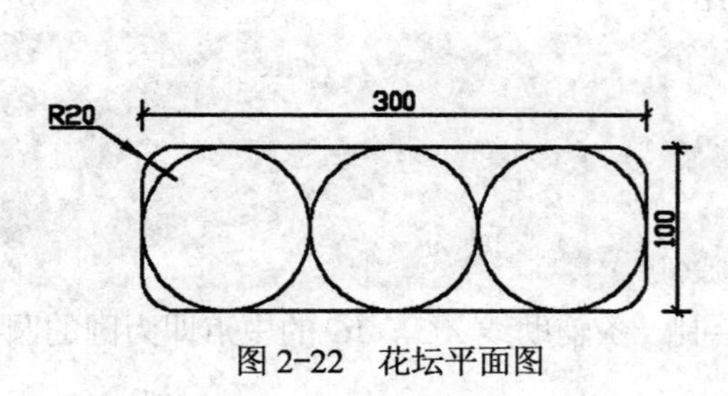

图 2-22　花坛平面图

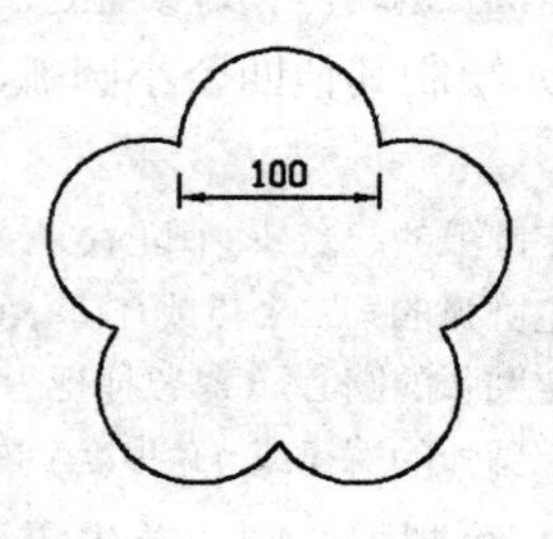

图 2-23　梅花图

3 任务三

绘制零件图（二）

3.1 学习目标

知识目标

- 了解状态栏中控制方向的正交和极轴等工具。
- 熟悉草图设置对话框的各项设置内容。
- 熟悉椭圆、椭圆弧、正多边形和构造线等绘图命令。

技能目标

- 熟悉 AutoCAD 中控制方向的各种操作方式。
- 熟练掌握极轴角度的计算和设置方法。
- 熟练运用正交工具绘制特殊方向的线条。
- 熟练掌握椭圆、椭圆弧、正多边形和构造线等命令的操作特点。
- 熟悉辅助线的绘制和应用。

3.2 任务介绍

本任务为绘制完成一个如图 3-1 所示的零件图，并将其保存。

这个零件图中包括多种图形内容，需要使用构造线、圆、正多边形、椭圆和椭圆弧等绘图命令以及正交、极轴、对象追踪等辅助命令。在这个任务中正式介绍辅助线的绘制。

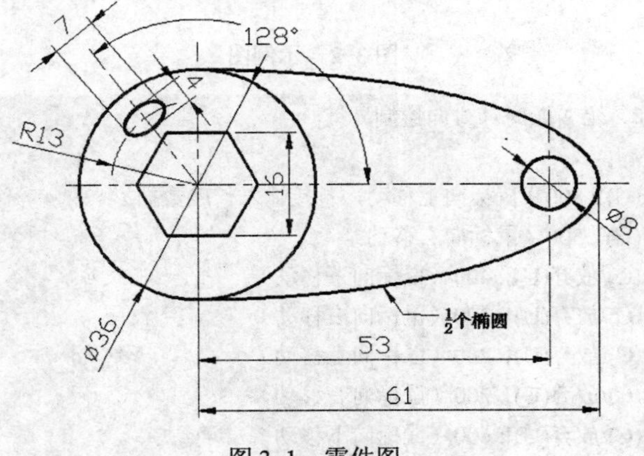

图 3-1　零件图

3.3 相关知识

1. 辅助命令

1）正交

在 AutoCAD 的绘图过程中，经常需要绘制水平和竖直方向的线条，软件提供的正交模式可以有效地提高绘图效率。在正交模式下，不论光标移动到什么位置，线条都只能出现在水平或者竖直的方向上，在此状态下能够非常简便地完成水平或竖直方向线条绘制。

执行方式

通过状态栏：在状态栏中直接单击“正交”按钮。

通过快捷键：F8。

通过命令行：ORTHO。

知识拓展

需要特别注意的是，正交模式与能够设置各种角度应用的极轴模式是相互排斥的，一个打开时，另一个会自动关闭。

实例演练

利用正交模式绘制如图 3-2 所示的图形。

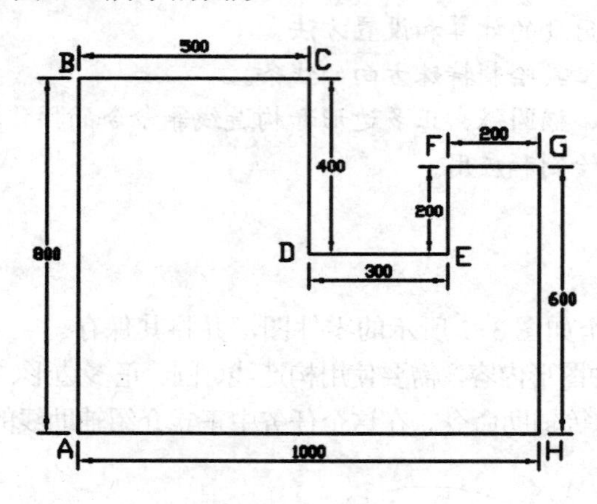

图 3-2　示例图

```
命令: line（从 A 点起，沿着顺时针方向绘制）
指定第一点:  <正交 开>
指定下一点或 [放弃(U)]: 800（鼠标向上移动，直接输入长度数据）
指定下一点或 [放弃(U)]: 500（鼠标向右移动）
指定下一点或 [闭合(C)/放弃(U)]: 400（鼠标向下移动）
指定下一点或 [闭合(C)/放弃(U)]: 300（鼠标向右移动）
指定下一点或 [闭合(C)/放弃(U)]: 200（鼠标向上移动）
指定下一点或 [闭合(C)/放弃(U)]: 200（鼠标向右移动）
指定下一点或 [闭合(C)/放弃(U)]: 600（鼠标向下移动）
指定下一点或 [闭合(C)/放弃(U)]: c
```

2）极轴追踪和对象捕捉追踪

在 AutoCAD 中，自动追踪功能分为极轴追踪和对象捕捉追踪两种，是非常有用的辅助绘图工具。

（1）极轴追踪。

应用极轴追踪可以在提前设定的角度线上移动光标，捕捉角度线上的任意点。启用了极轴追踪功能以后，鼠标在经过提前设定好的角度方向时会显示一条无限长的虚线。

执行方式

通过状态栏：在状态栏中单击“极轴”按钮。

通过快捷键：F10。

通过“草图设置”对话框可以对与极轴追踪相关的内容进行设置。在“极轴”按钮上单击鼠标右键，然后选择“设置”选项，会弹出“草图设置”对话框，其中和极轴追踪相关的设置在相应的“极轴追踪”选项卡中，如图 3-3 所示。

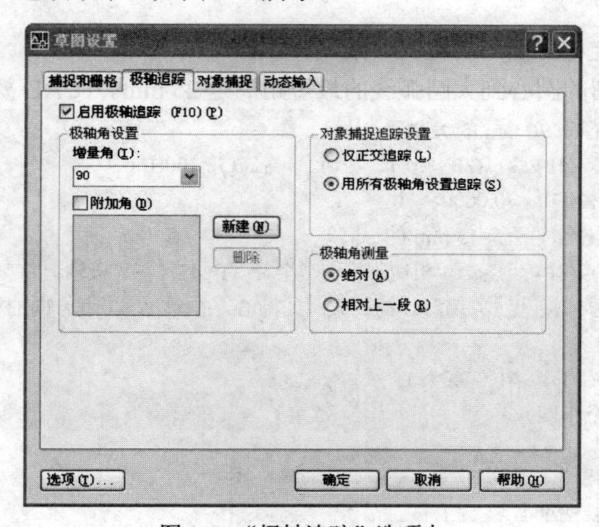

图 3-3 “极轴追踪”选项卡

选项说明

① 极轴角设置。

● 增量角：在此项中设置角度值并启用极轴追踪后，每增加这个角度都可以显示一条极轴。

● 附加角：选中此项，然后单击“新建”按钮，再设置角度，只在设置的该角度方向显示一条极轴。

② 极轴角测量。

● 绝对：此时，角度数据是以水平向右为零度方向开始计算的。

● 相对上一段：此选项是以同一次命令执行过程中，前一个线条的绘制方向为新的零度方向来计算角度。

（2）对象捕捉追踪。

对象捕捉追踪是对象捕捉与极轴追踪功能的综合，通过它可以方便地捕捉到指定对象延长线上的点。

执行方式

通过状态栏：在状态栏中单击“对象追踪”按钮。

通过快捷键：F11。

对象捕捉追踪的相关设置也在“极轴追踪”选项卡中。

选项说明

对象捕捉追踪设置包括仅正交追踪与用所有极轴角设置追踪两个选项。

① 仅正交追踪：此项被选中时，无论极轴角设置为多少，只显示水平或竖直方向的极轴。

② 用所有极轴角设置追踪：选中此项时，根据具体的角度设置显示所有角度方向的极轴。

实例演练 1

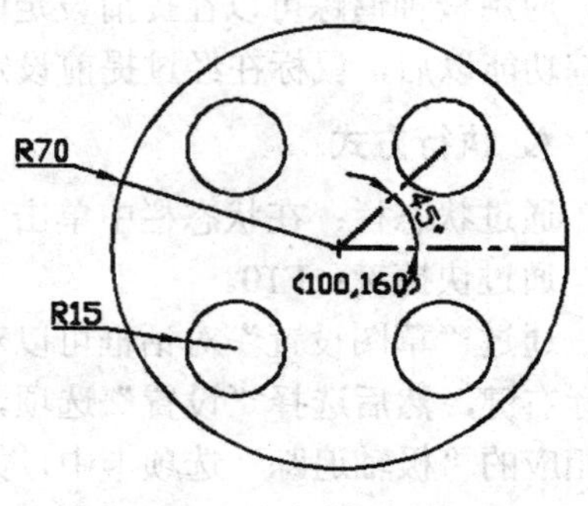

图 3-4　一条极轴使用实例

利用一条极轴确定相应图形的位置，绘制如图 3-4 所示的图形，其中小圆的圆心到大圆弧线的最短距离是 25 mm。（CAD 资格认证试题）

命令: circle（绘制半径为 70 mm 的大圆）

指定圆的圆心或 [三点(3P)/两点(2P)/相切、相切、半径(T)]: 100,160

指定圆的半径或 [直径(D)] <70.0000>: 70

命令: circle（绘制右上角半径为 15 mm 的小圆）

指定圆的圆心或 [三点(3P)/两点(2P)/相切、相切、半径(T)]: 45（在“极轴追踪”选项卡中设置角度，如图 3-5 所示，打开极轴、对象捕捉和对象追踪。捕捉大圆的圆心，在看见 45 度方向的极轴时输入距离 45，如图 3-6 所示）

指定圆的半径或 [直径(D)] <70.0000>: 15

（同理绘制出其他三个小圆）

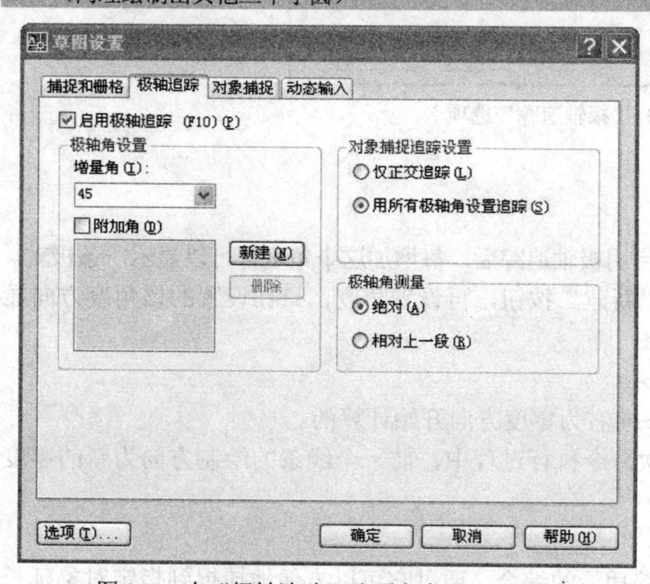

图 3-5　在“极轴追踪”选项卡中设置角度

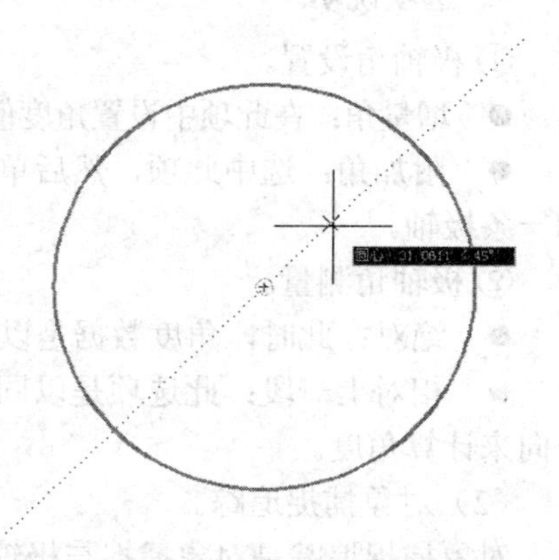

图 3-6　45 度方向的极轴

实例演练 2

利用两条极轴的交点确定某一点的位置，绘制如图 3-7 所示的橱柜侧立面图。

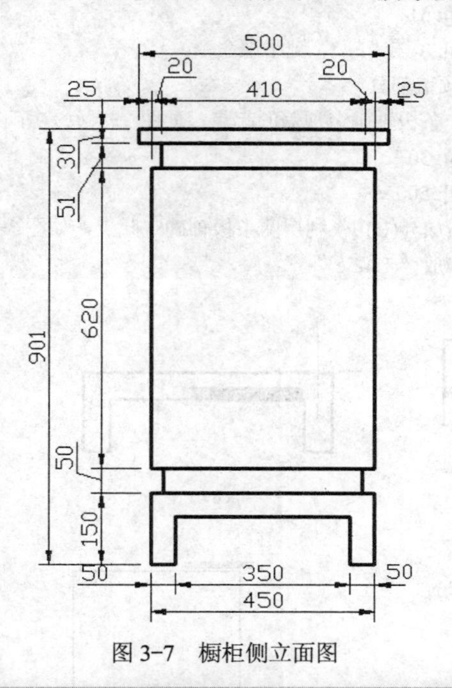

图 3-7　橱柜侧立面图

命令: line //绘制柜子的底座部分，从左下角起沿顺时针方向绘制
指定第一点:
指定下一点或 [放弃(U)]: 150（利用正交或极轴控制方向）
指定下一点或 [放弃(U)]: 450
指定下一点或 [闭合(C)/放弃(U)]: 150
指定下一点或 [闭合(C)/放弃(U)]: 50
指定下一点或 [闭合(C)/放弃(U)]: 100
指定下一点或 [闭合(C)/放弃(U)]: 350
指定下一点或 [闭合(C)/放弃(U)]:（采用两条极轴作为辅助线的方式确定相应的点，如图 3-8（a）所示）
指定下一点或 [闭合(C)/放弃(U)]: c
命令: line //重复两次绘制底座与柜体连接处高 50 mm 的线条
指定第一点: 25（利用一条极轴确定方向，通过一个已知点确定另一个点，如图 3-8（b）所示）
指定下一点或 [放弃(U)]: 50
指定下一点或 [放弃(U)]:（按“Esc”键结束命令）
命令: line //绘制柜体部分
指定第一点:（利用一条极轴确定柜体起点的方式如图 3-8（c）所示）
指定下一点或 [放弃(U)]: 620
指定下一点或 [放弃(U)]: 450
指定下一点或 [闭合(C)/放弃(U)]:（利用两条极轴确定此点，如图 3-8（d）所示）
指定下一点或 [闭合(C)/放弃(U)]: c

命令: line //重复两次绘制柜体与顶盖连接处高 51 mm 的线条
指定第一点: 20
指定下一点或 [放弃(U)]: 51
指定下一点或 [放弃(U)]:（按“Esc”键结束命令）
命令: line //绘制柜子的顶盖部分
指定第一点: 45（利用一条极轴确定顶盖的起点，如图 3-8（e）所示）
指定下一点或 [放弃(U)]: 30
指定下一点或 [放弃(U)]: 500
指定下一点或 [闭合(C)/放弃(U)]:（利用两条极轴确定此点，如图 3-8（f）所示）
指定下一点或 [闭合(C)/放弃(U)]: c

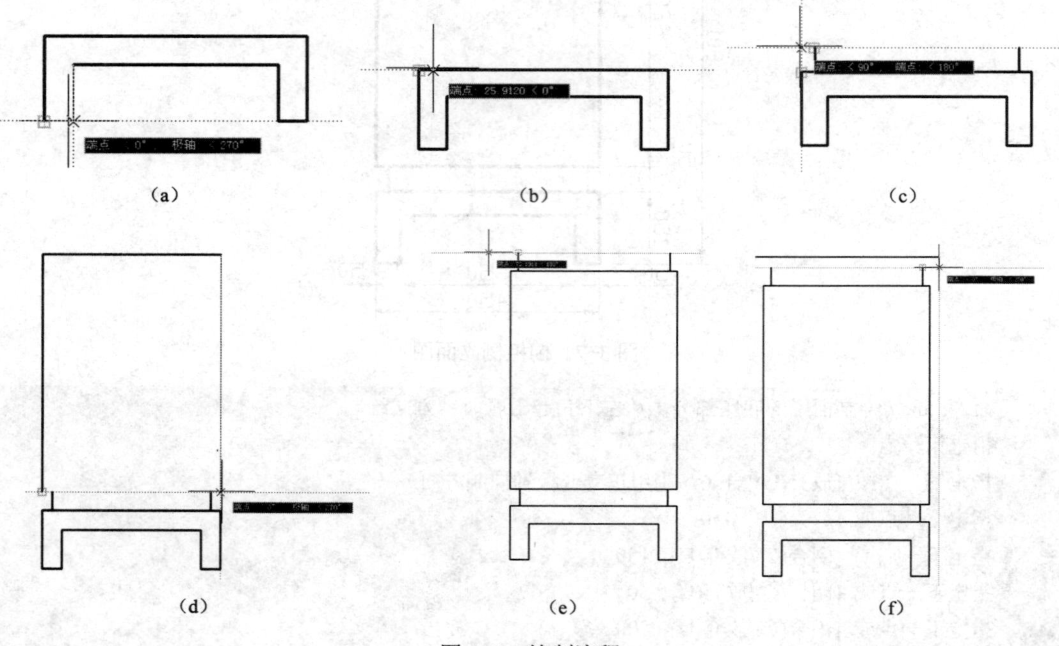

图 3-8 绘制流程

实例演练 3

利用极轴临时追踪的方式确定相应点的位置，绘制如图 3-9 所示的零件垫片。

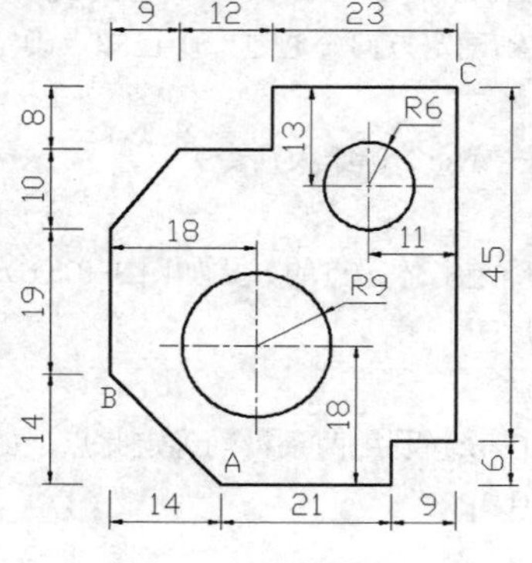

图 3-9 零件垫片

命令: line //从 B 点起绘制外轮廓线
指定第一点:
指定下一点或 [放弃(U)]: 19（利用正交或极轴控制方向）
指定下一点或 [放弃(U)]: @9,10
指定下一点或 [闭合(C)/放弃(U)]: 12
指定下一点或 [闭合(C)/放弃(U)]: 8
指定下一点或 [闭合(C)/放弃(U)]: 23
指定下一点或 [闭合(C)/放弃(U)]: 45
指定下一点或 [闭合(C)/放弃(U)]: 9
指定下一点或 [放弃(U)]: 6
指定下一点或 [放弃(U)]: 21
指定下一点或 [闭合(C)/放弃(U)]: c
命令: circle //绘制左下角半径为 9 mm 的大圆
指定圆的圆心或 [三点(3P)/两点(2P)/相切、相切、半径(T)]: tt（采用临时追踪点的方式，从 A 点起找大圆的圆心）
指定临时对象追踪点: 18（这个临时追踪点的效果如图 3-10 所示）
指定圆的圆心或 [三点(3P)/两点(2P)/相切、相切、半径(T)]: 4
指定圆的半径或 [直径(D)]: 9
命令: circle //绘制半径为 6 mm 的小圆
指定圆的圆心或 [三点(3P)/两点(2P)/相切、相切、半径(T)]: tt
指定临时对象追踪点: 11
指定圆的圆心或 [三点(3P)/两点(2P)/相切、相切、半径(T)]: 13
指定圆的半径或 [直径(D)]: 6

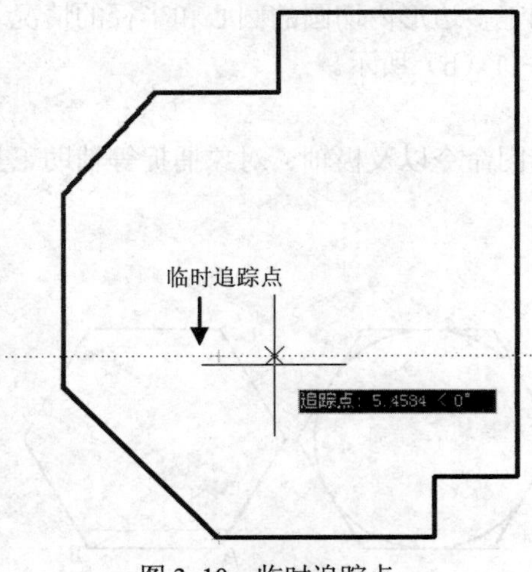

图 3-10　临时追踪点

2．绘制命令

1）正多边形命令

正多边形是比较常用的闭合图形之一，形成边的所有线条是一个整体。在 AutoCAD 中，可以绘制 3 到 1 024 条边的正多边形。

执行方式

通过工具栏：从“绘图”工具栏中选择“正多边形”命令⬠。

通过菜单栏：选择菜单栏中的“绘图”→“正多边形”。

通过命令行：POLYGON（快捷命令 POL）。

操作步骤

（1）第一种方法。

命令: polygon
输入边的数目 <4>:
指定正多边形的中心点或 [边(E)]:（用与之相关的圆确定正多边形的形状和位置，如图 3-11（a）和图 3-11（b）所示）
输入选项 [内接于圆(I)/外切于圆(C)] <I>:
指定圆的半径:

（2）第二种方法。

命令: polygon
输入边的数目 <4>:
指定正多边形的中心点或 [边(E)]: e（用已知的边 *AB* 确定正多边形的形状和位置，如图 3-11（c）所示）
指定边的第一个端点:（对象捕捉 *A* 点）
指定边的第二个端点:（对象捕捉 *B* 点）

选项说明

（1）内接于圆是在已知正多边形外接圆的圆心和半径的情况下，利用这个外接圆确定正多边形的形状和位置，如图 3-11（a）所示。

（2）外切于圆是在已知正多边形内切圆的圆心和半径的情况下，利用这个内切圆确定正多边形的形状和位置，如图 3-11（b）所示。

实例演练

利用正多边形、圆等绘图命令以及极轴、对象捕捉等辅助工具绘制如图 3-12 所示的综合图形。

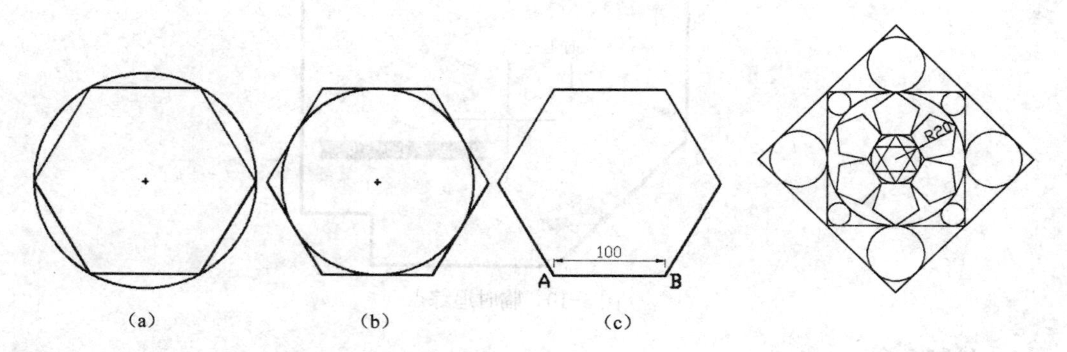

（a）　（b）　（c）

图 3-11　正多边形　　　图 3-12　综合图形

命令: circle //绘制半径为 20 mm 的圆
指定圆的圆心或 [三点(3P)/两点(2P)/相切、相切、半径(T)]:
指定圆的半径或 [直径(D)]: 20

命令: polygon //绘制圆内正方向的三角形
输入边的数目 <4>: 3
指定正多边形的中心点或 [边(E)]:（对象捕捉圆心）
输入选项 [内接于圆(I)/外切于圆(C)] <I>:
指定圆的半径: 20
命令: polygon //绘制圆内反方向的三角形
输入边的数目 <3>:
指定正多边形的中心点或 [边(E)]:（对象捕捉圆心）
输入选项 [内接于圆(I)/外切于圆(C)] <I>:
指定圆的半径:（对象捕捉圆下部的象限点）
命令: polygon //绘制圆外的正六边形
输入边的数目 <3>: 6
指定正多边形的中心点或 [边(E)]:（对象捕捉圆心）
输入选项 [内接于圆(I)/外切于圆(C)] <I>: c
指定圆的半径:20
命令: polygon //绘制与正六边形共用一条边的正五边形
输入边的数目 <6>: 5
指定正多边形的中心点或 [边(E)]: e
指定边的第一个端点:（对象捕捉 *A* 点）
指定边的第二个端点:（对象捕捉 *B* 点，绘制效果如图 3-13 所示）

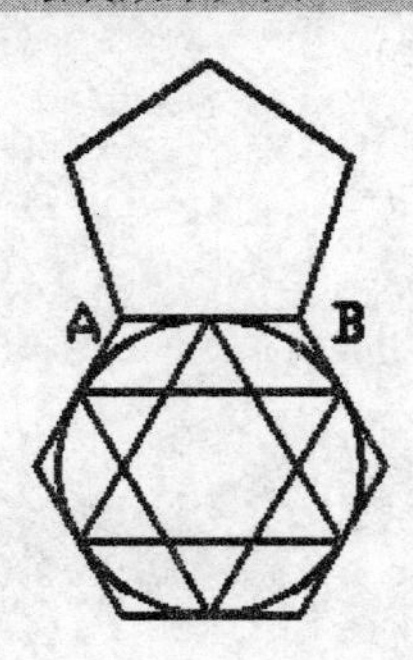

图 3-13　示例图

//用同样的方法绘制出其他五个正五边形。
命令: circle //绘制与正五边形相接的圆
指定圆的圆心或 [三点(3P)/两点(2P)/相切、相切、半径(T)]:（对象捕捉圆心）
指定圆的半径或 [直径(D)] <20.0000>:（对象捕捉一个正五边形的顶点以确定圆的半径）
命令: polygon //绘制与刚画好的圆相切的正四边形
输入边的数目 <5>: 4
指定正多边形的中心点或 [边(E)]:（对象捕捉圆心）
输入选项 [内接于圆(I)/外切于圆(C)] <C>:
指定圆的半径:（对象捕捉最右边正五边形的顶点以确定半径）
命令: polygon //绘制最外边的正四边形
输入边的数目 <5>: 4
指定正多边形的中心点或 [边(E)]:（对象捕捉圆心）

```
输入选项 [内接于圆(I)/外切于圆(C)] <C>:
指定圆的半径:（对象捕捉已画好的正四边形的任一顶点以确定半径）
命令: circle //绘制与最外边的正四边形相切的小圆
指定圆的圆心或 [三点(3P)/两点(2P)/相切、相切、半径(T)]: 3p （使用相切、相切、相切选项）
指定圆上的第一个点: _tan 到
指定圆上的第二个点: _tan 到
指定圆上的第三个点: _tan 到
//用同样的方法绘制出其他与最外边的正四边形相切的小圆
```

2）椭圆和椭圆弧命令

在 AutoCAD 中，椭圆和椭圆弧的绘图命令一样，但命令行的提示不同。

AutoCAD 提供了 2 种常用的画椭圆的方法和 1 个椭圆弧选项。

执行方式

通过工具栏：从“绘图”工具栏中选择椭圆命令或椭圆弧命令。

通过菜单栏：选择菜单栏中的“绘图”→“椭圆”，会弹出一个下级菜单，如图 3-14 所示。

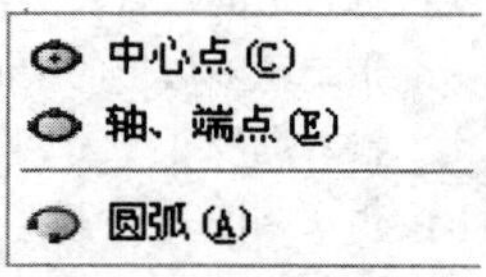

中心点(C)
轴、端点(E)
圆弧(A)

图 3-14　椭圆命令的下级菜单

通过命令行：ELLIPSE（快捷命令 EL）。

操作步骤

```
命令: ellipse //绘制椭圆
指定椭圆的轴端点或 [圆弧(A)/中心点(C)]:
指定轴的另一个端点:
指定另一条半轴长度或 [旋转(R)]:
命令: ellipse //绘制椭圆弧
指定椭圆的轴端点或 [圆弧(A)/中心点(C)]: a
指定椭圆弧的轴端点或 [中心点(C)]:
指定轴的另一个端点:
指定另一条半轴长度或 [旋转(R)]:
指定起始角度或 [参数(P)]:
指定终止角度或 [参数(P)/包含角度(I)]:
```

选项说明

（1）椭圆的轴端点。根据两个端点定义椭圆的第一条轴。第一条轴的角度确定了整个椭圆的角度。第一条轴既可以是长轴，也可以是短轴。

（2）圆弧。选择这个选项，命令会进入绘制椭圆弧的过程。

（3）旋转。这是通过绕第一条轴旋转的圆来创建椭圆，就是利用椭圆的离心率确定椭圆的形状，输入的值越大，椭圆的离心率就越大，输入 0 将定义出一个圆。

（4）起始角度。椭圆弧的起始角度 0 度是从椭圆的左端象限点开始算起的。绘制椭圆弧时默认的角度方向为逆时针。

（5）包含角度。从起始角度算起，等同于圆弧的圆心角度。

实例演练

分别绘制半径为 50 mm 和 100 mm 的同心圆，然后以小圆的半径为短半轴长度，以大圆的

半径为长半轴长度，绘制两个正交的椭圆。（CAD 资格认证试题）

根据题目要求，绘制效果如图 3-15 所示。

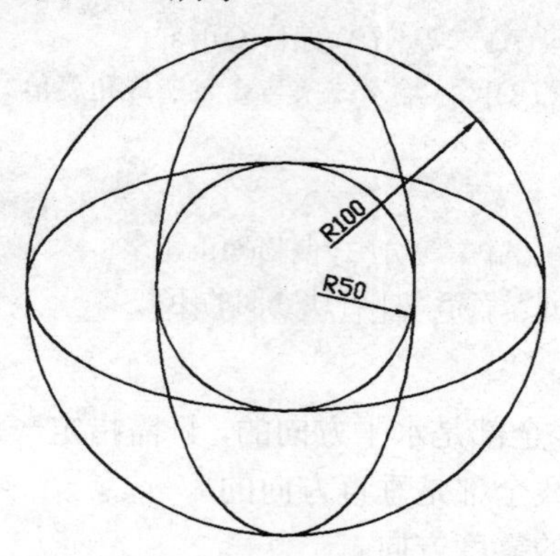

图 3-15　正交的椭圆

```
命令: circle //绘制半径为 50 mm 的圆
指定圆的圆心或 [三点(3P)/两点(2P)/相切、相切、半径(T)]:
指定圆的半径或 [直径(D)]:50
命令: circle //绘制半径为 100 mm 的圆
指定圆的圆心或 [三点(3P)/两点(2P)/相切、相切、半径(T)]:（对象捕捉圆心）
指定圆的半径或 [直径(D)]:100
命令: ellipse //绘制长轴为横向的椭圆
指定椭圆的轴端点或 [圆弧(A)/中心点(C)]:（捕捉大圆左边的象限点）
指定轴的另一个端点:（捕捉大圆右边的象限点）
指定另一条半轴长度或 [旋转(R)]:（捕捉小圆上边的象限点）
命令: ellipse //绘制长轴为竖向的椭圆
指定椭圆的轴端点或 [圆弧(A)/中心点(C)]:（捕捉小圆左边的象限点）
指定轴的另一个端点:（捕捉小圆右边的象限点）
指定另一条半轴长度或 [旋转(R)]:（捕捉大圆上边的象限点）
```

3）构造线（也叫结构线）命令

构造线为两端可以无限延伸的直线，没有可以对象捕捉的起点和终点，这种线条可以放置在三维空间的任何地方，主要用作辅助线。

执行方式

通过工具栏：从“绘图”工具栏中选择构造线命令。

通过菜单栏：选择菜单栏中的“绘图”→“构造线”。

通过命令行：XLINE（快捷命令 XL）。

操作步骤

（1）第一种方法。

```
命令: xline
指定点或 [水平(H)/垂直(V)/角度(A)/二等分(B)/偏移(O)]:
指定通过点:
指定通过点:
```

（2）第二种方法。

```
命令: xline
指定点或 [水平(H)/垂直(V)/角度(A)/二等分(B)/偏移(O)]: a
输入构造线的角度 (0) 或 [参照(R)]: （输入线条与 X 轴所成角度值）
```

（3）第三种方法。

```
命令: xline
指定点或 [水平(H)/垂直(V)/角度(A)/二等分(B)/偏移(O)]: o
指定偏移距离或 [通过(T)] <通过>:（指定平行线之间的距离）
```

选项说明

（1）水平。此时绘制的直线全部是水平方向的，只需指定一个通过点确定线条的位置即可。

（2）垂直。此时绘制的直线全部是垂直方向的。

（3）参照。由用户指定新的零度方向。

```
选择直线对象:（选择作为新的零度方向的线条）
输入构造线的角度 <0>:（输入与刚选定的新的零度线所成角度值）
```

（4）二等分。

这个选项是用来作角平分线的，效果如图 3-16 所示。

```
指定角的顶点:
指定角的起点:
指定角的端点:
```

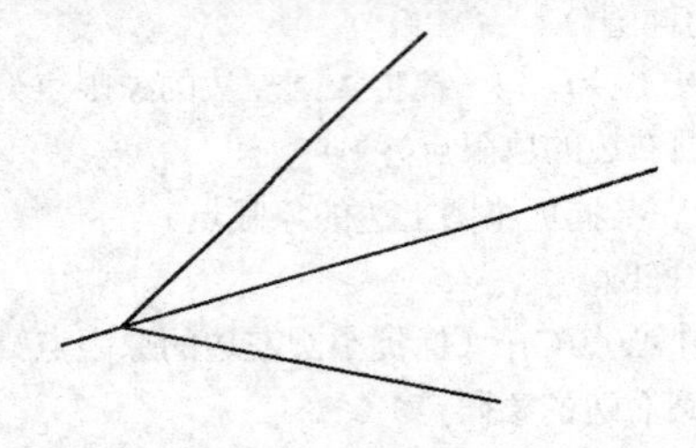

图 3-16　用构造线绘制角平分线

（5）通过。通过某一个点作与已知线条相平行的线。

实例演练 1

为证明三角形内角和为 180 度，通过三角形 *ABC* 的 *C* 点作与边 *AB* 相平行的辅助线，如图 3-17 所示。

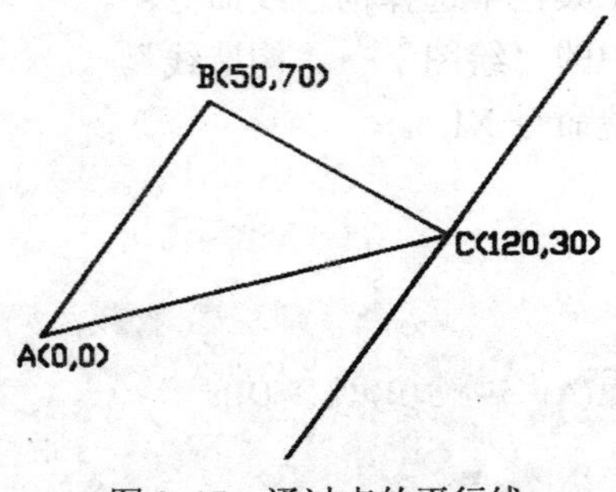

图 3-17　通过点的平行线

```
命令: line //绘制三角形 ABC
指定第一点: 0,0
指定下一点或 [放弃(U)]: 50,70
指定下一点或 [放弃(U)]: 120,30
指定下一点或 [闭合(C)/放弃(U)]: c
命令: xline//绘制通过 C 点与 AB 相平行的辅助线
指定点或 [水平(H)/垂直(V)/角度(A)/二等分(B)/偏移(O)]: o
指定偏移距离或 [通过(T)] <通过>:
选择直线对象:（选择直线 AB）
指定通过点:（对象捕捉 C 点）
```

实例演练 2

参照图 3-18 所给数据先绘制出三角形 *ABC*，然后找到三角形的内心 *O* 点，并分别与三角形的顶点连接。（CAD 资格认证试题）

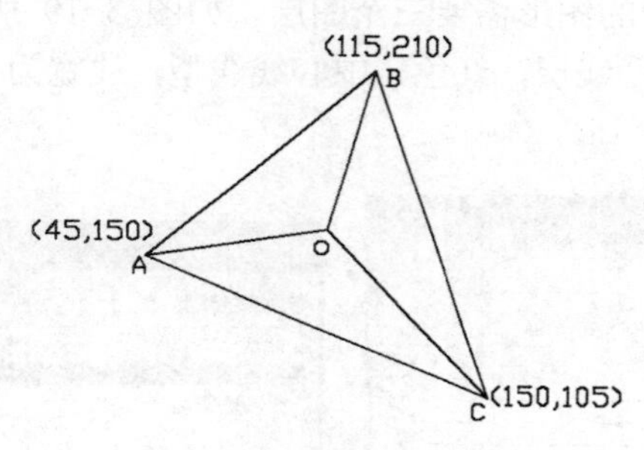

图 3-18　三角形内心

```
命令: line //绘制三角形 ABC
指定第一点: 45,150
指定下一点或 [放弃(U)]: 115,210
指定下一点或 [放弃(U)]: 150,105
指定下一点或 [闭合(C)/放弃(U)]: c
命令: xline //绘制角 BAC 的平分线
指定点或 [水平(H)/垂直(V)/角度(A)/二等分(B)/偏移(O)]: b
指定角的顶点:（对象捕捉 A 点）
指定角的起点:（对象捕捉 B 点）
指定角的端点:（对象捕捉 C 点）
指定角的端点:（敲回车键结束命令）
//同理绘制角 ABC 的平分线，与前一条平分线相交于 O 点
命令: line //绘制 O 点与 B、C 点的连线
指定第一点:（对象捕捉 C 点）
指定下一点或 [放弃(U)]:（对象捕捉 O 点）
指定下一点或 [放弃(U)]:（对象捕捉 B 点）
指定下一点或 [闭合(C)/放弃(U)]:（敲回车键结束命令）
命令: erase //删除用“二等分”方法得到的两条辅助线
选择对象: 指定对角点: 找到 2 个
```

选择对象:（敲回车键执行并结束命令）
命令: line //绘制 O 点与 A 点的连线
指定第一点:（对象捕捉 A 点）
指定下一点或 [放弃(U)]:（对象捕捉 O 点）
指定下一点或 [放弃(U)]:（敲回车键结束命令）

3.4 操作分析

1．设置图形界限

本任务要绘制的图形最大尺寸估计为 74 mm×36 mm，图形界限应在此基础上适当放大，所以选择图形界限为 140 mm ×80 mm 的矩形。

2．设置图层

根据图形分析，本任务中的图形需要三个图层，如图 3-19 所示，分别是：轮廓线层，白色，实线线型，线宽为 0；辅助线层，红色，中心线线型，线宽为 0；尺寸标注层，绿色，实线线型，线宽为 0。

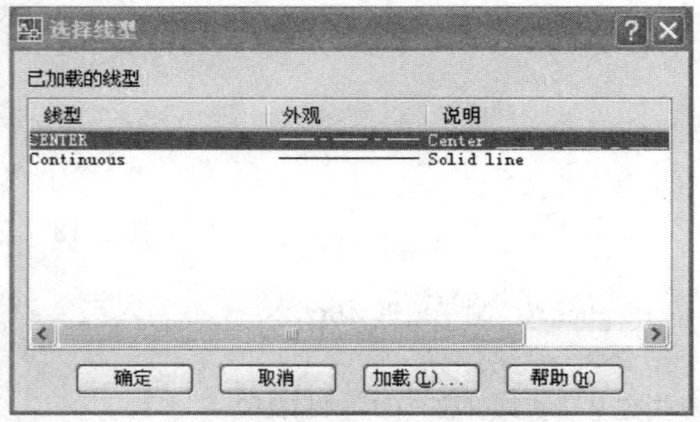

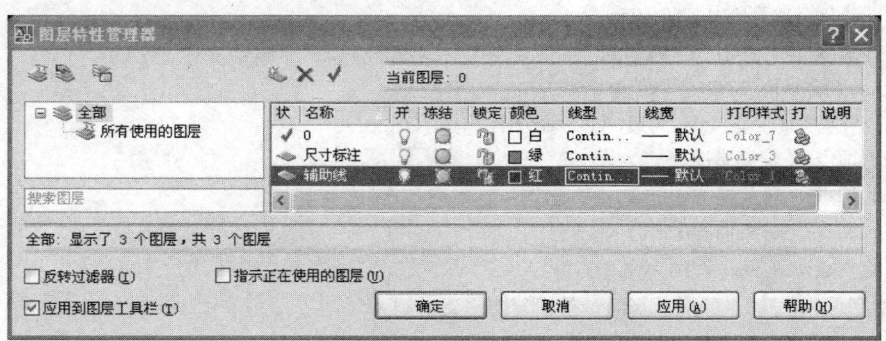

图 3-19 图层设置

3．绘制图形

操作步骤

（1）绘制辅助线，效果如图 3-20 所示。

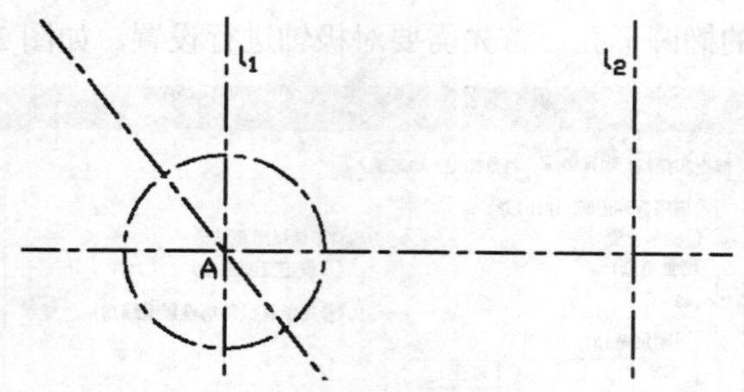

图 3-20 辅助线

命令: xline //利用正交模式绘制通过 *A* 点相垂直的两条辅助线

指定点或 [水平(H)/垂直(V)/角度(A)/二等分(B)/偏移(O)]:（在图形界限内的适当位置单击鼠标左键确定 *A* 点）

指定通过点:（利用正交，在水平方向确定一个点）

指定通过点:（利用正交，在竖直方向确定一个点）

指定通过点:（敲回车键结束命令）

命令: xline //利用 l_1 得到 l_2

指定点或 [水平(H)/垂直(V)/角度(A)/二等分(B)/偏移(O)]: o

指定偏移距离或 [通过(T)] <通过>: 53

选择直线对象:（选择直线 l_1）

指定向哪侧偏移:（在直线 l_1 的右侧单击鼠标左键）

选择直线对象:（敲回车键结束命令）

命令:xline //绘制通过 *A* 点，角度为 128 度的辅助线

指定点或 [水平(H)/垂直(V)/角度(A)/二等分(B)/偏移(O)]: a

输入构造线的角度 (0) 或 [参照(R)]: 128

指定通过点:（对象捕捉 *A* 点）

指定通过点:（敲回车键结束命令）

命令: circle

指定圆的圆心或 [三点(3P)/两点(2P)/相切、相切、半径(T)]:（对象捕捉 *A* 点）

指定圆的半径或 [直径(D)]:13

（2）绘制图形中左右两个圆。

命令: circle

指定圆的圆心或 [三点(3P)/两点(2P)/相切、相切、半径(T)]:（对象捕捉 *A* 点）

指定圆的半径或 [直径(D)]: 18

命令: circle

指定圆的圆心或 [三点(3P)/两点(2P)/相切、相切、半径(T)]:（对象捕捉右侧十字辅助线的交点）

指定圆的半径或 [直径(D)]: 4

（3）利用正六边形的内切圆，绘制左侧的正六边形孔。

命令: polygon

输入边的数目 <4>: 6

指定正多边形的中心点或 [边(E)]:（对象捕捉左侧十字辅助线的交点）

输入选项 [内接于圆(I)/外切于圆(C)] <I>:

指定圆的半径: 8

（4）绘制 128 度角的椭圆形孔。首先需要对极轴进行设置，如图 3-21 所示。

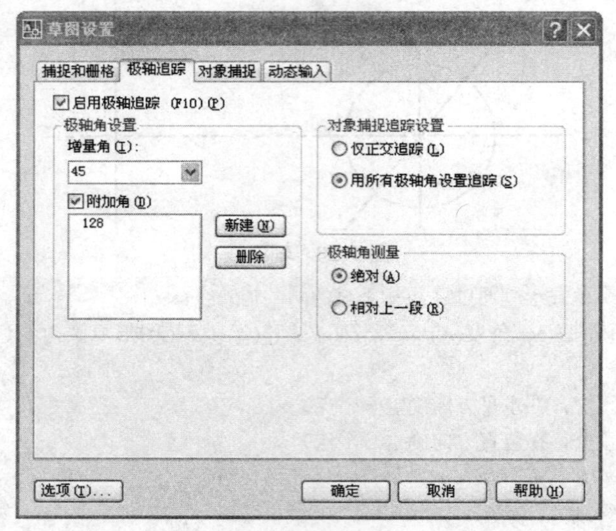

图 3-21　极轴设置

命令: ellipse
指定椭圆的轴端点或 [圆弧(A)/中心点(C)]: c
指定椭圆的中心点:（对象捕捉左侧 128 度构造线与半径 13 的圆的辅助线的交点）
指定轴的端点: 2（沿着 128 度极轴的方向）
指定另一条半轴长度或 [旋转(R)]: 3.5

配 套 练 习

1. 按照图 3-22 所给尺寸绘制以下图形，并将其保存。

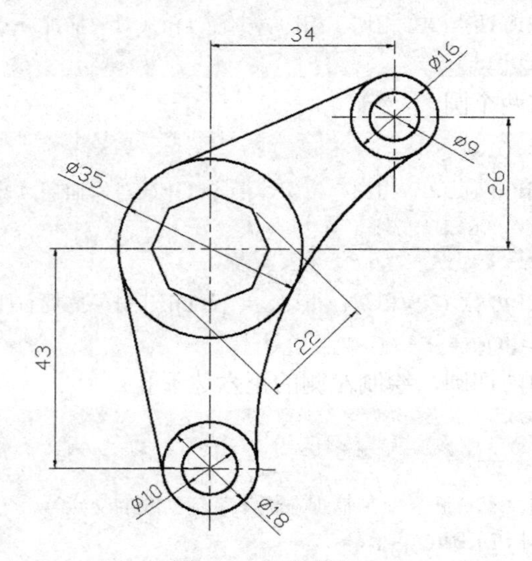

图 3-22　示例图

2．按照图 3-23、图 3-24 所给数据完成图形绘制任务，并将其保存。

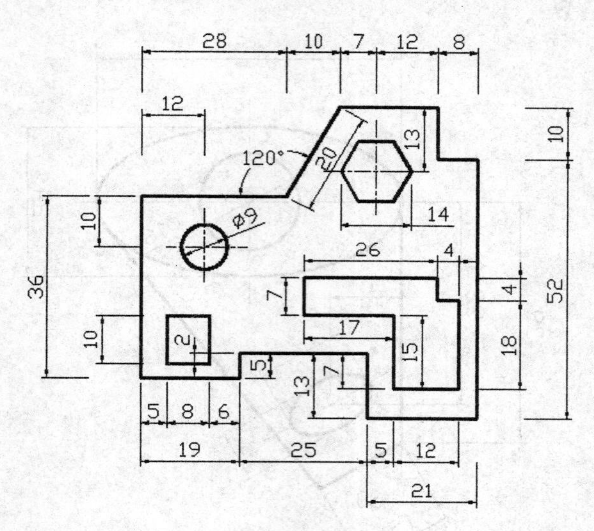

图 3-23　示例图

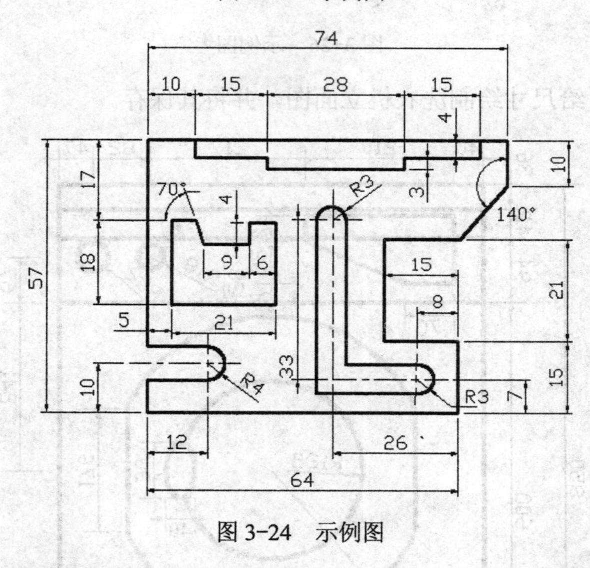

图 3-24　示例图

3．按照图 3-25 所给尺寸绘制下图，并将其保存。图中 *A*、*B* 均为椭圆弧。

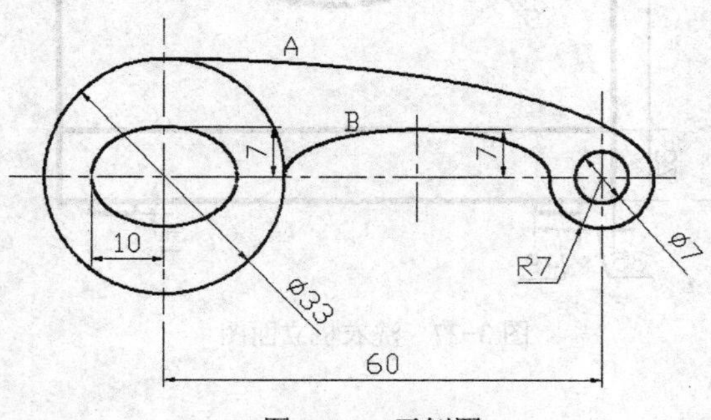

图 3-25　示例图

4．按照图 3-26 所给尺寸绘制下图，并将其保存。

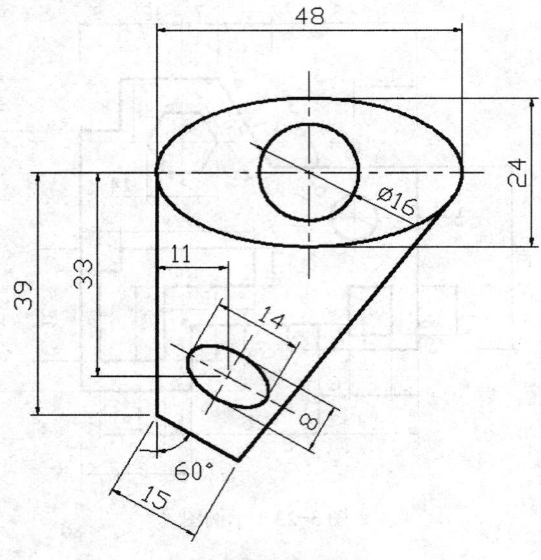

图 3-26　示例图

5．按照图 3-27 所给尺寸绘制洗衣机立面图，并将其保存。

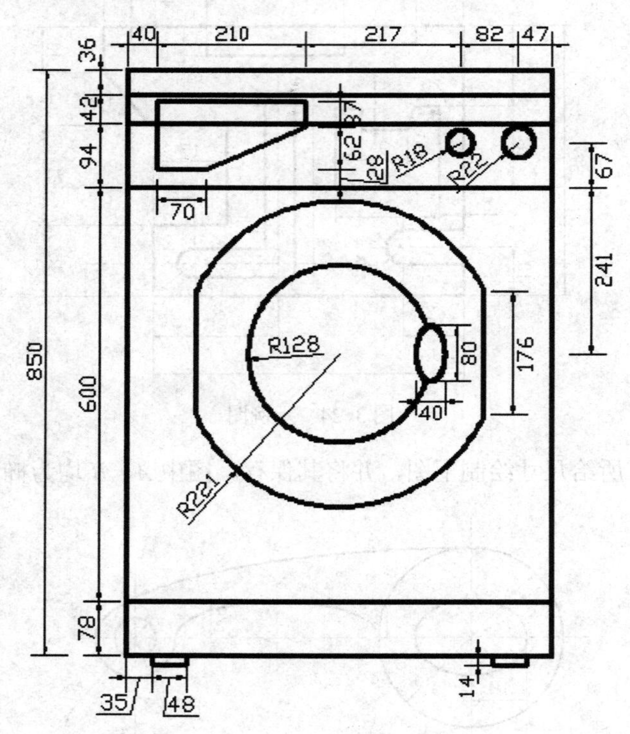

图 3-27　洗衣机立面图

4 任务四

绘制垫片

4.1 学习目标

知识目标

- 了解零件外轮廓线的绘制。
- 熟悉多段线命令。

技能目标

- 熟悉直线与圆弧相切以及圆弧与圆弧相切的绘制技巧。
- 熟练掌握多段线命令的使用技巧和特点。

4.2 任务介绍

本任务为绘制如图 4-1 所示的零件垫片，并将其保存。

这个垫片图形中包括多种线条，其中绘制辅助线和画圆的命令为任务二、任务三中的内容。图形中主要的轮廓线为有相切关系的直线和圆弧，这种特殊的组合使用 AutoCAD 软件提供的多段线命令绘制更为简单、快捷。

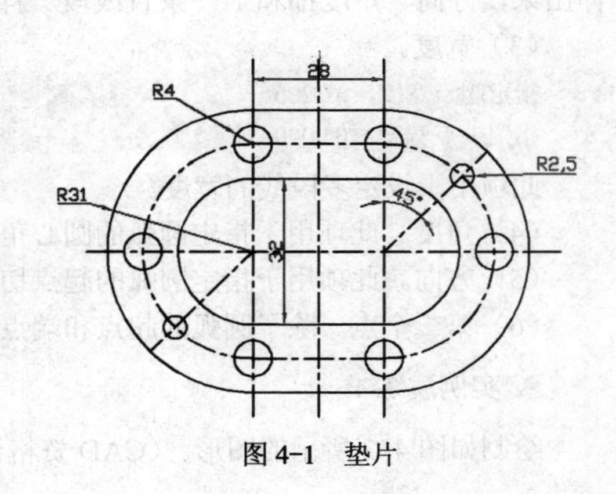

图 4-1　垫片

4.3 相关知识

在 AutoCAD 中，多段线是一种特殊且非常有用的线段对象，它是由多段首尾相连的线段或圆弧组成的单个图形对象。它比直线的功能灵活、强大，沿线的长度方向可选用不同的线型，沿线的宽度方向可以给多段线以不同的宽度。

执行方式

通过工具栏：从“绘图”工具栏中选择多段线命令。

通过菜单栏：选择菜单栏中的“绘图”→“多段线”。

命令行：PLINE（快捷命令 PL）

操作步骤

（1）第一种方法。

```
命令: pline
指定起点:
当前线宽为 0.0000
指定下一个点或 [圆弧(A)/半宽(H)/长度(L)/放弃(U)/宽度(W)]:
```

（2）第二种方法。

```
命令: pline
指定起点:
当前线宽为 0.0000
指定下一个点或 [圆弧(A)/半宽(H)/长度(L)/放弃(U)/宽度(W)]: a
指定圆弧的端点或
[角度(A)/圆心(CE)/方向(D)/半宽(H)/直线(L)/半径(R)/第二个点(S)/放弃(U)/宽度(W)]:
```

选项说明

（1）半宽。

```
指定起点半宽 <0.0000>:
指定端点半宽 <3.1603>:
```

此项用于设定多段线的宽度，输入的数值应为实际宽度的一半。

（2）长度。按指定长度绘制直线。如果上一段是直线，则绘出的直线从上一条直线段延伸出来，方向、角度都和上一条直线段一样；如果上一段是圆弧，则绘出的直线与圆弧相切。

（3）宽度。

```
指定起点宽度 <6.3206>:
指定端点宽度 <0.0000>:
```

此项用于设定多段线的宽度。

（4）角度。此项用于指定圆弧的圆心角。

（5）方向。此项用于指定圆弧的起点切向。

（6）第二个点。除了圆弧的起点和端点以外的任意经过点。

实例演练 1

绘制如图 4-2 所示的图形。（CAD 资格认证试题）

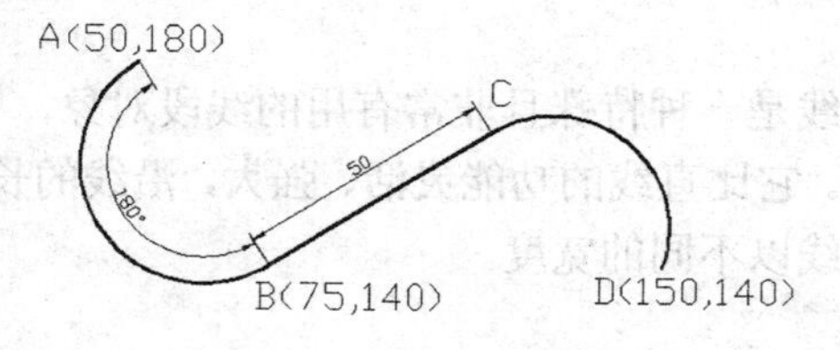

图 4-2　综合图

```
命令: pline
指定起点: 50,180
```

```
当前线宽为 0.0000
指定下一个点或 [圆弧(A)/半宽(H)/长度(L)/放弃(U)/宽度(W)]: a
指定圆弧的端点或
[角度(A)/圆心(CE)/方向(D)/半宽(H)/直线(L)/半径(R)/第二个点(S)/放弃(U)/宽度(W)]: a
指定包含角: 180
指定圆弧的端点或 [圆心(CE)/半径(R)]: 75,140
指定圆弧的端点或
[角度(A)/圆心(CE)/闭合(CL)/方向(D)/半宽(H)/直线(L)/半径(R)/第二个点(S)/放弃(U)/宽度(W)]: l
指定下一点或 [圆弧(A)/闭合(C)/半宽(H)/长度(L)/放弃(U)/宽度(W)]: l
指定直线的长度: 50
指定下一点或 [圆弧(A)/闭合(C)/半宽(H)/长度(L)/放弃(U)/宽度(W)]: a
指定圆弧的端点或
[角度(A)/圆心(CE)/闭合(CL)/方向(D)/半宽(H)/直线(L)/半径(R)/第二个点(S)/放弃(U)/宽度(W)]: 150,140
指定圆弧的端点或
[角度(A)/圆心(CE)/闭合(CL)/方向(D)/半宽(H)/直线(L)/半径(R)/第二个点(S)/放弃(U)/宽度(W)]:
```

实例演练 2

绘制如图 4-3 所示的图形，图中直线 *ABCD* 与圆弧 *DE* 相切，*A* 点宽度为 0，*B* 点宽度为 20，*C* 点宽度为 0，*D* 点和 *E* 点宽度为 10。（CAD 资格认证试题）

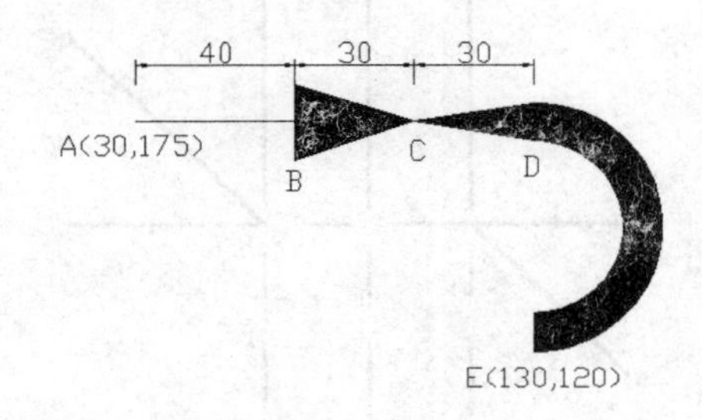

图 4-3　多段线

```
命令: pline
指定起点: 30,175
当前线宽为 0.0000
指定下一个点或 [圆弧(A)/半宽(H)/长度(L)/放弃(U)/宽度(W)]: 40
指定下一点或 [圆弧(A)/闭合(C)/半宽(H)/长度(L)/放弃(U)/宽度(W)]: w
指定起点宽度 <0.0000>: 20
指定端点宽度 <20.0000>: 0
指定下一点或 [圆弧(A)/闭合(C)/半宽(H)/长度(L)/放弃(U)/宽度(W)]: 30
指定下一点或 [圆弧(A)/闭合(C)/半宽(H)/长度(L)/放弃(U)/宽度(W)]: w
指定起点宽度 <0.0000>:
指定端点宽度 <0.0000>: 10
指定下一点或 [圆弧(A)/闭合(C)/半宽(H)/长度(L)/放弃(U)/宽度(W)]: 30
指定下一点或 [圆弧(A)/闭合(C)/半宽(H)/长度(L)/放弃(U)/宽度(W)]: a
指定圆弧的端点或
```

[角度(A)/圆心(CE)/闭合(CL)/方向(D)/半宽(H)/直线(L)/半径(R)/第二个点(S)/放弃(U)/宽度(W)]: 130,120
指定圆弧的端点或
[角度(A)/圆心(CE)/闭合(CL)/方向(D)/半宽(H)/直线(L)/半径(R)/第二个点(S)/放弃(U)/宽度(W)]:

4.4 操作分析

1．设置图形界限

本任务要绘制的图形最大尺寸为 90 mm×62 mm，图形界限应在此基础上适当放大，所以选择图形界限为 150 mm×130 mm 的矩形。

2．设置图层

根据图形分析，本任务中的图形需要三个图层，分别是：轮廓线层，白色，实线线型，线宽为 0；辅助线层，红色，中心线线型，线宽为 0；尺寸标注层，绿色，实线线型，线宽为 0。

3．绘制图形

操作步骤

（1）绘制直线型辅助线，效果如图 4-4 所示。

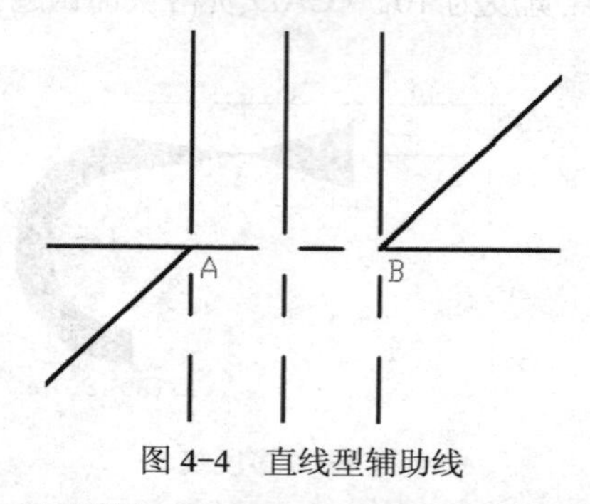

图 4-4　直线型辅助线

命令: xline
指定点或 [水平(H)/垂直(V)/角度(A)/二等分(B)/偏移(O)]:（在图形界限的中心位置单击鼠标左键确定中心点）
指定通过点:（利用正交，在水平方向确定一个点）
指定通过点:（利用正交，在竖直方向确定一个点）
指定通过点:（敲回车键结束命令）
命令: xline
指定点或 [水平(H)/垂直(V)/角度(A)/二等分(B)/偏移(O)]: o
指定偏移距离或 [通过(T)] <通过>: 14
选择直线对象:（选择竖直方向的直线）
指定向哪侧偏移:（在直线右侧单击鼠标左键）
选择直线对象:（选择竖直方向的直线）
指定向哪侧偏移:（在直线左侧单击鼠标左键）
选择直线对象:（敲回车键结束命令）

对极轴进行设置，如图 4-5 所示。

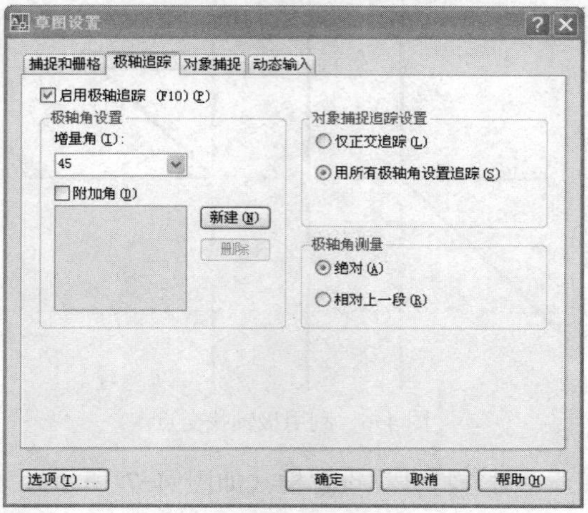

图 4-5 极轴设置

命令: line

指定第一点:（对象捕捉 *B* 点）

指定下一点或 [放弃(U)]:（沿着 45 度极轴的方向任意确定一点）

指定下一点或 [放弃(U)]:（敲回车键结束命令）

命令: line

指定第一点:（对象捕捉 *A* 点）

指定下一点或 [放弃(U)]:（沿着 225 度极轴的方向任意确定一点）

指定下一点或 [放弃(U)]:（敲回车键结束命令）

（2）绘制环状辅助线。

命令: pline

指定起点: 23.5（对象捕捉 *A* 点，沿着 90 度极轴方向）

当前线宽为 0.0000

指定下一个点或 [圆弧(A)/半宽(H)/长度(L)/放弃(U)/宽度(W)]:（利用水平向右的极轴寻找交点，操作如图 4-6 所示）

指定下一点或 [圆弧(A)/闭合(C)/半宽(H)/长度(L)/放弃(U)/宽度(W)]: a

指定圆弧的端点或

[角度(A)/圆心(CE)/闭合(CL)/方向(D)/半宽(H)/直线(L)/半径(R)/第二个点(S)/放弃(U)/宽度(W)]: 47（沿着竖直向下的极轴方向）

指定圆弧的端点或

[角度(A)/圆心(CE)/闭合(CL)/方向(D)/半宽(H)/直线(L)/半径(R)/第二个点(S)/放弃(U)/宽度(W)]: l

指定下一点或 [圆弧(A)/闭合(C)/半宽(H)/长度(L)/放弃(U)/宽度(W)]:（利用水平向左的极轴寻找交点，操作与图 4-6 所示相同）

指定下一点或 [圆弧(A)/闭合(C)/半宽(H)/长度(L)/放弃(U)/宽度(W)]: a

指定圆弧的端点或

[角度(A)/圆心(CE)/闭合(CL)/方向(D)/半宽(H)/直线(L)/半径(R)/第二个点(S)/放弃(U)/宽度(W)]:cl

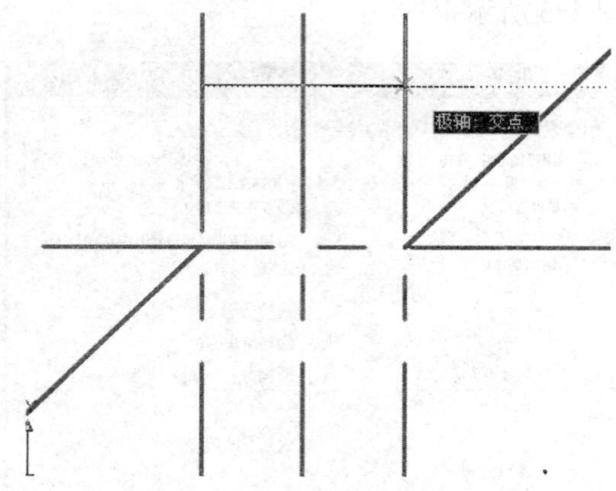

图 4-6 利用极轴找交点

选中所有辅助线，打开“对象特性”设置框（如图 4-7 所示），修改“线型比例”一项，辅助线的最终效果如图 4-8 所示。

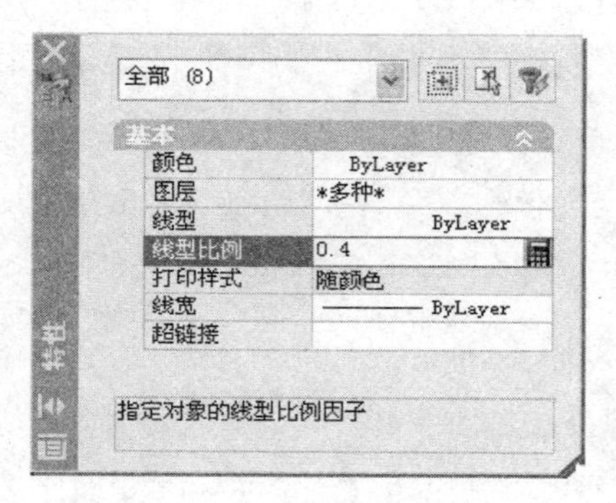

图 4-7 “对象特性”设置框

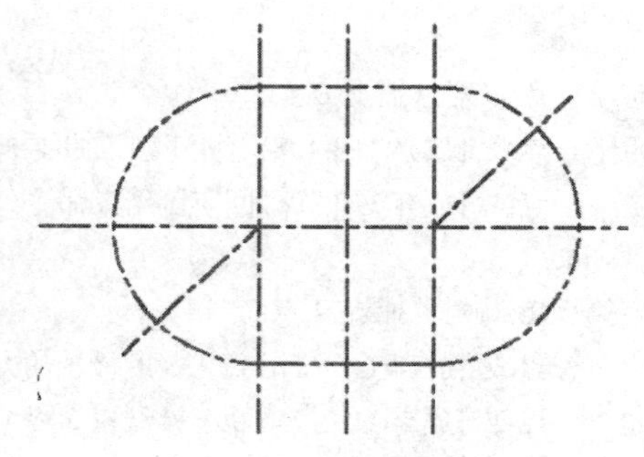

图 4-8 辅助线的最终效果

（3）采用步骤（2）中的方法绘制出零件中的另外两条多段线，如图 4-9 所示。

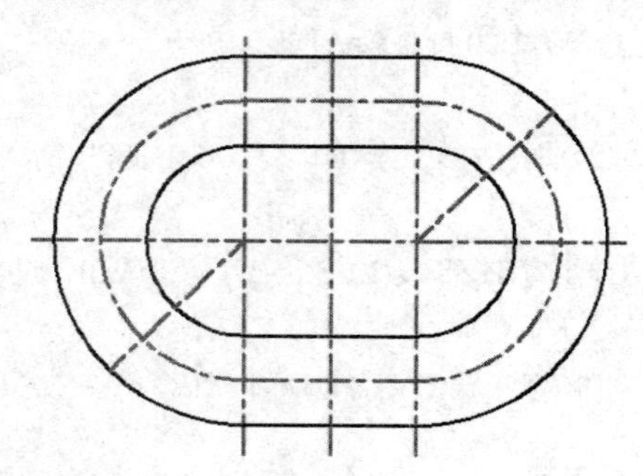

图 4-9 用多段线绘制零件的外轮廓

（4）用圆命令绘制零件中的 8 个圆孔。

```
命令: circle
指定圆的圆心或 [三点(3P)/两点(2P)/相切、相切、半径(T)]:（对象捕捉辅助线的交点作为圆心）
指定圆的半径或 [直径(D)]: 4
//其他圆的绘制方法相同。
```

配 套 练 习

1．按照图 4-10 所给数据绘制装饰柜立面图，并将其保存。

2．按照图 4-11 所给数据绘制扬声器立面图，并将其保存。

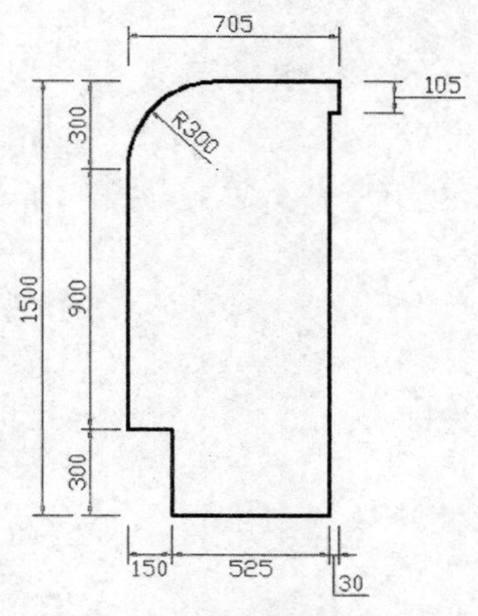

图 4-10　装饰柜立面图

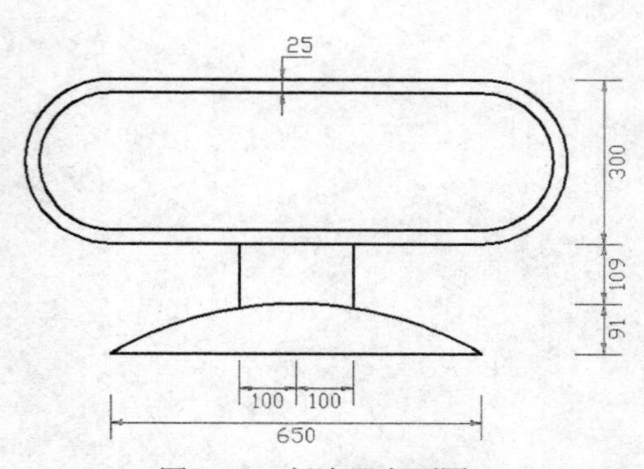

图 4-11　扬声器立面图

项目二

绘图技巧实例

使用 AutoCAD 制图大大提高了工作效率，不仅表现在它的绘图功能上，更重要的是体现在其编辑功能上。二维图形的编辑命令配合绘图命令和辅助命令，可以进一步保证作图的准确度，同时可减少重复操作，有效提高绘图效率。本项目通过不同实例分析详细介绍了“修改”工具栏中的复制、镜像、偏移、阵列、缩放、拉伸、旋转、移动、修剪、延伸、圆角、倒角、分解等命令的运用技巧。

5 任务五

橱柜正立面图

5.1 学习目标

知识目标

- 了解修改工具栏和修改菜单。
- 熟悉镜像命令和拉伸命令。

技能目标

- 熟悉修改工具的操作原理。
- 熟练掌握镜像命令和拉伸命令的使用技巧。

5.2 任务介绍

本任务为绘制完成如图 5-1 所示的橱柜正立面图，并将其保存。

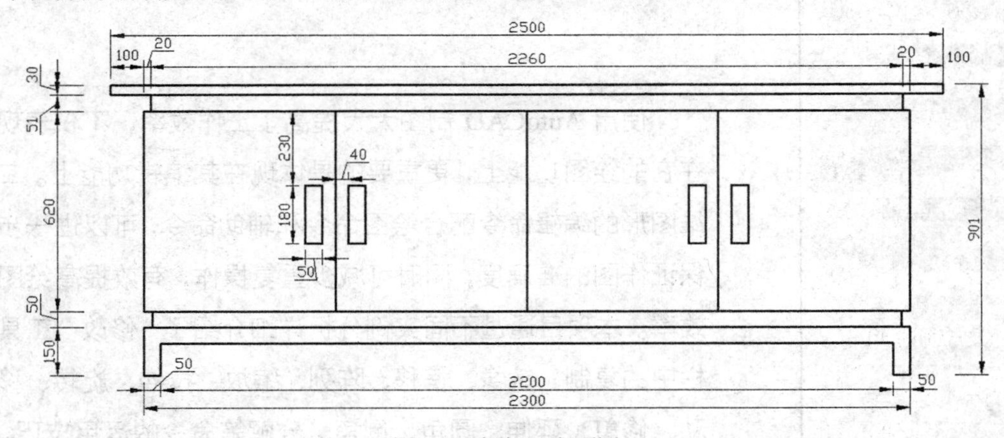

图 5-1　橱柜正立面图

在任务三中介绍过“橱柜侧立面图”的实例，通过观察和分析可以发现，正立面图的外轮廓和侧立面图相似，仅在水平方向上尺寸不同（如图 5-2 所示），针对此类图形 AutoCAD 提供了拉伸命令，大大简化了绘图过程中的重复性操作。绘制者可以利用已经绘制好的橱柜侧立面图修改得到正立面图的外轮廓，而不需要重新绘制。同时，图形中的对称部分可以使用修改工具栏中的镜像命令来完成编辑操作。

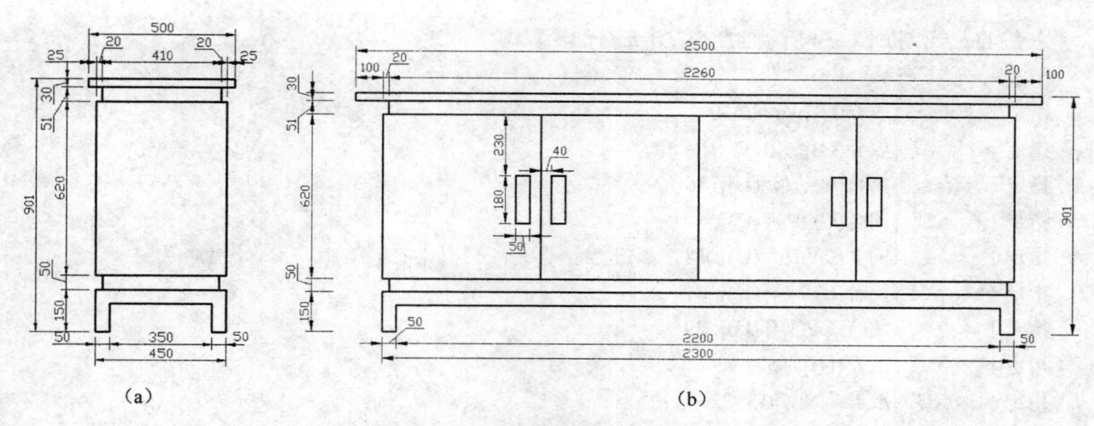

图 5-2　橱柜侧立面图与橱柜正立面图对比

（a）橱柜侧立面图　（b）橱柜正立面图

5.3　相关知识

1．镜像命令

在 AutoCAD 的修改命令中，镜像命令主要用于创建对称性的图形。

执行方式

通过工具栏：从“修改”工具栏中选择镜像命令。

通过菜单栏：选择菜单栏中的“修改”→“镜像”。

通过命令行：MIRROR（快捷命令 MI）。

操作步骤

```
命令: mirror
选择对象: 指定对角点: 找到 3 个
选择对象:
指定镜像线的第一点:指定镜像线的第二点:
要删除源对象吗? [是(Y)/否(N)] <N>:
```

选项说明

（1）镜像线的第一点、第二点。由两个点确定一条对称轴，该线不一定实际存在，且可以为任意角度的直线。

（2）是（Y）/否（N）。选择确定是否保留用来完成镜像命令的源对象。

实例演练

绘制如图 5-3 所示的对称图形。

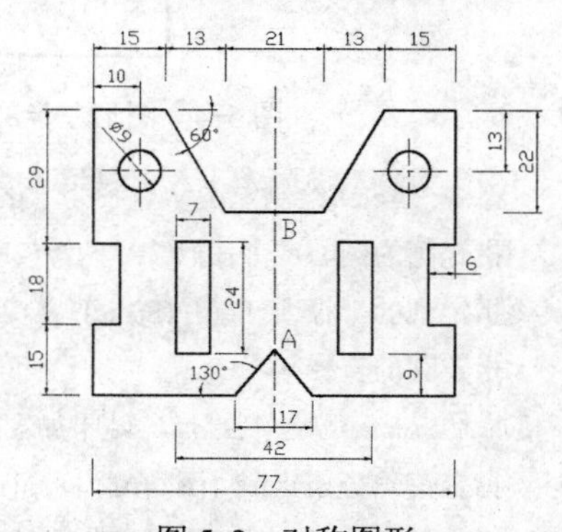

图 5-3　对称图形

命令: line//绘制如图 5-4 所示的图形左半部分的轮廓线
指定第一点:（确定 *A* 点，沿着顺时针方向绘制）
指定下一点或 [放弃(U)]: @-8.5,-9
指定下一点或 [放弃(U)]: <正交 开> 30
指定下一点或 [闭合(C)/放弃(U)]: 15
指定下一点或 [闭合(C)/放弃(U)]: 6
指定下一点或 [闭合(C)/放弃(U)]: 18
指定下一点或 [闭合(C)/放弃(U)]: 6
指定下一点或 [闭合(C)/放弃(U)]: 29
指定下一点或 [放弃(U)]: 15
指定下一点或 [放弃(U)]: @13,-22
指定下一点或 [闭合(C)/放弃(U)]: 10.5
指定下一点或 [闭合(C)/放弃(U)]:（敲回车键结束命令）
命令: xline//绘制通过 *A*、*B* 两点的辅助线
指定点或 [水平(H)/垂直(V)/角度(A)/二等分(B)/偏移(O)]:（对象捕捉 *A* 点）
指定通过点:（对象捕捉 *B* 点）
指定通过点:（敲回车键结束命令）
命令: xline//绘制左上角直径为 9 mm 的圆圆心位置的辅助线，结果如图 5-5 所示。
指定点或 [水平(H)/垂直(V)/角度(A)/二等分(B)/偏移(O)]: tt
指定临时对象追踪点: 10（对象捕捉左上角的点，在水平向右的方向找到极轴）
指定点或 [水平(H)/垂直(V)/角度(A)/二等分(B)/偏移(O)]: 13（从临时追踪点向下找到极轴）
指定通过点:（在水平方向确定一个点）
指定通过点:（在竖直方向确定一个点）
指定通过点:（敲回车键结束命令）

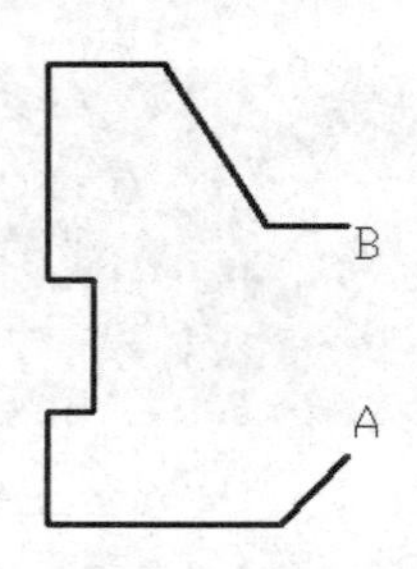

图 5-4　图形左半部分的轮廓线

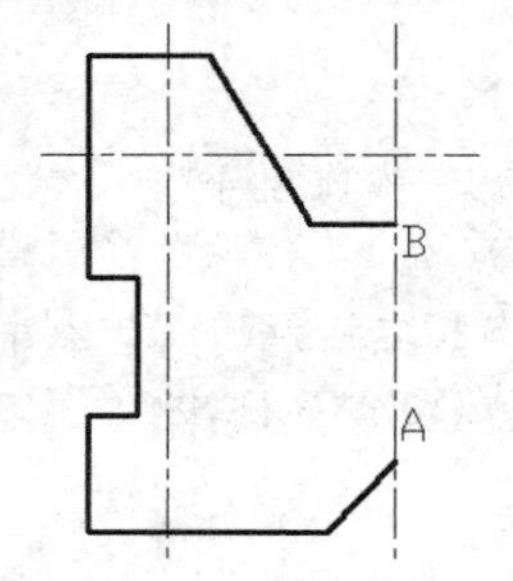

图 5-5　辅助线绘制效果

命令: circle//绘制左上角直径为 9 mm 的圆
指定圆的圆心或 [三点(3P)/两点(2P)/相切、相切、半径(T)]:
指定圆的半径或 [直径(D)]: d
指定圆的直径: 9
命令: rectang//绘制矩形，结果如图 5-6 所示
指定第一个角点或 [倒角(C)/标高(E)/圆角(F)/厚度(T)/宽度(W)]: 11
指定另一个角点或 [面积(A)/尺寸(D)/旋转(R)]: @7,-24

```
命令: mirror//利用镜像命令做出右半部分图形
选择对象: 指定对角点: 找到 15 个（从右向左拖动窗口，选择范围如图 5-7 所示）
选择对象:
指定镜像线的第一点:（对象捕捉 A 点）
指定镜像线的第二点:（对象捕捉 B 点）
要删除源对象吗? [是(Y)/否(N)] <N>:（敲回车键结束命令）
```

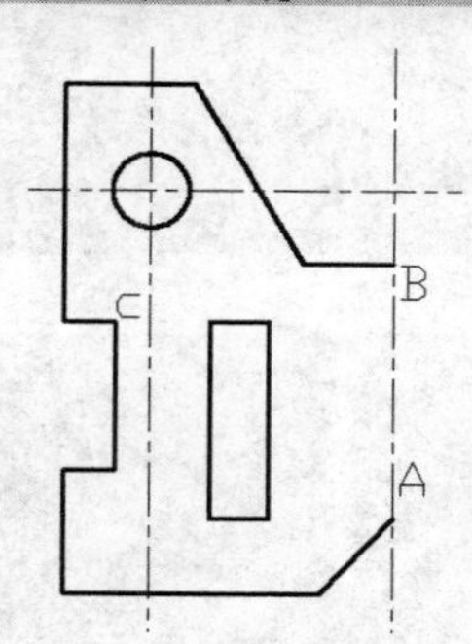

图 5-6　对称图形左半部分

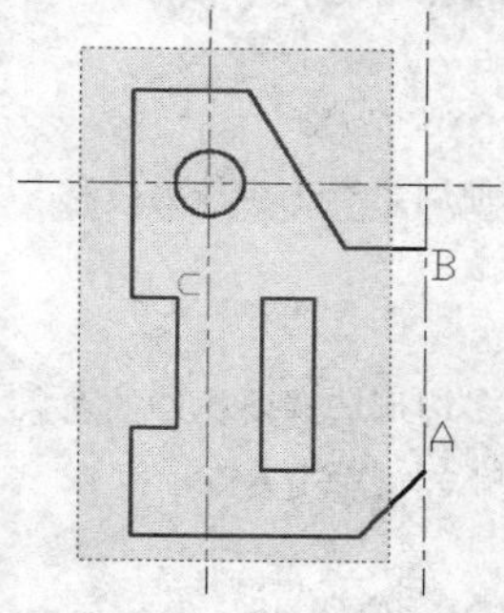

图 5-7　镜像命令的选择范围

知识拓展

当对文字对象进行镜像操作时，操作效果由系统变量 MIRRTEXT 控制。该命令的操作行显示为：

```
命令: mirrtext
输入 MIRRTEXT 的新值 <0>:
```

当MIRRTEXT=0 时，文字只是位置发生改变，但不颠倒，如图 5-8（a）所示；当 MIRRTEXT=1 时，文字会和图形镜像的效果一样发生颠倒，如图 5-8（b）所示。

镜像效果

镜像效果

（a）

镜像效果

（b）

图 5-8　镜像命令系统变量

（a）MIRRTEXT=0 时　（b）MIRRTEXT=1 时

2．拉伸命令

在 AutoCAD 的修改命令中，二维拉伸命令以交叉窗口或交叉多边形选择要拉伸的对象，此命令仅移动位于交叉窗口内的顶点和端点，不更改那些位于交叉窗口外的点。通过二维拉伸命令，可以快速改变已有图形的形状。

二维拉伸命令不能用于修改三维实体、多段线的宽度、切向或曲线拟合的信息。

执行方式

通过工具栏：从“修改”工具栏中选择拉伸命令。

通过菜单栏：选择菜单栏中的“修改”→“拉伸”。

通过命令行：STRETCH（快捷命令 S）。

操作步骤

（1）第一种方式。

```
命令: stretch
以交叉窗口或交叉多边形选择要拉伸的对象…
选择对象: 指定对角点: 找到 1 个
选择对象:
指定基点或 [位移(D)] <位移>:
指定第二个点或 <使用第一个点作为位移>:
```

（2）第二种方式。

```
命令: stretch
以交叉窗口或交叉多边形选择要拉伸的对象…
选择对象: 指定对角点: 找到 1 个
选择对象:
指定基点或 [位移(D)] <位移>:d
指定位移 <0.0000, 0.0000, 0.0000>:
```

选项说明

（1）基点。用来确定拉伸距离的基准点。

（2）第二个点。在屏幕上点击，作为基准点移动时的目标位置。

（3）位移（D）。指定拉伸距离，即指定基准点的移动距离。

实例演练

利用拉伸命令将图 5-9（a）修改成图 5-9（b）所示的形状。

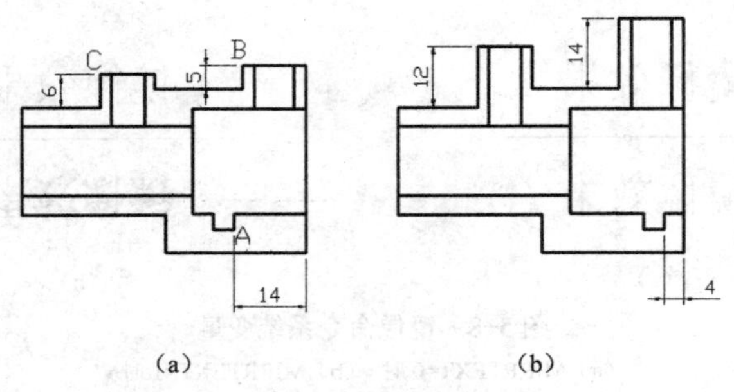

（a）　　　　（b）

图 5-9　拉伸图形

```
命令: stretch//用拉伸的方式调整图形下半部分 14 到 4 的尺寸变化
以交叉窗口或交叉多边形选择要拉伸的对象…
选择对象: 指定对角点: 找到 5 个（采用从右向左的框选方式，选择区域如图 5-10（a）所示）
选择对象:
指定基点或 [位移(D)] <位移>:（对象捕捉 A 点）
指定第二个点或 <使用第一个点作为位移>:10
命令: stretch//用拉伸的方式调整图形右上部分 5 到 14 的尺寸变化
以交叉窗口或交叉多边形选择要拉伸的对象…
```

```
选择对象: 指定对角点: 找到 5 个（采用从右向左的框选方式，选择区域如图 5-10（b）所示）
选择对象:
指定基点或 [位移(D)] <位移>:（对象捕捉 B 点）
指定第二个点或 <使用第一个点作为位移>:9
命令: stretch//用拉伸的方式调整图形左上部分 6 到 12 的尺寸变化
以交叉窗口或交叉多边形选择要拉伸的对象…
选择对象: 指定对角点: 找到 5 个（采用从右向左的框选方式，选择区域如图 5-10（c）所示）
选择对象:
指定基点或 [位移(D)] <位移>:（对象捕捉 C 点）
指定第二个点或 <使用第一个点作为位移>:6
```

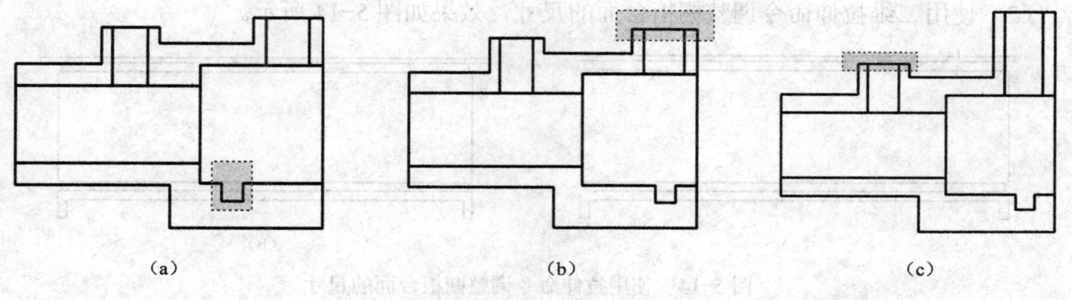

（a）　　　　（b）　　　　（c）

图 5-10　拉伸时窗口选择

5.4 操作分析

本任务是在已经绘制好的图形的基础上进行修改，所以不需要进行图形界限等设置，可以直接利用二维拉伸命令进行图形编辑。

操作步骤

（1）使用二维拉伸命令将橱柜侧立面图的主体修改成如图 5-11 所示。

图 5-11　橱柜侧立面图主体拉伸效果

```
命令: stretch
以交叉窗口或交叉多边形选择要拉伸的对象…
选择对象: 指定对角点: 找到 13 个（采用从右向左的框选方式，选择区域如图 5-12 所示）
选择对象:
指定基点或 [位移(D)] <位移>:（对象捕捉橱柜右下角的点）
指定第二个点或 <使用第一个点作为位移>:1850（使用极轴控制拉伸方向，如图 5-13 所示）
```

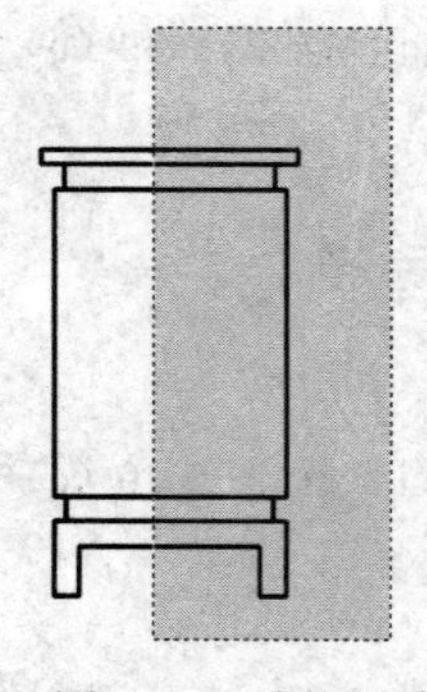

图 5-12　选择区域

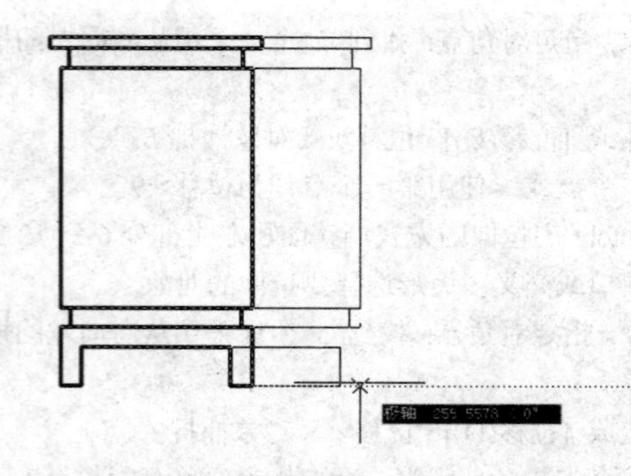

图 5-13　使用极轴控制拉伸方向

（2）使用二维拉伸命令调整橱柜台面的尺寸，效果如图 5-14 所示。

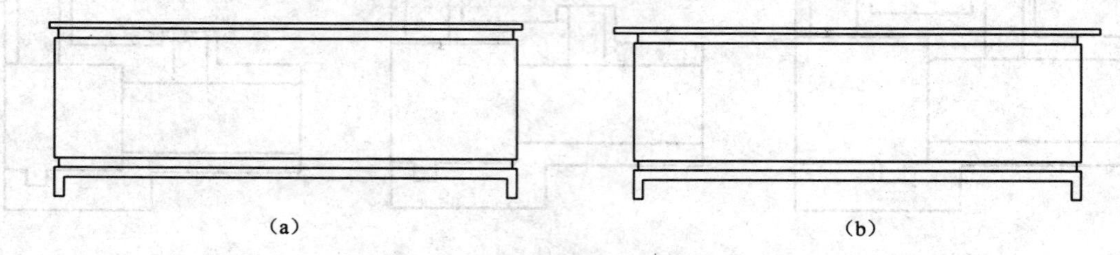

（a）　　（b）

图 5-14　使用拉伸命令调整橱柜台面的尺寸

（a）拉伸前　（b）拉伸后

命令: stretch
以交叉窗口或交叉多边形选择要拉伸的对象…
选择对象: 指定对角点: 找到 3 个（采用从右向左的框选方式，选择区域如图 5-15 所示）
选择对象:
指定基点或 [位移(D)] <位移>:（对象捕捉橱柜台面右下角的点）
指定第二个点或 <使用第一个点作为位移>:75

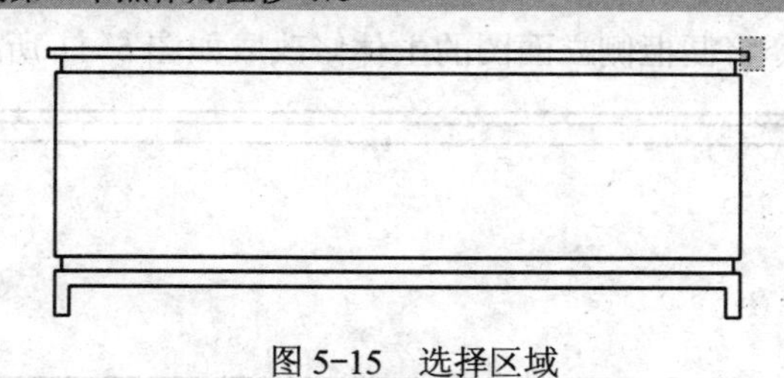

图 5-15　选择区域

（3）绘制橱柜正面左侧的柜门及把手，效果如图 5-16 所示。

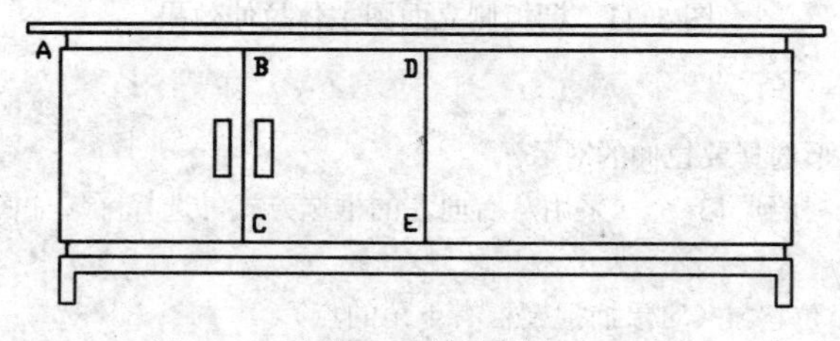

图 5-16　橱柜正面左侧的柜门及把手

命令: line//绘制直线 *BC*
指定第一点: 575（对象捕捉 *A* 点，找到水平向右的极轴，确定 *B* 点）
指定下一点或 [放弃(U)]:（竖直向下找到极轴与边框的交点 *C* 点）
指定下一点或 [放弃(U)]:
命令: line//绘制直线 *DE*
指定第一点:（对象捕捉台面的中点 *D* 点）
指定下一点或 [放弃(U)]:（对象捕捉底座的中点 *E* 点）
指定下一点或 [放弃(U)]:
命令: rectang//绘制最左侧的门把手
指定第一个角点或 [倒角(C)/标高(E)/圆角(F)/厚度(T)/宽度(W)]: tt
指定临时对象追踪点: 90
指定第一个角点或 [倒角(C)/标高(E)/圆角(F)/厚度(T)/宽度(W)]: 230
指定另一个角点或 [面积(A)/尺寸(D)/旋转(R)]: @50, -180
命令: mirror//以 *BC* 为对称轴做另一个门把手
选择对象: 指定对角点: 找到 1 个
选择对象:
指定镜像线的第一点: 指定镜像线的第二点:
要删除源对象吗？[是(Y)/否(N)] <N>:
命令: mirror//以 *DE* 为对称轴补全整个图形
选择对象: 指定对角点: 找到 3 个
选择对象:
指定镜像线的第一点: 指定镜像线的第二点:
要删除源对象吗？[是(Y)/否(N)] <N>:

配 套 练 习

1．按照图 5-17 所给数据绘制如下对称图形，并将其保存。

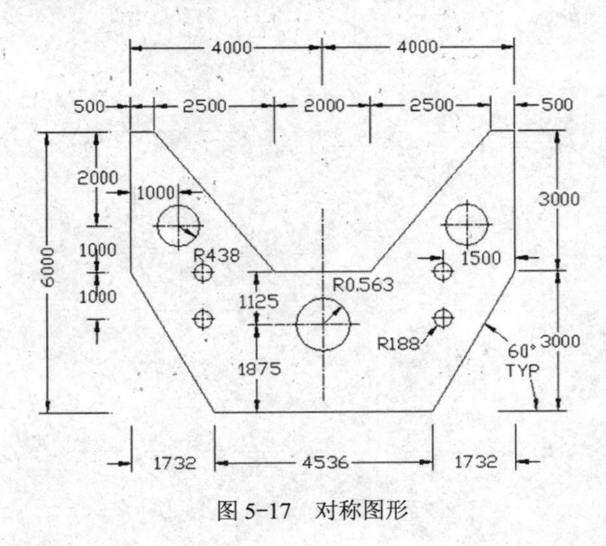

图 5-17　对称图形

2．按照图 5-18（a）所给数据绘制图形，并将其保存，再将其尺寸修改成如图 5-18（b）所示。

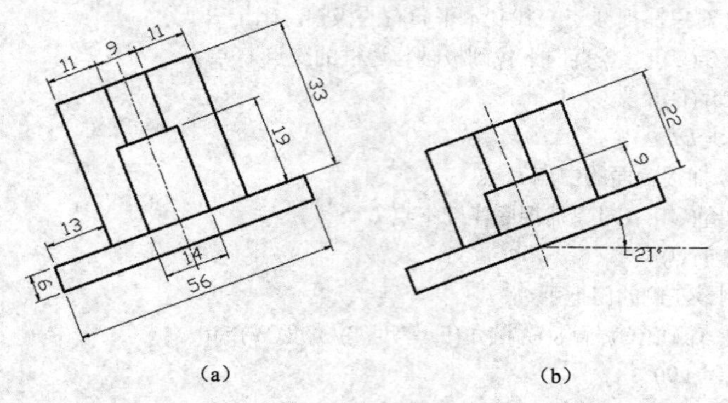

图 5-18　示例图

3．按照图 5-19 所给数据绘制图形，并将其保存。

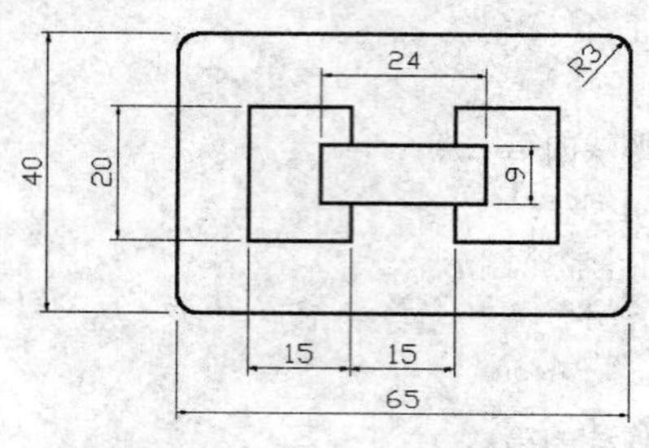

图 5-19　示例图

6 任务六

衣柜立面图

6.1 学习目标

知识目标

- 了解复制命令和偏移命令。
- 掌握复杂图形的绘制思路。
- 熟悉修改命令的操作原理。

技能目标

- 熟悉修改工具栏中工具的使用特点和使用技巧。
- 熟练掌握复制命令和偏移命令的使用方法以及所有选项的操作要求。

6.2 任务介绍

本任务为绘制完成如图 6-1 所示的衣柜立面图，并将其保存。

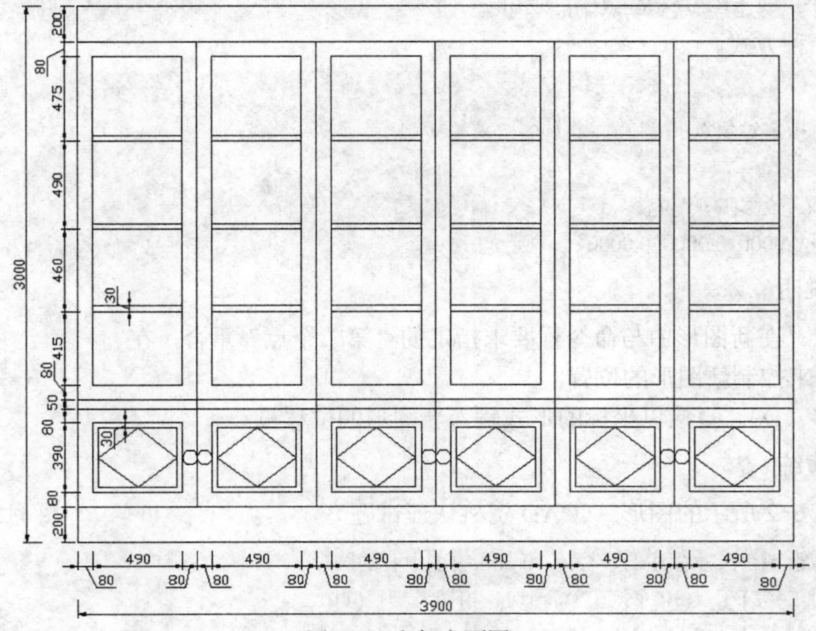

图 6-1 衣柜立面图

通过观察和分析图形可以发现，本任务中的衣柜立面图有很多完全相同的图形，这些图形正是体现使用 AutoCAD 软件电子绘图优势的地方。本任务中的图形有很多平行线条，使用 AutoCAD 软件中的修改工具栏提供的偏移命令可以完成平行图形的编辑；同样形状的三组柜门可以在完成一组的绘制后使用复制命令得到另外两组，操作非常方便、快捷。

6.3 相关知识

1. 复制命令

对于图形中相同的、反复出现的图形对象，可以利用 AutoCAD 的修改工具栏中的复制命令进行编辑，以避免重复劳动。使用复制命令可以把选中的图形对象复制出一份或多份，放至指定位置。

执行方式

通过工具栏：从“修改”工具栏中选择复制命令。

通过菜单栏：选择菜单栏中的“修改”→“复制”。

通过命令行：COPY（快捷命令 CO）。

操作步骤

（1）第一种方式。

```
命令: opy
选择对象: 指定对角点: 找到 1 个
选择对象:
指定基点或 [位移(D)] <位移>:指定第二个点或 <使用第一个点作为位移>:
指定第二个点或 [退出(E)/放弃(U)] <退出>:
```

（2）第二种方式。

```
命令: opy
选择对象: 指定对角点: 找到 1 个
选择对象:
指定基点或 [位移(D)] <位移>:d
指定位移 <0.0000, 0.0000, 0.0000>:
```

选项说明

（1）基点。在新图形中与命令行要求指定的“第二个点”重合，在操作过程中用来控制新图形的位置。

（2）位移（D）。直接以坐标的形式输入新图形的位移量。

实例演练

绘制如图 6-2 所示的图形。（CAD 资格认证试题）

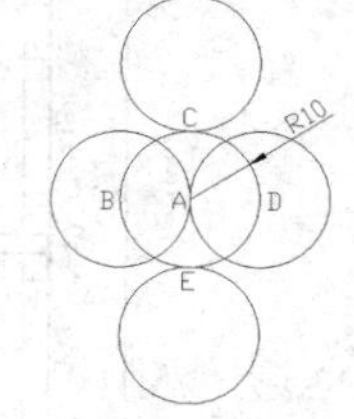

图 6-2 复制

```
命令: ircle//绘制有尺寸标注的半径为 10 mm 的正中心的圆
指定圆的圆心或 [三点(3P)/两点(2P)/相切、相切、半径(T)]:
指定圆的半径或 [直径(D)]: 10
```

```
命令: opy//复制得到圆 B 和圆 D
选择对象: 找到 1 个（选择圆 A）
选择对象:
指定基点或 [位移(D)] <位移>:（对象捕捉圆心 A 点）
指定第二个点或 <使用第一个点作为位移>:（对象捕捉象限点 B 点）
指定第二个点或 [退出(E)/放弃(U)] <退出>:（对象捕捉象限点 D 点）
指定第二个点或 [退出(E)/放弃(U)] <退出>:
命令: opy//复制得到最顶端的圆
选择对象: 找到 1 个（选择圆 A）
选择对象:
指定基点或 [位移(D)] <位移>:（对象捕捉象限点 E 点）
指定第二个点或 <使用第一个点作为位移>:（对象捕捉象限点 C 点）
指定第二个点或 [退出(E)/放弃(U)] <退出>:
命令: opy//复制得到最底端的圆
选择对象: 找到 1 个（选择圆 A）
选择对象:
指定基点或 [位移(D)] <位移>:（对象捕捉象限点 C 点）
指定第二个点或 <使用第一个点作为位移>:（对象捕捉象限点 E 点）
指定第二个点或 [退出(E)/放弃(U)] <退出>:
```

2．偏移命令

偏移命令用于按照指定的距离或通过指定点，生成选定对象的平行线或平行曲线。由于部分绘图命令绘制出的线条为一个整体的图形对象，所以在偏移操作的过程中可能出现缩放的效果。在 AutoCAD 中，可以偏移的对象包括直线、构造线、圆、椭圆、多段线、矩形、正多边形、圆弧、椭圆弧等。

执行方式

通过工具栏：从“修改”工具栏中选择偏移命令。

通过菜单栏：选择菜单栏中的“修改”→“偏移”。

通过命令行：OFFSET（快捷命令 O）。

操作步骤

```
命令: ffset
当前设置: 删除源=否　图层=源　OFFSETGAPTYPE=0
指定偏移距离或 [通过(T)/删除(E)/图层(L)] <通过>:100
选择要偏移的对象，或 [退出(E)/放弃(U)] <退出>:
指定要偏移的那一侧上的点，或 [退出(E)/多个(M)/放弃(U)] <退出>:
选择要偏移的对象，或 [退出(E)/放弃(U)] <退出>:
```

选项说明

（1）偏移距离。指定平行线之间的距离（此项的意思与构造线中的相同）。

（2）通过（T）。指定平行线所经过的某一个特殊点。

```
选择要偏移的对象，或 [退出(E)/放弃(U)] <退出>:
指定通过点或 [退出(E)/多个(M)/放弃(U)] <退出>:
```

（3）删除（E）。通过此选项选择偏移后是否保留源对象。

（4）图层（L）。通过此选项选择将偏移得到的图形对象放置在哪一个图层。

```
输入偏移对象的图层选项 [当前(C)/源(S)] <源>:
指定偏移距离或 [通过(T)/删除(E)/图层(L)] <通过>:
```

（5）当前（C）。“图层（L）”操作的下级选项，此选项表示将偏移得到的图形对象放置在当前图层。

（6）源（S）。“图层（L）”操作的下级选项，此选项表示将偏移得到的图形对象放置在源对象所在图层。

实例演练

绘制如图 6-3 所示的双人床平面图。

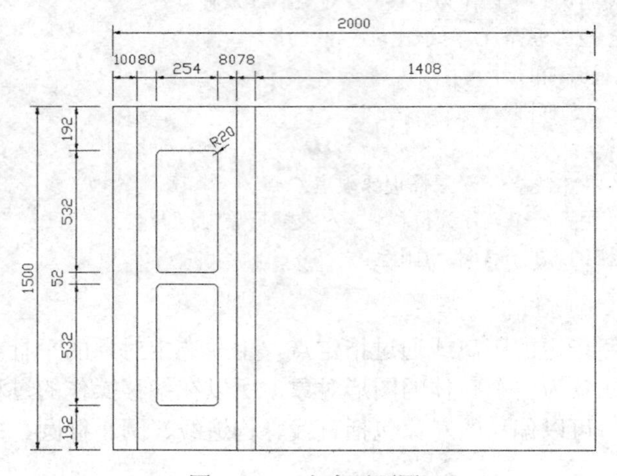

图 6-3　双人床平面图

```
命令: line//从左下角的点起，按照顺时针方向绘制外轮廓线
指定第一点: <正交 开>
指定下一点或 [放弃(U)]: 1500
指定下一点或 [放弃(U)]: 2000
指定下一点或 [闭合(C)/放弃(U)]: 1500
指定下一点或 [闭合(C)/放弃(U)]: c
//利用最左边的竖直线条偏移得到其他三条竖直线条
命令: offset
当前设置: 删除源=否    图层=源    OFFSETGAPTYPE=0
指定偏移距离或 [通过(T)/删除(E)/图层(L)] <通过>:100
选择要偏移的对象，或 [退出(E)/放弃(U)] <退出>:
指定要偏移的那一侧上的点，或 [退出(E)/多个(M)/放弃(U)] <退出>:
选择要偏移的对象，或 [退出(E)/放弃(U)] <退出>:
命令: offset
当前设置: 删除源=否    图层=源    OFFSETGAPTYPE=0
指定偏移距离或 [通过(T)/删除(E)/图层(L)] <100.0000>: 414
选择要偏移的对象，或 [退出(E)/放弃(U)] <退出>:
```

```
指定要偏移的那一侧上的点，或 [退出(E)/多个(M)/放弃(U)] <退出>:
选择要偏移的对象，或 [退出(E)/放弃(U)] <退出>:
命令: offset
当前设置: 删除源=否　图层=源　OFFSETGAPTYPE=0
指定偏移距离或 [通过(T)/删除(E)/图层(L)] <414.0000>:78
选择要偏移的对象，或 [退出(E)/放弃(U)] <退出>:
指定要偏移的那一侧上的点，或 [退出(E)/多个(M)/放弃(U)] <退出>:
选择要偏移的对象，或 [退出(E)/放弃(U)] <退出>:
命令: rectang//绘制一个圆角矩形的枕头
指定第一个角点或 [倒角(C)/标高(E)/圆角(F)/厚度(T)/宽度(W)]: f
指定矩形的圆角半径 <0.0000>: 20
指定第一个角点或 [倒角(C)/标高(E)/圆角(F)/厚度(T)/宽度(W)]: tt
指定临时对象追踪点: 192
指定第一个角点或 [倒角(C)/标高(E)/圆角(F)/厚度(T)/宽度(W)]: 80
指定另一个角点或 [面积(A)/尺寸(D)/旋转(R)]: @254,-532
命令: copy//复制得到另外一个枕头
选择对象: 找到 1 个
选择对象:
指定基点或 [位移(D)] <位移>:
指定第二个点或 <使用第一个点作为位移>:<极轴 开>584
指定第二个点或 [退出(E)/放弃(U)] <退出>:
```

6.4　操作分析

1. 设置图形界限

本任务要绘制的图形最大尺寸为 3 900 mm×3 000 mm，图形界限应在此基础上适当放大，所以选择图形界限为 5 000 mm×4 000 mm 的矩形。

2. 设置图层

根据图形分析，本任务中的图形需要两个图层，分别是：轮廓线层，白色，实线线型，线宽为 0；尺寸标注层，绿色，实线线型，线宽为 0。

3. 绘制图形

操作步骤

（1）绘制如图 6-4 所示的门框部分。

```
命令: rectang//绘制外框矩形
指定第一个角点或 [倒角(C)/标高(E)/圆角(F)/厚度(T)/宽度(W)]:
指定另一个角点或 [面积(A)/尺寸(D)/旋转(R)]: @650,-2000
命令: offset//向内偏移得到内框矩形
当前设置: 删除源=否　图层=源　OFFSETGAPTYPE=0
指定偏移距离或 [通过(T)/删除(E)/图层(L)] <通过>:80
选择要偏移的对象，或 [退出(E)/放弃(U)] <退出>:
指定要偏移的那一侧上的点，或 [退出(E)/多个(M)/放弃(U)] <退出>:（在已有矩形内部单击鼠标左键）
```

```
选择要偏移的对象，或 [退出(E)/放弃(U)] <退出>:
```

（2）绘制门框的横纹分隔，完成效果如图 6-5 所示。

```
命令: line//绘制直线 BC
指定第一点: 415（对象捕捉 A 点，找到竖直向上的极轴确定点 B）。
指定下一点或 [放弃(U)]:（使用极轴确定 C 点）
指定下一点或 [放弃(U)]:
命令: offset//做与 BC 距离为 30 mm 的平行线
当前设置: 删除源=否  图层=源  OFFSETGAPTYPE=0
指定偏移距离或 [通过(T)/删除(E)/图层(L)] <80.0000>:30
选择要偏移的对象，或 [退出(E)/放弃(U)] <退出>:（选择直线 BC）
指定要偏移的那一侧上的点，或 [退出(E)/多个(M)/放弃(U)] <退出>:（在直线 BC 上方单击鼠标左键）
选择要偏移的对象，或 [退出(E)/放弃(U)] <退出>:
```

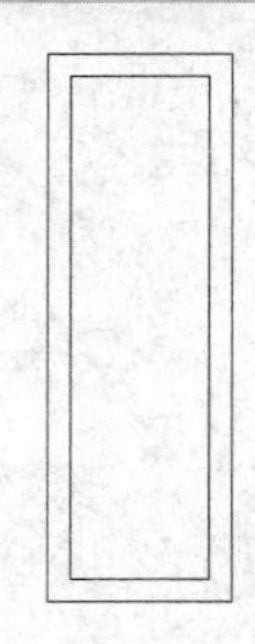

图 6-4　门框部分

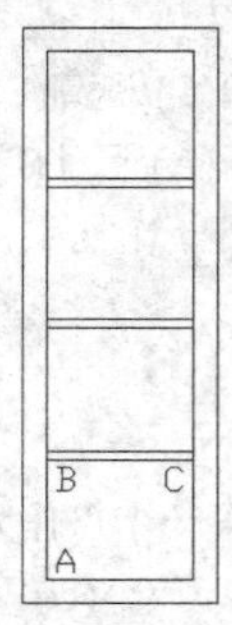

图 6-5　门框的横纹分隔

```
命令: copy//复制得到其他两组平行线
选择对象: 指定对角点: 找到 2 个
选择对象:
指定基点或 [位移(D)] <位移>:指定第二个点或 <使用第一个点作为位移>: 460
指定第二个点或 [退出(E)/放弃(U)] <退出>:950
指定第二个点或 [退出(E)/放弃(U)] <退出>:
```

（3）绘制门框的下半部分，绘制过程如图 6-6 所示。

```
命令: rectang//绘制如图 6-6（a）所示的矩形
指定第一个角点或 [倒角(C)/标高(E)/圆角(F)/厚度(T)/宽度(W)]: 50
指定另一个角点或 [面积(A)/尺寸(D)/旋转(R)]: @650,-550
//绘制如图 6-6（b）所示的矩形
命令: offset
当前设置: 删除源=否  图层=源  OFFSETGAPTYPE=0
指定偏移距离或 [通过(T)/删除(E)/图层(L)] <通过>:80
选择要偏移的对象，或 [退出(E)/放弃(U)] <退出>:
指定要偏移的那一侧上的点，或 [退出(E)/多个(M)/放弃(U)] <退出>:（向内部偏移）
选择要偏移的对象，或 [退出(E)/放弃(U)] <退出>:
命令: offset
当前设置: 删除源=否  图层=源  OFFSETGAPTYPE=0
指定偏移距离或 [通过(T)/删除(E)/图层(L)] <80.0000>:30
```

选择要偏移的对象，或 [退出(E)/放弃(U)] <退出>:
指定要偏移的那一侧上的点，或 [退出(E)/多个(M)/放弃(U)] <退出>:（向内部偏移）
选择要偏移的对象，或 [退出(E)/放弃(U)] <退出>:
//对象捕捉矩形各边的中点，绘制内部的菱形和圆形装饰，效果如图 6-6（c）所示。
命令: line
指定第一点:
指定下一点或 [放弃(U)]:
指定下一点或 [放弃(U)]:
指定下一点或 [闭合(C)/放弃(U)]:
指定下一点或 [闭合(C)/放弃(U)]:
指定下一点或 [闭合(C)/放弃(U)]:
命令: circle
指定圆的圆心或 [三点(3P)/两点(2P)/相切、相切、半径(T)]: 2p
指定圆直径的第一个端点:
指定圆直径的第二个端点:

（4）绘制门框的上、下连接部分，如图 6-7 所示。

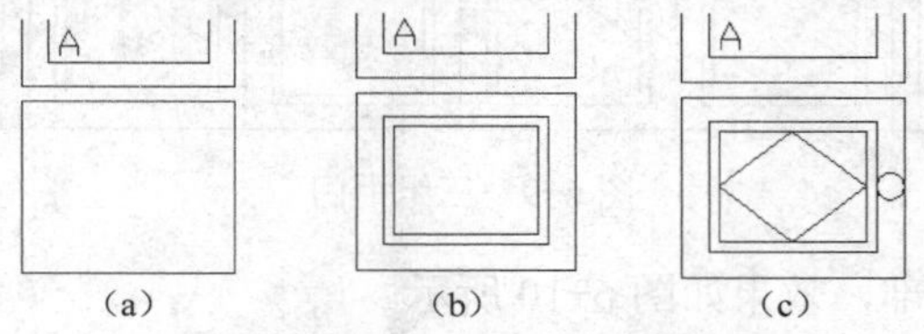

图 6-6　门框下半部分的绘制过程

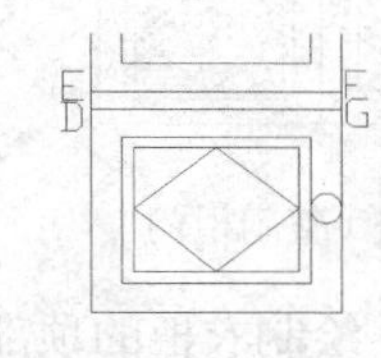

图 6-7　门框的上、下连接部分

命令: line//对象捕捉端点绘制直线 *DE*
指定第一点:
指定下一点或 [放弃(U)]:
指定下一点或 [放弃(U)]:
命令: offset//偏移得到直线 *FG*
当前设置: 删除源=否　图层=源　OFFSETGAPTYPE=0
指定偏移距离或 [通过(T)/删除(E)/图层(L)] <通过>:t
选择要偏移的对象，或 [退出(E)/放弃(U)] <退出>:（选择直线 *DE*）
指定通过点或 [退出(E)/多个(M)/放弃(U)] <退出>:（对象捕捉 *F* 点）
选择要偏移的对象，或 [退出(E)/放弃(U)] <退出>:

（5）绘制整扇柜门，效果如图 6-8 所示。

命令: mirror
选择对象: 指定对角点: 找到 18 个（选择所有图形对象）
选择对象:
指定镜像线的第一点:（对象捕捉 *H* 点）
指定镜像线的第二点:（对象捕捉 *I* 点）
要删除源对象吗？[是(Y)/否(N)] <N>:

（6）复制得到完整的三组柜门，效果如图 6-9 所示。

命令: copy
选择对象: 指定对角点: 找到 36 个

选择对象:
指定基点或 [位移(D)] <位移>:（对象捕捉图形的左上角点）
指定第二个点或 <使用第一个点作为位移>:（对象捕捉图形的右上角点）
指定第二个点或 [退出(E)/放弃(U)] <退出>:（对象捕捉此时图形的右上角点）
指定第二个点或 [退出(E)/放弃(U)] <退出>:

图 6-8　整扇柜门

图 6-9　三组柜门

（7）绘制衣柜的顶部，并复制得到底部，效果如图 6-10 所示。

图 6-10　衣柜的顶部与底部

命令: rectang//绘制柜顶矩形
指定第一个角点或 [倒角(C)/标高(E)/圆角(F)/厚度(T)/宽度(W)]:（对象捕捉 *J* 点）
指定另一个角点或 [面积(A)/尺寸(D)/旋转(R)]: @3900,200
命令: copy//绘制柜底矩形
选择对象: 找到 1 个（选择刚绘制好的矩形）
选择对象:
指定基点或 [位移(D)] <位移>:（对象捕捉 *J* 点）

指定第二个点或 <使用第一个点作为位移>:（对象捕捉 *K* 点）
指定第二个点或 [退出(E)/放弃(U)] <退出>:

配 套 练 习

1．按照图 6-11（a）所给数据绘制图形，并利用其编辑得到图 6-11（b），然后将其保存。（CAD 资格认证试题）

2．按照图 6-12（a）所给数据绘制图形，并将其保存，再将其修改成如图 6-12（b）所示的图形。

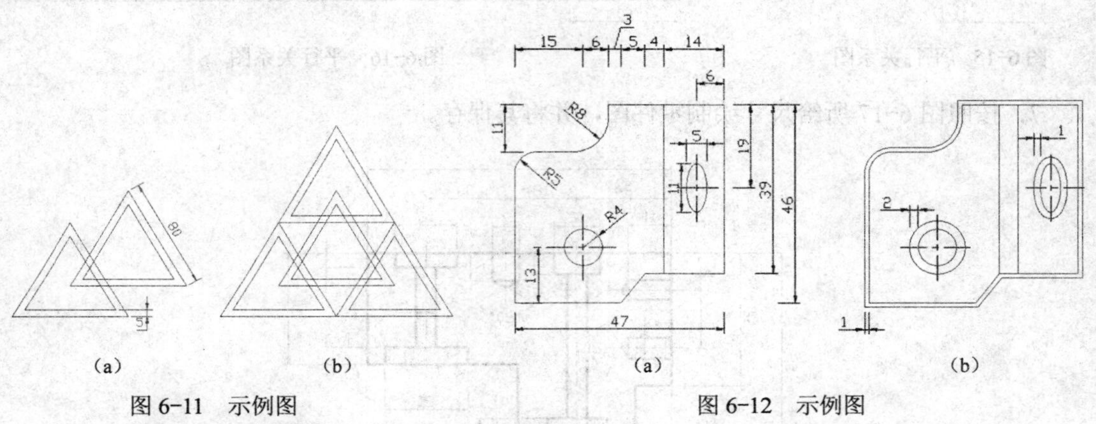

图 6-11　示例图　　　　图 6-12　示例图

3．绘制如图 6-13 所示的桌子立面图，并将其保存。

4．绘制如图 6-14 所示的门立面图，并将其保存。

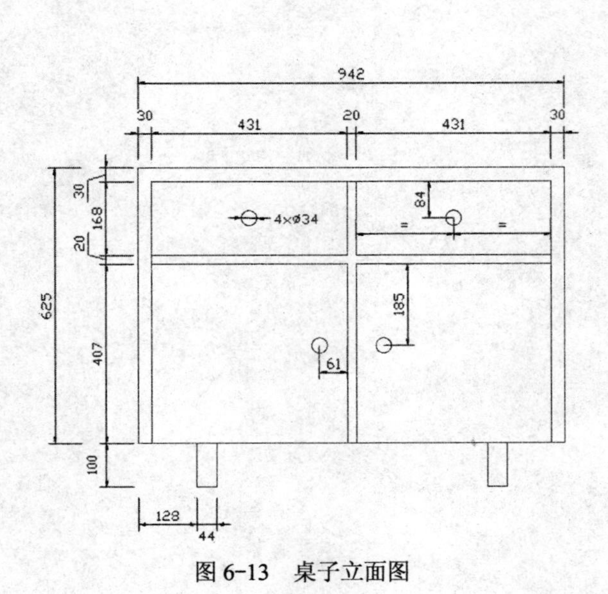

图 6-13　桌子立面图

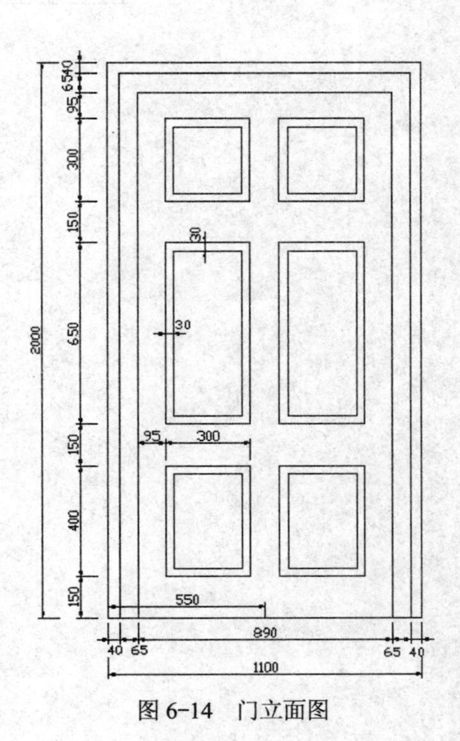

图 6-14　门立面图

5．按照图 6-15 所给尺寸绘制平行关系图，并将其保存。

6．按照图 6-16 所给尺寸绘制平行关系图，并将其保存。

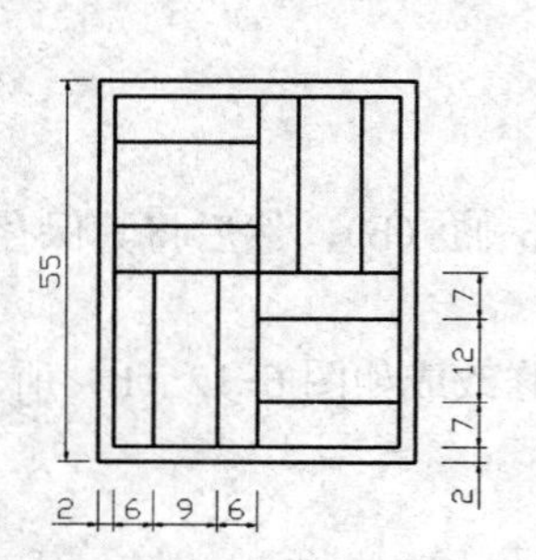

图 6-15　平行关系图

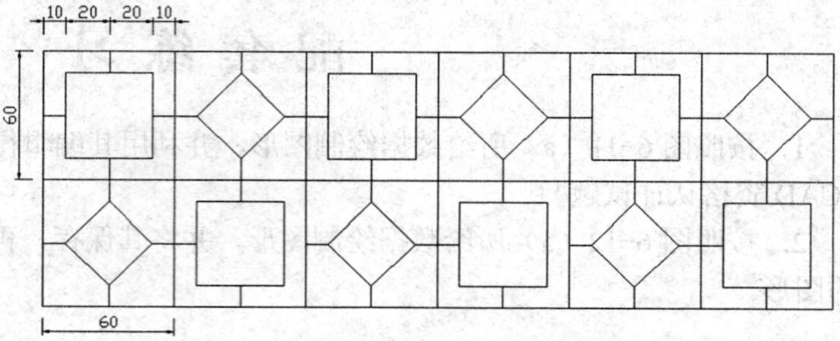

图 6-16　平行关系图

7．按照图 6-17 所给尺寸绘制零件图，并将其保存。

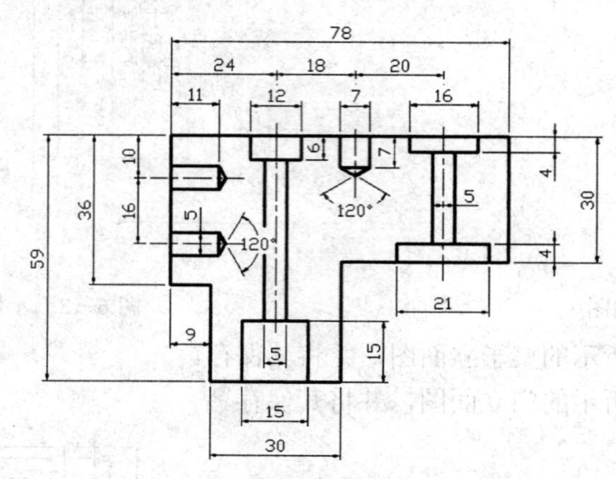

图 6-17　零件图

7 任务七

浴缸平面图

7.1 学习目标

知识目标

- 了解倒角命令和分解命令。
- 掌握图形对象的属性。
- 熟悉修改命令的操作原理。

技能目标

- 熟悉修改工具栏中工具的使用特点和使用技巧。
- 熟练掌握倒角命令和分解命令的使用方法以及所有选项的操作要求。

7.2 任务介绍

本任务为绘制完成如图 7-1 所示的浴缸平面图，并将其保存。

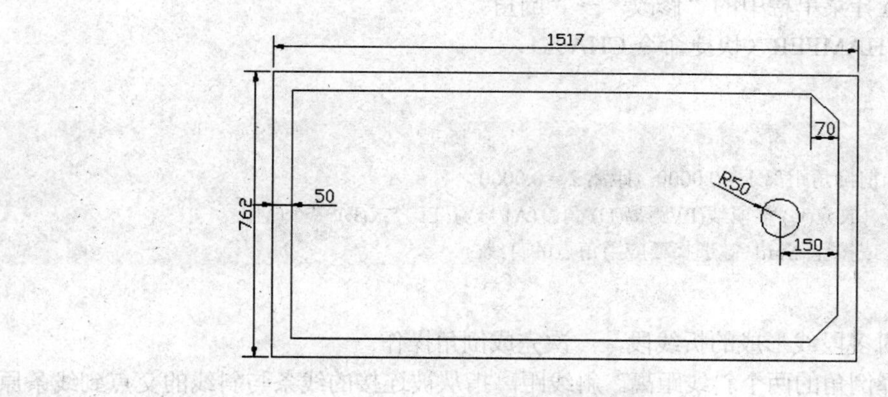

图 7-1 浴缸平面图

通过对图形进行分析可知，本任务中的浴缸平面图主要由双层外轮廓线和表示排水口的圆形两部分组成。其中外轮廓线由套接在一起的平行线组成，同时，内圈图形有两个倒角，并不适合使用矩形命令中的倒角选项。双层外轮廓线是距离相同的四组平行线条，可以使用任务六中介绍过的偏移命令编辑而成；右侧的两个倒角可以使用倒角命令和分解命令修改得到。

7.3 相关知识

1. 分解命令

分解命令可将多段线、标注、图案填充等整体图形对象的各个组成部分分解成多个图形对象。

多段线被分解后会成为独立存在的直线段或圆弧，在分解过程中将放弃任何关联的宽度信息。如果被分解的块中包含多段线，则需要在块被分解后再次对多段线进行分解。

圆环被分解后，宽度将变为 0。

标注和图案填充被分解后会失去所有的关联性，所有内容将变成普通的线条和文字等。

执行方式

通过工具栏：从“修改”工具栏中选择分解命令。

通过菜单栏：选择菜单栏中的“修改”→“分解”。

通过命令行：EXPLODE（快捷命令 X）。

操作步骤

```
命令: explode
选择对象:
选择对象:
```

2. 倒角命令

倒角命令可以将平面图形的角点剪切，形成倒角边。另外，在零件图中更常见的情况是用来连接、处理两个不平行的线型对象，线条可以是直线段、构造线、射线和多段线。

执行方式

通过工具栏：从“修改”工具栏中选择倒角命令。

通过菜单栏：选择菜单栏中的“修改”→“倒角”。

通过命令行：CHAMFER（快捷命令 CHA）。

操作步骤

```
命令: chamfer
(“修剪”模式）当前倒角距离 1 = 0.0000，距离 2 = 0.0000
选择第一条直线或 [放弃(U)/多段线(P)/距离(D)/角度(A)/修剪(T)/方式(E)/多个(M)]:
选择第二条直线，或按住 Shift 键选择要应用角点的直线:
```

选项说明

（1）多段线。对多段线形成的折线段，一次完成倒角操作。

（2）距离。选择倒角的两个斜线距离。斜线距离指从被连接的线条与斜线的交点到线条原交点之间的距离，如图 7-2 所示。

```
指定第一个倒角距离 <0.0000>:
指定第二个倒角距离 <0.0000>:
```

第一个倒角距离和第二个倒角距离可以相同，也可以不同。

若两个倒角距离均为 0，则系统不绘制连接用斜线，而是把两个对象延伸至相交，在“修剪”模式下还会将超出的部分修剪掉。

如果被倒角的两个对象在同一个图层上，则倒角线将位于该图层上，否则，倒角线将位于当前层上。

（3）角度。角度及长度如图 7-3 所示。

```
指定第一条直线的倒角长度 <0.0000>: 100
指定第一条直线的倒角角度 <0>: 30
选择第一条直线或 [放弃(U)/多段线(P)/距离(D)/角度(A)/修剪(T)/方式(E)/多个(M)]:
选择第二条直线，或按住 Shift 键选择要应用角点的直线:
```

图 7-2　倒角距离　　　　图 7-3　倒角角度

（4）修剪。在倒角连接两条边时，决定是否修剪这两条边。

（5）方式。选择用“距离（D）”还是“角度（A）”的方式完成倒角编辑。

（6）多个。同时对多个倒角相同的对象进行倒角编辑。

实例演练

绘制如图 7-4 所示的洗菜盆图。

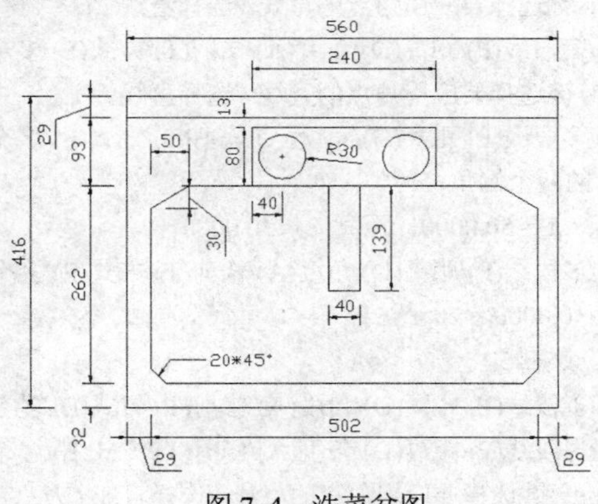

图 7-4　洗菜盆图

```
//绘制洗菜盆的外轮廓
命令: rectang
指定第一个角点或 [倒角(C)/标高(E)/圆角(F)/厚度(T)/宽度(W)]:
指定另一个角点或 [面积(A)/尺寸(D)/旋转(R)]: @560,416
命令: explode//将矩形分解成独立的线段
选择对象: 找到 1 个
选择对象:
命令: offset//利用直线 AB 偏移得到直线 CD，结果如图 7-5 所示
当前设置: 删除源=否　图层=源　OFFSETGAPTYPE=0
指定偏移距离或 [通过(T)/删除(E)/图层(L)] <通过>:29
```

选择要偏移的对象，或 [退出(E)/放弃(U)] <退出>:
指定要偏移的那一侧上的点，或 [退出(E)/多个(M)/放弃(U)] <退出>:
选择要偏移的对象，或 [退出(E)/放弃(U)] <退出>:*取消*

初步绘制洗菜盆的水槽部分，如图 7-6 所示。

命令: rectang
指定第一个角点或 [倒角(C)/标高(E)/圆角(F)/厚度(T)/宽度(W)]: <对象捕捉 开> tt
指定临时对象追踪点: 32
指定第一个角点或 [倒角(C)/标高(E)/圆角(F)/厚度(T)/宽度(W)]: 29
指定另一个角点或 [面积(A)/尺寸(D)/旋转(R)]: @502,262
命令: explode//将矩形分解成独立的线段
选择对象: 找到 1 个
选择对象:

水槽倒角后的效果如图 7-7 所示。

命令: chamfer//绘制水槽上方的两个倒角
(“修剪”模式）当前倒角距离 1 = 0.0000，距离 2 = 0.0000
选择第一条直线或 [放弃(U)/多段线(P)/距离(D)/角度(A)/修剪(T)/方式(E)/多个(M)]:d
指定第一个倒角距离 <0.0000>: 50
指定第二个倒角距离 <50.0000>: 30
选择第一条直线或 [放弃(U)/多段线(P)/距离(D)/角度(A)/修剪(T)/方式(E)/多个(M)]:m
选择第一条直线或 [放弃(U)/多段线(P)/距离(D)/角度(A)/修剪(T)/方式(E)/多个(M)]://选择直线 *EF*
选择第二条直线或按住 Shift 键选择要应用角点的直线://选择直线 *EG*
选择第一条直线或 [放弃(U)/多段线(P)/距离(D)/角度(A)/修剪(T)/方式(E)/多个(M)]://选择直线 *EF*
选择第二条直线或按住 Shift 键选择要应用角点的直线://选择直线 *FH*
选择第一条直线或 [放弃(U)/多段线(P)/距离(D)/角度(A)/修剪(T)/方式(E)/多个(M)]:
命令: chamfer//绘制水槽下方的两个倒角
(“修剪”模式）当前倒角距离 1 = 50.0000，距离 2 = 30.0000
选择第一条直线或 [放弃(U)/多段线(P)/距离(D)/角度(A)/修剪(T)/方式(E)/多个(M)]:a
指定第一条直线的倒角长度 <0.0000>: 20
指定第一条直线的倒角角度 <0>: 45
选择第一条直线或 [放弃(U)/多段线(P)/距离(D)/角度(A)/修剪(T)/方式(E)/多个(M)]:m
选择第一条直线或 [放弃(U)/多段线(P)/距离(D)/角度(A)/修剪(T)/方式(E)/多个(M)]://选择直线 *EG*
选择第二条直线，或按住 Shift 键选择要应用角点的直线://选择直线 *GH*
选择第一条直线或 [放弃(U)/多段线(P)/距离(D)/角度(A)/修剪(T)/方式(E)/多个(M)]://选择直线 *GH*
选择第二条直线或按住 Shift 键选择要应用角点的直线://选择直线 *FH*
选择第一条直线或 [放弃(U)/多段线(P)/距离(D)/角度(A)/修剪(T)/方式(E)/多个(M)]:

绘制水龙头、水嘴等部件，如图 7-8 所示。

命令: pline//绘制水龙头部分
指定起点: <对象捕捉 开> 120
当前线宽为 0.0000
指定下一个点或 [圆弧(A)/半宽(H)/长度(L)/放弃(U)/宽度(W)]: 80
指定下一点或 [圆弧(A)/闭合(C)/半宽(H)/长度(L)/放弃(U)/宽度(W)]: 240
指定下一点或 [圆弧(A)/闭合(C)/半宽(H)/长度(L)/放弃(U)/宽度(W)]:
指定下一点或 [圆弧(A)/闭合(C)/半宽(H)/长度(L)/放弃(U)/宽度(W)]:

```
命令: circle
指定圆的圆心或 [三点(3P)/两点(2P)/相切、相切、半径(T)]: 40
指定圆的半径或 [直径(D)] <35.0000>: 30
命令: mirror
选择对象: 找到 1 个
选择对象:
指定镜像线的第一点: 指定镜像线的第二点:
要删除源对象吗? [是(Y)/否(N)] <N>:
命令: pline//绘制水嘴部分
指定起点: 20
当前线宽为 0.0000
指定下一个点或 [圆弧(A)/半宽(H)/长度(L)/放弃(U)/宽度(W)]: 139
指定下一点或 [圆弧(A)/闭合(C)/半宽(H)/长度(L)/放弃(U)/宽度(W)]: 40
指定下一点或 [圆弧(A)/闭合(C)/半宽(H)/长度(L)/放弃(U)/宽度(W)]:
指定下一点或 [圆弧(A)/闭合(C)/半宽(H)/长度(L)/放弃(U)/宽度(W)]:
```

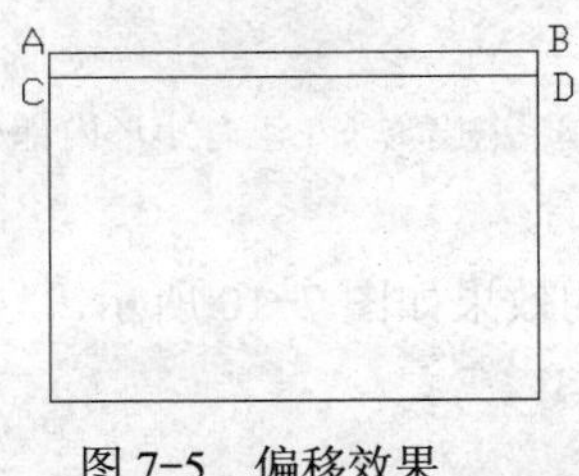

图 7-5　偏移效果

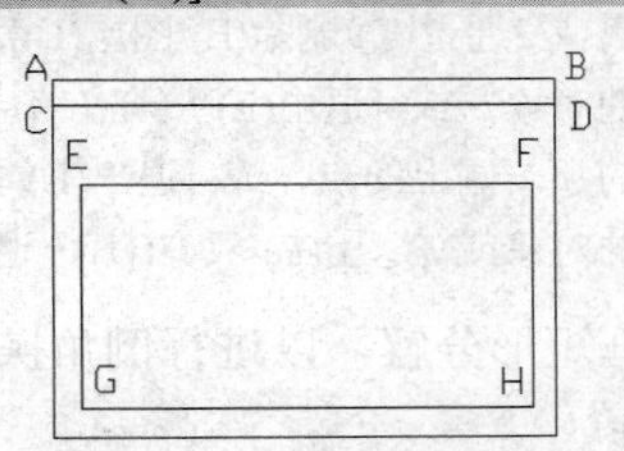

图 7-6　水槽部分初始图

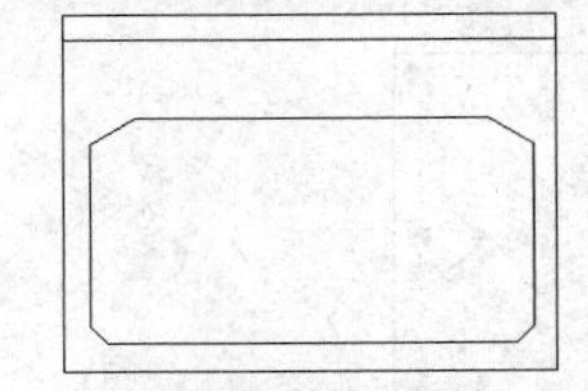

图 7-7　水槽倒角后的效果图

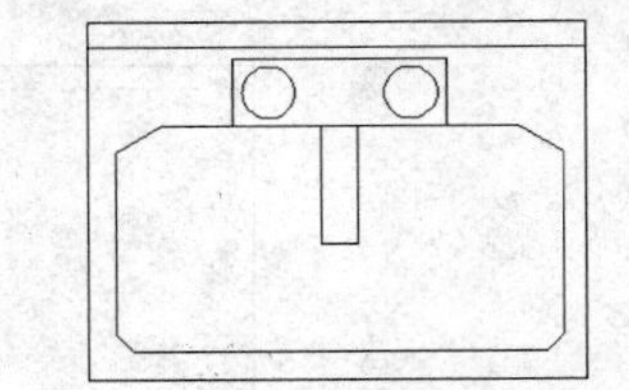

图 7-8　水龙头、水嘴等部件

7.4　操作分析

1．设置图形界限

本任务要绘制的图形最大尺寸为 1 517 mm×762 mm，图形界限应在此基础上适当放大，所以选择图形界限为 1 917 mm×1 162 mm 的矩形。

2．设置图层

根据图形分析，本任务中的图形需要两个图层，分别是：轮廓线层，白色，实线线型，线宽为 0；尺寸标注层，绿色，实线线型，线宽为 0。

3．绘制图形

操作步骤

（1）绘制如图 7-9 所示的浴缸整体轮廓。

图 7-9　浴缸整体轮廓

```
命令: rectang//绘制外框矩形
指定第一个角点或 [倒角(C)/标高(E)/圆角(F)/厚度(T)/宽度(W)]:
指定另一个角点或 [面积(A)/尺寸(D)/旋转(R)]: @1517,762
命令: offset//向内偏移得到内框矩形
当前设置: 删除源=否  图层=源  OFFSETGAPTYPE=0
指定偏移距离或 [通过(T)/删除(E)/图层(L)] <通过>:50
选择要偏移的对象，或 [退出(E)/放弃(U)] <退出>:
指定要偏移的那一侧上的点，或 [退出(E)/多个(M)/放弃(U)] <退出>:（在已有矩形内部单击鼠标左键）
选择要偏移的对象或 [退出(E)/放弃(U)] <退出>:
```

（2）将内框矩形分解，以进行倒角操作，分解后的效果如图 7-10 所示。

```
命令: explode
选择对象: 找到 1 个
选择对象:
```

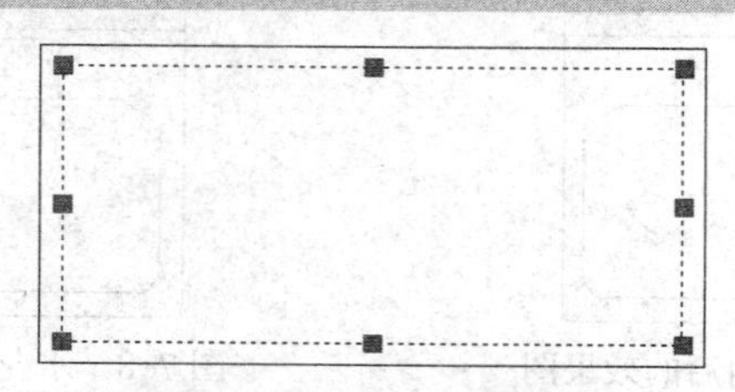

图 7-10　内框矩形分解后的效果

（3）对内框矩形进行倒角，完成效果如图 7-11 所示。

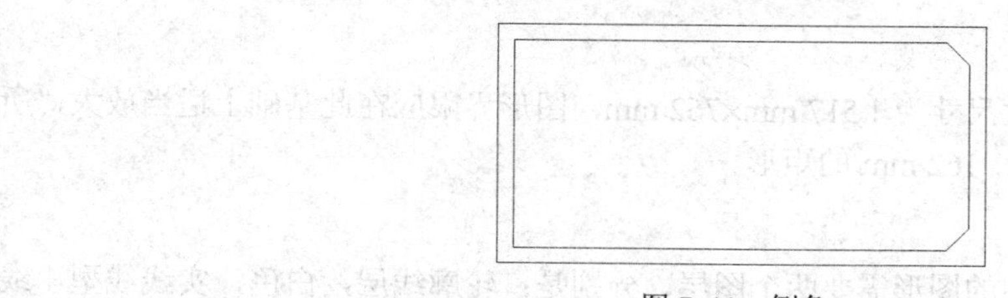

图 7-11　倒角

```
命令: chamfer
(“修剪”模式）当前倒角距离 1 = 0.0000，距离 2 = 0.0000
选择第一条直线或 [放弃(U)/多段线(P)/距离(D)/角度(A)/修剪(T)/方式(E)/多个(M)]:d
指定第一个倒角距离 <0.0000>: 70
指定第二个倒角距离 <70.0000>: 70
```

选择第一条直线或 [放弃(U)/多段线(P)/距离(D)/角度(A)/修剪(T)/方式(E)/多个(M)]:m
选择第一条直线或 [放弃(U)/多段线(P)/距离(D)/角度(A)/修剪(T)/方式(E)/多个(M)]:（选择直线 *BC*）
选择第二条直线或按住 Shift 键选择要应用角点的直线:（选择直线 *CD*）
选择第一条直线或 [放弃(U)/多段线(P)/距离(D)/角度(A)/修剪(T)/方式(E)/多个(M)]:（选择直线 *CD*）
选择第二条直线或按住 Shift 键选择要应用角点的直线:（选择直线 *AD*）
选择第一条直线或 [放弃(U)/多段线(P)/距离(D)/角度(A)/修剪(T)/方式(E)/多个(M)]:

（4）绘制浴缸的出水孔。

命令: circle
指定圆的圆心或 [三点(3P)/两点(2P)/相切、相切、半径(T)]: 150（对象捕捉 *CD* 边的中点，利用极轴确定圆心位置）
指定圆的半径或 [直径(D)]: 50

配 套 练 习

按照图 7-12 所给数据绘制如下阶梯轴图形。

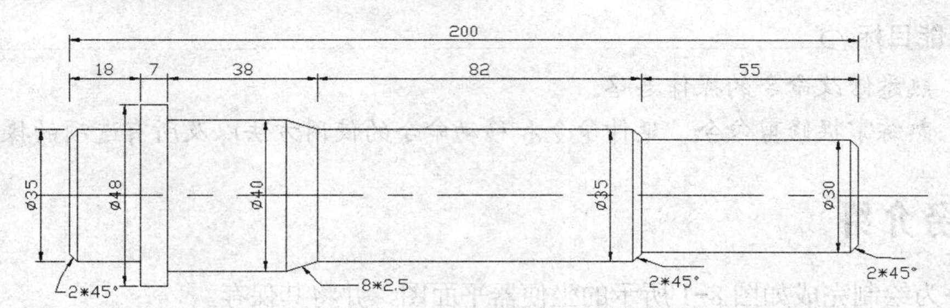

图 7-12　示例图

8 任务八

坐便器平面图

8.1 学习目标

知识目标

- 了解修剪命令、延伸命令和移动命令及相关参数的应用。
- 掌握复杂图形的绘制思路。
- 熟悉辅助线。

技能目标

- 熟悉修改命令的操作思路。
- 熟练掌握修剪命令、延伸命令和移动命令的使用方法以及所有选项的操作要求。

8.2 任务介绍

本任务为绘制完成如图 8-1 所示的坐便器平面图，并将其保存。

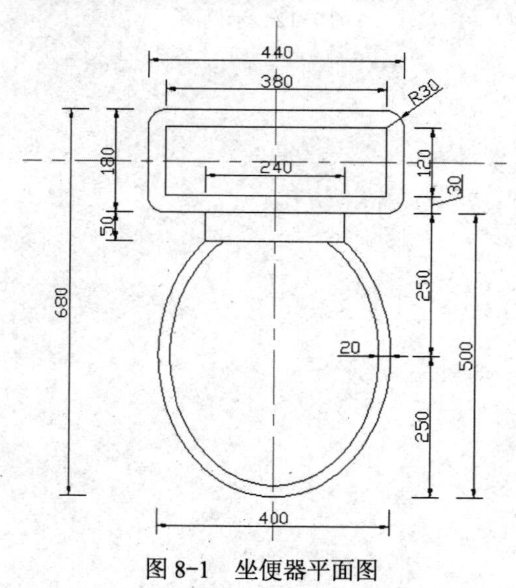

图 8-1 坐便器平面图

通过对图形进行分析可知，本任务中的坐便器平面图主要由储水槽、坐便池和连接部分组成。

储水槽和连接部分的绘制用之前所学的知识即可完成。为了简化储水槽的绘制过程，可以采用移动工具进行辅助。表示坐便池的双层椭圆绘制完成后，需要利用 AutoCAD 提供的修剪命令修改，以获得最终效果。

8.3　相关知识

1．修剪命令

将其他对象定义为修剪边修剪对象，被修剪的图形对象恰好结束在与修剪边相交的交点位置。

执行方式

通过工具栏：从“修改”工具栏中选择修剪命令。

通过菜单栏：选择菜单栏中的“修改”→“修剪”。

通过命令行：TRIM（快捷命令 TR）。

操作步骤

```
命令: trim
当前设置:投影=UCS，边=无
选择剪切边...
选择对象或 <全部选择>:
选择要修剪的对象，或按住 Shift 键选择要延伸的对象，或
[栏选(F)/窗交(C)/投影(P)/边(E)/删除(R)/放弃(U)]:
```

选项说明

（1）栏选。用围栅栏的方式圈定要修剪的部分，操作如图 8-2 所示。

```
选择要修剪的对象，或按住 Shift 键选择要延伸的对象，或
[栏选(F)/窗交(C)/投影(P)/边(E)/删除(R)/放弃(U)]: f
指定第一个栏选点:
指定下一个栏选点或 [放弃(U)]:
```

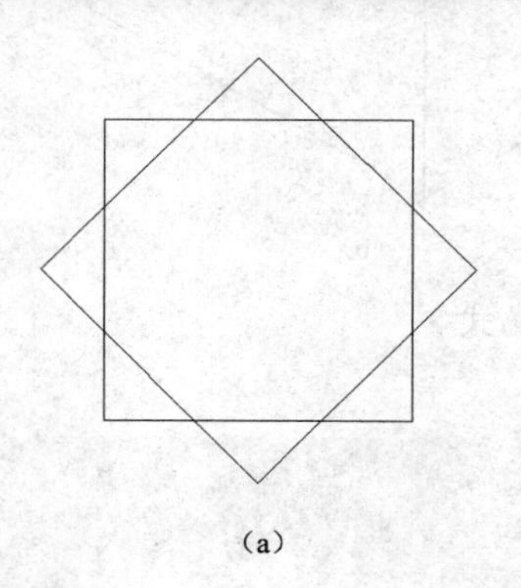

（a）

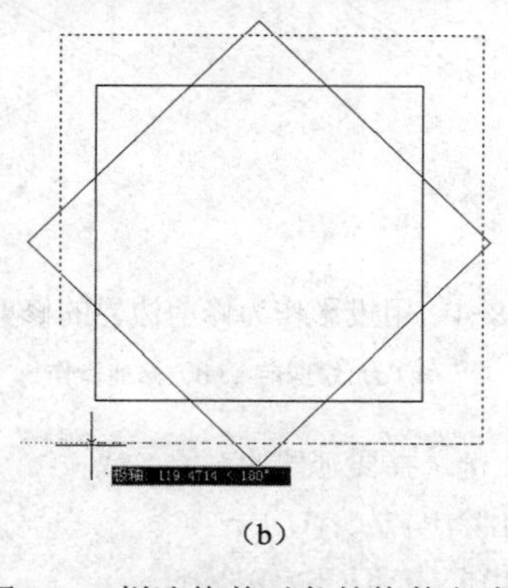

（b）

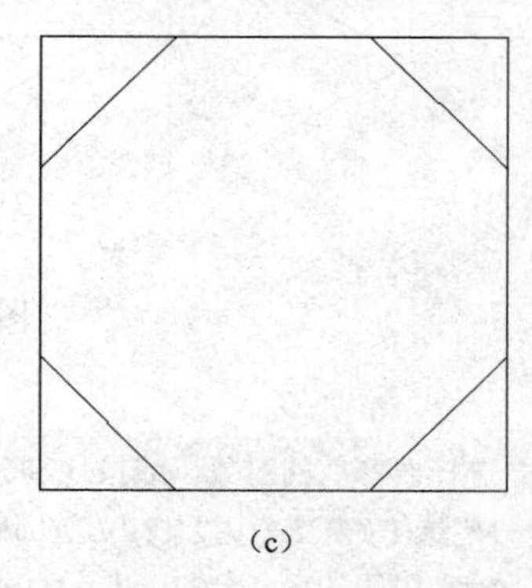

（c）

图 8-2　栏选修剪对象的修剪方式

（a）修剪前　（b）栏选状态　（c）修剪后

（2）窗交。用窗口框选的方式选定要修剪的部分，如图 8-3 所示，修剪过程按从（a）至

（h）的顺序进行，多余的线条直接删除即可。

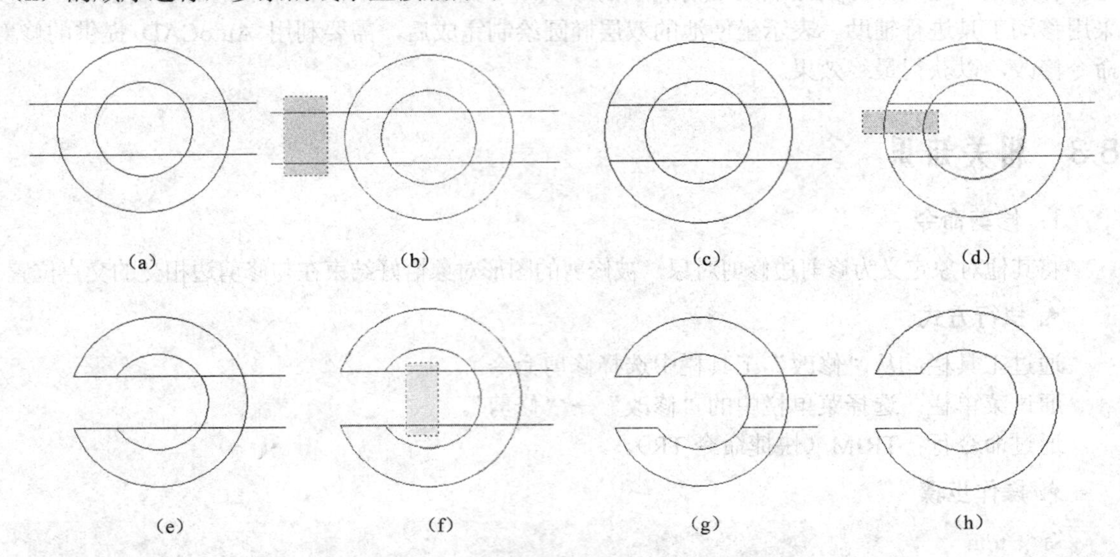

图 8-3　窗口框选修剪对象的修剪方式

选择要修剪的对象，或按住 Shift 键选择要延伸的对象，或
[栏选(F)/窗交(C)/投影(P)/边(E)/删除(R)/放弃(U)]: c
指定第一个角点: 指定对角点:

（3）投影。将线条在另一个平面上的投影作为修剪边界，如图 8-4 所示。

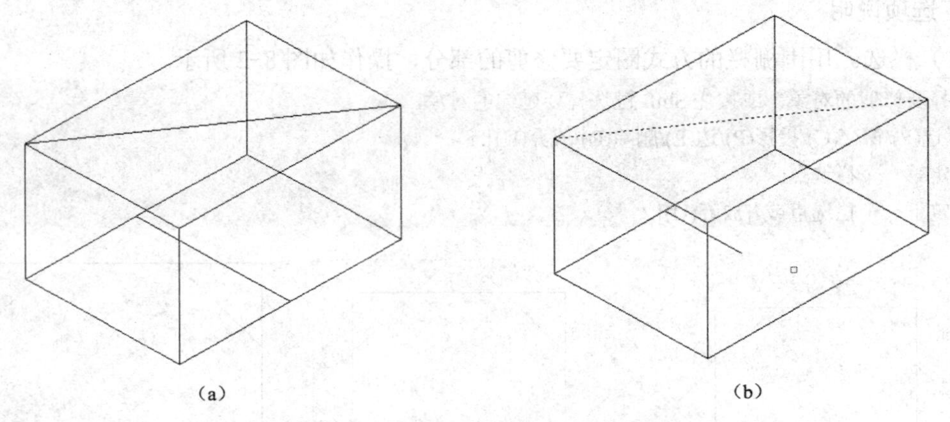

图 8-4　用投影作为修剪边界的修剪方式

（a）修剪前　（b）修剪操作

选择要修剪的对象，或按住 Shift 键选择要延伸的对象，或
[栏选(F)/窗交(C)/投影(P)/边(E)/删除(R)/放弃(U)]: p
输入投影选项 [无(N)/UCS(U)/视图(V)] <UCS>: u
选择要修剪的对象，或按住 Shift 键选择要延伸的对象，或
[栏选(F)/窗交(C)/投影(P)/边(E)/删除(R)/放弃(U)]:

（4）边。当修剪边界与图形对象不直接相交的时候选用的修剪方式。

选择要修剪的对象，或按住 Shift 键选择要延伸的对象，或
[栏选(F)/窗交(C)/投影(P)/边(E)/删除(R)/放弃(U)]: e
输入隐含边延伸模式 [延伸(E)/不延伸(N)] <延伸>:

① 不延伸。在此状态下，只修剪与修剪边界相交的图形对象。

② 延伸。此时可以将没有直接交点的线条作为修剪边界，系统自动寻找“延伸”后的交点，作为剪切点。效果如图 8-5 所示。

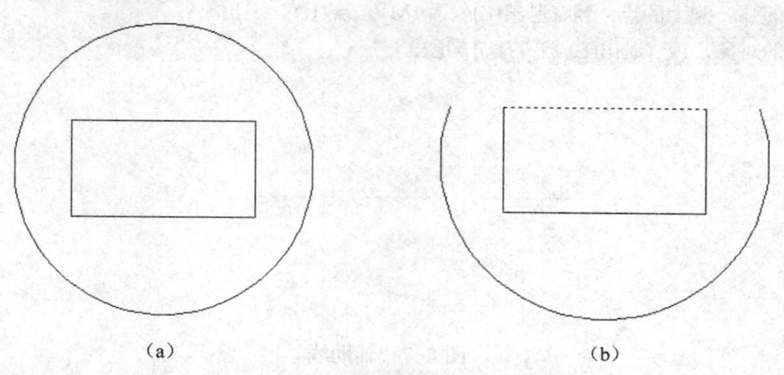

图 8-5　利用延伸确定修剪边界的修剪方式

（a）修剪前　（b）修剪操作

（5）删除。在修剪过程中可以将已经成为独立图形且不需要的图形对象直接删除，与图 8-3（h）的操作相同。

选择要修剪的对象，或按住 Shift 键选择要延伸的对象，或
[栏选(F)/窗交(C)/投影(P)/边(E)/删除(R)/放弃(U)]: r
选择要删除的对象或 <退出>: 找到 1 个
选择要删除的对象;
选择要修剪的对象，或按住 Shift 键选择要延伸的对象，或
[栏选(F)/窗交(C)/投影(P)/边(E)/删除(R)/放弃(U)]:

实例演练

绘制如图 8-6 所示的零件图。

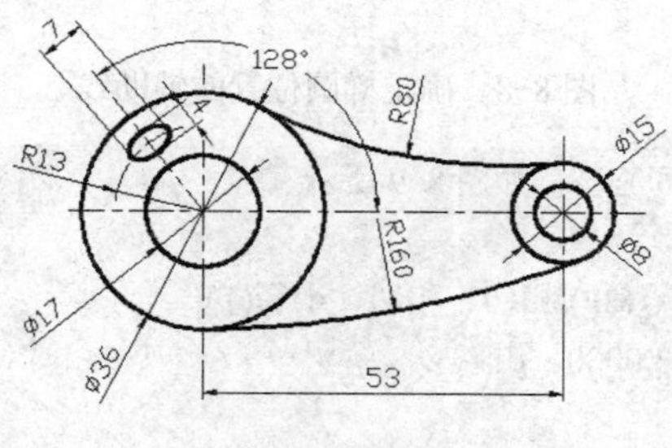

图 8-6　零件图

//绘制辅助线，如图 8-7 所示。
命令: xline //绘制左边两条正交的辅助线
指定点或 [水平(H)/垂直(V)/角度(A)/二等分(B)/偏移(O)]:（在图形界限中间偏左的位置确定 *A* 点）
指定通过点:（利用极轴确定水平方向的辅助线）

指定通过点:（利用极轴确定竖直方向的辅助线）
指定通过点:
命令: offset //得到右边竖向的辅助线
当前设置: 删除源=否　图层=源　OFFSETGAPTYPE=0
指定偏移距离或 [通过(T)/删除(E)/图层(L)] <通过>: 53
选择要偏移的对象，或 [退出(E)/放弃(U)] <退出>:
指定要偏移的那一侧上的点，或 [退出(E)/多个(M)/放弃(U)] <退出>:
选择要偏移的对象，或 [退出(E)/放弃(U)] <退出>:

图 8-7　辅助线

//绘制确定椭圆位置的辅助线，如图 8-8 所示。
命令: circle
指定圆的圆心或 [三点(3P)/两点(2P)/相切、相切、半径(T)]:（对象捕捉 *A* 点）
指定圆的半径或 [直径(D)]: 13
命令: line
指定第一点:（对象捕捉 *A* 点）
指定下一点或 [放弃(U)]:（设置极轴，确定 128 度方向上的辅助线）
指定下一点或 [放弃(U)]:

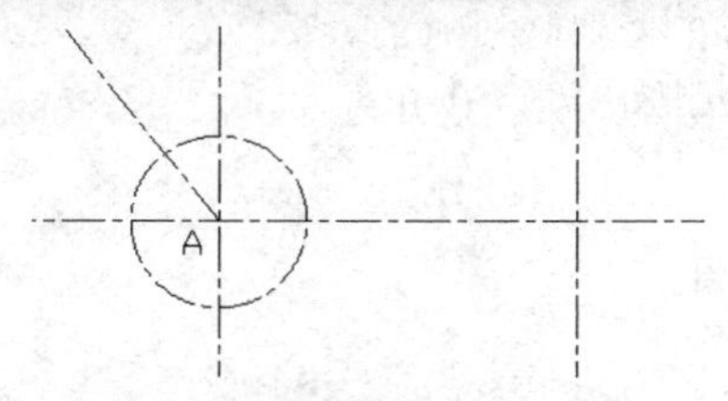

图 8-8　确定椭圆位置的辅助线

//重复执行圆命令，绘制两组同心圆，如图 8-9 所示。
命令: circle
指定圆的圆心或 [三点(3P)/两点(2P)/相切、相切、半径(T)]:
指定圆的半径或 [直径(D)] <13.0000>: d
指定圆的直径 <26.0000>: 17
命令: circle
指定圆的圆心或 [三点(3P)/两点(2P)/相切、相切、半径(T)]:
指定圆的半径或 [直径(D)] <8.5000>: d
指定圆的直径 <17.0000>: 36
命令: circle
指定圆的圆心或 [三点(3P)/两点(2P)/相切、相切、半径(T)]:

指定圆的半径或 [直径(D)] <18.0000>: d
指定圆的直径 <36.0000>: 8
命令: circle
指定圆的圆心或 [三点(3P)/两点(2P)/相切、相切、半径(T)]:
指定圆的半径或 [直径(D)] <4.0000>: d
指定圆的直径 <8.0000>: 15

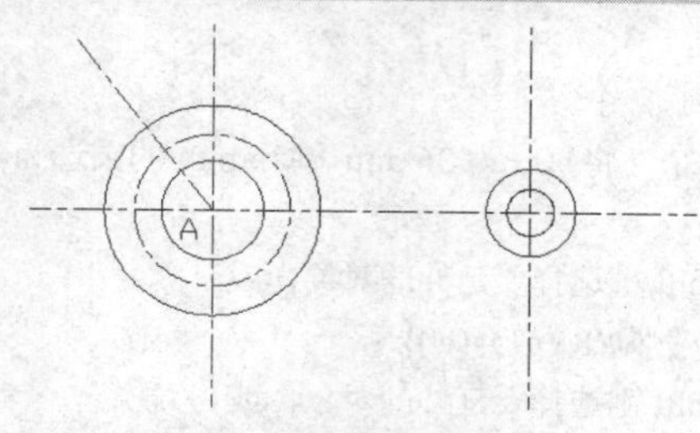

图 8-9　两组同心圆

//绘制半径为 80 mm 的与两个圆相切的圆弧，如图 8-10 所示
命令: circle//绘制效果如图 8-10（a）所示。
指定圆的圆心或 [三点(3P)/两点(2P)/相切、相切、半径(T)]: t
指定对象与圆的第一个切点:（在直径为 36 mm 的圆的上半部分对象捕捉切点）
指定对象与圆的第二个切点:（在直径为 15 mm 的圆的上半部分对象捕捉切点）
指定圆的半径 <7.5000>: 80

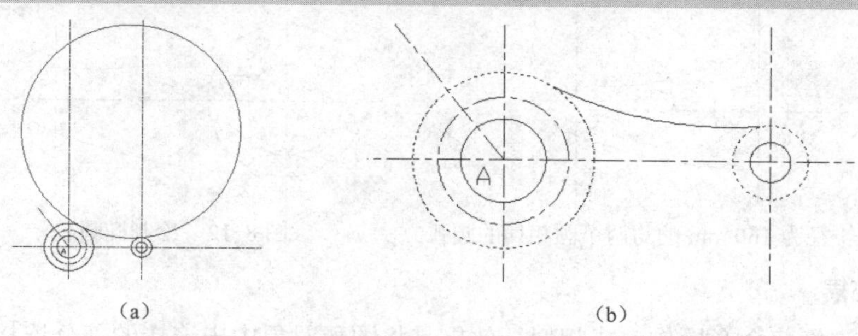

（a）　　　　　　　　（b）

图 8-10　半径为 80 mm 的与两个圆相切的圆弧

（a）绘制相切的圆　（b）修剪操作

命令: trim//修剪操作如图 8-10（b）所示。
当前设置: 投影=UCS，边=无
选择剪切边
选择对象或 <全部选择>: 找到 1 个
选择对象: 找到 1 个，总计 2 个（将直径为 36 mm 和 15 mm 的圆选为修剪边界）
选择对象:
选择要修剪的对象或按住 Shift 键选择要延伸的对象，或
[栏选(F)/窗交(C)/投影(P)/边(E)/删除(R)/放弃(U)]:
选择要修剪的对象或按住 Shift 键选择要延伸的对象，或
[栏选(F)/窗交(C)/投影(P)/边(E)/删除(R)/放弃(U)]:
//绘制半径为 160 mm 的与两个圆相切的圆弧，绘制方式与上一步相同。效果如图 8-11 所示
命令: circle

指定圆的圆心或 [三点(3P)/两点(2P)/相切、相切、半径(T)]: t
指定对象与圆的第一个切点:（在直径为 36 mm 的圆的下半部分对象捕捉切点）
指定对象与圆的第二个切点:（在直径为 15 mm 的圆的下半部分对象捕捉切点）
指定圆的半径 <80.0000>: 160
命令: trim
当前设置: 投影=UCS，边=无
选择剪切边...
选择对象或 <全部选择>: 找到 1 个
选择对象: 找到 1 个，总计 2 个（将直径为 36 mm 和 15 mm 的圆选为修剪边界）
选择对象:
选择要修剪的对象，或按住 Shift 键选择要延伸的对象，或
[栏选(F)/窗交(C)/投影(P)/边(E)/删除(R)/放弃(U)]:
选择要修剪的对象，或按住 Shift 键选择要延伸的对象，或
[栏选(F)/窗交(C)/投影(P)/边(E)/删除(R)/放弃(U)]:
//利用极轴和辅助线绘制椭圆，如图 8-12 所示。
命令: ellipse
指定椭圆的轴端点或 [圆弧(A)/中心点(C)]: c
指定椭圆的中心点:（对象捕捉作为椭圆的中心点的辅助线交点）
指定轴的端点: 2（沿着极轴方向指定一条半轴的长度）
指定另一条半轴长度或 [旋转(R)]: 3.5

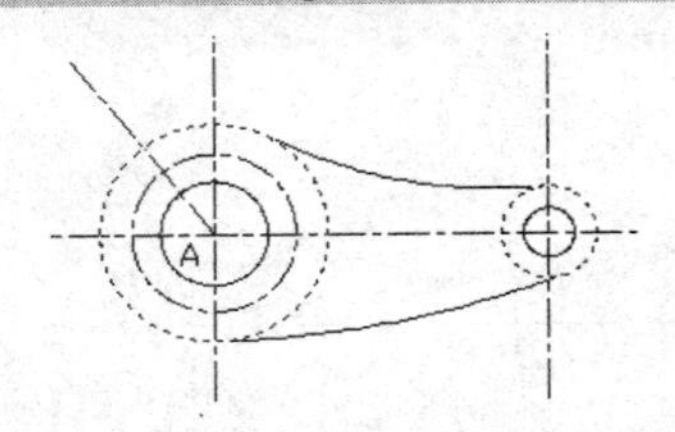

图 8-11　半径为 160 mm 的与两个圆相切的圆弧

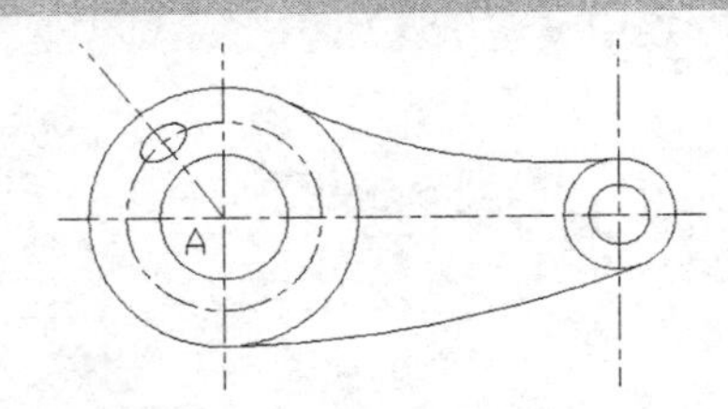

图 8-12　绘制椭圆

知识拓展

延伸命令与修剪命令操作方式相似，效果是将图形对象中未连接的部分连接起来。两个命令在执行过程中可以互相转换，只需按住 Shift 再单击需要修改的对象即可。

执行方式

通过工具栏：从“修改”工具栏中选择延伸命令。
通过菜单栏：选择菜单栏中的“修改”→“延伸”。
通过命令行：EXTEND（快捷命令 EX）。

操作步骤

命令: extend
当前设置: 投影=UCS，边=无
选择边界的边...
选择对象或 <全部选择>:
选择要延伸的对象，或按住 Shift 键选择要修剪的对象，或
[栏选(F)/窗交(C)/投影(P)/边(E)/放弃(U)]:

选项说明

（1）栏选。用围栅栏的方式圈定要延伸的部分，如图 8-13 所示。

```
选择要延伸的对象，或按住 Shift 键选择要修剪的对象，或
[栏选(F)/窗交(C)/投影(P)/边(E)/放弃(U)]: f
指定第一个栏选点:
指定下一个栏选点或 [放弃(U)]:
```

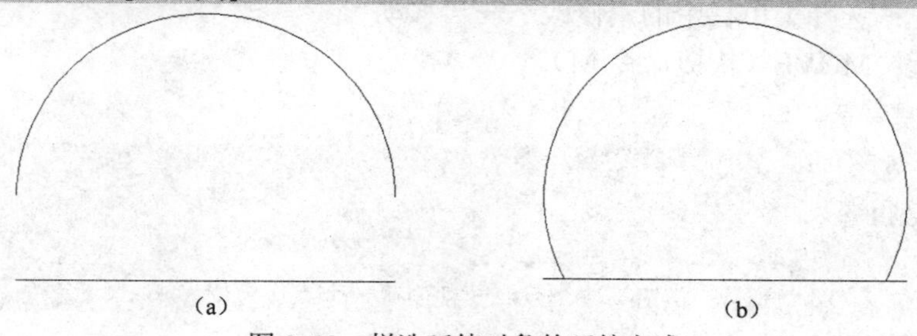

图 8-13　栏选延伸对象的延伸方式

（a）延伸前　（b）延伸后

（2）窗交。用窗口框选的方式选定要延伸的部分。

```
选择要延伸的对象，或按住 Shift 键选择要修剪的对象，或
[栏选(F)/窗交(C)/投影(P)/边(E)/放弃(U)]: c
指定第一个角点: 指定对角点:
```

（3）投影。将线条在另一个平面上的投影作为延伸边界。

```
选择要延伸的对象，或按住 Shift 键选择要修剪的对象，或
[栏选(F)/窗交(C)/投影(P)/边(E) /放弃(U)]: p
输入投影选项 [无(N)/UCS(U)/视图(V)] <UCS>: u
选择要修剪的对象，或按住 Shift 键选择要延伸的对象，或
[栏选(F)/窗交(C)/投影(P)/边(E) /放弃(U)]:
```

（4）边。在执行延伸操作后，被延伸的图形对象也不会与延伸边界直接相交时，决定是否执行延伸操作。

```
选择要延伸的对象，或按住 Shift 键选择要修剪的对象，或
[栏选(F)/窗交(C)/投影(P)/边(E)/放弃(U)]: p
输入隐含边延伸模式 [延伸(E)/不延伸(N)] <不延伸>:
```

① 不延伸。在此状态下，只延伸执行延伸操作后与延伸边界相交的图形对象。

② 延伸。“此时，可以将没有直接交点的线条作为延伸边界，系统自动寻找“延伸”后的交点位置，作为延伸后的连接点。效果如图 8-14 所示。”

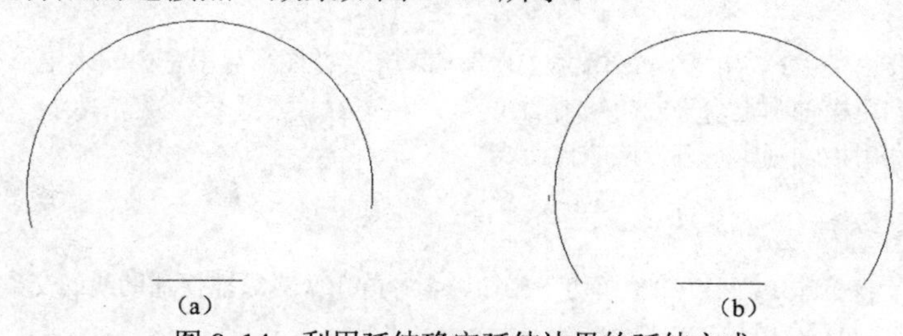

图 8-14　利用延伸确定延伸边界的延伸方式

（a）延伸前　（b）延伸后

2. 移动命令

在编辑图形的过程中，常常需要改变图形的位置。移动命令可以移动图形对象而不改变其方向和大小。移动完毕后，原来位置的对象自动删除。

执行方式

通过工具栏：从“修改”工具栏中选择移动命令。

通过菜单栏：选择菜单栏中的“修改”→“移动”。

通过命令行：MOVE（快捷命令 M）。

操作步骤

```
命令: move
选择对象: 找到 1 个
选择对象:
指定基点或 [位移(D)] <位移>: 指定第二个点或 <使用第一个点作为位移>:
```

选项说明

（1）基点。确定要移动的图形对象的基准点。

（2）第二个点。确定基准点将要移往的目的点。

（3）位移（D）。以选择对象时靠近选择位置的特殊控制点为基点，以输入的坐标值为移动的控制量。

```
指定基点或 [位移(D)] <位移>: d
指定位移 <14.1748, 3.9298, 0.0000>:
```

实例演练

绘制如图 8-15 所示的洗菜盆。

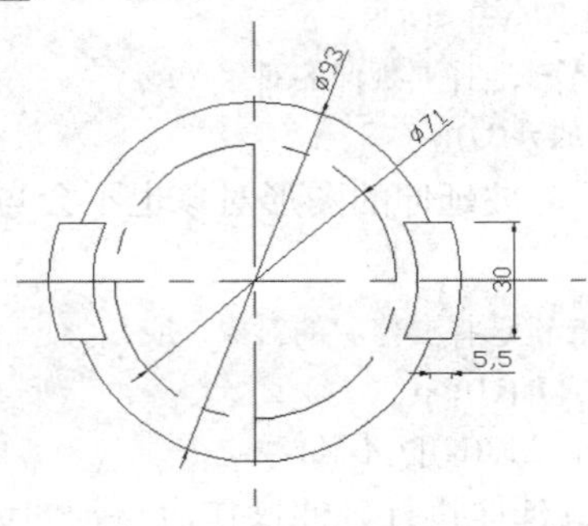

图 8-15　洗菜盆

```
//绘制辅助线。
命令: xline
指定点或 [水平(H)/垂直(V)/角度(A)/二等分(B)/偏移(O)]:（在图形界限正中间确定点）
指定通过点:（利用极轴确定水平方向的辅助线）
指定通过点:（利用极轴确定垂直方向的辅助线）
指定通过点:
命令: circle
指定圆的圆心或 [三点(3P)/两点(2P)/相切、相切、半径(T)]:（对象捕捉辅助线的交点）
指定圆的半径或 [直径(D)]: 93
//绘制洗菜盆的外轮廓，如图 8-16 所示。
```

命令: circle

指定圆的圆心或 [三点(3P)/两点(2P)/相切、相切、半径(T)]:（对象捕捉辅助线的交点）

指定圆的半径或 [直径(D)] <93.0000>: d

指定圆的直径 <186.0000>: 71

//利用水平方向的辅助线确定作为左右突出部分修剪边界的平行线，然后修改线条所在的图层，效果如图 8-17 所示。

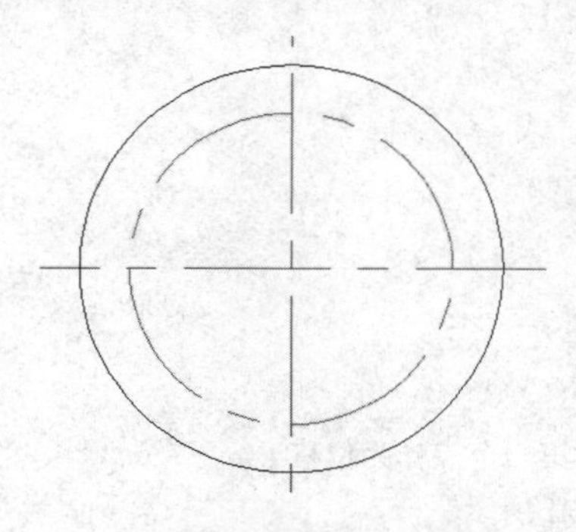

图 8-16　洗菜盆的外轮廓

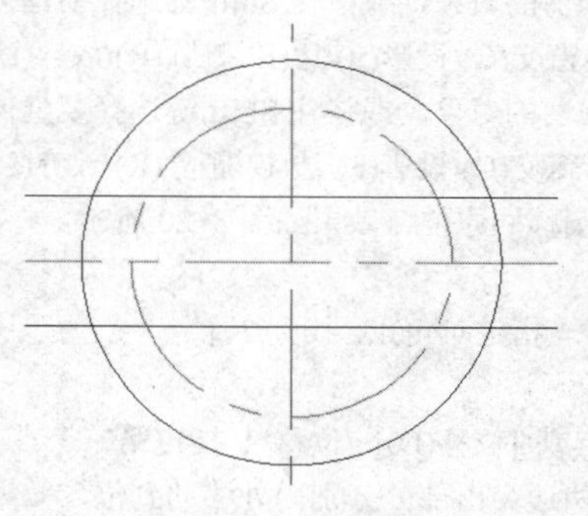

图 8-17　做修剪边界的平行线

命令: offset

当前设置: 删除源=否　图层=源　OFFSETGAPTYPE=0

指定偏移距离或 [通过(T)/删除(E)/图层(L)] <15.0000>: 15

选择要偏移的对象，或 [退出(E)/放弃(U)] <退出>:（选择水平方向的辅助线）

指定要偏移的那一侧上的点，或 [退出(E)/多个(M)/放弃(U)] <退出>:（在该线条上方单击鼠标左键）

选择要偏移的对象，或 [退出(E)/放弃(U)] <退出>:（选择水平方向的辅助线）

指定要偏移的那一侧上的点，或 [退出(E)/多个(M)/放弃(U)] <退出>:（在该线条下方单击鼠标左键）

选择要偏移的对象，或 [退出(E)/放弃(U)] <退出>:

//将轮廓线复制出一组留用，效果如图 8-18 所示。

命令: copy

选择对象: 找到 1 个

选择对象: 找到 1 个，总计 2 个

选择对象:

指定基点或 [位移(D)] <位移>: 指定第二个点或 <使用第一个点作为位移>:

//将多余部分修剪掉，留下左右两部分，效果如图 8-19 所示。

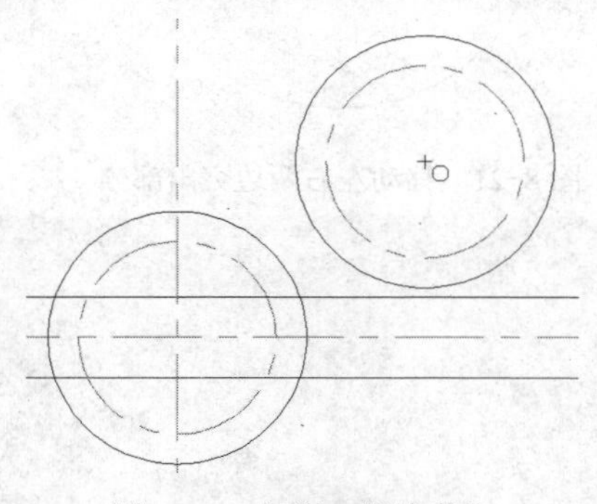

图 8-18　复制一组轮廓线

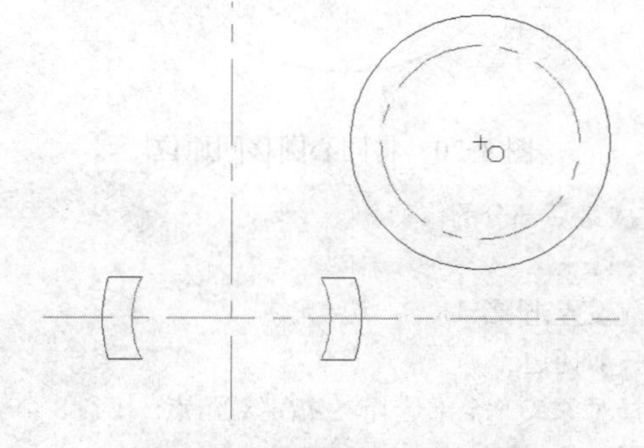

图 8-19　修剪后留下左右两部分

```
命令: trim
当前设置:投影=UCS，边=无
选择剪切边...
选择对象或 <全部选择>: 指定对角点: 找到 3 个
选择对象: 找到 1 个，总计 4 个
选择对象:
选择要修剪的对象，或按住 Shift 键选择要延伸的对象，或
[栏选(F)/窗交(C)/投影(P)/边(E)/删除(R)/放弃(U)]:
选择要修剪的对象，或按住 Shift 键选择要延伸的对象，或
[栏选(F)/窗交(C)/投影(P)/边(E)/删除(R)/放弃(U)]:
//将同心圆移回原位，效果如图 8-20 所示。
命令: move
选择对象: 指定对角点: 找到 2 个
选择对象:
指定基点或 [位移(D)] <位移>: 指定第二个点或 <使用第一个点作为位移>:
//将左右两边突出部分分别向外移动到位，效果如图 8-21 所示。
命令: move //将左边修剪好的四个图形对象向左移动。
选择对象: 指定对角点: 找到 4 个
选择对象:
指定基点或 [位移(D)] <位移>:
指定位移 <0.0000, 0.0000, 0.0000>: -5.5,0
命令: move //将右边修剪好的四个图形对象向右移动。
选择对象: 指定对角点: 找到 4 个
选择对象:
指定基点或 [位移(D)] <位移>: 5.5,0
指定第二个点或 <使用第一个点作为位移>: *取消*
```

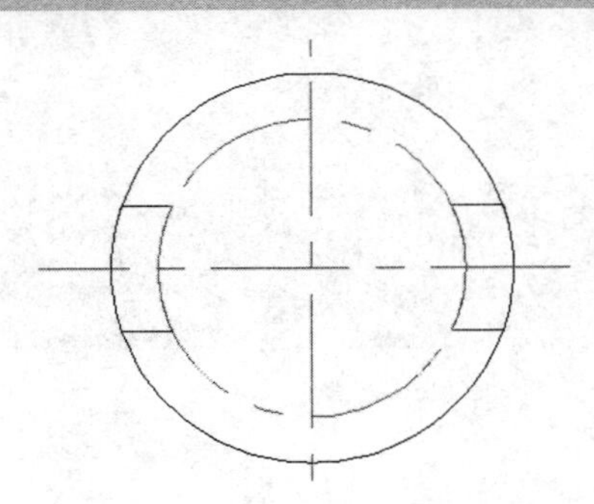

图 8-20　将同心圆移回原位

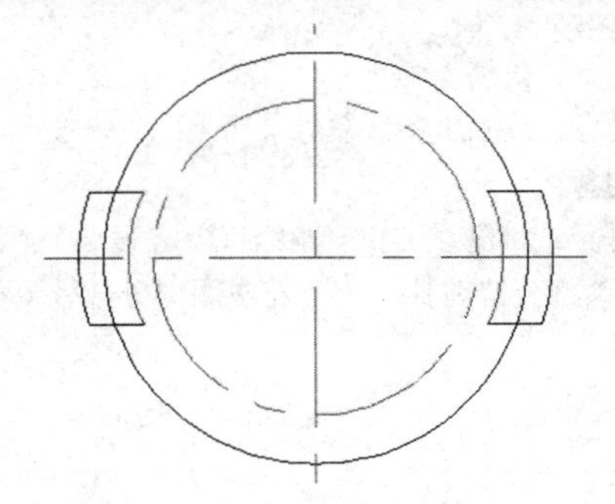

图 8-21　移动左右两边突出部分

```
//完成最后部分的修剪
命令: trim
当前设置:投影=UCS，边=无
选择剪切边...
选择对象或 <全部选择>: 指定对角点: 找到 8 个
选择对象:
```

```
选择要修剪的对象，或按住 Shift 键选择要延伸的对象，或
[栏选(F)/窗交(C)/投影(P)/边(E)/删除(R)/放弃(U)]:
选择要修剪的对象，或按住 Shift 键选择要延伸的对象，或
[栏选(F)/窗交(C)/投影(P)/边(E)/删除(R)/放弃(U)]:
```

8.4　操作分析

1. 设置图形界限

本任务要绘制的图形最大尺寸为 440 mm×680 mm，图形界限应在此基础上适当放大，所以选择图形界限为 640 mm×880 mm 的矩形。

2. 设置图层

根据图形分析，本任务中的图形需要两个图层，分别是：轮廓线层，白色，实线线型，线宽为 0；辅助线层，红色，中心线线型，线宽为 0；尺寸标注层，绿色，实线线型，线宽为 0。

3. 绘制图形

操作步骤

（1）将辅助线层设置为当前层，在该图层上绘制如图 8-22 所示的辅助线。

```
命令: xline
指定点或 [水平(H)/垂直(V)/角度(A)/二等分(B)/偏移(O)]:（在图形界限内中间偏上的位置确定辅助线的中点）
指定通过点:（利用极轴确定水平方向，绘制水平方向的辅助线）
指定通过点:（利用极轴确定水平方向，绘制竖直方向的辅助线）
指定通过点:
```

（2）绘制表示储水槽的两个矩形，效果如图 8-23 所示。

图 8-22　辅助线　　　　图 8-23　储水槽

```
命令: rectang //绘制内圈矩形
指定第一个角点或 [倒角(C)/标高(E)/圆角(F)/厚度(T)/宽度(W)]:（对象捕捉辅助线的交点）
指定另一个角点或 [面积(A)/尺寸(D)/旋转(R)]: @380,120
命令: rectang //绘制外圈圆角矩形
指定第一个角点或 [倒角(C)/标高(E)/圆角(F)/厚度(T)/宽度(W)]: f
```

指定矩形的圆角半径 <0.0000>: 30
指定第一个角点或 [倒角(C)/标高(E)/圆角(F)/厚度(T)/宽度(W)]:（对象捕捉辅助线的交点）
指定另一个角点或 [面积(A)/尺寸(D)/旋转(R)]: @440,180

（3）将矩形移动到确切位置，效果如图 8-24 所示。

命令: move //移动圆角矩形
选择对象: 找到 1 个
选择对象:
指定基点或 [位移(D)] <位移>:（利用极轴找到矩形的中心点）
指定第二个点或 <使用第一个点作为位移>:（对象捕捉辅助线的交点）
命令: move //移动直角矩形
选择对象: 找到 1 个
选择对象:
指定基点或 [位移(D)] <位移>:（利用极轴找到矩形的中心点）
指定第二个点或 <使用第一个点作为位移>:（对象捕捉辅助线的交点）

（4）绘制表示坐便池的两个椭圆，如图 8-25 所示。

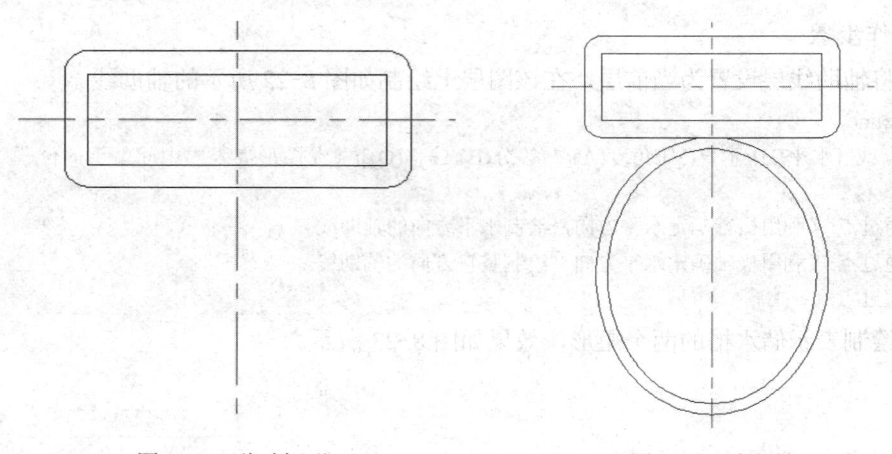

图 8-24　移动矩形　　　　图 8-25　坐便池

命令: ellipse //绘制外圈椭圆
指定椭圆的轴端点或 [圆弧(A)/中心点(C)]:（对象捕捉圆角矩形底边的中点）
指定轴的另一个端点: 500（用极轴控制竖直向下的方向）
指定另一条半轴长度或 [旋转(R)]: 200
命令: offset
当前设置: 删除源=否　图层=源　OFFSETGAPTYPE=0
指定偏移距离或 [通过(T)/删除(E)/图层(L)] <通过>: 20
选择要偏移的对象或 [退出(E)/放弃(U)] <退出>:（选择刚绘制好的椭圆）
指定要偏移的那一侧上的点，或 [退出(E)/多个(M)/放弃(U)] <退出>:（在椭圆内部任意点单击鼠标左键）
选择要偏移的对象或 [退出(E)/放弃(U)] <退出>:

（5）绘制储水槽与坐便池的连接部分，如图 8-26 所示。

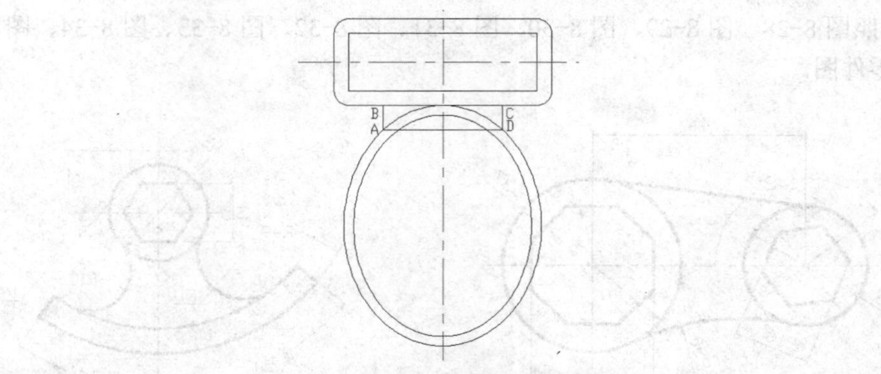

图 8-26 储水槽与坐便池的连接部分

命令: line 指定第一点: 120（对象捕捉圆角矩形底边的中点，利用极轴确定 *B* 点）
指定下一点或 [放弃(U)]:（利用极轴确定 *A* 点）
指定下一点或 [放弃(U)]:（利用极轴确定 *D* 点）
指定下一点或 [闭合(C)/放弃(U)]:（利用极轴确定 *C* 点）
指定下一点或 [闭合(C)/放弃(U)]:

（6）修剪完成坐便器平面图。

命令: trim
当前设置: 投影=UCS，边=无
选择剪切边...
选择对象或 <全部选择>: 找到 3 个
选择对象:
选择要修剪的对象，或按住 Shift 键选择要延伸的对象，或
[栏选(F)/窗交(C)/投影(P)/边(E)/删除(R)/放弃(U)]:（将直线 *BA*、*AD*、*CD* 选为修剪边界）
选择要修剪的对象，或按住 Shift 键选择要延伸的对象，或
[栏选(F)/窗交(C)/投影(P)/边(E)/删除(R)/放弃(U)]:（选择要修剪的部分）
选择要修剪的对象，或按住 Shift 键选择要延伸的对象，或
[栏选(F)/窗交(C)/投影(P)/边(E)/删除(R)/放弃(U)]:

配 套 练 习

1．按照图 8-27 所给数据绘制如下五角星。

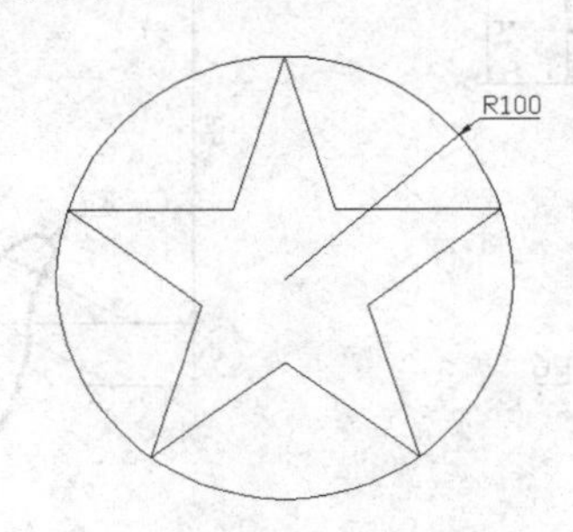

图 8-27 五角星

2．按照图 8-28、图 8-29、图 8-30、图 8-31、图 8-32、图 8-33、图 8-34、图 8-35 所给数据绘制零件图。

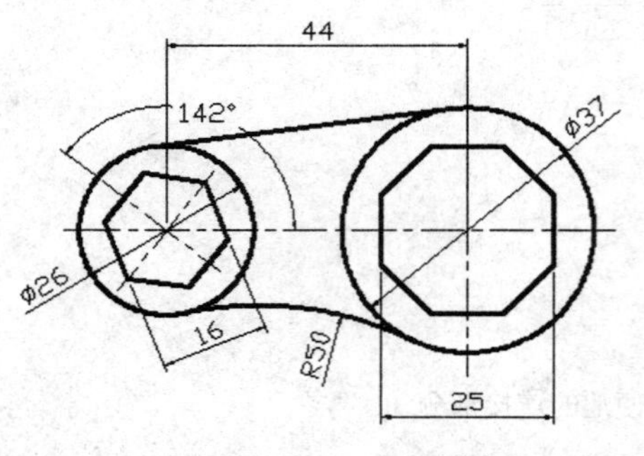

图 8-28　零件图

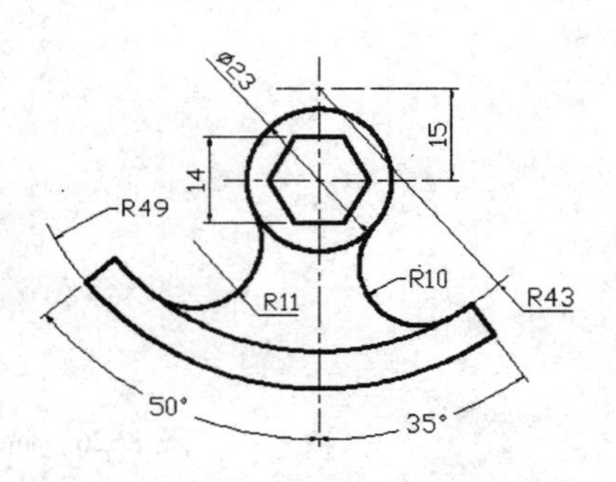

图 8-29　零件图

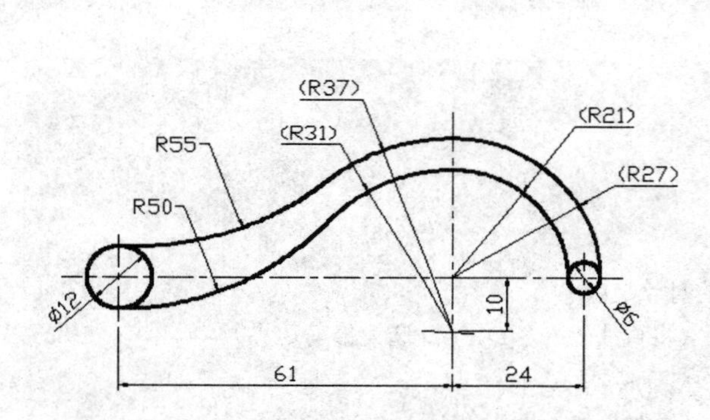

图 8-30　零件图

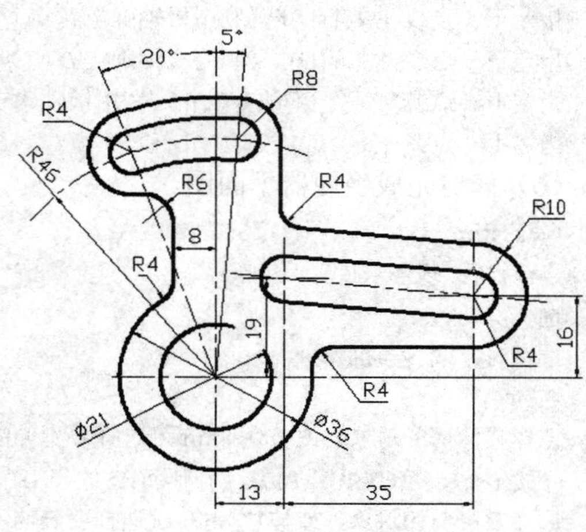

图 8-31　零件图

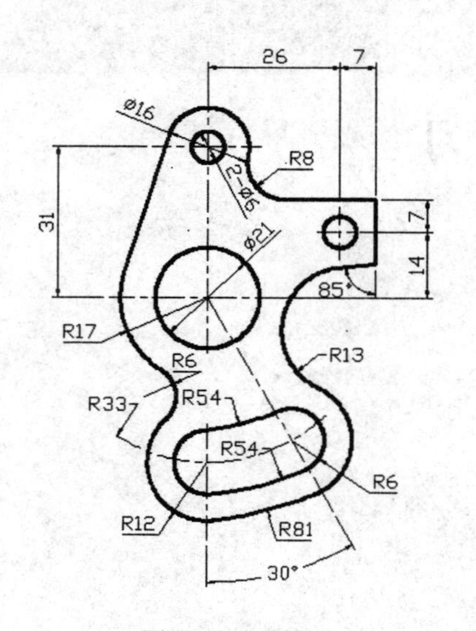

图 8-32　零件图

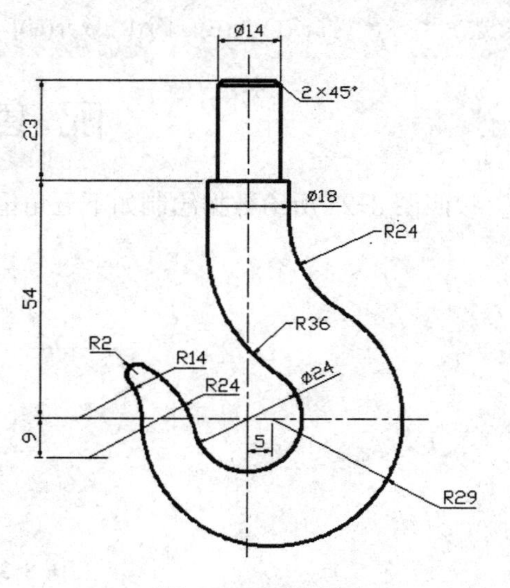

图 8-33　零件图

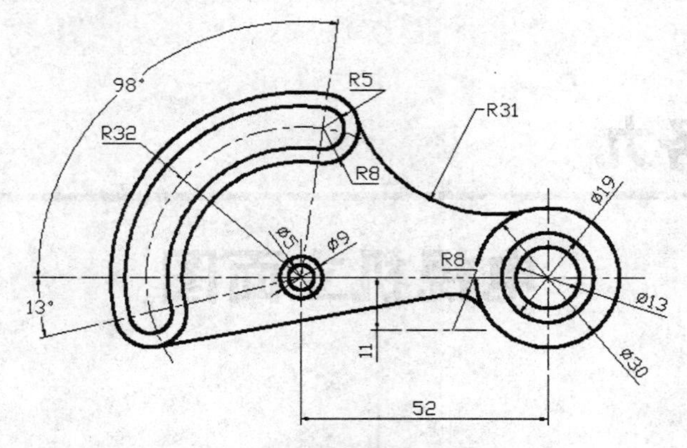

图 8-34　零件图

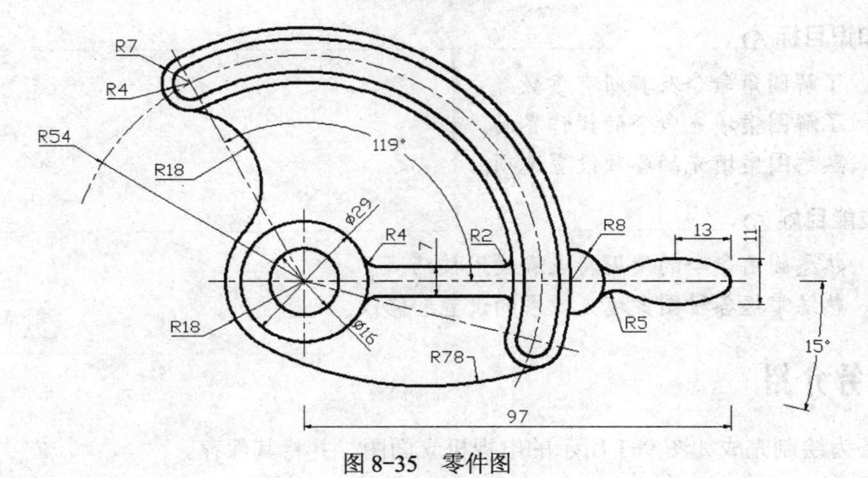

图 8-35　零件图

3．按照图 8-36 所给数据绘制图形。

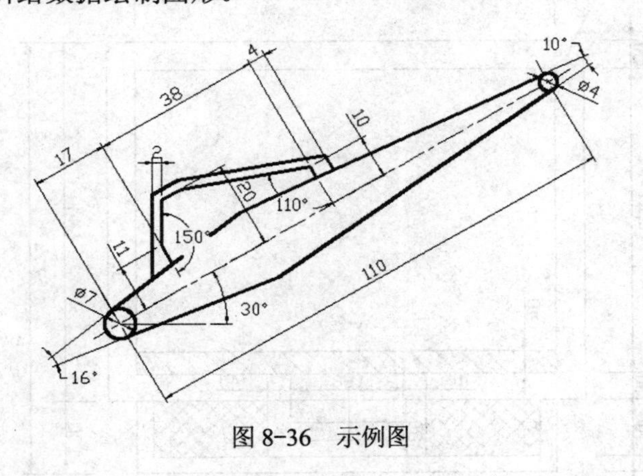

图 8-36　示例图

任务九

电视机立面图

9.1 学习目标

知识目标

- 了解圆角命令及其所有参数。
- 了解图案填充命令的操作界面。
- 熟悉图案填充的各项设置选项。

技能目标

- 熟悉圆角命令的使用特点和使用技巧。
- 熟练掌握各种图案填充效果的设置和修改。

9.2 任务介绍

本任务为绘制完成如图 9-1 所示的电视机立面图，并将其保存。

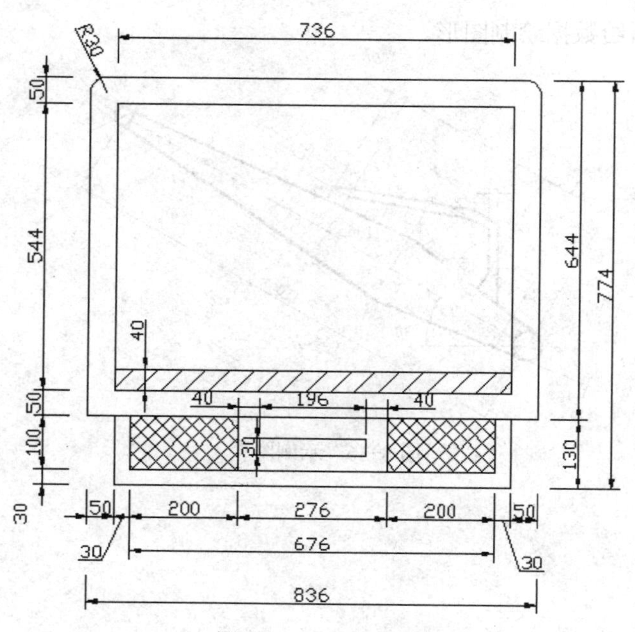

图 9-1　电视机立面图

通过对图形进行分析可知，本任务中的电视机立面图主要由显示器、控制面板以及中心控制台三个部分组成。其中处理圆角和图案填充为本任务中的新工具。

9.3 相关知识

1. 圆角命令

圆角与倒角类似，命令会使用指定的半径创建出与两个选定对象相切的圆弧。系统设定的圆角可以连接一对直线段、非圆弧的多段线、样条曲线、构造线、射线、圆、圆弧以及椭圆。

执行方式

通过工具栏：从“修改”工具栏中选择圆角命令。

通过菜单栏：选择菜单栏中的“修改”→“圆角”。

通过命令行：FILLET（快捷命令 F）。

操作步骤

```
命令: fillet
当前设置: 模式 = 修剪，半径 =0.0000
选择第一个对象或 [放弃(U)/多段线(P)/半径(R)/修剪(T)/多个(M)]:
选择第二个对象，或按住 Shift 键选择要应用角点的对象:
```

选项说明

（1）多段线。对多段线形成的折线段，一次完成圆角操作。

（2）半径。设置圆角的半径值。

（3）修剪。在圆角连接两条边时，决定是否修剪这两条边。

（4）多个。同时对多个圆角半径相同的对象进行圆角编辑。

实例演练

绘制如图 9-2 所示的沙发示意图。

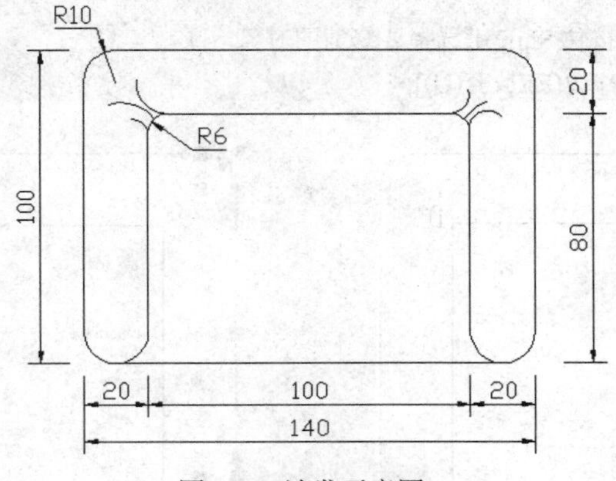

图 9-2 沙发示意图

```
//绘制沙发主轮廓，如图 9-3 所示。
命令: rectang //绘制表示沙发形状的圆角矩形
```

指定第一个角点或 [倒角(C)/标高(E)/圆角(F)/厚度(T)/宽度(W)]: f
指定矩形的圆角半径 <0.0000>: 10
指定第一个角点或 [倒角(C)/标高(E)/圆角(F)/厚度(T)/宽度(W)]:
指定另一个角点或 [面积(A)/尺寸(D)/旋转(R)]: @140,100
命令: line
指定第一点: 10（通过 *A* 点确定 *B* 点的位置）
指定下一点或 [放弃(U)]: 80（确定 *C* 点）
指定下一点或 [放弃(U)]: 100（确定 *D* 点）
指定下一点或 [闭合(C)/放弃(U)]:（确定 *E* 点）
指定下一点或 [闭合(C)/放弃(U)]:
//把圆角矩形分解开，效果如图 9-4 所示。
命令: explode
选择对象: 找到 1 个
选择对象:
//利用延伸完成沙发扶手转角的绘制，效果如图 9-5 所示。
命令: extend
当前设置:投影=UCS，边=无
选择边界的边...
选择对象或 <全部选择>:
选择要延伸的对象，或按住 Shift 键选择要修剪的对象，或
[栏选(F)/窗交(C)/投影(P)/边(E)/放弃(U)]:（选择圆角矩形左下角的圆弧延伸到 *BC* 处，效果如图 9-5（a）所示）
选择要延伸的对象，或按住 Shift 键选择要修剪的对象，或
[栏选(F)/窗交(C)/投影(P)/边(E)/放弃(U)]:（选择圆角矩形右下角的圆弧延伸到 *DE* 处，效果如图 9-5（a）所示）
选择要延伸的对象，或按住 Shift 键选择要修剪的对象，或
[栏选(F)/窗交(C)/投影(P)/边(E)/放弃(U)]:（按住 Shift 键，同时选择直线 *BC* 下部需要修剪的地方，效果如图 9-5（b）所示）
选择要延伸的对象，或按住 Shift 键选择要修剪的对象，或
[栏选(F)/窗交(C)/投影(P)/边(E)/放弃(U)]:（按住 Shift 键，同时选择直线 *DE* 下部需要修剪的地方，效果如图 9-5（b）所示）
选择要延伸的对象，或按住 Shift 键选择要修剪的对象，或
[栏选(F)/窗交(C)/投影(P)/边(E)/放弃(U)]:

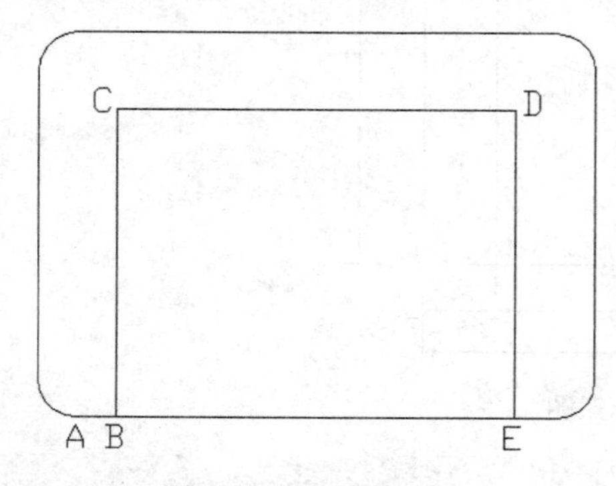

图 9-3　沙发主轮廓

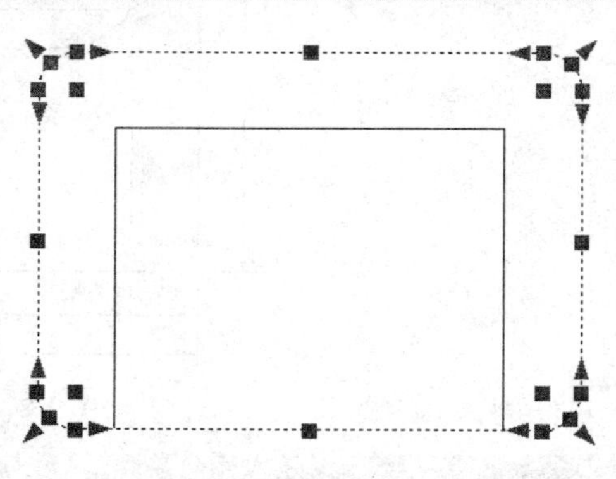

图 9-4　分解圆角矩形

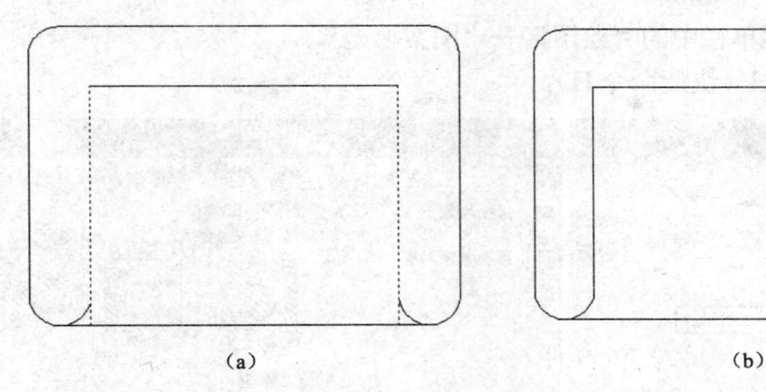

图 9-5　沙发扶手转角的绘制

(a) 延伸的结果　(b) 修剪的结果

//对 *C* 点和 *D* 点的直角进行圆角处理，效果如图 9-6 所示。
命令: fillet
当前设置: 模式 = 修剪，半径 = 0.0000
选择第一个对象或 [放弃(U)/多段线(P)/半径(R)/修剪(T)/多个(M)]: r
指定圆角半径 <0.0000>: 6
选择第一个对象或 [放弃(U)/多段线(P)/半径(R)/修剪(T)/多个(M)]: m
选择第一个对象或 [放弃(U)/多段线(P)/半径(R)/修剪(T)/多个(M)]:（选择直线 *BC*）
选择第二个对象，或按住 Shift 键选择要应用角点的对象:（选择直线 *CD*）
选择第一个对象或 [放弃(U)/多段线(P)/半径(R)/修剪(T)/多个(M)]:（选择直线 *CD*）
选择第二个对象，或按住 Shift 键选择要应用角点的对象:（选择直线 *DE*）
选择第一个对象或 [放弃(U)/多段线(P)/半径(R)/修剪(T)/多个(M)]:
//利用圆弧命令绘制沙发的褶皱部分，对示意图进行修饰。效果如图 9-7 所示。

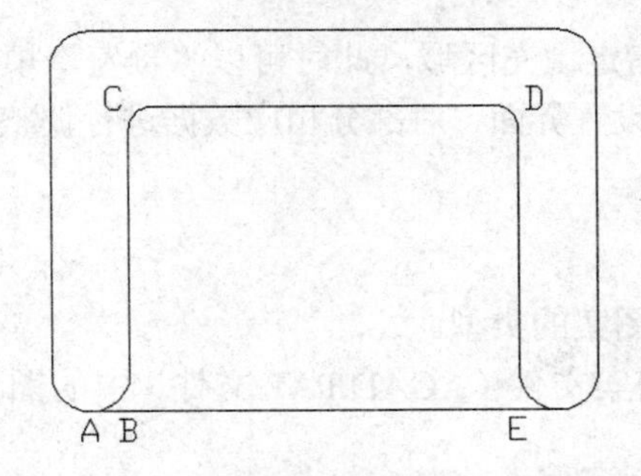

图 9-6　对 *C* 点和 *D* 点的直角进行圆角处理

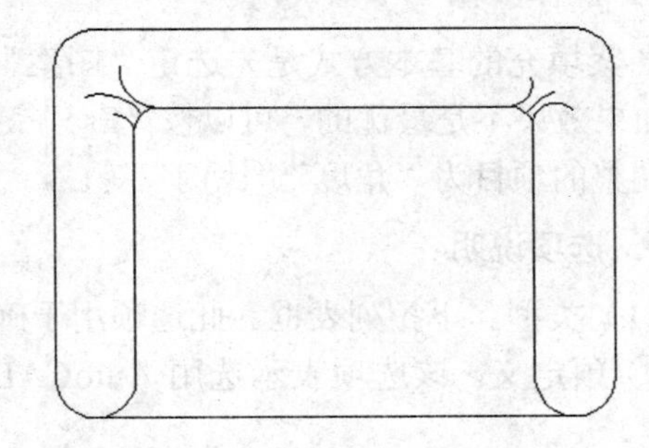

图 9-7　沙发示意图

2. 填充命令

图案填充是用某种软件提供的图案填充某一指定封闭区域的操作。这一功能较多地用于绘制机械图中的剖面图，建筑装潢图中的地面和建筑断面等。其中比较特别的是直接填充颜色。

执行方式

通过工具栏：从“绘图”工具栏中选择图案填充命令，弹出“图案填充和渐变色”对话框，如图 9-8 所示。

通过菜单栏：选择菜单栏中的“绘图”→“图案填充”。

通过命令行：HATCH（快捷命令 H）。

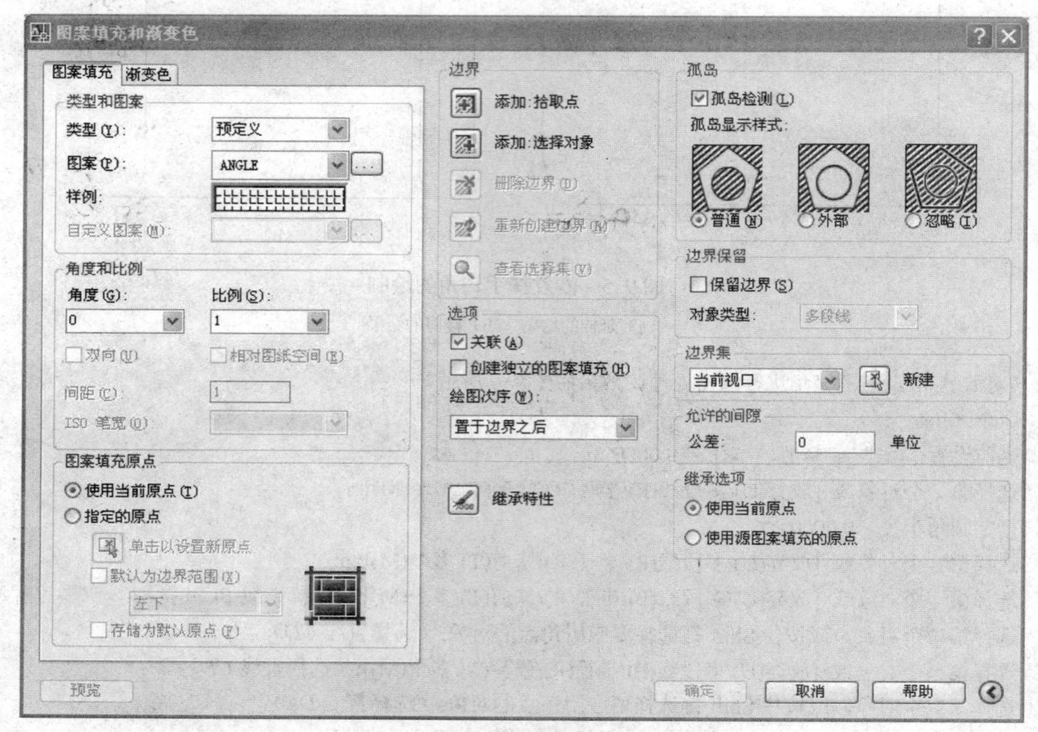

图 9-8 “图案填充和渐变色”对话框

操作步骤

图案填充的基本方式是先选定“图案”，然后指定填充区域，此时可以“预览”填充的效果，如果效果不是最优的，可以按“Esc”键返回到设置界面，对部分相应数据进行调整。一般需要调整的项目为“角度”“比例”等。

选项说明

（1）类型。下拉列表框。此选项用于确定填充图案的类型。

① 预定义。该选项表示选用 AutoCAD 标准图案文件（ACAD.PAT 文件）中的图案进行填充。

② 用户定义。该选项表示用户要临时定义填充图案，用户可以使用当前线型定义一个简单图案。

③ 自定义。选择用户提前定义好的图案进行填充。

（2）图案。下拉列表框。当用户选择 AutoCAD 标准图案进行填充时，该下拉列表才可用。此时点击“浏览”按钮□或点击下面的“样例”，系统会弹出“填充图案选项板”（图 9-9），可以从中选择需要的图案。

（3）样例。显示用户选定的图案的缩略图，也可以通过这里进入“填充图案选项板”。

（4）自定义图案。当在“类型”选项中选择“自定义”选项时，此选项才可以使用。用户可以进入“填充图案选项板”中的“自定义”选项卡选择定义好的图案。

（5）角度。下拉列表框。此选项用于确定选定的图案在填充时的角度，即该图案与当前坐标 X 轴的夹角。

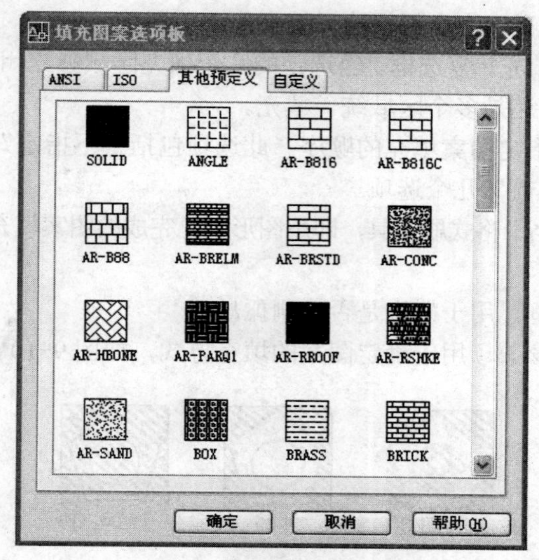

图 9-9 “填充图案选项板”

（6）比例。下拉列表框。此选项用于确定选定的图案在填充时的缩放情况，用户可以通过改变比例系数调整填充图案的疏密度。

（7）双向。复选框。在“类型”选项卡中选择“用户定义”选项时，此选项才可以使用。此选项用于确定用户临时定义的填充线是一组平行线，还是相互垂直的两组平行线。

（8）相对图纸空间。复选框。在“类型”选项卡中选择“用户定义”选项时，此选项才可以使用，系通过确定是否为相对图纸空间从而确定填充图案的比例。选择此选项后，可以按适合版面布局的比例恰当地显示填充的图案。

（9）间距。文本框。在“类型”选项卡中选择“用户定义”选项时，此选项才可以使用。间距用于指定平行线之间的间距，在文本框中直接输入数值即可。

（10）ISO 笔宽。下拉列表框。在“图案”选项卡中选择 ISO 选项时，此选项才可以使用。此选项中，用户可以根据所选择的笔宽确定与 ISO 有关的图案比例。

（11）图案填充原点选项组。该选项组用于控制填充图案生成的起始位置。填充图案（如砖块图案）时需要与图案填充边界上的一点对齐。在默认情况下，所有填充图案的原点都对应于当前的 USC 原点。也可以选择“指定的原点”单选按钮，通过它的下一级选项重新指定原点。

（12）边界选项组。该选项组用于选择指定填充区域的方式。

① 添加：拾取点。以在封闭区域内单击点的方式确定填充区域。适用于边界线较多，或形成边界的线条不属于一个整体图形对象的情况。

② 添加：选择对象。单击形成封闭区域的线条指定填充区域。适用情况正好与“拾取点”的方式互补。

③ 删除边界。当填充区域选择出错或多选时使用此选项取消多选、错选的区域。

④ 重新创建边界。围绕选定的填充图案或填充对象创建多段线或面域。

⑤ 查看选择集。返回到绘图界面查看已经选中的填充区域。

（13）选项组。

① 关联。复选框。此复选框用于确定填充图案与边界的关系。此选项被选中时，若边界被“拉伸”等操作调整，填充内容会根据边界的变化自动调整。

② 创建独立的图案填充。复选框。当选定的几个填充区域独立闭合的时候，用来控制每个区域单独创建填充对象，还是多个区域统一填充。

③ 绘图次序。用于指定图案填充的顺序。此选项包括“不指定”“后置”“前置”“置于边界之后”和“置于边界之前”几个选项。

（14）继承特性。相当于格式刷工具，即用图形中已完成的图案填充效果填充其他新的区域。

（15）孤岛选项组。

① 孤岛检测。复选框。用于确定是否检测孤岛。

② 孤岛显示样式。该选项用于确定图案的填充方式，如图 9-10 所示。

图 9-10　孤岛显示样式

- 普通。该方式从边界开始，从每条填充线或每个剖面符号的两端向里面填充，遇到内部对象与之相交时，填充结束，直至遇到下一层边界线再继续图案填充。采用这种方式时，要避免填充线或剖面符号与内部对象的相交次数为奇数。该方式为系统默认的填充方式。
- 外部。该方式从边界开始，向里填充图案，只要在对象内部与任何边界相交，则填充结束。
- 忽略。该方式忽略填充区域内部的图形对象，所有结构都被填充。

（16）边界保留。该选项用于设置是否将填充边界以对象的形式保留下来，并且可以选择保留的类型。其中“对象类型”包括“多段线”和“面域”两个选项。

（17）边界集。该选项用于定义填充边界的对象集，即 AutoCAD 根据哪些对象来确定填充边界。

（18）允许的间隙。文本框。此项目用于设置将对象用作填充边界时可以忽略的最大间隙。默认值为 0，此值指对象必须为封闭区域，不能有间隙。

（19）继承选项组。当使用“继承特性”填充图案时，该选项组用于控制图案填充原点的位置。

实例演练 1

绘制如图 9-11 所示的壁龛交接箱符号。

图 9-11　壁龛交接箱符号

绘制壁龛交接箱符号的轮廓，如图 9-12 所示。

命令: rectang
指定第一个角点或 [倒角(C)/标高(E)/圆角(F)/厚度(T)/宽度(W)]:
指定另一个角点或 [面积(A)/尺寸(D)/旋转(R)]: @10,5
命令: line //绘制线条 *AC*。
指定第一点:
指定下一点或 [放弃(U)]:
指定下一点或 [放弃(U)]:
命令: line//绘制线条 *BD*
指定第一点:
指定下一点或 [放弃(U)]:
指定下一点或 [放弃(U)]:
//用拾取点的方式选择具体的填充区域完成填充，如图 9-13 所示。

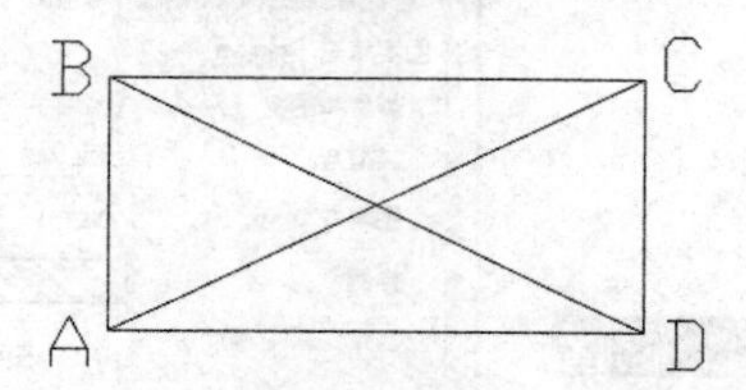

图 9-12　壁龛交接箱符号的轮廓

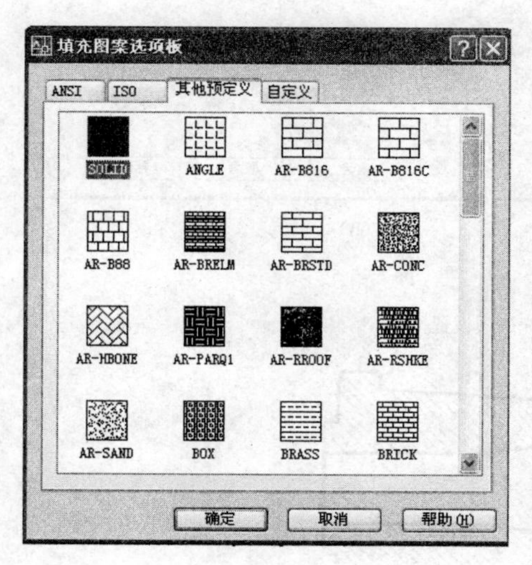

（a）

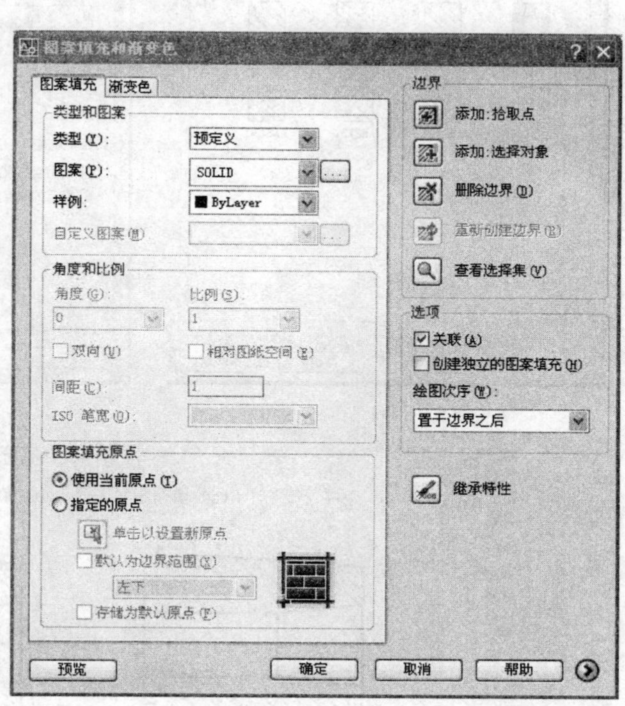

（b）

图 9-13　填充

（a）填充图案选项　（b）填充选项设置

实例演练 2

绘制如图 9-14 所示的图形，利用左图得到右图。

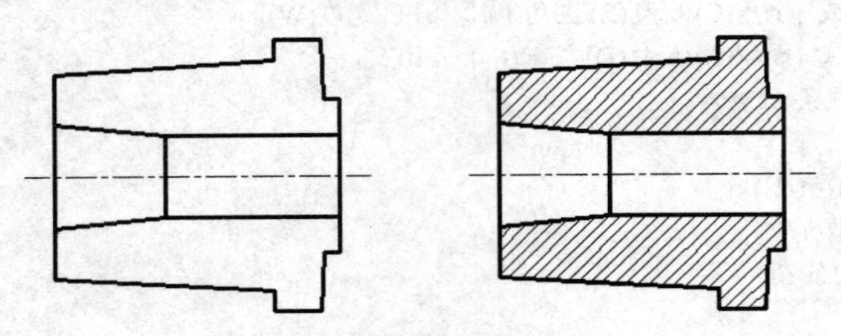

图 9-14　零件剖面图

使用图案填充完成任务，设置内容如图 9-15 所示，效果如图 9-16 所示。

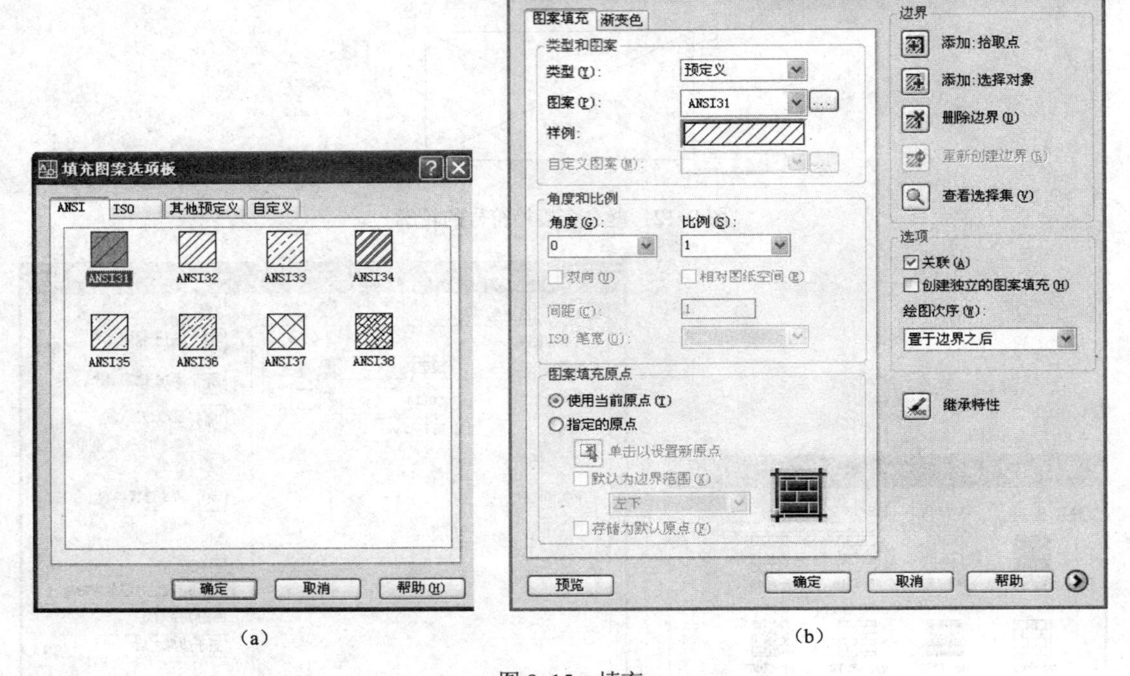

（a）　　　　　　　　　　　　（b）

图 9-15　填充

（a）填充图案选项　（b）填充选项设置

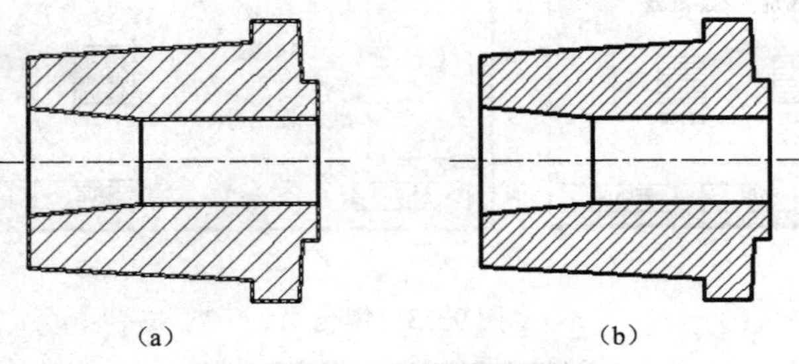

（a）　　　　　　　　　　　　（b）

图 9-16　填充效果比较

对图案填充效果进行调整，通过尝试，将填充比例修改为 0.7。

9.4　操作分析

1．设置图形界限

本任务要绘制的图形最大尺寸为 836 mm×774 mm，图形界限应在此基础上适当放大，所以选择图形界限为 1 300 mm×1 200 mm 的矩形。

2．设置图层

根据图形分析，本任务中的图形需要两个图层，分别是：轮廓线层，白色，实线线型，线宽为 0；尺寸标注层，绿色，实线线型，线宽为 0。

3．绘制图形

操作步骤

（1）绘制表示电视机显示器的双层矩形，如图 9-17 所示。

```
命令: rectang//绘制外层矩形
指定第一个角点或 [倒角(C)/标高(E)/圆角(F)/厚度(T)/宽度(W)]:
指定另一个角点或 [面积(A)/尺寸(D)/旋转(R)]: @836,644
命令: offset//偏移得到内层矩形
当前设置: 删除源=否　图层=源　OFFSETGAPTYPE=0
指定偏移距离或 [通过(T)/删除(E)/图层(L)] <通过>:50
选择要偏移的对象，或 [退出(E)/放弃(U)] <退出>:
指定要偏移的那一侧上的点，或 [退出(E)/多个(M)/放弃(U)] <退出>:（在所选择的矩形内部单击鼠标左键）
选择要偏移的对象，或 [退出(E)/放弃(U)] <退出>:
```

（2）绘制电视机底部的控制面板，如图 9-18 所示。

```
命令: pline//绘制外层线条
指定起点:（利用极轴确定 B 点）
当前线宽为 0.0000
指定下一个点或 [圆弧(A)/半宽(H)/长度(L)/放弃(U)/宽度(W)]: 130（确定 A 点）
指定下一点或 [圆弧(A)/闭合(C)/半宽(H)/长度(L)/放弃(U)/宽度(W)]:（确定 D 点）
指定下一点或 [圆弧(A)/闭合(C)/半宽(H)/长度(L)/放弃(U)/宽度(W)]:（确定 C 点）
指定下一点或 [圆弧(A)/闭合(C)/半宽(H)/长度(L)/放弃(U)/宽度(W)]:
命令: offset//绘制内层线条
当前设置: 删除源=否　图层=源　OFFSETGAPTYPE=0
指定偏移距离或 [通过(T)/删除(E)/图层(L)] <50.0000>:30
选择要偏移的对象，或 [退出(E)/放弃(U)] <退出>:（选择外层的多段线 BADC）
指定要偏移的那一侧上的点，或 [退出(E)/多个(M)/放弃(U)] <退出>:（在所选择的线条内部单击鼠标左键）
选择要偏移的对象，或 [退出(E)/放弃(U)] <退出>:
```

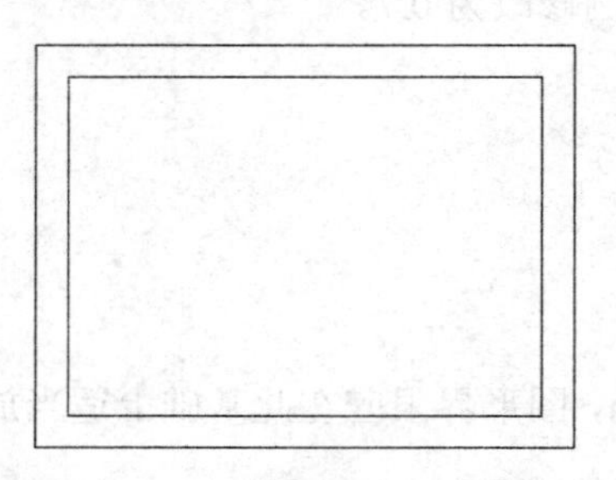

图 9-17　表示显示器的双层矩形

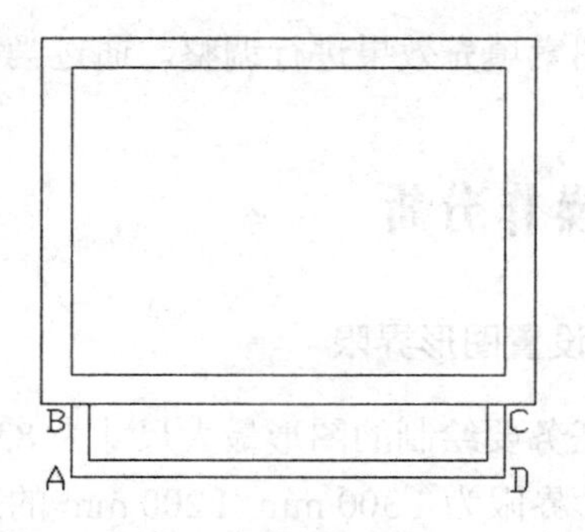

图 9-18　控制面板

（3）将所有图形对象分解成独立的线条，如图 9-19 所示。

```
命令: explode
选择对象: 指定对角点: 找到 4 个
选择对象:
```

（4）处理电视屏幕上部的两个圆角，如图 9-20 所示。

```
命令: fillet
当前设置: 模式 = 修剪，半径 = 0.0000
选择第一个对象或 [放弃(U)/多段线(P)/半径(R)/修剪(T)/多个(M)]: r
指定圆角半径 <0.0000>: 30
选择第一个对象或 [放弃(U)/多段线(P)/半径(R)/修剪(T)/多个(M)]: m
选择第一个对象或 [放弃(U)/多段线(P)/半径(R)/修剪(T)/多个(M)]:
选择第二个对象，或按住 Shift 键选择要应用角点的对象:
选择第一个对象或 [放弃(U)/多段线(P)/半径(R)/修剪(T)/多个(M)]:
选择第二个对象，或按住 Shift 键选择要应用角点的对象:
选择第一个对象或 [放弃(U)/多段线(P)/半径(R)/修剪(T)/多个(M)]:
```

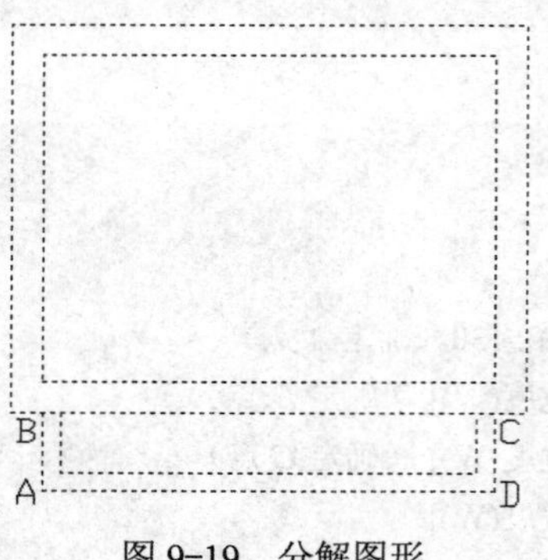

图 9-19　分解图形

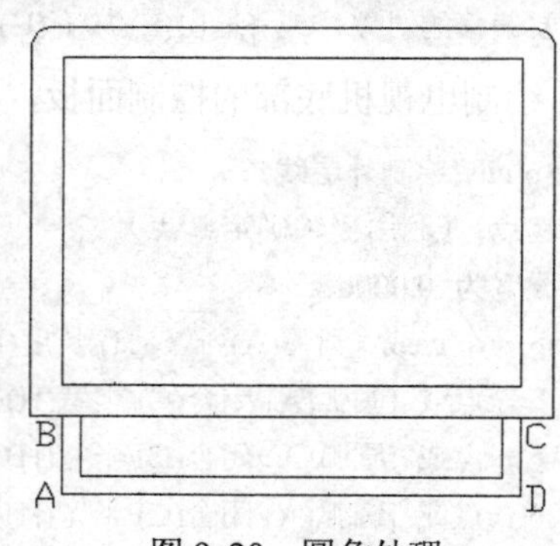

图 9-20　圆角处理

（5）偏移得到如图 9-21 所示的其他线条。

```
命令: offset//得到屏幕底部的线条
当前设置: 删除源=否　图层=源　OFFSETGAPTYPE=0
指定偏移距离或 [通过(T)/删除(E)/图层(L)] <30.0000>:40
选择要偏移的对象，或 [退出(E)/放弃(U)] <退出>:
```

```
指定要偏移的那一侧上的点，或 [退出(E)/多个(M)/放弃(U)] <退出>:
选择要偏移的对象，或 [退出(E)/放弃(U)] <退出>:
```

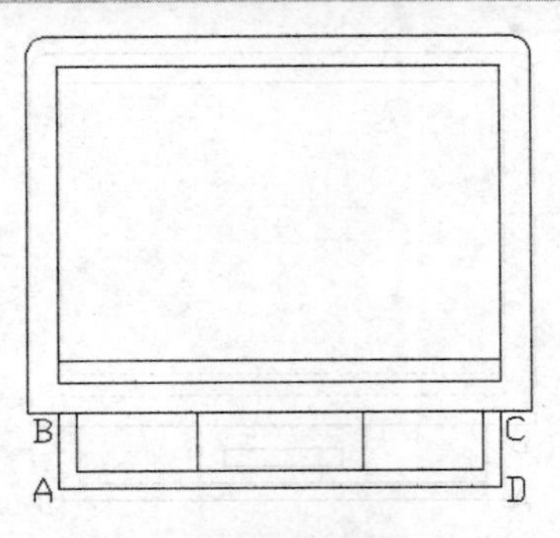

图 9-21　偏移操作效果

```
命令: offset//得到底座中部的线条
当前设置: 删除源=否　图层=源　OFFSETGAPTYPE=0
指定偏移距离或 [通过(T)/删除(E)/图层(L)] <40.0000>:200
选择要偏移的对象，或 [退出(E)/放弃(U)] <退出>:
指定要偏移的那一侧上的点，或 [退出(E)/多个(M)/放弃(U)] <退出>:
选择要偏移的对象，或 [退出(E)/放弃(U)] <退出>:
指定要偏移的那一侧上的点，或 [退出(E)/多个(M)/放弃(U)] <退出>:
选择要偏移的对象，或 [退出(E)/放弃(U)] <退出>:
```

（6）绘制底座中心的控制台，如图 9-22 所示。

```
命令: rectang//绘制表示中心控制台的矩形框，如图 9-22（a）所示
指定第一个角点或 [倒角(C)/标高(E)/圆角(F)/厚度(T)/宽度(W)]: <对象捕捉 开>
指定另一个角点或 [面积(A)/尺寸(D)/旋转(R)]: @196,30
命令: move//将表示中心控制台的矩形框移动到相应位置，如图 9-22（b）所示
选择对象: 找到 1 个
选择对象:
指定基点或 [位移(D)] <位移>:指定第二个点或 <使用第一个点作为位移>: @40,30
```

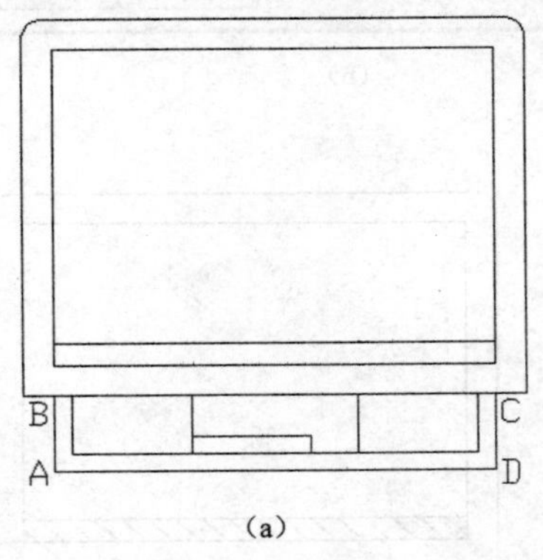

（a）

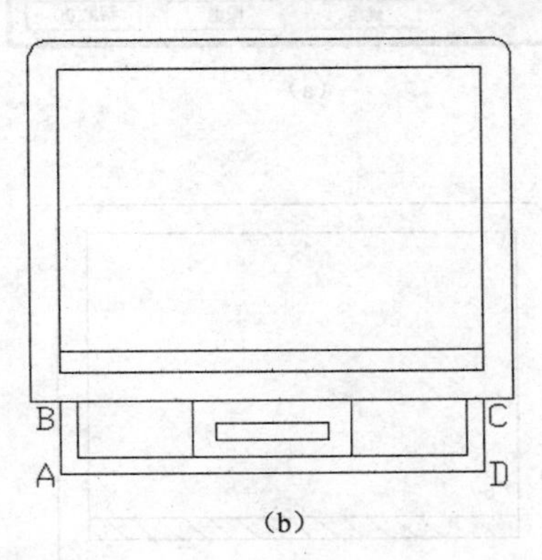

（b）

图 9-22　绘制底座中心的控制台

（7）对图 9-23 中所示的部分填充图案，填充设置如图 9-24 所示，填充效果如图 9-25 所示。

（8）对图 9-26 中所示的部分填充图案，填充设置如图 9-27 所示，填充效果如图 9-28 所示。

图 9-23　图案填充选择区

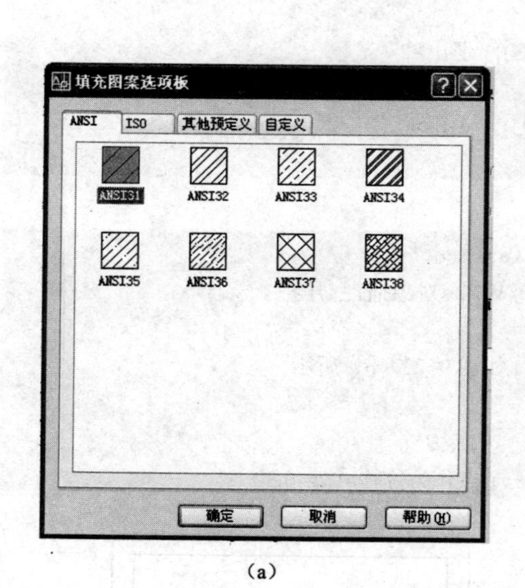

（a）

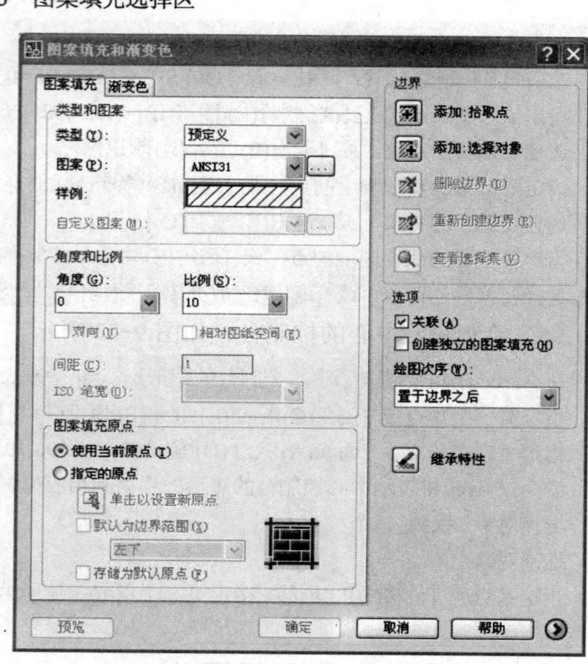

（b）

图 9-24　填充设置

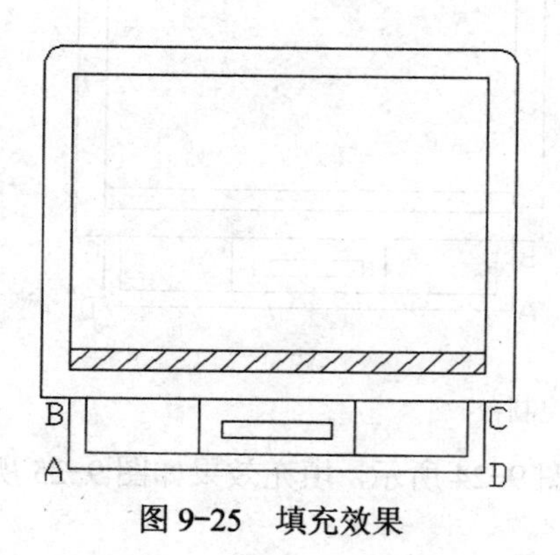

图 9-25　填充效果

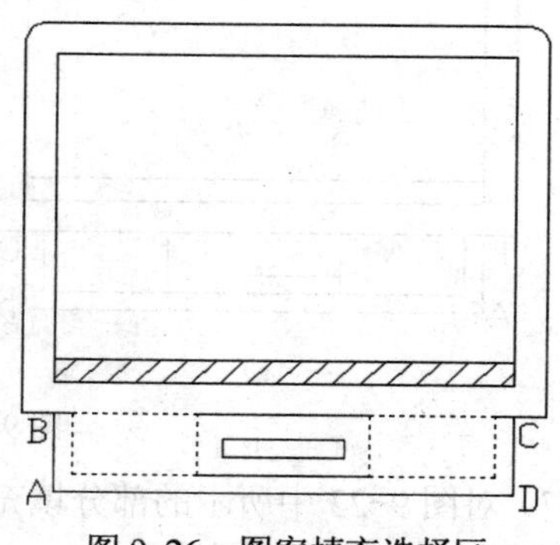

图 9-26　图案填充选择区

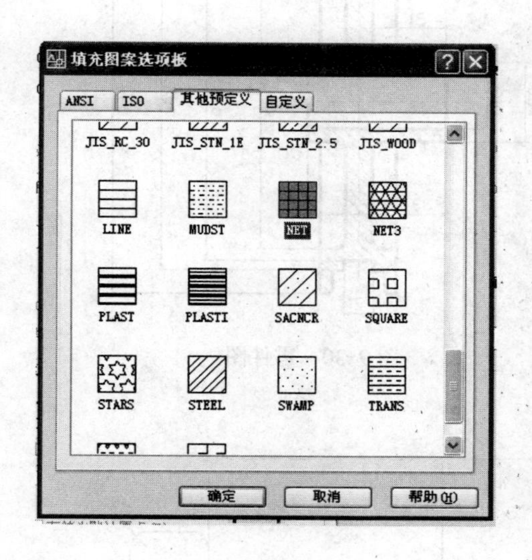

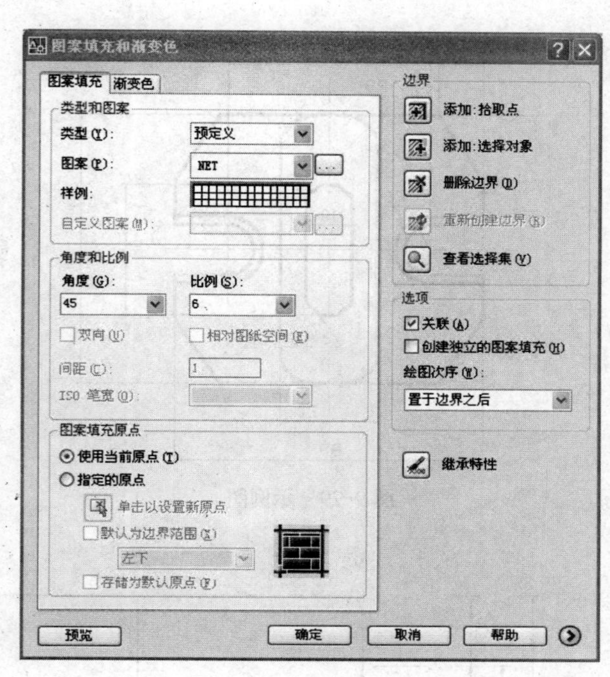

(a)　　　　　　　　　　　　(b)

图 9-27　填充设置

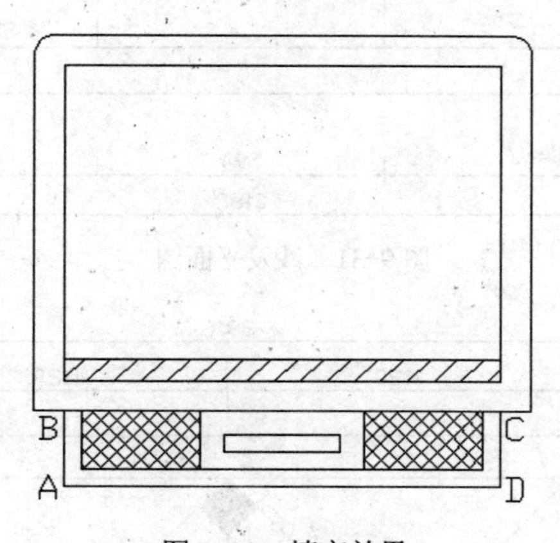

图 9-28　填充效果

配套练习

1. 按照图 9-29 所给数据绘制图形。
2. 按照图 9-30 所给数据绘制零件图。
3. 按照图 9-31 所给数据绘制沙发平面图。
4. 按照图 9-32 所给数据绘制拼花图案。

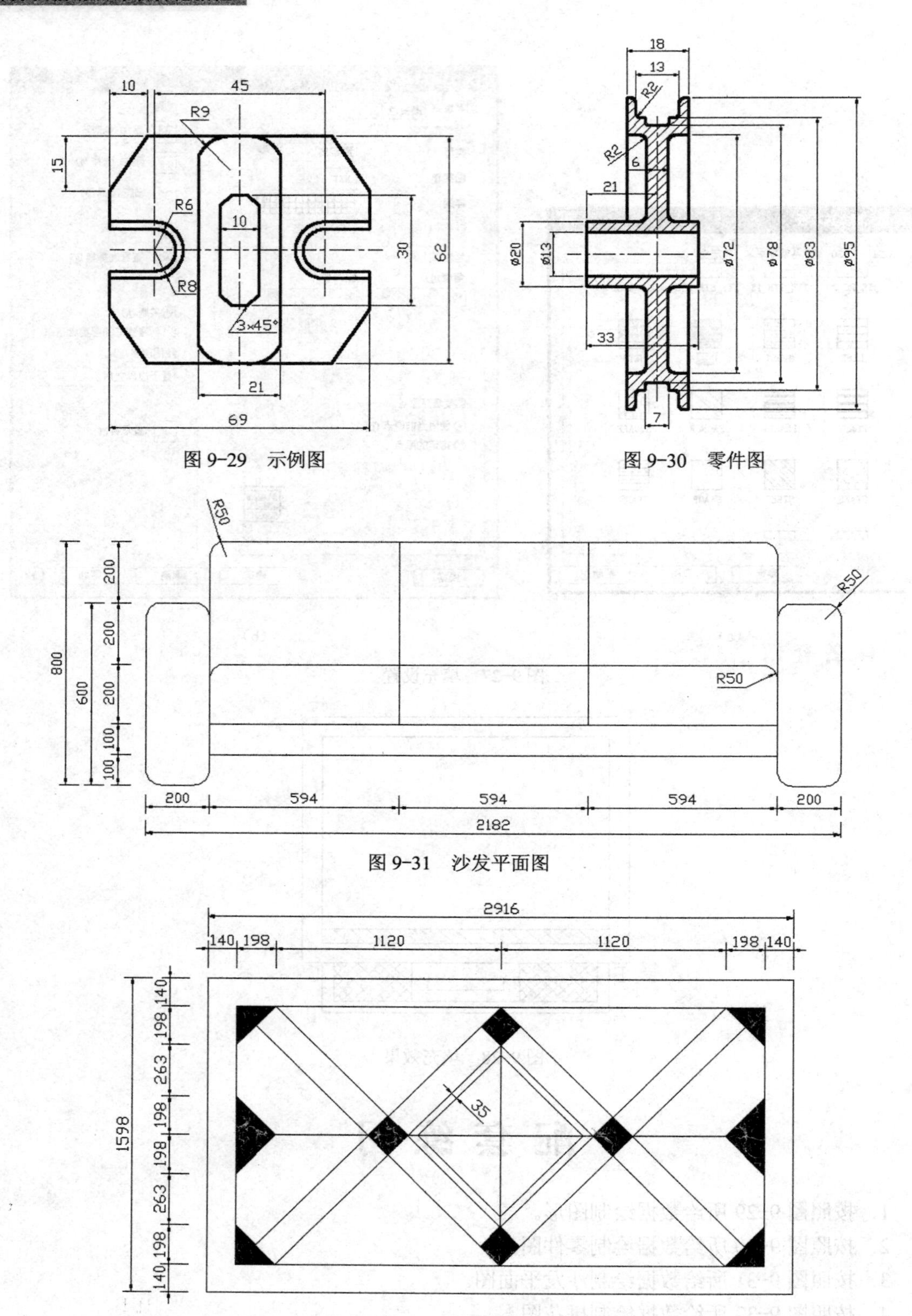

图 9-29　示例图

图 9-30　零件图

图 9-31　沙发平面图

图 9-32　拼花图案

10 任务十

绘制铸件片

10.1 学习目标

知识目标

- 了解零件图绘制的特点。
- 熟悉各种修改命令的快捷键。

技能目标

- 熟悉阵列命令和旋转命令的使用特点和使用技巧。
- 熟练掌握零件图的绘制技巧。

10.2 任务介绍

本任务为绘制完成如图 10-1 所示的零件铸件图，并将其保存。

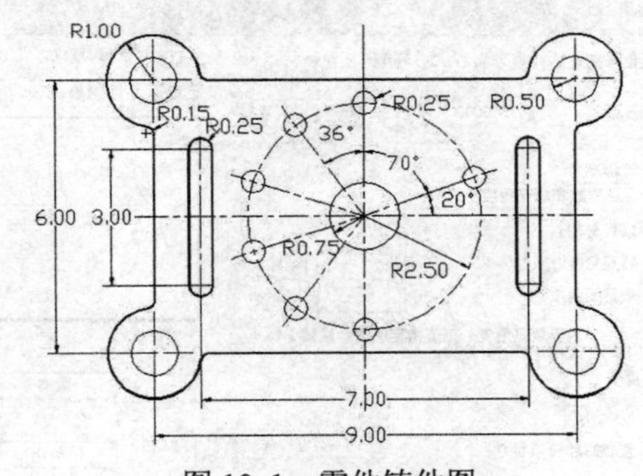

图 10-1 零件铸件图

通过对图形进行分析可知，本任务中的零件铸件图包括一些尺寸相同的部分，有成行成列的，也有圆环状的以及对称的图形，这些特殊图形可以使用以前学习过的镜像等命令绘制完成，也需要用到 AutoCAD 中的阵列命令和旋转命令等。

10.3 相关知识

1．阵列命令

阵列是对选中的图形对象进行有规则的多重复制。复制出的图形副本按行列排放称为矩形阵列；按圆形排放称为环形阵列。

执行方式

通过工具栏：从“修改”工具栏中选择阵列命令。

通过菜单栏：选择菜单栏中的“修改”→“阵列”。

通过命令行：ARRAY（快捷命令 AR）。

操作步骤

（1）矩形阵列。

矩形阵列的操作界面如图 10-2 所示。

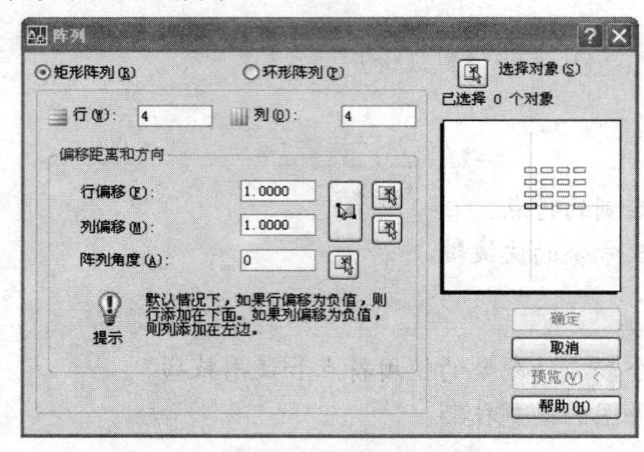

图 10-2　矩形阵列的操作界面

（2）环形阵列。

环形阵列的操作界面如图 10-3 所示。

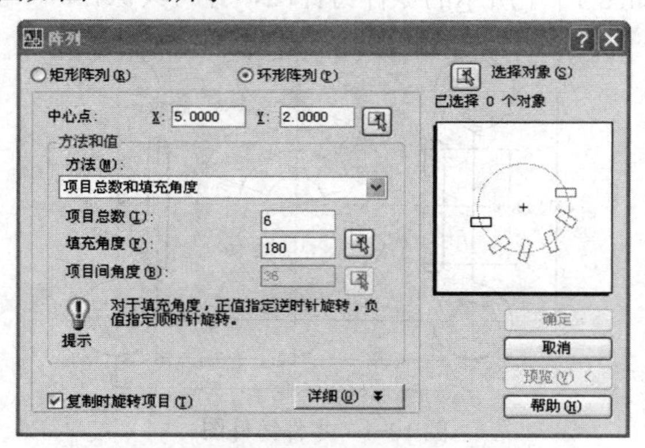

图 10-3　环形阵列的操作界面

选项说明

（1）矩形阵列。

① 行、列。设置矩形阵列的行数目和列数目。

② 行偏移。确定行间距。可以直接输入数据，也可以使用对象捕捉的方式确定距离。

③ 列偏移。确定列间距。和行偏移一样，可以直接输入数据，也可以使用对象捕捉的方式确定距离。

④ 阵列角度。当行、列不为水平和竖直状态时，用以确定行、列的位置，此数据也可以通过对象捕捉的方式确定。

⑤ 选择对象。返回绘图窗口，选择要进行阵列操作的图形对象。

⑥ 预览窗口。以原始对象为坐标原点，以象限的方式预览图形添加的位置。

（2）环形阵列。

① 中心点。确定环形阵列的中心点，既可以直接输入坐标值，也可以对象捕捉确定点。

② 方法。选定环形阵列时确定图形位置的方式，包括项目总数和填充角度、项目总数和项目间的角度以及填充角度和项目间的角度三种方式。其中最常用的是项目总数和填充角度的方式。

③ 项目总数。包括原图形在内的图形对象总数目。

④ 填充角度。阵列操作完成后所围成的总角度。

⑤ 项目间角度。相邻两个图形对象间的夹角度数。

⑥ 复制时旋转项目。环形阵列图形对象时源对象在阵列复制的过程中是否绕中心点旋转。

实例演练 1

利用矩形阵列完成如图 10-4 所示的图形。

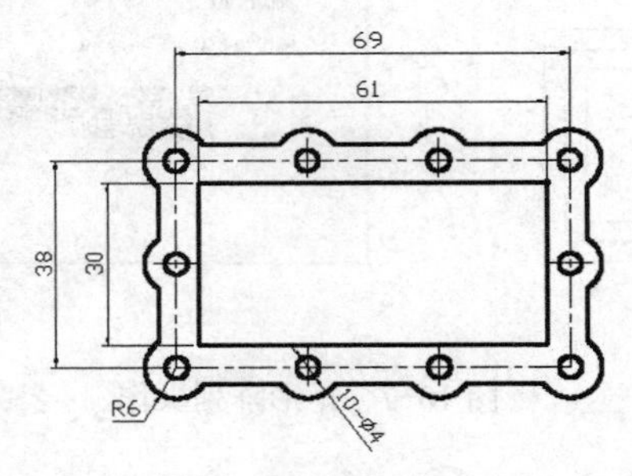

图 10-4　示例图

//绘制矩形轮廓线（辅助线），并偏移得到图形的内外主轮廓，然后将轮廓线转换图层，效果如图 10-5 所示。
命令: rectang //绘制矩形辅助线
指定第一个角点或 [倒角(C)/标高(E)/圆角(F)/厚度(T)/宽度(W)]:
指定另一个角点或 [面积(A)/尺寸(D)/旋转(R)]: @69,38
命令: offset //得到内外主轮廓
当前设置: 删除源=否　图层=源　OFFSETGAPTYPE=0
指定偏移距离或 [通过(T)/删除(E)/图层(L)] <通过>:4
选择要偏移的对象，或 [退出(E)/放弃(U)] <退出>:（选择矩形辅助线）
指定要偏移的那一侧上的点，或 [退出(E)/多个(M)/放弃(U)] <退出>:（在矩形内部单击鼠标左键）
选择要偏移的对象，或 [退出(E)/放弃(U)] <退出>:（选择矩形辅助线）
指定要偏移的那一侧上的点，或 [退出(E)/多个(M)/放弃(U)] <退出>:（在矩形外部单击鼠标左键）
选择要偏移的对象，或 [退出(E)/放弃(U)] <退出>:
//绘制图形左上角的同心圆，效果如图 10-6 所示。

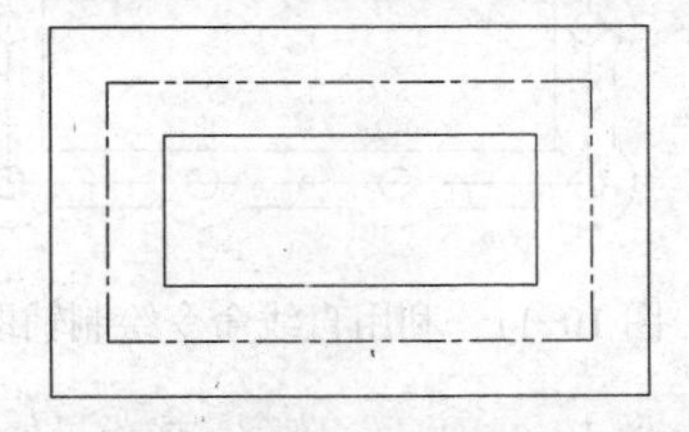

图 10-5　主轮廓图

图 10-6　图形左上角的同心圆

命令: circle

指定圆的圆心或 [三点(3P)/两点(2P)/相切、相切、半径(T)]:（对象捕捉矩形辅助线左上角的点作为圆心）

指定圆的半径或 [直径(D)] <6.0000>: 2

命令: circle

指定圆的圆心或 [三点(3P)/两点(2P)/相切、相切、半径(T)]:（对象捕捉矩形辅助线左上角的点作为圆心）

指定圆的半径或 [直径(D)] <2.0000>: 6

//使用矩形阵列绘制所有的同心圆，阵列设置如图 10-7 所示，完成效果如图 10-8 所示。

//删除图形中心两组多余的同心圆，效果如图 10-9 所示。

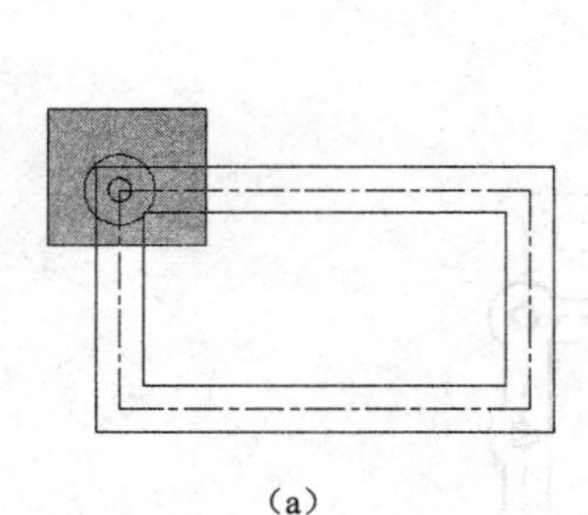

（a）

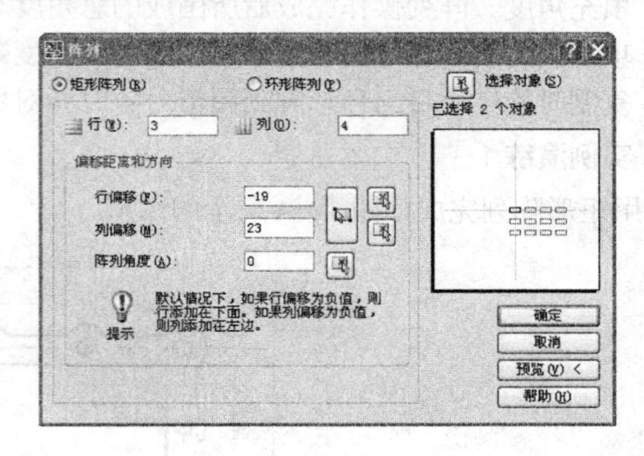

（b）

图 10-7　矩形阵列操作

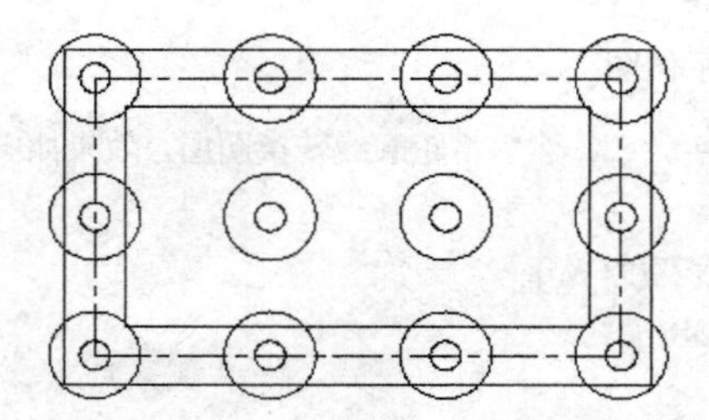

图 10-8　矩形阵列操作结果

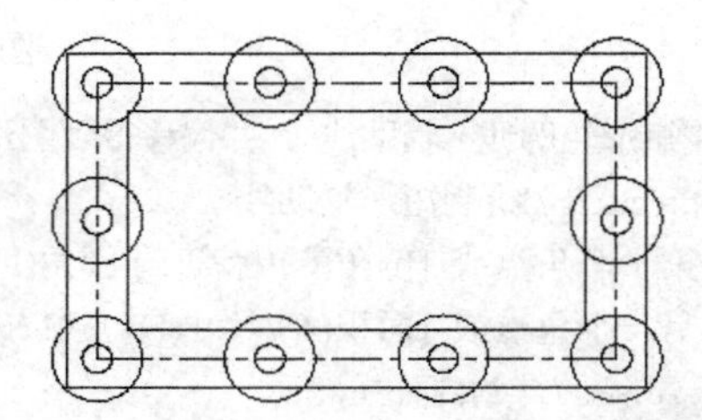

图 10-9　删除图形中心两组多余的同心圆

//使用修剪命令，将所有半径为 6 mm 的圆和外圈矩形选为修剪边界，依次修剪多余部分，完成图形轮廓绘制，效果如图 10-10 所示。

//利用直线命令绘制其中两个位置的辅助线，效果如图 10-11 所示。

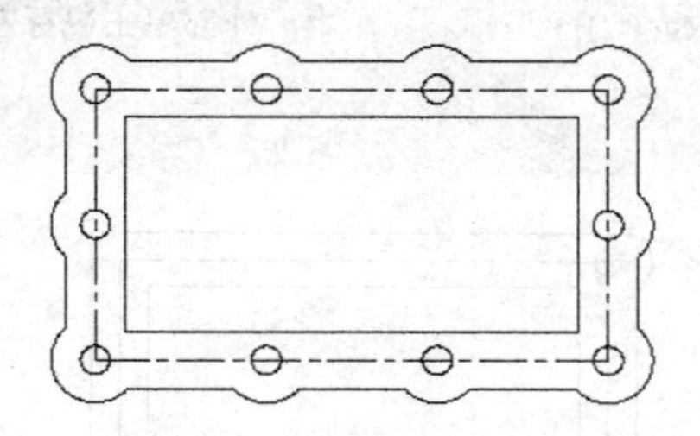

图 10-10　修剪后的图形轮廓

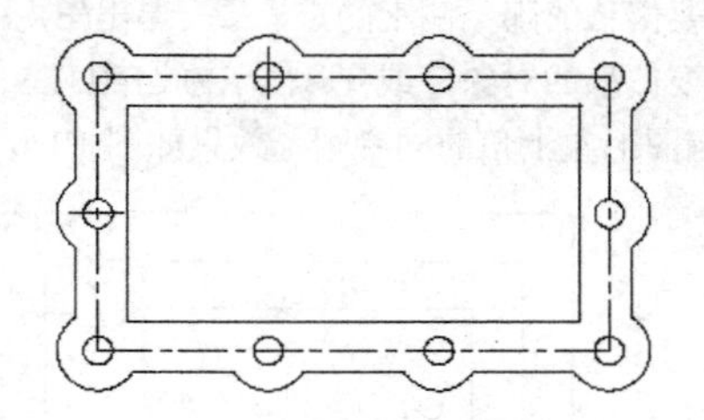

图 10-11　利用直线命令绘制辅助线

//使用矩形阵列和镜像命令补全所有辅助线。阵列设置如图 10-12 所示。阵列完成效果如图 10-13 所示。

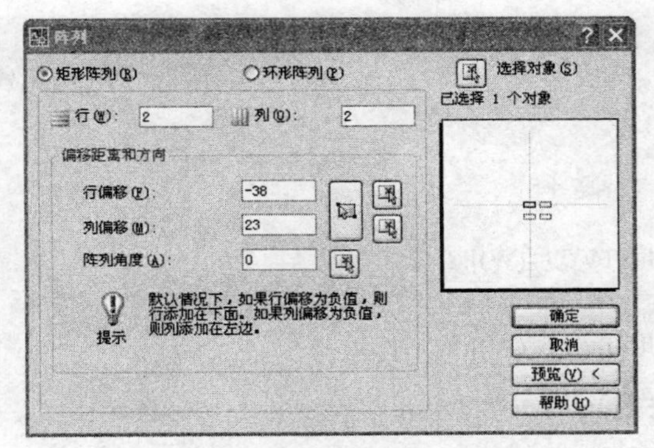

图 10-12　矩形阵列操作设置

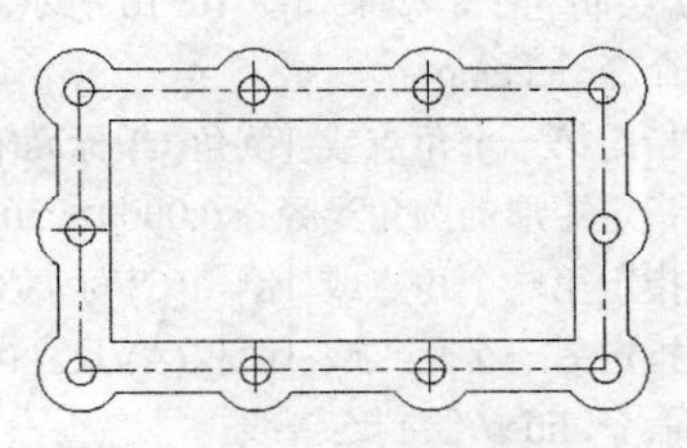

图 10-13　阵列完成效果

命令: mirror //镜像补全右边一条通过小圆圆心的水平辅助线。
选择对象: 找到 1 个
选择对象:
指定镜像线的第一点:（对象捕捉顶边的中点）
指定镜像线的第二点:（对象捕捉底边的中点）
要删除源对象吗？[是(Y)/否(N)] <N>:

实例演练 2

利用环形阵列完成如图 10-14 所示的桌椅平面图。

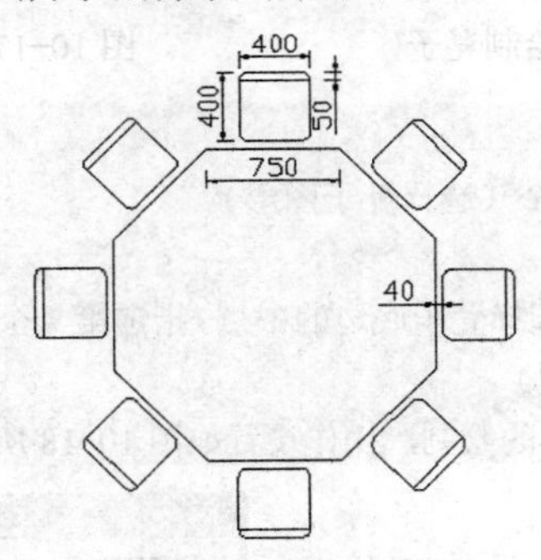

图 10-14　桌椅平面图

//绘制八角形桌面，效果如图 10-15 所示。

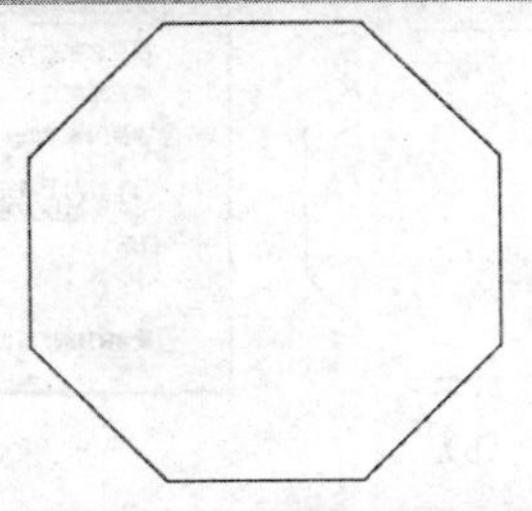

图 10-15　八角桌面

命令: polygon
输入边的数目 <4>: 8
指定正多边形的中心点或 [边(E)]: e

指定边的第一个端点:
指定边的第二个端点: 750
选择要偏移的对象，或 [退出(E)/放弃(U)] <退出>:
//绘制凳子，效果如图 10-16 所示。
命令: rectang
指定第一个角点或 [倒角(C)/标高(E)/圆角(F)/厚度(T)/宽度(W)]: f
指定矩形的圆角半径 <0.0000>: 50
指定第一个角点或 [倒角(C)/标高(E)/圆角(F)/厚度(T)/宽度(W)]:
指定另一个角点或 [面积(A)/尺寸(D)/旋转(R)]: @400,400
命令: line //绘制连接线
指定第一点:
指定下一点或 [放弃(U)]:
//利用移动命令将凳子图形放置到确切位置，完成效果如图 10-17 所示。

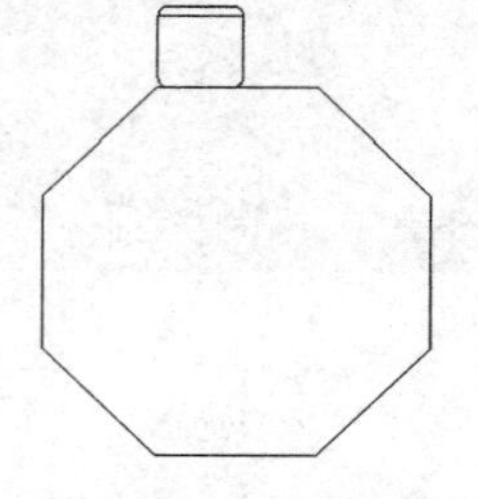

图 10-16 绘制凳子

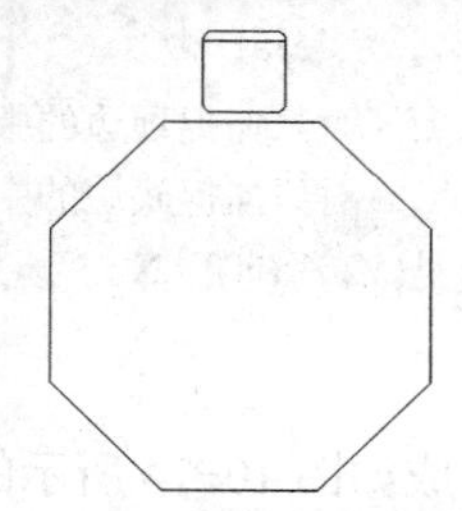

图 10-17 确定凳子的位置

命令: move
选择对象: 指定对角点: 找到 2 个（选择凳子图形）
选择对象:
指定基点或 [位移(D)] <位移>:（选择凳子底边的中点）指定第二个点或 <使用第一个点作为位移>: 275（利用正八边形顶边的中点确定凳子的位置）
//利用环形阵列完成所有凳子图形的绘制，操作设置如图 10-18 所示。

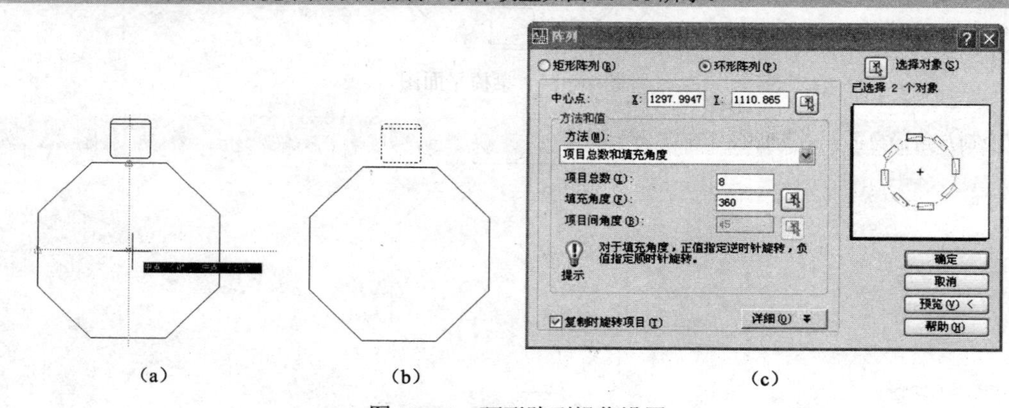

图 10-18 环形阵列操作设置

2. 旋转命令

将已有的图形对象绕着某一指定点旋转，用以改变图形对象的放置位置。

执行方式

通过工具栏：从“修改”工具栏中选择旋转命令。

通过菜单栏：选择菜单栏中的“修改”→“旋转”。

通过命令行：ROTATE（快捷命令 RO）。

操作步骤

```
命令: rotate
UCS 当前的正角方向:  ANGDIR=逆时针   ANGBASE=0
选择对象: 找到 1 个
选择对象:
指定基点:
指定旋转角度，或 [复制(C)/参照(R)] <0>:
```

选项说明

（1）基点。旋转图形对象的基准点，图形对象会按照指定角度绕此点进行旋转。

（2）复制。选择此选项，旋转对象的同时，保留源对象。

（3）参照。选择一个图形对象作为新的零度方向。

```
指定旋转角度，或 [复制(C)/参照(R)] <0>:r
指定参照角 <0>:指定第二点:
指定新角度或 [点(P)] <0>:
```

实例演练

绘制如图 10-19 所示的连接轴图形。

先绘制辅助线，如图 10-20 所示。再绘制两组同心圆，如图 10-21 所示。

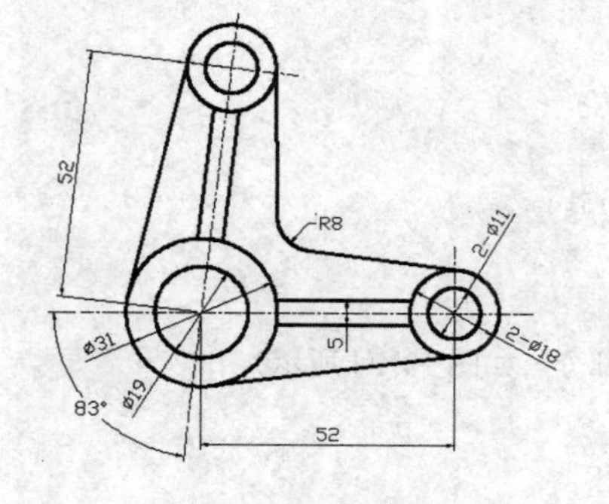

图 10-19　连接轴

图 10-20　辅助线

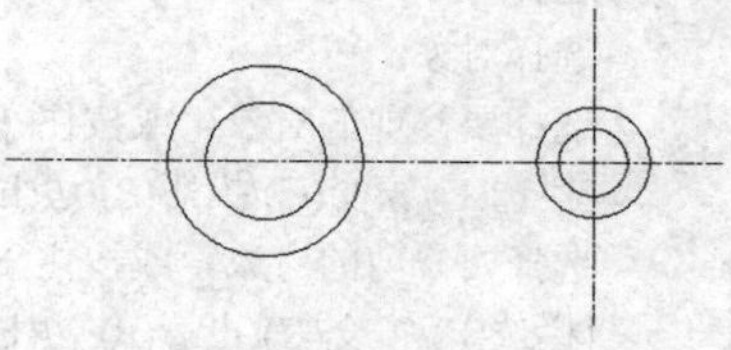

图 10-21　两组同心圆

```
命令: circle
指定圆的圆心或 [三点(3P)/两点(2P)/相切、相切、半径(T)]:（对象捕捉辅助线的交点）
指定圆的半径或 [直径(D)]: d
指定圆的直径: 11
命令: circle
指定圆的圆心或 [三点(3P)/两点(2P)/相切、相切、半径(T)]:（对象捕捉辅助线的交点）
指定圆的半径或 [直径(D)] <5.5000>: d
指定圆的直径 <11.0000>: 18
```

命令: circle

指定圆的圆心或 [三点(3P)/两点(2P)/相切、相切、半径(T)]: 52（对象捕捉辅助线的交点，再利用极轴确定左边一组同心圆的圆心）

指定圆的半径或 [直径(D)] <9.0000>: d

指定圆的直径 <18.0000>: 19

命令: circle

指定圆的圆心或 [三点(3P)/两点(2P)/相切、相切、半径(T)]:

指定圆的半径或 [直径(D)] <9.5000>: d

指定圆的直径 <19.0000>: 31

//偏移得到两组同心圆之间的连接部分，然后将线条调整到相应的图层，效果如图 10-22 所示。

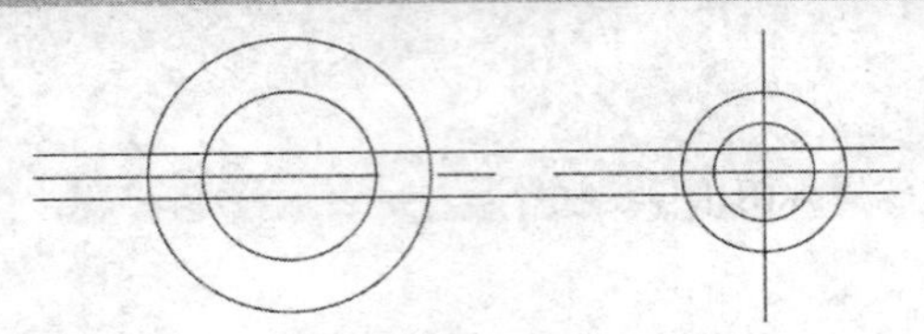

图 10-22 偏移并调整图层

命令: offset

当前设置: 删除源=否 图层=源 OFFSETGAPTYPE=0

指定偏移距离或 [通过(T)/删除(E)/图层(L)] <通过>:2.5

选择要偏移的对象，或 [退出(E)/放弃(U)] <退出>:（选择水平方向的辅助线）

指定要偏移的那一侧上的点，或 [退出(E)/多个(M)/放弃(U)] <退出>:（在线条上部单击鼠标左键）

选择要偏移的对象，或 [退出(E)/放弃(U)] <退出>:（选择水平方向的辅助线）

指定要偏移的那一侧上的点，或 [退出(E)/多个(M)/放弃(U)] <退出>:（在线条下部单击鼠标左键）

选择要偏移的对象，或 [退出(E)/放弃(U)] <退出>:

//修剪连接部分的线条，效果如图 10-23 所示。

命令: trim

当前设置:投影=UCS，边=无

选择剪切边...

选择对象或 <全部选择>:找到 1 个

选择对象: 找到 1 个，总计 2 个（选择左右两个大圆作为修剪边界）

选择对象:

选择要修剪的对象，或按住 Shift 键选择要延伸的对象，或

[栏选(F)/窗交(C)/投影(P)/边(E)/删除(R)/放弃(U)]:（选择要修剪的部分，如图 10-24 所示）

选择要修剪的对象，或按住 Shift 键选择要延伸的对象，或

[栏选(F)/窗交(C)/投影(P)/边(E)/删除(R)/放弃(U)]:

选择要修剪的对象，或按住 Shift 键选择要延伸的对象，或

[栏选(F)/窗交(C)/投影(P)/边(E)/删除(R)/放弃(U)]:

选择要修剪的对象，或按住 Shift 键选择要延伸的对象，或

[栏选(F)/窗交(C)/投影(P)/边(E)/删除(R)/放弃(U)]:

选择要修剪的对象，或按住 Shift 键选择要延伸的对象，或

[栏选(F)/窗交(C)/投影(P)/边(E)/删除(R)/放弃(U)]:r

选择要删除的对象或 <退出>:找到 1 个

选择要删除的对象:找到 1 个，总计 2 个

选择要删除的对象:找到 1 个，总计 3 个

```
选择要删除的对象:找到 1 个，总计 4 个（将线条断开后以独立存在的多余部分选中删除）
选择要删除的对象:
选择要修剪的对象，或按住 Shift 键选择要延伸的对象，或
[栏选(F)/窗交(C)/投影(P)/边(E)/删除(R)/放弃(U)]:
```

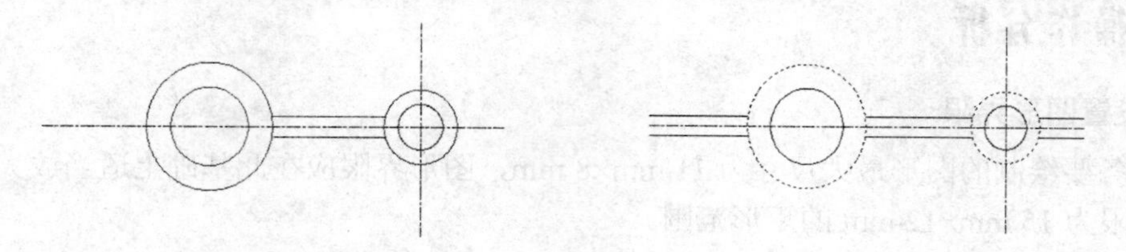

图 10-23　修剪连接部分的线条　　图 10-24　修剪操作中

利用直线命令绘制圆的两条外公切线，效果如图 10-25 所示。旋转得到图形的另外一部分，效果如图 10-26 所示。

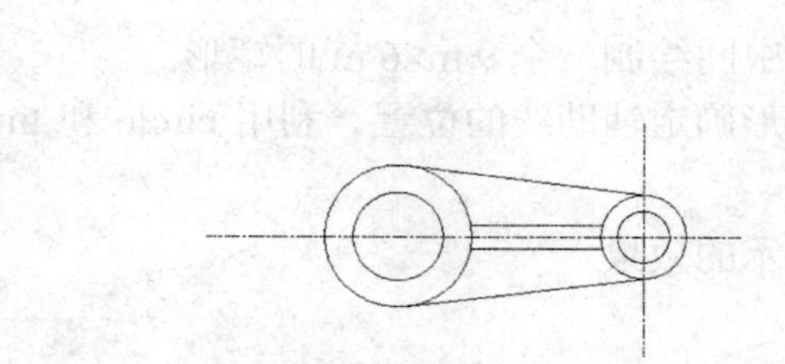

图 10-25　绘制圆的两条外公切线

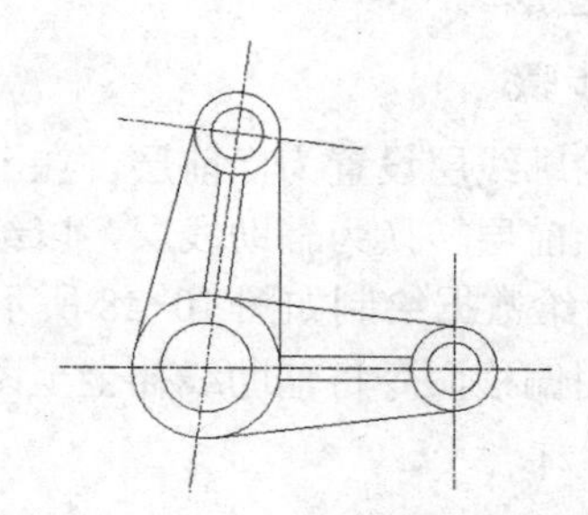

图 10-26　旋转图形

```
命令: rotate
UCS 当前的正角方向:  ANGDIR=逆时针  ANGBASE=0
选择对象: 指定对角点: 找到 8 个（选择需要旋转复制的图形对象，如图 10-27 所示）
选择对象:
指定基点:（对象捕捉左边同心圆的圆心）
指定旋转角度，或 [复制(C)/参照(R)] <0>:c
旋转一组选定对象。
指定旋转角度，或 [复制(C)/参照(R)] <0>:83
```

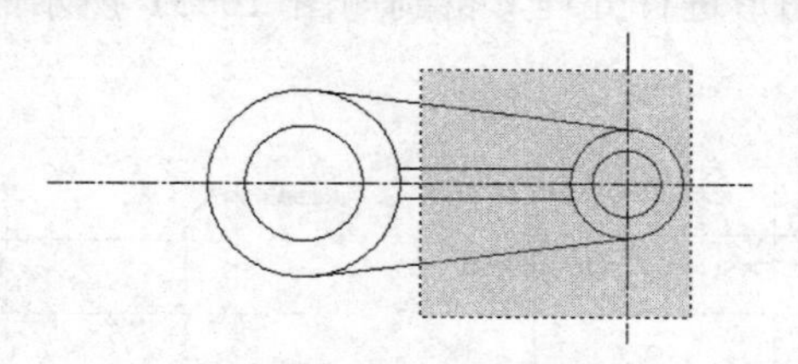

图 10-27　旋转命令中的选择对象操作

```
//用圆角命令处理图形
命令: fillet
当前设置: 模式 = 修剪，半径 = 0.0000
选择第一个对象或 [放弃(U)/多段线(P)/半径(R)/修剪(T)/多个(M)]: r
```

指定圆角半径 <0.0000>: 8
选择第一个对象或 [放弃(U)/多段线(P)/半径(R)/修剪(T)/多个(M)]:
选择第二个对象，或按住 Shift 键选择要应用角点的对象:

10.4 操作分析

1. 设置图形界限

本任务要绘制的图形最大尺寸为 11 mm×8 mm，图形界限应在此基础上适当放大，所以选择图形界限为 15 mm×12 mm 的矩形范围。

2. 设置图层

根据图形分析，本任务中的图形需要三个图层，分别是：轮廓线层，白色，实线线型，线宽为 0；辅助线层，红色，中心线线型，线宽为 0；尺寸标注层，绿色，实线线型，线宽为 0。

3. 绘制图形

操作步骤

（1）将轮廓线层设置为当前层，在图形界限正中间绘制一个 9 m×6 m 的矩形。

（2）将当前层转换为辅助线层，以绘制好的矩形确定辅助线的位置。利用 circle 和 line 命令依照图形所给数据绘制如图 10-28 所示的效果。

（3）利用偏移命令将辅助线补全至图 10-29 所示的效果。

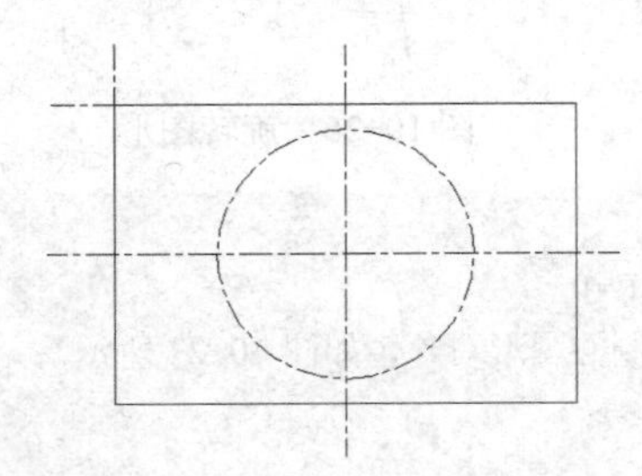

图 10-28 绘制辅助线

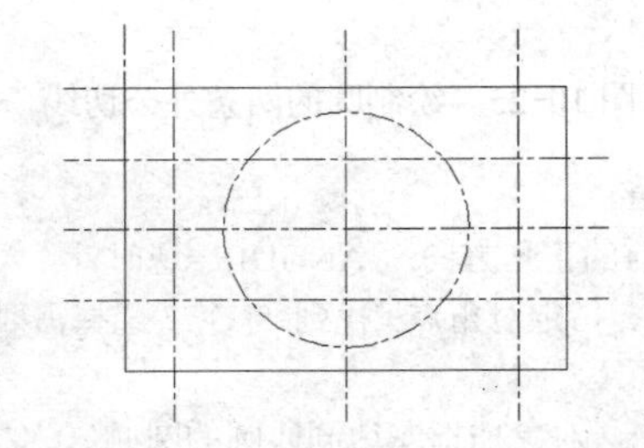

图 10-29 用偏移命令补全辅助线

（4）将轮廓线层置为当前层，在 *B* 点绘制两个同心圆，如图 10-30 所示。

（5）使用矩形阵列对图形进行处理，得到如图 10-31 所示的效果，阵列的操作及设置如图 10-32 所示。

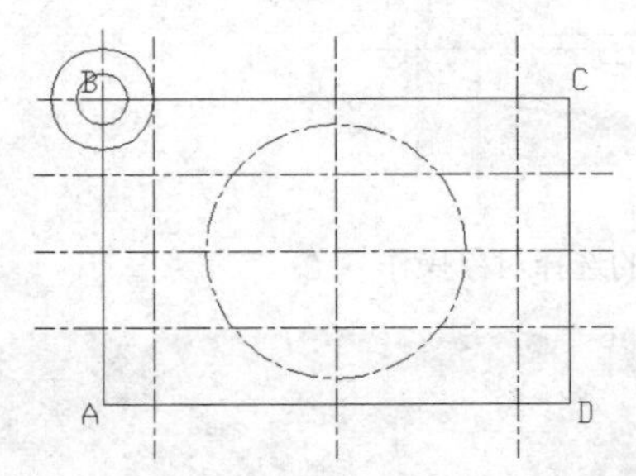

图 10-30 以 *B* 点为圆心绘制同心圆

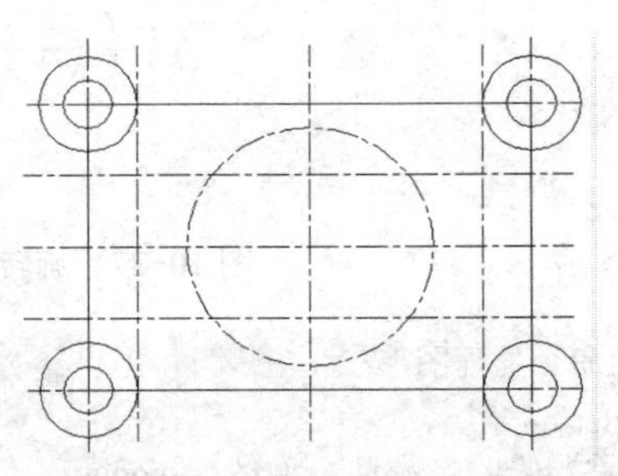

图 10-31 矩形阵列操作的效果

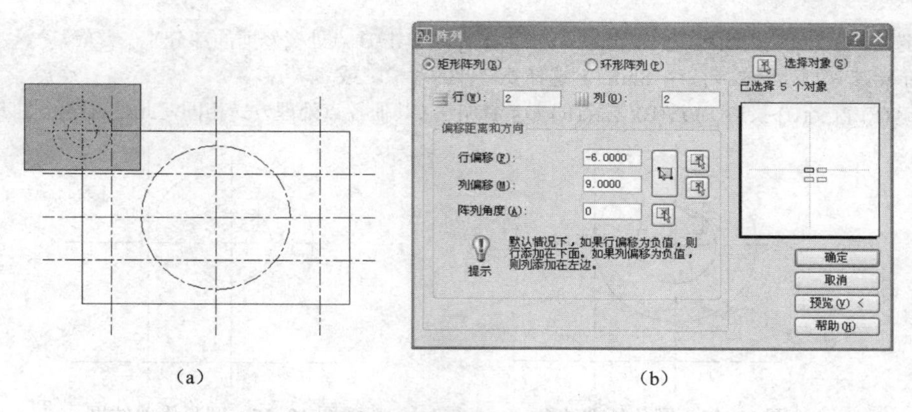

（a）　　　　　　　　（b）

图 10-32　矩形阵列的操作及设置

（6）对半径为 1 mm 的圆与直线相接的部分进行处理，效果如图 10-33 所示。

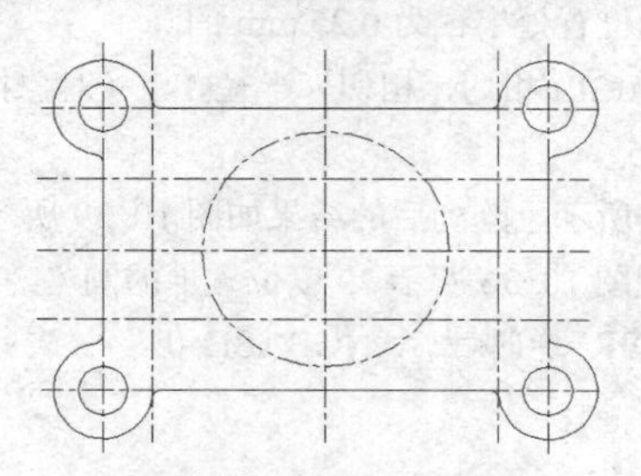

图 10-33　圆角处理效果

命令: explode //将矩形分解
选择对象: 找到 1 个
选择对象:
命令: fillet //对各半径为 1 mm 的圆与直线相接处进行圆角处理
当前设置: 模式 = 修剪，半径 = 0.0000
选择第一个对象或 [放弃(U)/多段线(P)/半径(R)/修剪(T)/多个(M)]: r
指定圆角半径 <0.0000>: 0.15
选择第一个对象或 [放弃(U)/多段线(P)/半径(R)/修剪(T)/多个(M)]: m
选择第一个对象或 [放弃(U)/多段线(P)/半径(R)/修剪(T)/多个(M)]:（选择直线 *BC*）
选择第二个对象，或按住 Shift 键选择要应用角点的对象:（选择左上角半径为 1 mm 的圆）
选择第一个对象或 [放弃(U)/多段线(P)/半径(R)/修剪(T)/多个(M)]:（选择直线 *AB*）
选择第二个对象，或按住 Shift 键选择要应用角点的对象:（选择左上角半径为 1 mm 的圆，操作效果如图 10-34 所示）
//其他各点处理方式相同，此处省略绘图步骤
命令: trim //对遗留的圆弧进行修剪，结果如图 10-35 所示。
当前设置:投影=UCS，边=无
选择剪切边...
选择对象或 <全部选择>:找到 1 个
选择对象: 找到 1 个，总计 2 个（选择刚生成的圆弧作为修剪边界）
选择对象:
选择要修剪的对象，或按住 Shift 键选择要延伸的对象，或

[栏选(F)/窗交(C)/投影(P)/边(E)/删除(R)/放弃(U)]:（单击 B 点处要修剪的部分）
选择要修剪的对象，或按住 Shift 键选择要延伸的对象，或
[栏选(F)/窗交(C)/投影(P)/边(E)/删除(R)/放弃(U)]:（其他各点处理方式相同，此处省略绘图步骤）

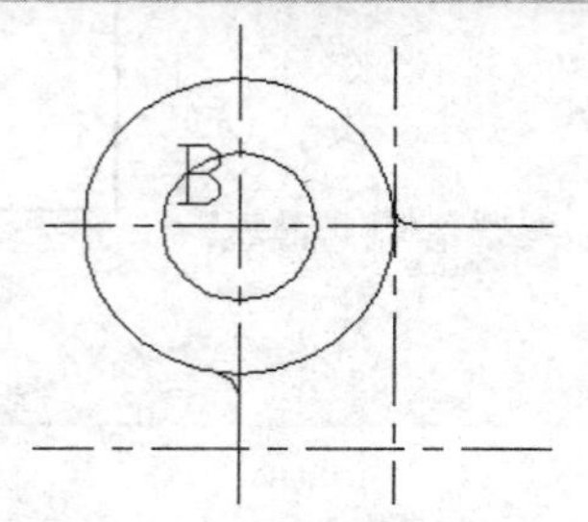

图 10-34　圆角处理结果

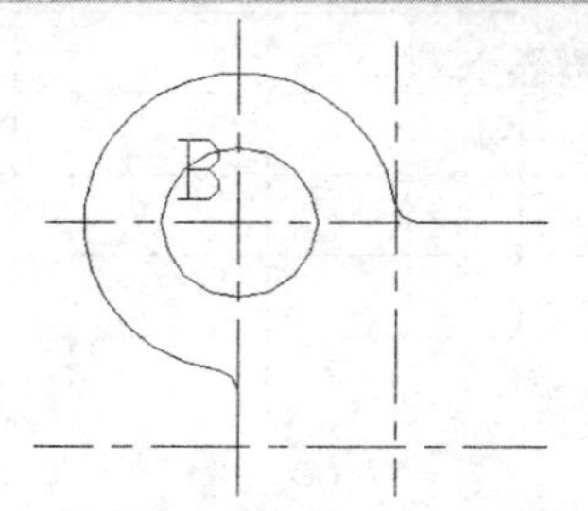

图 10-35　圆弧修剪结果

（7）处理铸件中的圆孔部分，完成效果如图 10-36 所示。

命令: circle //绘制图 10-37 所示位置处半径为 0.25 mm 的圆
指定圆的圆心或 [三点(3P)/两点(2P)/相切、相切、半径(T)]:（对象捕捉辅助线的交点作为圆心）
指定圆的半径或 [直径(D)]: 0.25
//环形阵列操作过程如图 10-38 所示。阵列后的结果如图 10-39 所示
命令: rotate //利用旋转命令得到图 10-36 所示 70 度位置上的圆
UCS 当前的正角方向: ANGDIR=逆时针 ANGBASE=0
选择对象: 找到 1 个
选择对象: 找到 1 个，总计 2 个
选择对象:
指定基点:
指定旋转角度，或 [复制(C)/参照(R)] <0>:c
旋转一组选定对象。
指定旋转角度，或 [复制(C)/参照(R)] <0>:-70

（8）绘制左右卡槽开孔部分，完成铸件图形绘制。

命令: pline //绘制其中一个卡孔，如图 10-40 所示
指定起点: 0.25（利用极轴确定 *E* 点）
当前线宽为 0.0000
指定下一个点或 [圆弧(A)/半宽(H)/长度(L)/放弃(U)/宽度(W)]:（确定 *F* 点）
指定下一点或 [圆弧(A)/闭合(C)/半宽(H)/长度(L)/放弃(U)/宽度(W)]: a
指定圆弧的端点或[角度(A)/圆心(CE)/闭合(CL)/方向(D)/半宽(H)/直线(L)/半径(R)/第二个点(S)/放弃(U)/宽度(W)]: 0.5（确定 *G* 点）
指定圆弧的端点或[角度(A)/圆心(CE)/闭合(CL)/方向(D)/半宽(H)/直线(L)/半径(R)/第二个点(S)/放弃(U)/宽度(W)]: l
指定下一点或 [圆弧(A)/闭合(C)/半宽(H)/长度(L)/放弃(U)/宽度(W)]:（确定 *H* 点）
指定下一点或 [圆弧(A)/闭合(C)/半宽(H)/长度(L)/放弃(U)/宽度(W)]: a
指定圆弧的端点或[角度(A)/圆心(CE)/闭合(CL)/方向(D)/半宽(H)/直线(L)/半径(R)/第二个点(S)/放弃(U)/宽度(W)]:（回到 *E* 点）
指定圆弧的端点或[角度(A)/圆心(CE)/闭合(CL)/方向(D)/半宽(H)/直线(L)/半径(R)/第二个点(S)/放弃(U)/宽度(W)]:

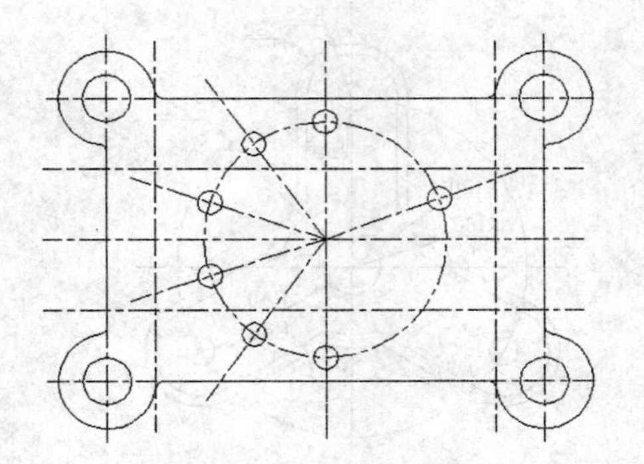

图 10-36　铸件中的圆孔

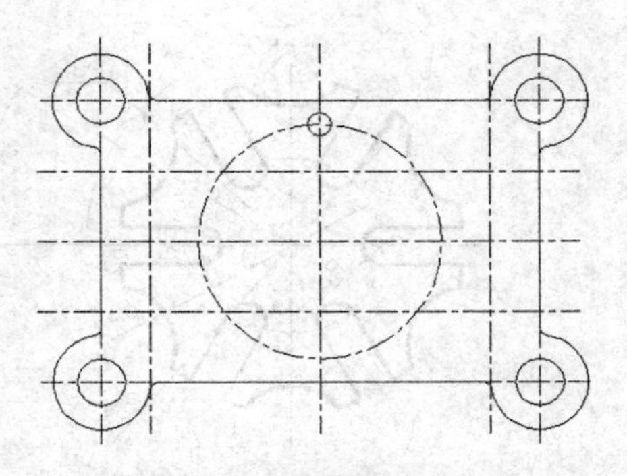

图 10-37　绘制确定位置上的圆

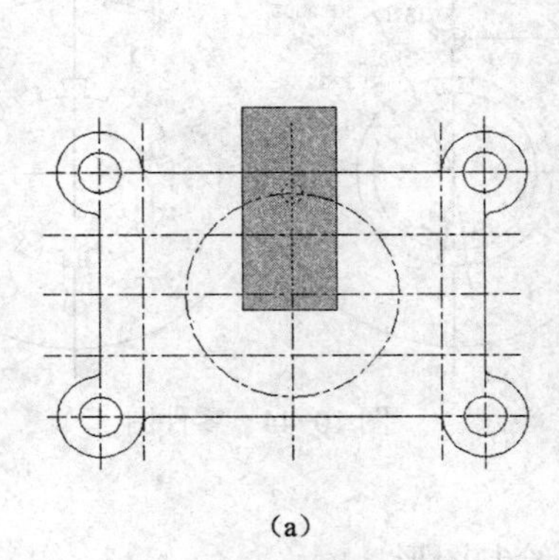

(a)

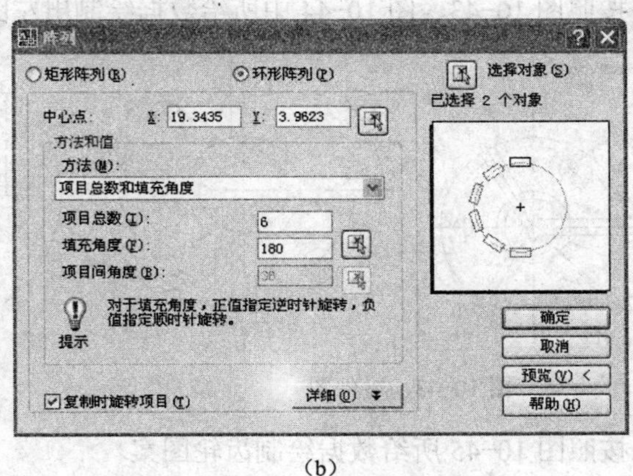

(b)

图 10-38　环形阵列操作

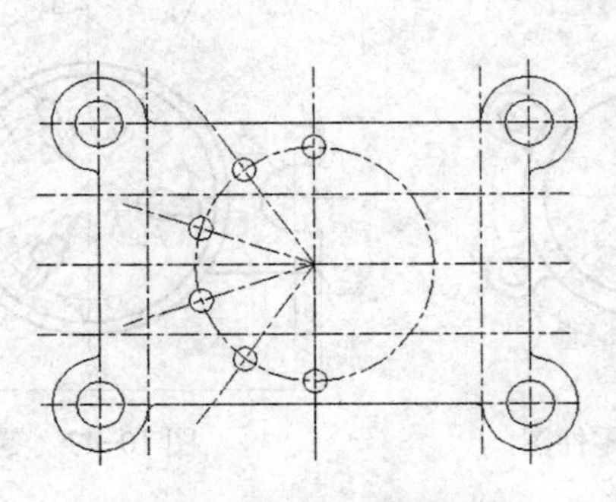

图 10-39　环形阵列操作结果

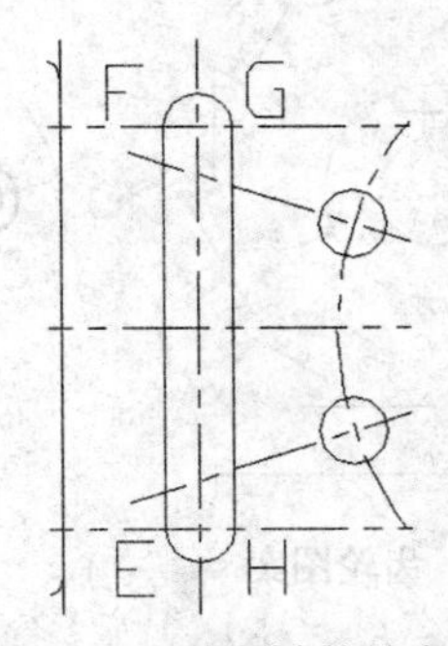

图 10-40　绘制铸件的卡口

//镜像完成对称位置卡口的绘制

配 套 练 习

1. 按照图 10-41 所给数据绘制图形。
2. 按照图 10-42 所给数据绘制图形。

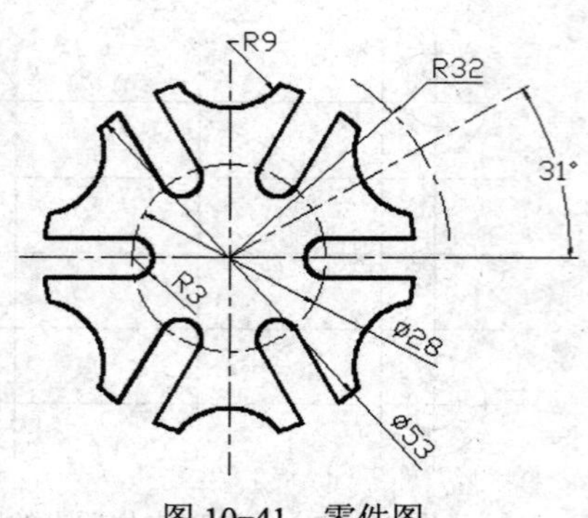

图 10-41　零件图

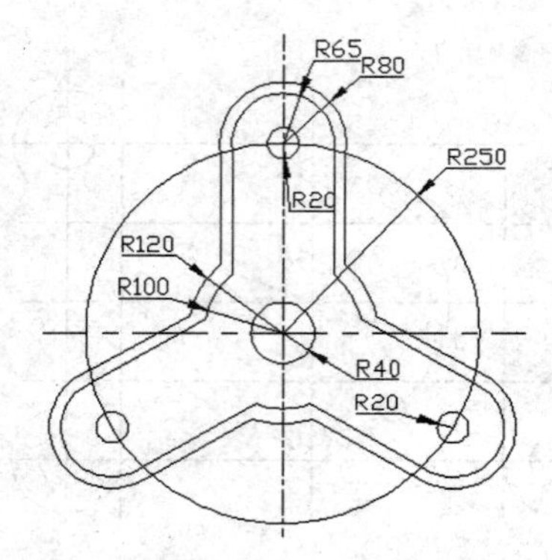

图 10-42　零件图

3．按照图 10-43、图 10-44 中所给数据绘制出左图，并利用左图修改得到右图。

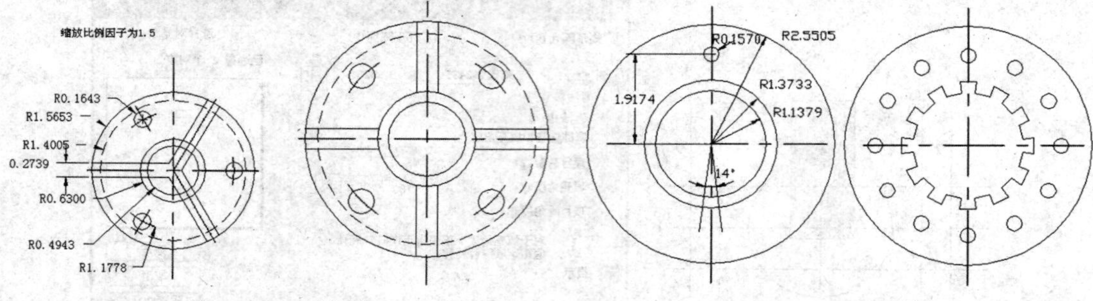

图 10-43　零件图　　图 10-44　零件图

4．按照图 10-45 所给数据绘制齿轮图案。

5．按照图 10-46、图 10-47、图 10-48、图 10-49 绘制图形。

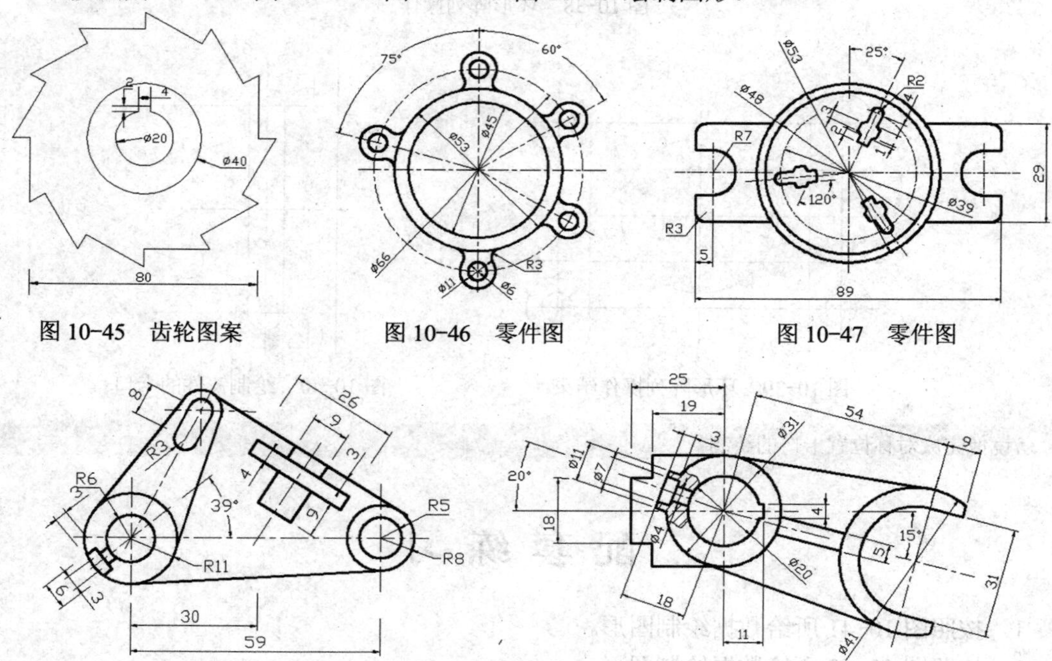

图 10-45　齿轮图案　　图 10-46　零件图　　图 10-47　零件图

图 10-48　零件图　　图 10-49　零件图

6．按照图中所给数据利用阵列命令绘制如图 10-50、图 10-51、图 10-52 所示的图形。

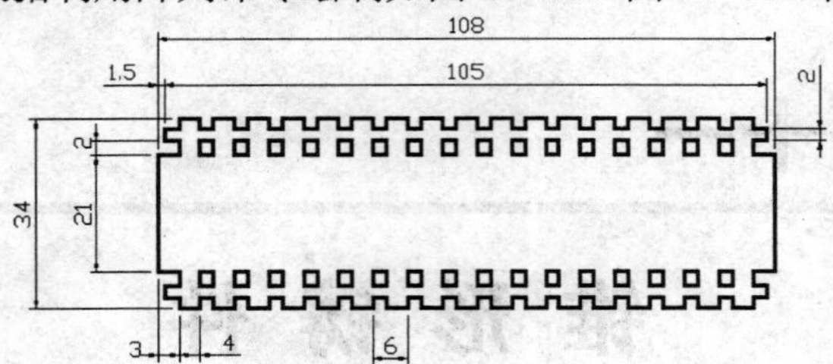

图 10-50　零件图

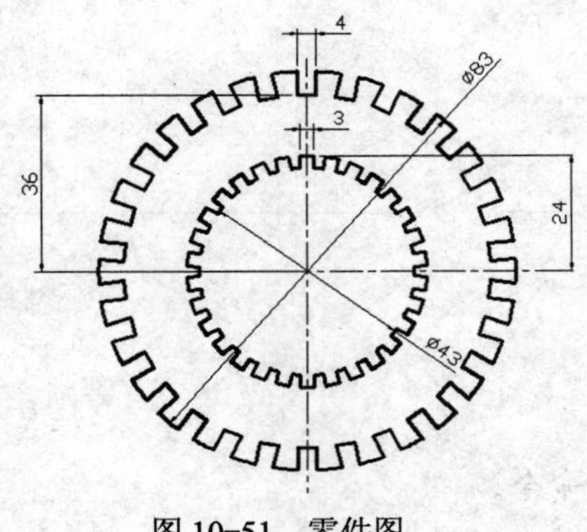

图 10-51　零件图

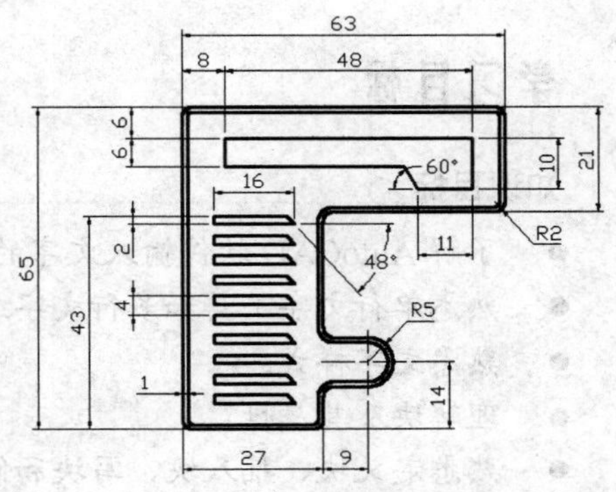

图 10-52　零件图

7．按照图 10-53 所给数据绘制零件图。

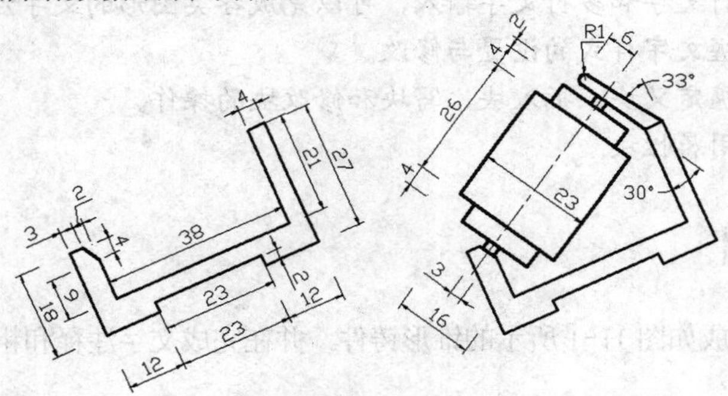

图 10-53　零件图

8．按照图 10-54 所给数据绘制零件图。

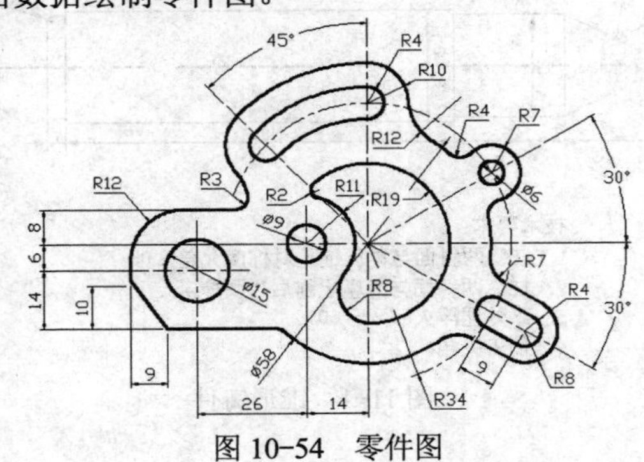

图 10-54　零件图

任务十一

锥形铸件

11.1 学习目标

知识目标

- 了解 AutoCAD 软件输入文字的方式。
- 熟悉单行文字工具和多行文字工具。
- 熟悉文字样式。
- 理解块及其属性。
- 熟悉定义块、插入块、写块和修改块等命令。

技能目标

- 掌握单行文字和多行文字输入，可以完成各类图形的文字注释。
- 熟练掌握文字样式的设置与修改。
- 熟练掌握定义块、插入块、写块和修改块的操作。
- 熟练运用属性块。

11.2 任务介绍

本任务为绘制完成如图 11-1 所示的锥形铸件，并在完成文字注释和粗糙度标注后将其保存。

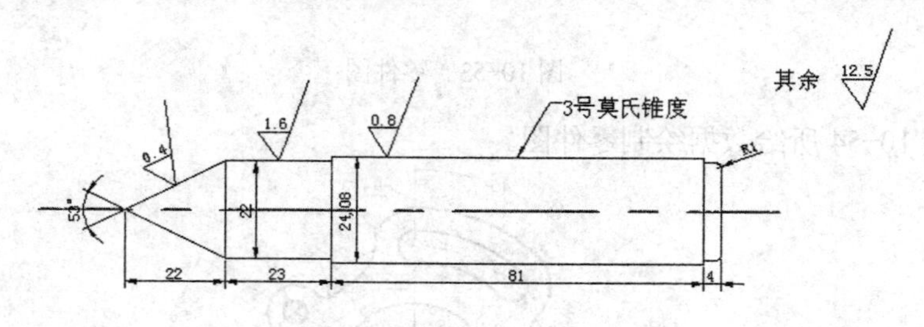

技术要求
1. 15° 两斜面与莫氏锥孔对称度允差0.05。
2. 15° 两斜面与滑座配刮后达到H8/H7。
3. 热处理淬火RC 55~60。
4. 倒去尖角。

图 11-1　锥形铸件

通过对前十个任务的学习，已经了解了绘图工具栏、修改工具栏和状态栏中大部分常用的工具，从任务十一开始会介绍图形绘制完成后的注释工作。除了继续学习新的工具外，还需要学习各种特殊图形的绘制特点和绘图技巧等。

本绘制任务提供了一个较为典型的带有文字说明的图形，且文字说明部分包含很多特殊符号，这次任务将详细介绍文字输入的所有相关内容，包括文字输入以及文字样式的设置。

11.3　相关知识

1．文字输入

文字对象是 AutoCAD 中很重要的图形元素。在一个完整的图样中，通常会包含一些文字注释来说明、标注图样中的一些非图形信息。例如：机械工程图形中的技术要求、装配说明，以及工程制图中的材料说明、施工要求以及规划图中的图例说明等。

AutoCAD 软件提供了两种文字创建工具，单行文字和多行文字。

1）单行文字

使用单行文字添加到图形中的文字表达了多种信息。它可能是复杂的规格说明、标题块信息、选项卡或部分图形。

执行方式

通过工具栏：从“文字”工具栏中选择“单行文字”命令 AI。

通过菜单栏：选择菜单栏中的“绘图”→“文字”→“单行文字”。

通过命令行：DTEXT（快捷命令 DT）。

操作步骤

```
命令: dtext
当前文字样式:  Standard  当前文字高度:  2.5000
指定文字的起点或 [对正(J)/样式(S)]:
指定高度 <2.5000>:
指定文字的旋转角度 <0>:
```

选项说明

（1）指定文字的起点。确定单行文字基线的起始点。

（2）对正。该选项用来确定文本的对齐方式，在默认情况下，文字采用左对齐的方式，即指定的插入点是文字的左基线点。

```
指定文字的起点或 [对正(J)/样式(S)]: j
输入选项 [对齐(A)/调整(F)/中心(C)/中间(M)/右(R)/左上(TL)/中上(TC)/右上(TR)/左中(ML)/正中(MC)/右中(MR)/左下(BL)/中下(BC)/右下(BR)]:
```

① 对齐：确定标注文字基线的起始点与终止点。输入的所有文字都将显示在这两点之间，软件会根据文字所属样式中设置的文字宽高比自动调整文字的大小，使所有内容均匀地显示在两点间。

```
指定文字基线的第一个端点:
```

指定文字基线的第二个端点:

② 调整：除了要求用户确定标注文字基线的起始点与终止点，还需要指定文字的高度。输入的所有文字都将显示在这两点之间，因为文字的高度已经提前限定，软件会根据字数的多少自动调节文字的宽度，使所有内容均匀地显示在两点间。

指定文字基线的第一个端点:
指定文字基线的第二个端点:
指定高度 <2.5000>:

③ 中心：确定文本串基线的水平中点。

④ 中间：确定文本串基线的水平和竖直中点。

⑤ 右：确定文本串基线的右端点。

⑥ 左上：指定一个点作为文本行顶线的起点。

⑦ 中上：指定一个点作为文本行顶线的中点。

⑧ 右上：指定一个点作为文本行顶线的终点。

⑨ 左中：指定一个点作为文本行中线的起点。

⑩ 正中：指定一个点作为文本行中线的中点。

⑪ 右中：指定一个点作为文本行中线的终点。

⑫ 左下：指定一个点作为文本行底线的起点。

⑬ 中下：指定一个点作为文本行底线的中点。

⑭ 右下：指定一个点作为文本行底线的终点。

图 11-2 所示的文字串标明了除了“对齐”和“调整”以外其他所有对齐方式所对的位置。

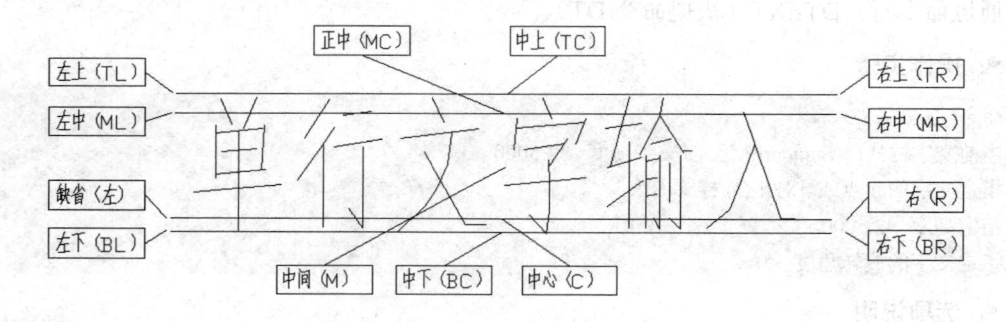

图 11-2 文字对齐方式

（3）样式。选择或查询文字样式。

指定文字的起点或 [对正(J)/样式(S)]: s
输入样式名或 [?] <Standard>:

① 输入样式名：直接输入已创建的样式名，将其置为当前样式。默认的样式名为“Standard”。

② ?：在命令行输入问号，然后敲回车键，会弹出“AutoCAD 文本窗口”（如图 11-3 所示），已创建的所有样式及其内容均会显示在文本窗口中，以供用户查询。

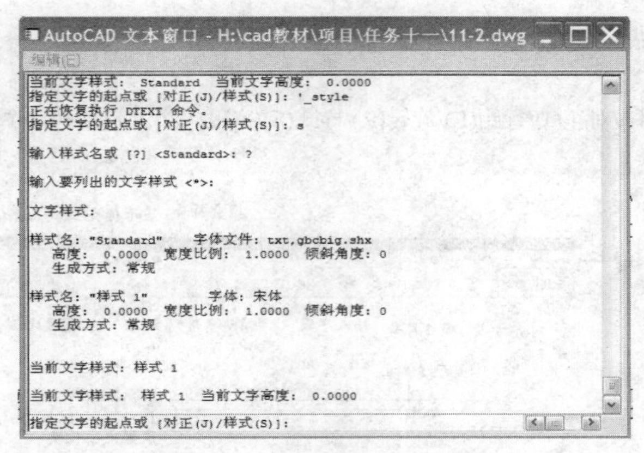

图 11-3　AutoCAD 文本“窗口”

实例演练

请在一个 100 mm×30 mm 的矩形区域内输入“单行文字输入”六个字，要求文字以一行的形式均匀地显示在矩形区域内，效果如图 11-4 所示。

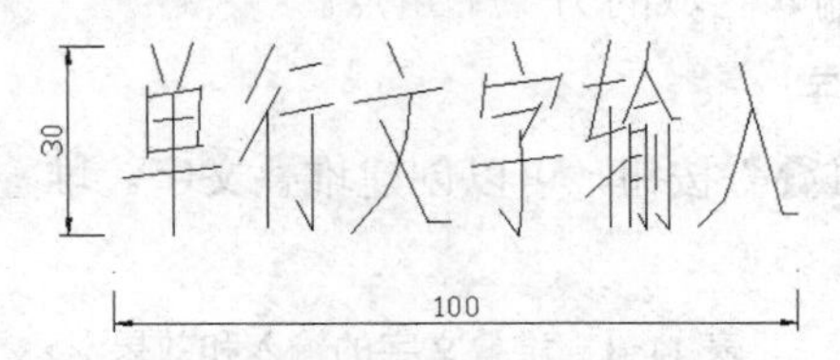

图 11-4　“单行文字输入”实例

命令: dtext

当前文字样式:　Standard　当前文字高度:　2.5000

指定文字的起点或 [对正(J)/样式(S)]: j

输入选项 [对齐(A)/调整(F)/中心(C)/中间(M)/右(R)/左上(TL)/中上(TC)/右上(TR)/左中(ML)/正中(MC)/右中(MR)/左下(BL)/中下(BC)/右下(BR)]: f

指定文字基线的第一个端点:（在屏幕上确定一个起始点）

指定文字基线的第二个端点:100（用极轴控制在水平方向上确定终止点）

指定高度 <2.5000>: 30（确定文字高度）

2）多行文字

对于较长、复杂的输入项，可以使用“多行文字”命令创建文本。AutoCAD 中的多行文字又称为段落文字，它是一种便于管理的文字对象，同一次创建的多行文字被作为一个整体来处理。创建的多行文字显示到输入边界时会自动换行。

执行方式

通过工具栏：从“绘图”工具栏或“文字”工具栏中选择“多行文字”命令A。

通过菜单栏：选择菜单栏中的“绘图”→“文字”→“多行文字”。

通过命令行：MTEXT（快捷命令 T）。

操作步骤

命令: mtext

当前文字样式:"Standard"　当前文字高度:2.5

指定第一角点:

指定对角点或 [高度(H)/对正(J)/行距(L)/旋转(R)/样式(S)/宽度(W)]:（自动弹出“多行文字编辑器”对话框，如图 11-5 所示）

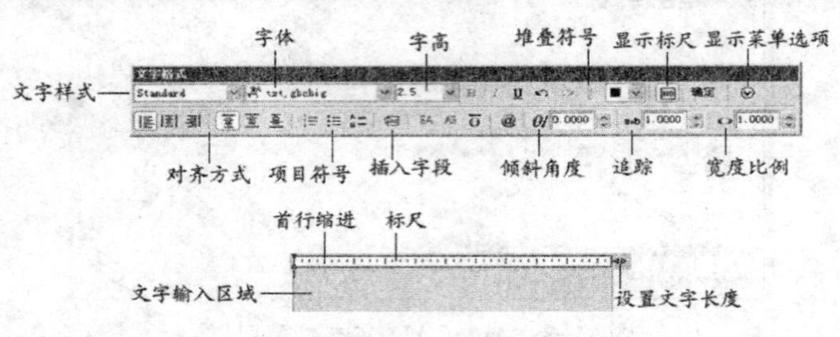

图 11-5 “多行文字编辑器”对话框

选项说明

（1）指定第一角点。指定文字输入区域的一个角点。

（2）对角点。指定文字输入区域的另一个角点。

知识拓展创建堆叠文字

选择文字，然后单击“堆叠”按钮，可以创建堆叠文字。堆叠文字的输入和效果如表 11-1 所示。

表 11-1　堆叠文字的输入和效果

堆叠输入	堆叠效果
2012/2013	$\frac{2012}{2013}$
2012#2013	2012/2013
2012^2013	2012 2013

2. 文字控制符

在实际绘图时，经常需要输入一些特殊字符，由于这些符号不能直接由键盘输入，AutoCAD 提供了相应的控制符，用来实现这些特殊字符的显示。控制符由两个百分号（%%）加一个字符构成，常用的控制符如表 11-2 所示。

表 11-2　AutoCAD 常用的控制符

控制符	控制符的含义	示例
%%O	控制是否加上划线	$\overline{2013}$
%%U	控制是否加下划线	$\underline{2013}$
%%P	绘制正/负公差符号（±）	2013±2
%%C	绘制直径符号（⌀）	⌀2013
%%%	绘制百分号（%）	%2013
%%D	绘制度符号（°）	2013°

3. 文字编辑

和任何其他对象相同，文字对象可以移动、旋转、删除和复制，也可以镜像或制作反向文字的副本。

文字对象也有用于拉伸、缩放和旋转的夹点。单行文字对象的夹点在基线的左下角和对齐点，可以使用夹点进行编辑。非零宽度的多行文字对象在文字边界的四个角点存在夹点。

“文字”工具栏中提供了多种和文字相关的修改命令，这些命令也可以通过菜单栏中的“修改”→“对象”→“文字”选项执行，包括编辑、比例和对正。

4．文字样式

文字样式主要用来设置与文本连接的文本文件、字符宽度、文字倾斜角度及高度等项目，另外，还可通过它设计出相反的、颠倒的以及竖直方向的文本。用户可以针对每一种风格的文字创建对应的文字样式，这样在输入文本时就可用相应的文字样式来控制文本的外观。

执行方式

通过工具栏：从“文字”工具栏中选择“文字样式”命令。

通过菜单栏：选择菜单栏中的“格式”→“文字样式”。

通过命令行：STYLE（快捷命令 ST）。

操作步骤

执行“文字样式”命令，弹出“文字样式”设置框，如图 11-6 所示。

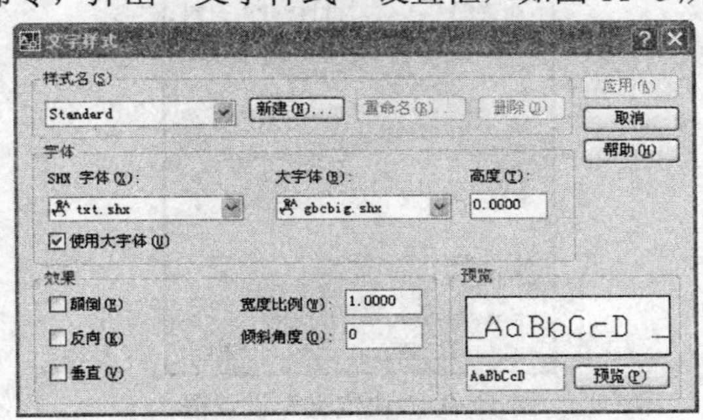

图 11-6 “文字样式”设置框

选项说明

（1）样式名（S）。用于建立新的文字样式，或对已有的文字样式进行重命名或删除操作。

① 新建（N）。为新样式定义名字。单击此按钮会弹出如图 11-7 所示的“新建文字样式”对话框。

② 重命名（R）。为已创建的样式重定义名字。单击此按钮会弹出如图 11-8 所示的“重命名文字样式”对话框。

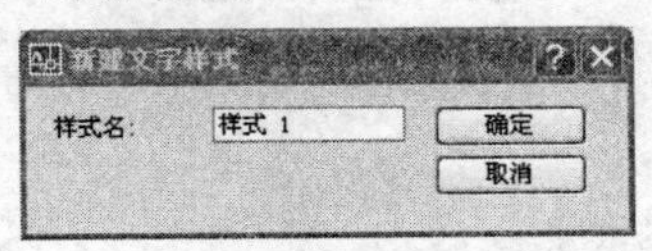

图 11-7 “新建文字样式”对话框

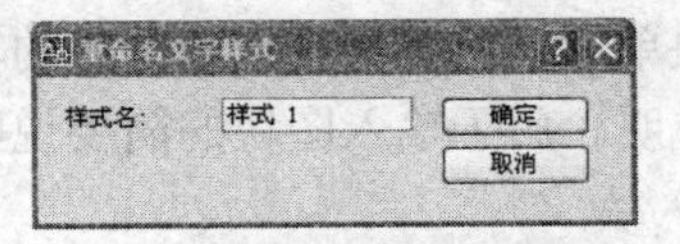

图 11-8 “重命名文字样式”对话框

③ 删除（D）。选出需要删除的样式，对其进行删除操作。

（2）字体。该样式名下的字体。

（3）效果。在此复选框中可以设置文字的颠倒、反向、垂直等特殊显示效果。同时还可以设置文字的宽度比例以及文字的倾斜角度。这些设置均会在预览框中进行显示。

5．块

在制图中经常会遇到一些重复出现的图形，如果每次都重新绘制这些图形，不仅造成大量的重复工作，而且存储这些图形及其信息要占据相当大的磁盘空间。为此 AutoCAD 提供了图块的概念，将一个或多个单一的实体对象整合为一个对象，这个对象就是图块。图块中的各实体可以具有各自的图层、线型、颜色等特征。在应用时，图块被作为一个独立的、完整的对象，使用时可以根据实际需要调整图块的比例和角度等。

1）定义块

执行方式

通过工具栏：从“绘图”工具栏中选择“创建块”命令。

通过菜单栏：选择菜单栏中的“绘图”→“块”→“创建”。

通过命令行：BLOCK（快捷命令 B）。

操作步骤

执行“创建块”（定义块）操作，会弹出如图 11-9 所示的设置框。

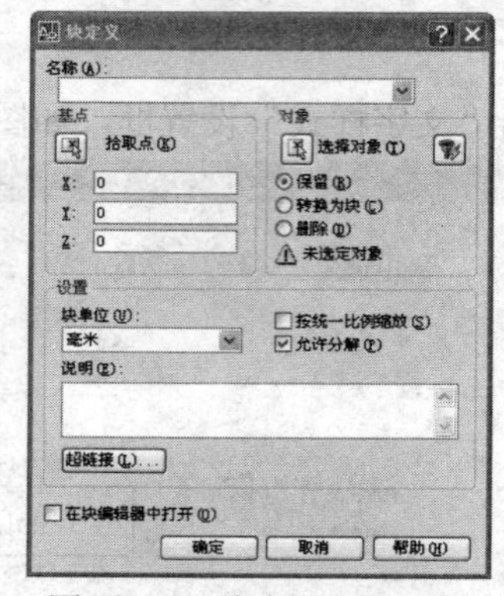

图 11-9 “块定义”设置框

选项说明

（1）名称。用于确定新建图块的名称。一般图块名最长可达 255 个字符，可以包括字母、数字、空格和特殊字符。

（2）基点。有两种指定方式，拾取点和直接输入坐标值。用于确定使用图块时的控制点。

（3）对象。

① 选择对象。用于选定组成图块的单一实体对象。

② 保留、转换为块、删除。用于调整被选定的图形对象的属性和状态。

（4）块单位。用于设置创建图块的单位。

（5）说明。用于输入图块的简要说明。

2）插入块

插入的图块只保存图块的特征参数，不保存图块中的每一个图形对象的特征参数。因此，图块可以节省磁盘空间。在使用时，如果对当前图块进行修改或重新定义，则图中的所有该图块都会自动修改。

执行方式

通过工具栏：从“绘图”工具栏中选择“插入块”命令。

通过命令行：INSERT（快捷命令 I）。

操作步骤

执行“插入块”操作，会弹出如图 11-10 所示的设置框。

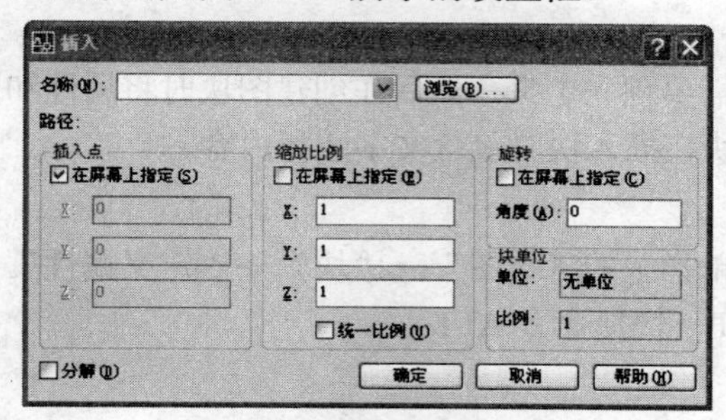

图 11-10 “插入块”设置框

选项说明

（1）名称。通过名称选择需要插入的已经定义好的块。

（2）插入点。有两种指定方式，回到绘图窗口对象捕捉和直接输入坐标值。

（3）缩放比例。用于确定插入块的缩放比例。

（4）旋转。用于确定插入块的旋转角度。

（5）分解。用于确定是否把插入的块分解为各自独立的图形对象。

3）写块

写块就是对图块进行单独保存，也就是创建外部块，这样的图块可以在任何文件中使用，也可以单独打开进行编辑。

执行方式

通过命令行：WBLOCK（快捷命令 W）。

操作步骤

执行“写块”操作，会弹出如图 11-11 所示的设置框。

图 11-11 “写块”设置框

选项说明

（1）块。选择已经定义好的块。

（2）整个图形。将当前文件中的所有图形对象定义为一个图块。

（3）对象。与“新建块”的操作方式相同。

（4）目标。选择存储外部块的位置，并确定其文件名。

6．属性块

属性块中的属性部分需要预先定义，然后在创建图块时将属性和图形部分一起选中，才能创建出属性块。通常属性块在插入块时包含文字注释内容。

执行方式

通过菜单栏：选择菜单栏中的“绘图”→“块”→“定义属性”。

通过命令行：ATTDEF（快捷命令 ATT）。

操作步骤

执行“定义属性”操作，会弹出如图 11-12 所示的设置框。

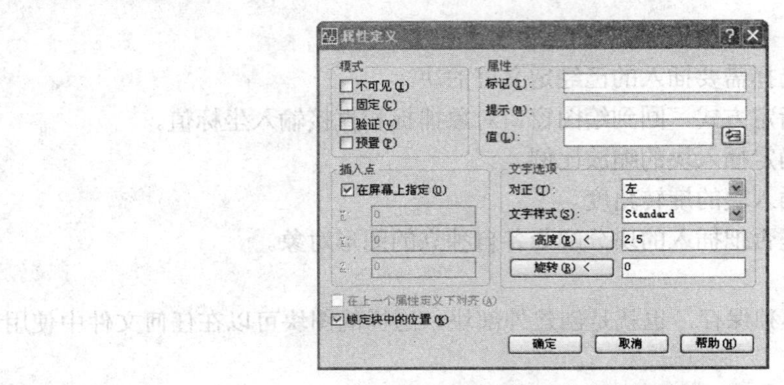

图 11-12 “属性定义”设置框

选项说明

（1）模式。用于定义图形插入块时与块关联的属性值，包括四个选项。

（2）属性。用于设置属性数据。

① 标记。定义属性时，此项不能为空。用于标识属性。

② 提示。用于设置用户在使用属性块时，系统显示的提示内容。

③ 值。指定默认属性值。用于固定数值的属性块。

（3）插入点。指定属性在块中的放置位置。

（4）文字选项。用于设置属性文字的对正方式、文字样式、文字高度和旋转角度等。

实例演练

完成如图 11-13 所示的成绩表，其中每一格的尺寸是 20 mm×10 mm，文字高度为 6 mm。

姓名	学号	CAD	GIS	PS	制图
席暮晓	1402	85	90	88	97
李依云	1407	90	88	91	87

图 11-13 成绩表

利用矩形命令和阵列命令绘制出一行表格，如图 11-14 所示，然后定义属性，如图 11-15 所示。

姓名					

图 11-14　一行表格

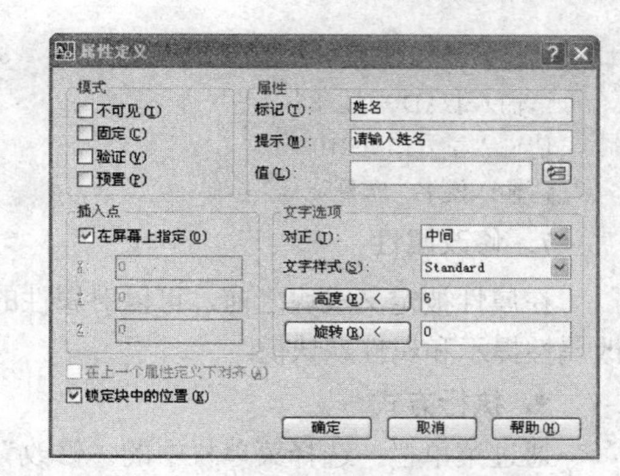

图 11-15　属性设置参数

将定义好的属性内容和表格定义成块，定义块的设置如图 11-16 所示，其中基点可以对象捕捉表格左上角的点，选择对象应该选择所有图形对象和属性。

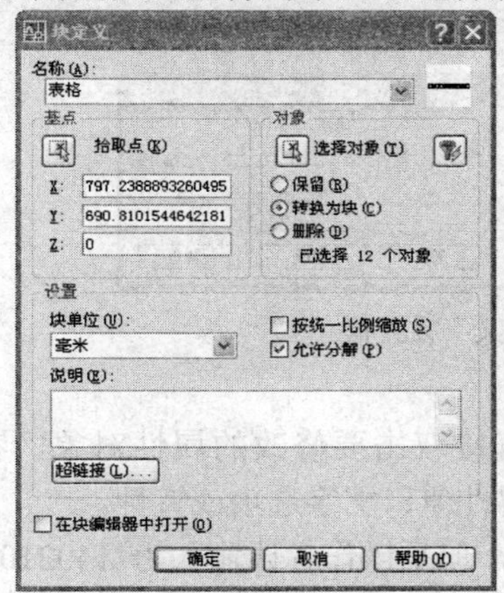

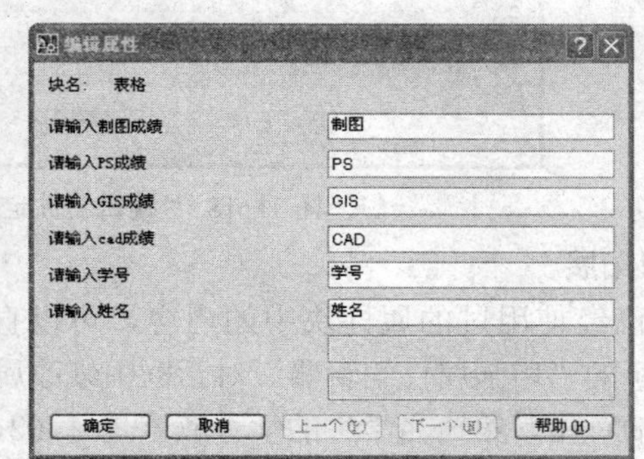

图 11-16　定义块

使用插入块的命令完成整个表格的绘制，设置如图 11-17 所示。属性输入在命令行中完成。

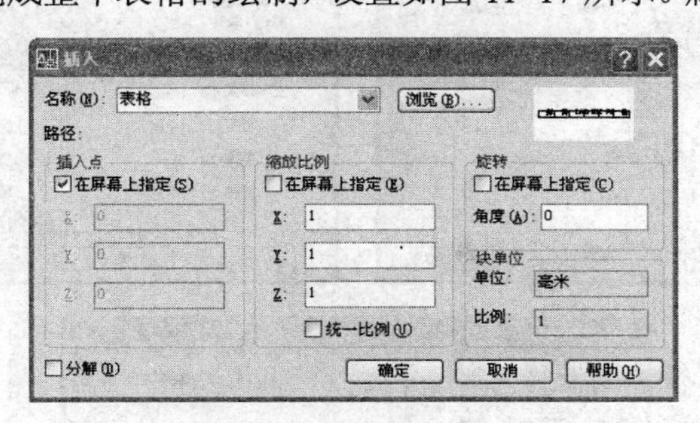

图 11-17　插入块的设置

```
命令: insert//输入表格内容
指定插入点或 [基点(B)/比例(S)/X/Y/Z/旋转(R)]:（对象捕捉上一行表格左下角的点）
输入属性值
请输入制图成绩: 97
请输入 PS 成绩: 88
```

请输入 GIS 成绩: 90
请输入 CAD 成绩: 85
请输入学号: 140210
请输入姓名: 席暮晓

7. 修改属性

在属性被定义成块之前，可以对属性的定义进行修改，不仅可以修改属性标记，还可以修改属性提示和属性默认值。

执行方式

通过菜单栏：选择菜单栏中的“修改”→“对象”→“文字”→“编辑”。

通过命令行：DDEDIT。

操作步骤

命令: ddedit
选择注释对象或 [放弃(U)]:（选择需要修改的属性对象后会弹出如图 11-18 所示的设置框）

图 11-18 “编辑属性定义”设置框

知识拓展

要修改已经使用过的属性块中的内容，可以直接双击要修改的属性对象，在弹出的如图 11-19 所示的“增强属性编辑器”对话框中修改属性值、文字选项或特性。

如实例演练中，第一名学生的学号应该是 1402，但是操作者误输入为 140210，想要修正这个错误操作，只需要双击显示为“140210”的属性项，然后在弹出的编辑器中将值改为 1402。

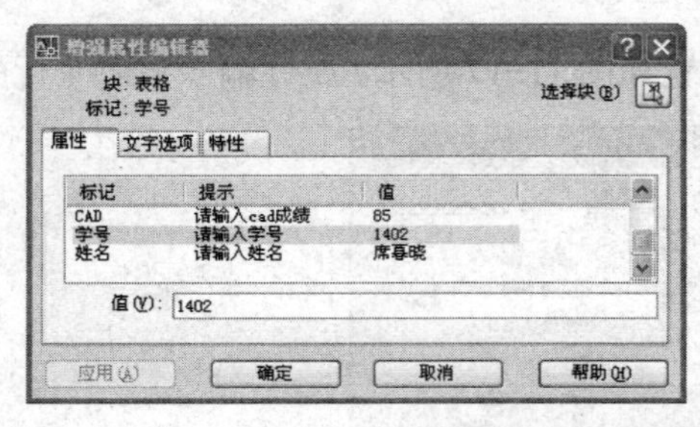

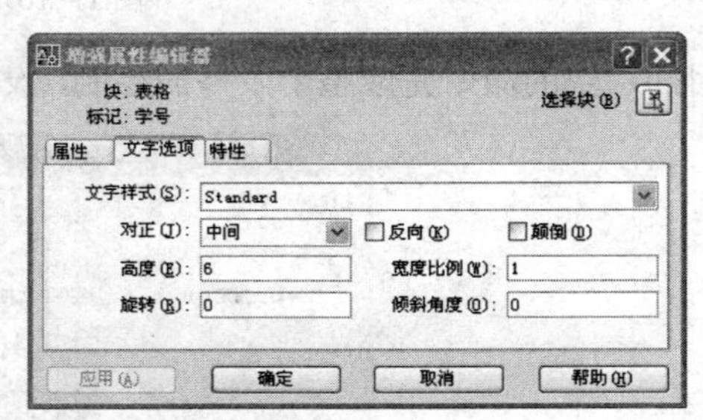

图 11-19 “增强属性编辑器”对话框

8．块属性管理器

对于已经定义好或已经使用过的属性块，仍然可以修改相关属性特性，在“块属性管理器”中修改的效果会应用到所有已经使用的属性块中。

执行方式

通过菜单栏：选择菜单栏中的“修改”→“对象”→“属性”→“块属性管理器”。

通过命令行：BATTMAN。

操作步骤

执行“块属性管理器”操作，会弹出如图 11-20 所示的设置框。

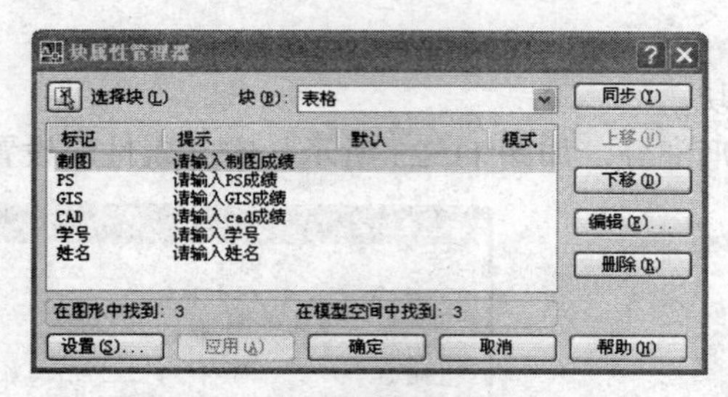

图 11-20 “块属性管理器”设置框

选项说明

（1）块。通过块名选择要进行修改的属性块。

（2）上移、下移。对于包含多个属性的块，可以调整属性的使用顺序。

（3）编辑。点击此按钮会弹出如图 11-21 所示的对话框，可以调整相应的属性特性。

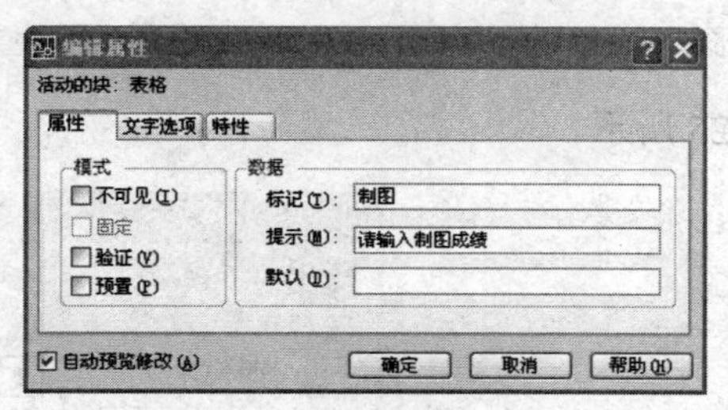

图 11-21 “编辑属性”对话框

11.4　操作分析

1．设置图形界限

本任务除了需要绘制图形，还需要完成文字说明的输入，根据其尺寸数据选择图形界限为 180 mm×180 mm 的矩形。

2．绘制图形

操作步骤

（1）省略绘图步骤，直接简略讲解文字注释的部分步骤。多行文字编辑器的设置如图 11-22 所示。

图 11-22　多行文字编辑器的设置

（2）文字部分的输入内容如下。

技术要求

1．15%%D 两斜面与莫氏锥孔对称度允差 0.05。

2．15%%D 两斜面与滑座配刮后达到 H8#H7。

3．热处理淬火 RC 55～60。

4．倒去尖角。

（3）定义粗糙度属性块。

绘制粗糙度符号的图形部分，如图 11-23 所示。定义属性，设置如图 11-24 所示。

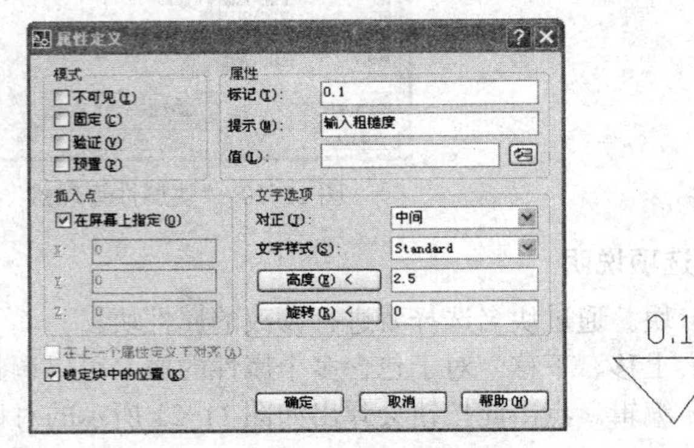

图 11-23　粗糙度符号的图形部分

图 11-24　定义属性

定义块，设置如图 11-25 所示。

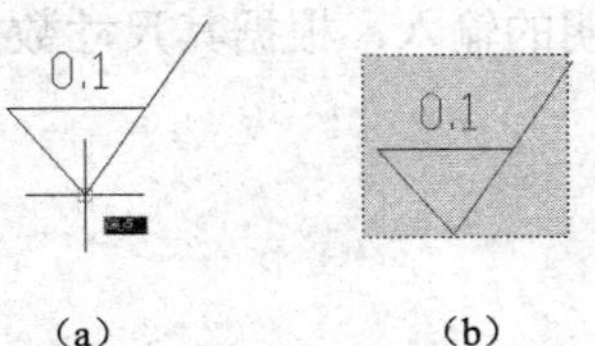

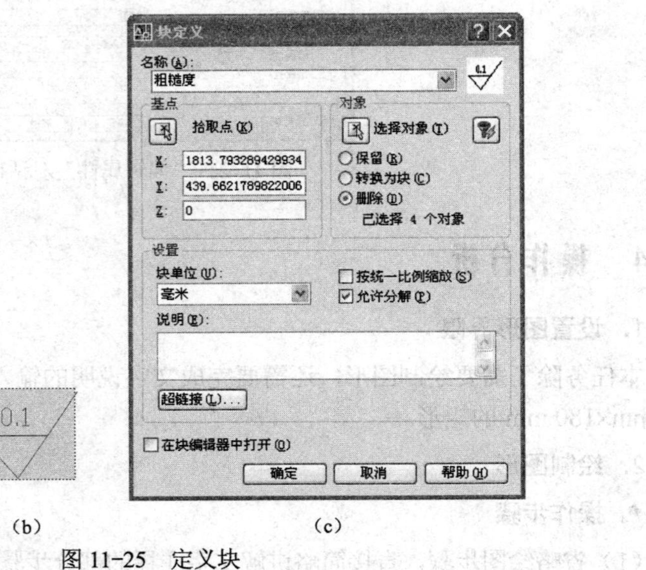

（a）　（b）　（c）

图 11-25　定义块

（a）确定基点　（b）选择对象　（c）设置数据

（4）在绘制好的零件图中插入粗糙度注释，如图 11-26 所示。

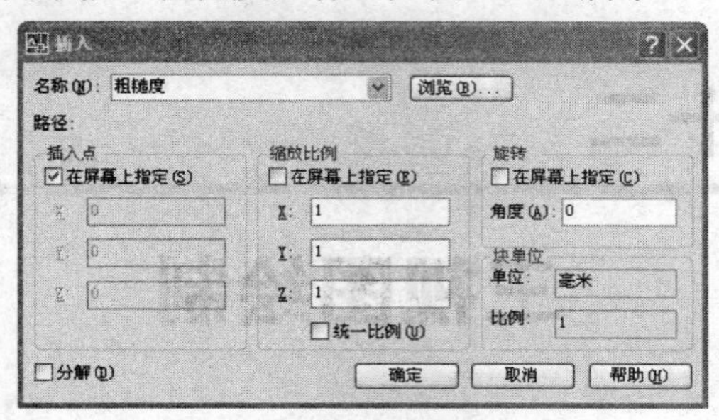

图 11-26　插入粗糙度

```
命令: insert
指定插入点或 [基点(B)/比例(S)/X/Y/Z/旋转(R)]:
输入属性值
输入粗糙度: 0.8
```

配 套 练 习

1．在宽度为 10 000 mm 的区域输入如下文字内容。创建专门的文字样式，样式名为 H1，字体为宋体。

文字内容如下。

本设计方案有以下特点:

（1）依据西北气候冬冷夏热的特点，采用小面宽、大进深的布局方式，减少冬季能源消耗，保持夏季良好通风;

（2）整个建筑前高、后低，生活与劳作分区明显，避免了相互影响与污染;

（3）建筑设有内院，能够较好地组织通风、采光，并为整体建筑提供活泼的气息;

（4）立面采用坡屋面形式，以增加整体的韵律感与错落感，更有利于通风及调节夏日射入的阳光。

经济指标:

总用地面积：212.4 m^2

总建筑面积：260.6 m^2

2．按照图 11-27 输入文字内容。

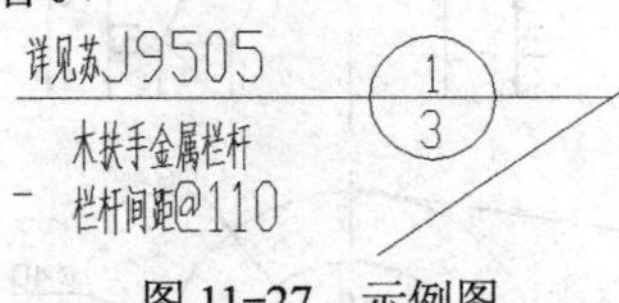

图 11-27　示例图

3．在宽度为 14 000 的区域输入如下文字内容。创建专门的文字样式，样式名为建筑 3，字体为 gbeitc，gbcbig。

文字内容如下。

注：1）在保证外框架尺寸的情况下，未注尺寸的图形可示意画出;

　　2）墙厚为 240 毫米，半砖墙厚按 120 毫米画。

12 任务十二

三视图绘制

12.1 学习目标

知识目标

- 了解三视图的概念。
- 熟悉三视图的读图和识图。
- 熟悉标注的基本规则和要求。
- 熟悉标注样式管理器和各种标注工具。

技能目标

- 熟悉 AutoCAD 中尺寸标注的方法。
- 熟练掌握各种尺寸标注工具的使用方法及其特点。
- 熟练掌握标注样式的创建和修改。
- 熟练运用 AutoCAD 中的技巧工具绘制各类零件三视图。

12.2 任务介绍

本任务为绘制完成如图 12-1 所示的零件三视图，并将其保存。

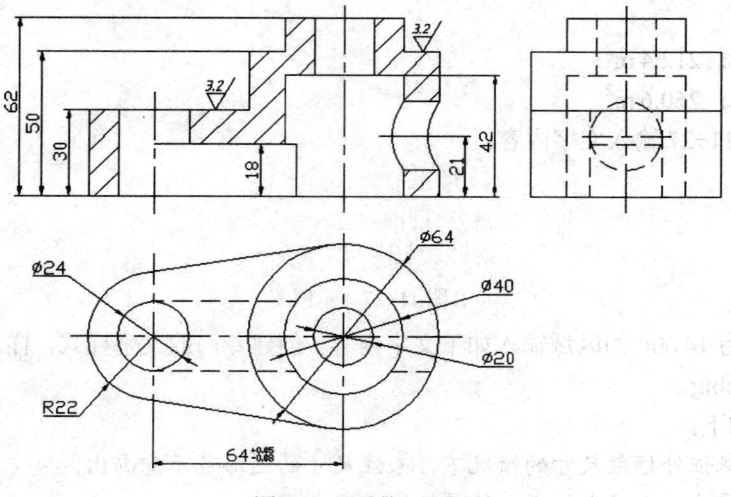

图 12-1　零件三视图

本任务提供了一个较为典型的零件三视图，它包括了三视图的所有基本特点，完成这个任务需要按照图示的尺寸进行正确的绘制和尺寸标注。其中绘图所需的基本工具在之前的任务中已经全部学习过了，在本任务中还需要掌握的是一些有关三视图的知识，包括三视图的概念和它的读图、绘图方式等，有关尺寸标注的知识，包括尺寸标注的制图标准、尺寸标注的方法、标注样式的设置等。

12.3　相关知识

1．三视图

在制图中，常把形体在多面正投影中的某个投影称作视图。正面投影是从前向后投射（前视、主视）得到的视图，称之为正立面图（简称正面图或立面图）；水平投影是从上向下投射（俯视）得到的视图，称之为平面图；侧图投影是从左向右投射（左视）得到的视图，称之为左侧立面图（简称侧面图）。三面投影图总称为三视图或三面图，如图 12-2 所示。

使用 AutoCAD 软件绘制三视图，需要遵守形体三面投影图的理论基础，即“长对正、高平齐、宽相等”的规律。在遵守此原则的前提下，利用软件提供的相关工具电子绘图比手工绘图简单很多，其中极轴工具起到了主要的帮助作用。

三个视图在绘制过程中相辅相成，其绘制方法和特点举例说明如下。

实例演练

绘制如图 12-3 所示的简单三视图，掌握三视图的绘制技巧。

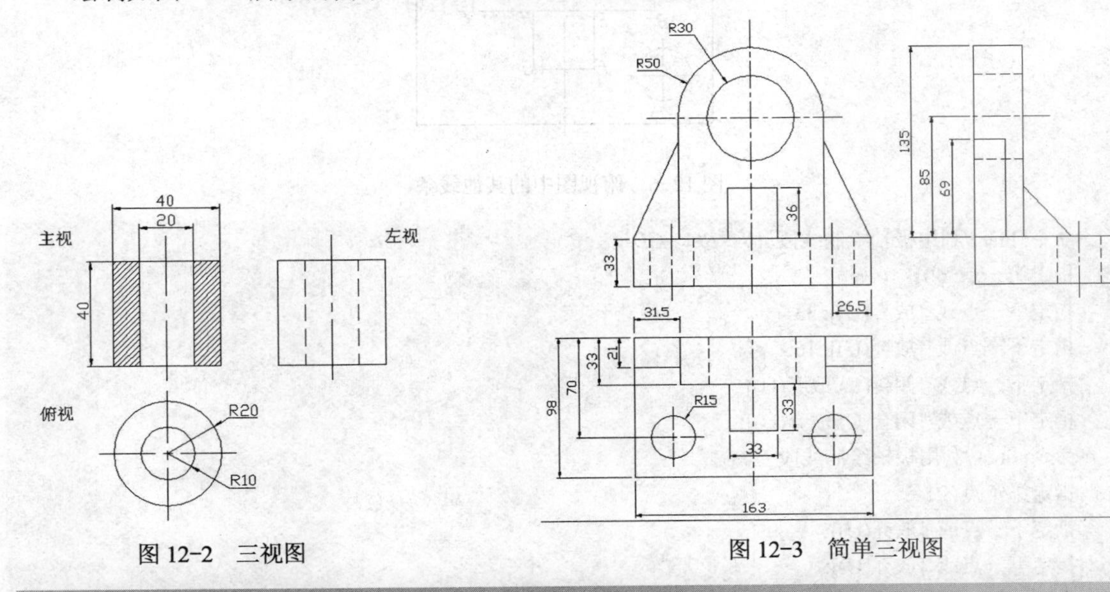

图 12-2　三视图　　图 12-3　简单三视图

//绘制俯视图中的矩形轮廓以及中心的竖直辅助线，效果如图 12-4 所示。

命令: rectang

指定第一个角点或 [倒角(C)/标高(E)/圆角(F)/厚度(T)/宽度(W)]:

指定另一个角点或 [面积(A)/尺寸(D)/旋转(R)]: @163,98

命令: line

指定第一点:（对象捕捉顶边的中点，并沿极轴在竖直向上的适当位置确定一点）

指定下一点或 [放弃(U)]:（沿竖直向下的极轴确定另一点）
指定下一点或 [放弃(U)]:
//绘制俯视图中左下角的圆及其中心的辅助线，效果如图 12-5 所示。
命令: circle
指定圆的圆心或 [三点(3P)/两点(2P)/相切、相切、半径(T)]: tt
指定临时对象追踪点: 28
指定圆的圆心或 [三点(3P)/两点(2P)/相切、相切、半径(T)]: 26.5
指定圆的半径或 [直径(D)]: 15

图 12-4　俯视图中的矩形轮廓及中心的辅助线

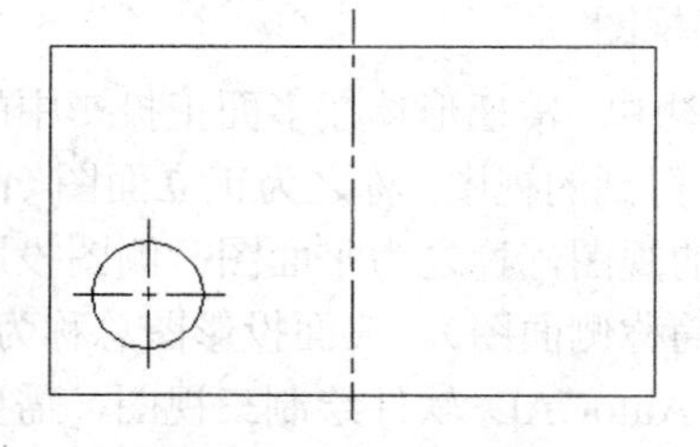

图 12-5　左下角的圆及其辅助线

//绘制俯视图中的其他线条，效果如图 12-6 所示。

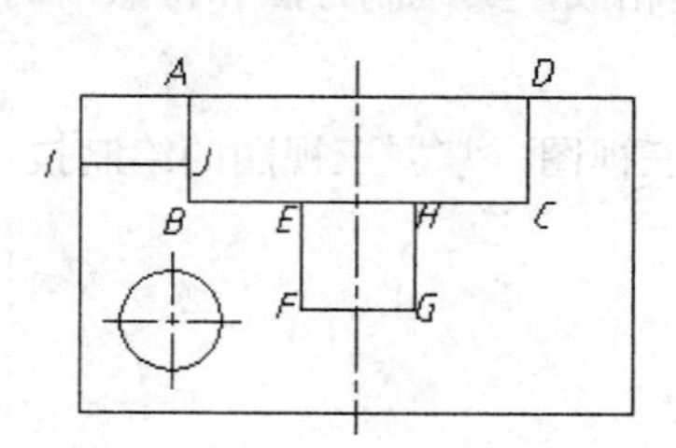

图 12-6　俯视图中的其他线条

命令: line //利用极轴绘制线段 *AB*、*BC*、*CD*
指定第一点: 50
指定下一点或 [放弃(U)]: 33
指定下一点或 [放弃(U)]: 100
指定下一点或 [闭合(C)/放弃(U)]:
指定下一点或 [闭合(C)/放弃(U)]:
命令: line //利用极轴绘制线段 *IJ*。
指定第一点: 21
指定下一点或 [放弃(U)]:
指定下一点或 [放弃(U)]:
命令: line //利用极轴绘制线段 *EF*、*FG*、*GH*
指定第一点: 16.5
指定下一点或 [放弃(U)]: 33
指定下一点或 [放弃(U)]: 33
指定下一点或 [闭合(C)/放弃(U)]:
指定下一点或 [闭合(C)/放弃(U)]:

//利用俯视图中的底边和辅助线得到主视图中的底边和辅助线，效果如图 12-7 所示。
命令: copy
选择对象: 指定对角点: 找到 2 个
选择对象:
指定基点或 [位移(D)] <位移>:（对象捕捉图形的左下角点）
指定第二个点或 <使用第一个点作为位移>:（利用极轴控制点位）
指定第二个点或 [退出(E)/放弃(U)] <退出>:
//使用直线命令补全主视图中基座的其他线条，效果如图 12-8 所示。
命令: line
指定第一点:
指定下一点或 [放弃(U)]: 33
指定下一点或 [放弃(U)]:
指定下一点或 [闭合(C)/放弃(U)]:
指定下一点或 [闭合(C)/放弃(U)]:
//执行多段线命令，利用俯视图中的点确定主视图中相应线条的位置，效果如图 12-9 所示。

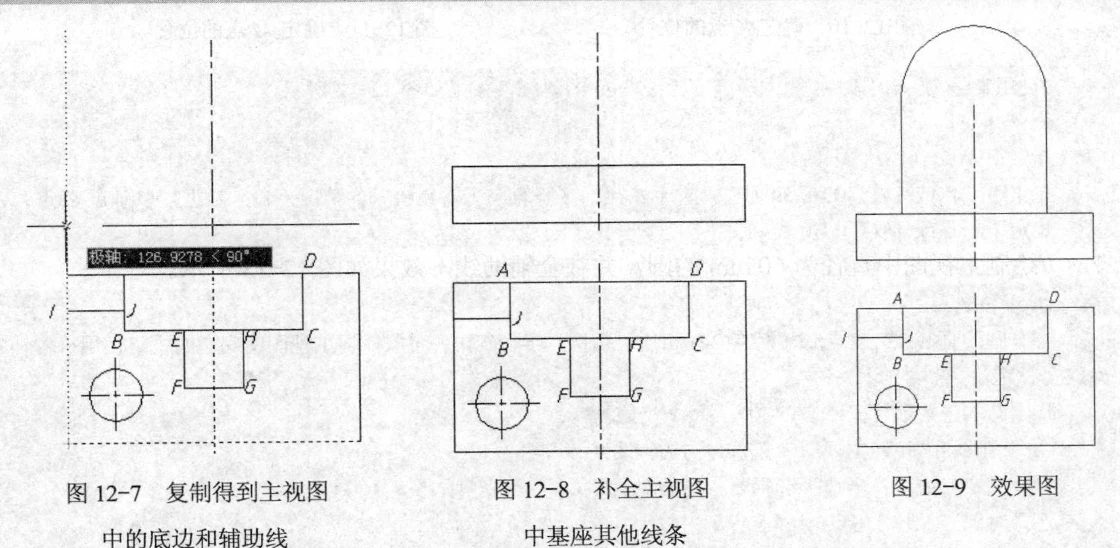

图 12-7　复制得到主视图中的底边和辅助线

图 12-8　补全主视图中基座其他线条

图 12-9　效果图

命令: pline
指定起点:（对象捕捉 *A* 点，利用极轴确定 *K* 点的位置，操作如图 12-10 所示）
当前线宽为 0.0000
指定下一点或 [圆弧(A)/半宽(H)/长度(L)/放弃(U)/宽度(W)]: 85（确定 *L* 点的位置）
指定下一点或 [圆弧(A)/闭合(C)/半宽(H)/长度(L)/放弃(U)/宽度(W)]: a
指定圆弧的端点或
[角度(A)/圆心(CE)/闭合(CL)/方向(D)/半宽(H)/直线(L)/半径(R)/第二个点(S)/放弃(U)/宽度(W)]:（对象捕捉 *D* 点，利用极轴确定 *M* 点的位置，操作如图 12-11 所示）
指定圆弧的端点或
[角度(A)/圆心(CE)/闭合(CL)/方向(D)/半宽(H)/直线(L)/半径(R)/第二个点(S)/放弃(U)/宽度(W)]: l
指定下一点或 [圆弧(A)/闭合(C)/半宽(H)/长度(L)/放弃(U)/宽度(W)]:（对象捕捉 *D* 点，利用极轴确定线条结束点的位置，操作如图 12-11 所示）

指定下一点或 [圆弧(A)/闭合(C)/半宽(H)/长度(L)/放弃(U)/宽度(W)]:

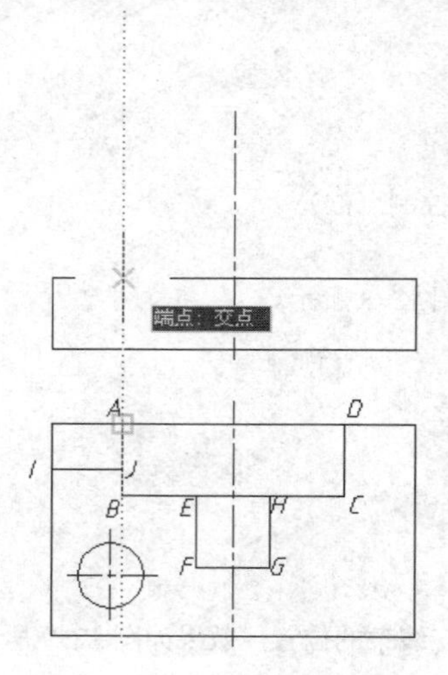

图 12-10　确定 *K* 点的位置

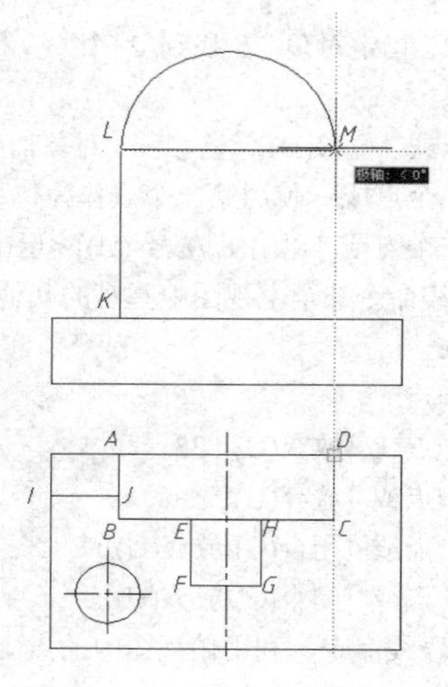

图 12-11　确定 *M* 点的位置

//使用直线命令绘制主视图中净高度为 69 mm 的斜线，效果如图 12-12 所示。

命令: line

指定第一点:

指定下一点或 [放弃(U)]: 69（对象捕捉 *K* 点，在竖直向上看见极轴的情况下输入数据，以确定 *O* 点）

指定下一点或 [放弃(U)]:

//绘制主视图中直径为 60 mm 的圆，并补全辅助线，效果如图 12-13 所示。

命令: circle

指定圆的圆心或 [三点(3P)/两点(2P)/相切、相切、半径(T)]:（对象捕捉主视图中底边的中点，用极轴辅助确定圆心）

指定圆的半径或 [直径(D)]: 30

命令: stretch //拉伸主视图中竖直方向的辅助线

以交叉窗口或交叉多边形选择要拉伸的对象...

选择对象: 指定对角点: 找到 1 个

选择对象:

指定基点或 [位移(D)] <位移>:

指定第二个点或 <使用第一个点作为位移>:

命令: line //绘制主视图中通过圆心的水平方向的辅助线

指定第一点:

指定下一点或 [放弃(U)]:

指定下一点或 [放弃(U)]:

命令: line //利用俯视图中小圆中心竖直方向的辅助线确定主视图中相应位置的辅助线，效果如图 12-14 所示

指定第一点:

指定下一点或 [放弃(U)]:

指定下一点或 [放弃(U)]:

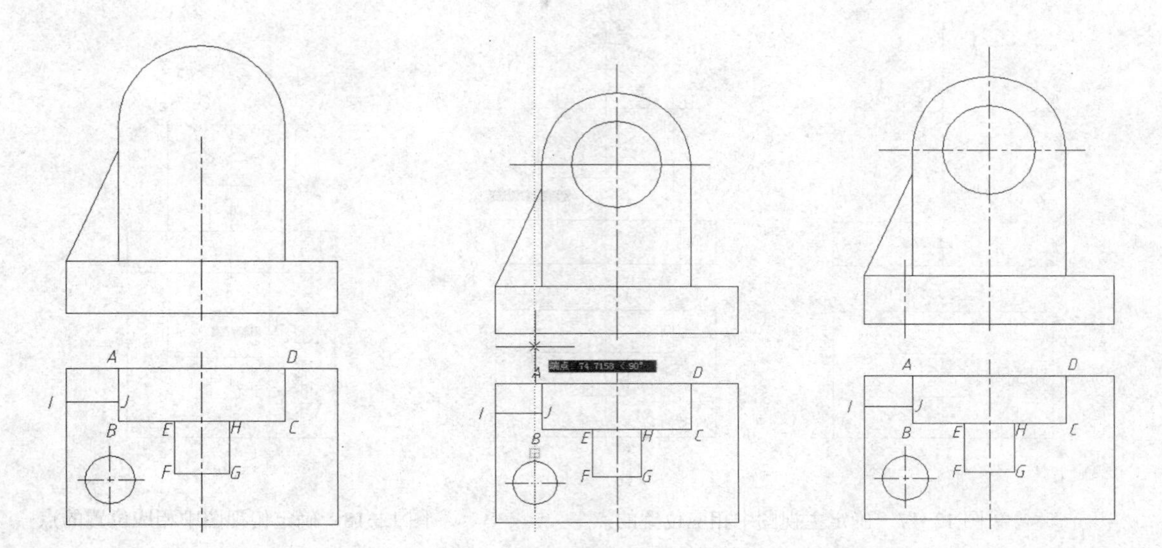

图 12-12　净高度为 69 mm 的斜线　图 12-13　确定主视图中相应位置的辅助线　　图 12-14　绘制结果

//利用俯视图中小圆的左右两个象限点确定主视图中相应位置的辅助线，操作过程如图 12-15 所示，效果如图 12-16 所示。

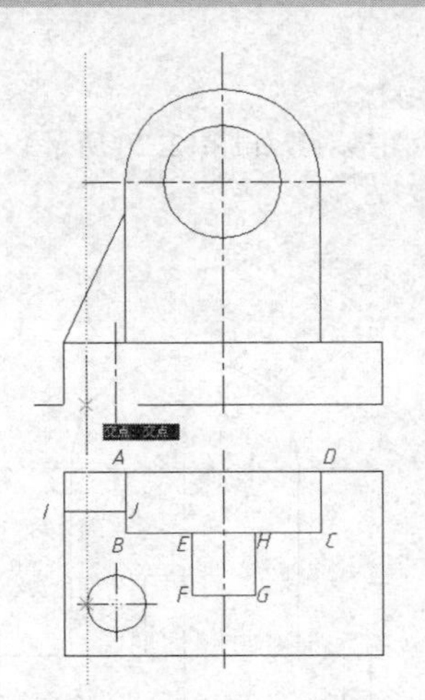

图 12-15　确定主视图中相应位置的辅助线

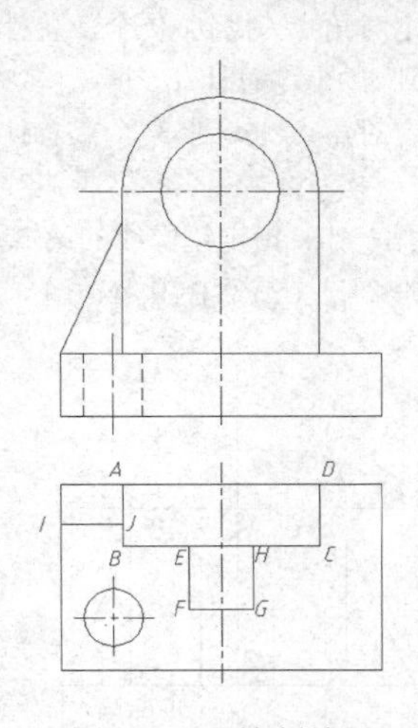

图 12-16　绘制结果

//利用俯视图中的 *E* 点确定主视图中相应位置的点，操作过程如图 12-17 所示。

命令: line

指定第一点:（操作如 12-17（a）所示）

指定下一点或 [放弃(U)]: 36

指定下一点或 [放弃(U)]:（操作如 12-17（b）所示）

指定下一点或 [闭合(C)/放弃(U)]:

指定下一点或 [闭合(C)/放弃(U)]:

//利用主视图中大圆左边的象限点确定俯视图中相应位置的点，操作过程如图 12-18 所示。

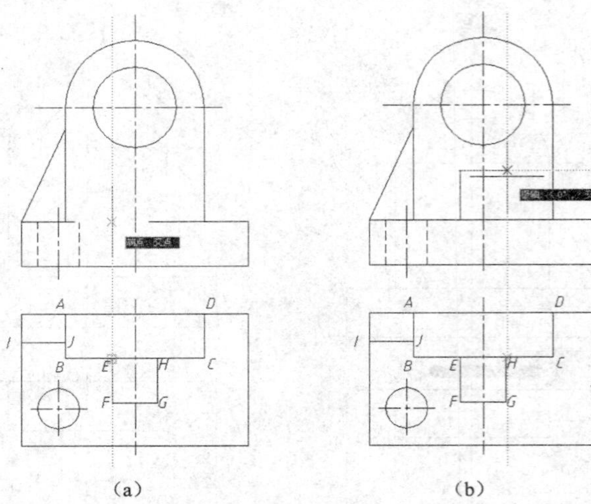

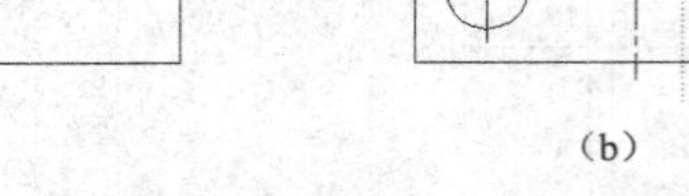

图 12-17　确定主视图中相应位置的点

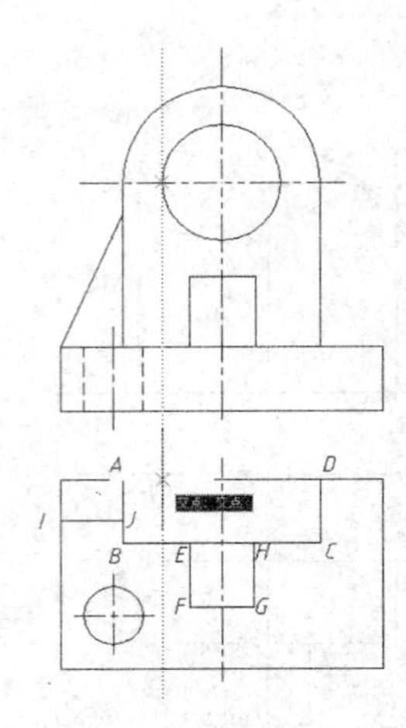

图 12-18　确定俯视图中相应位置的点

//使用镜像命令补全主视图和俯视图中的线条，如图 12-19 所示。
命令: mirror
选择对象：找到 1 个
选择对象：指定对角点：找到 3 个，总计 4 个
选择对象：指定对角点：找到 1 个，总计 5 个
选择对象：找到 1 个，总计 6 个
选择对象：指定对角点：找到 3 个，总计 9 个（选择的图形对象如图 12-20 所示）
选择对象:
指定镜像线的第一点：指定镜像线的第二点:
要删除源对象吗？[是(Y)/否(N)] <N>:

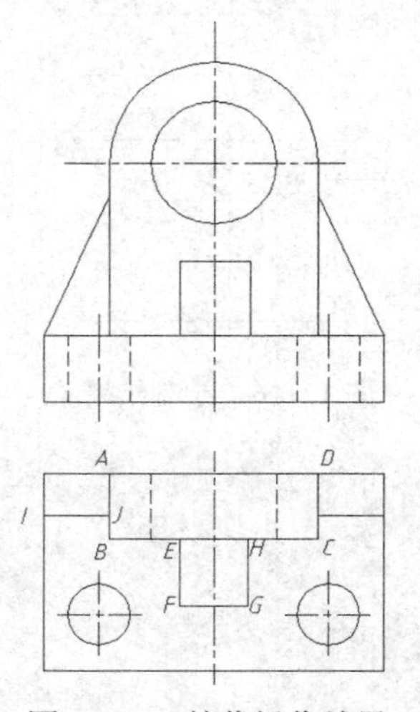

图 12-19　镜像操作结果

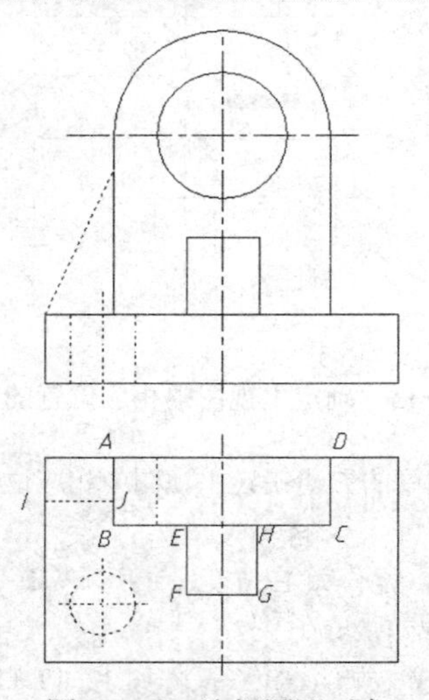

图 12-20　选择图形对象

//复制主视图中的线条到左视图的位置，效果如图 12-21 所示。
//利用“长对正、高平齐、宽相等”的规律绘制左视图中的轮廓线，效果如图 12-22 所示。

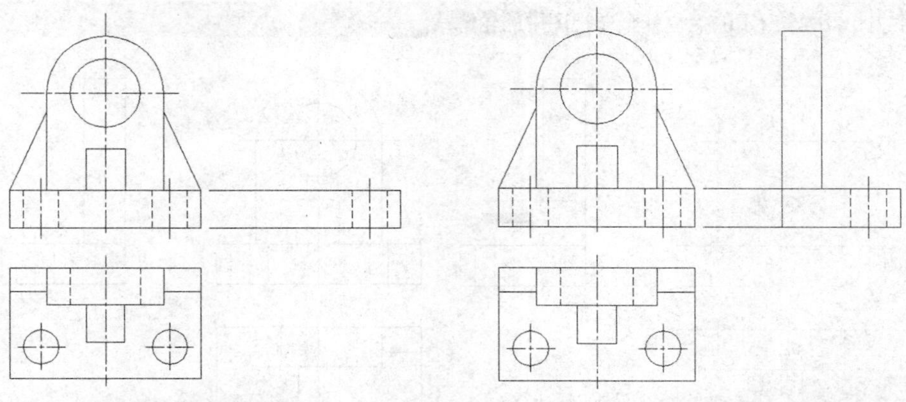

图 12-21　复制的效果　　　　图 12-22　绘制左视图中的轮廓线

```
命令: line
指定第一点: 98（操作如图 12-23（a）所示）
指定下一点或 [放弃(U)]:（操作如图 12-23（b）所示）
指定下一点或 [放弃(U)]: 33
指定下一点或 [闭合(C)/放弃(U)]:
指定下一点或 [闭合(C)/放弃(U)]:
```

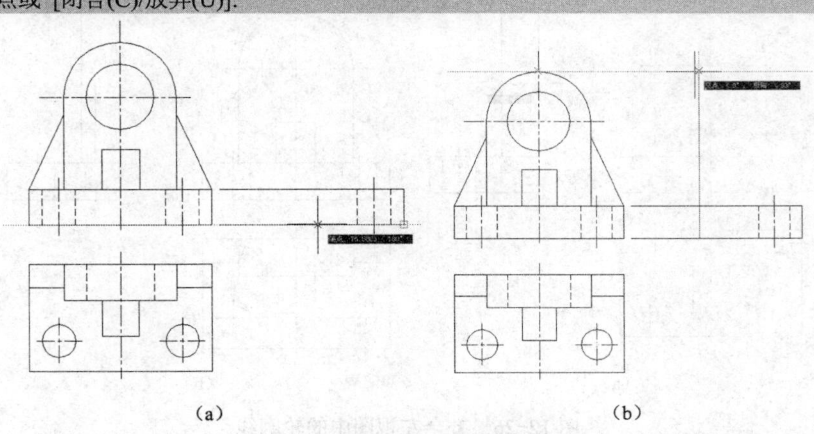

（a）　　　　（b）

图 12-23　绘制左视图中的轮廓线

```
//修剪多余的线条，效果如图 12-24 所示
```

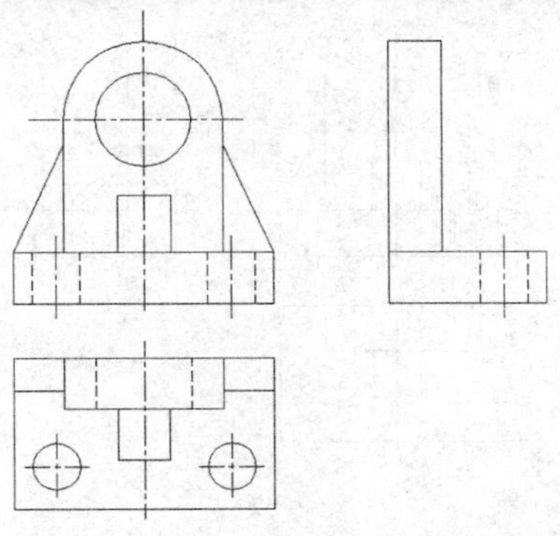

图 12-24　修剪多余的线条

//利用如图 12-25 所示的点位补全左视图中的轮廓线

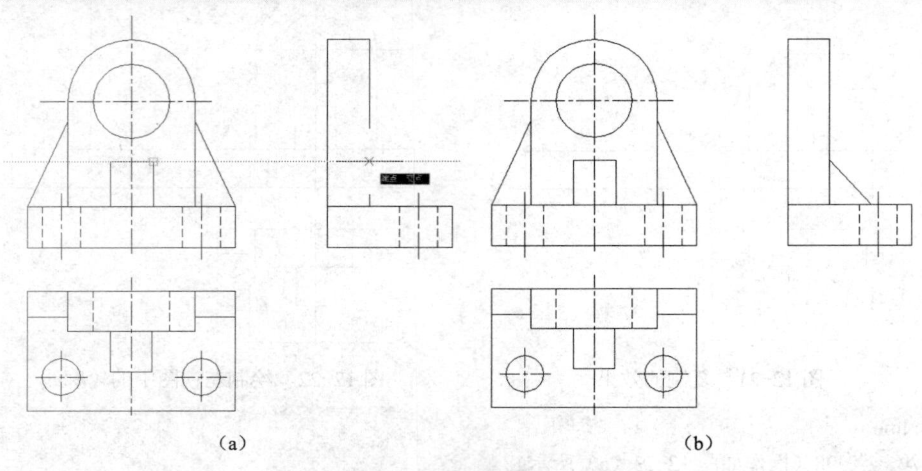

图 12-25　补全左视图中的轮廓线

（a）利用主视图找点　（b）绘制效果

//通过如图 12-26 所示的操作步骤补全左视图中的轮廓线

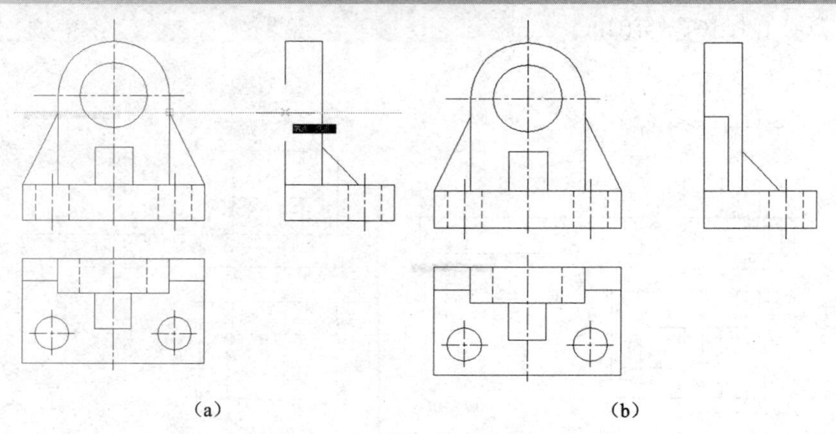

图 12-26　补全左视图中的轮廓线

//通过如图 12-27 所示的操作步骤补全左视图中的轮廓线。

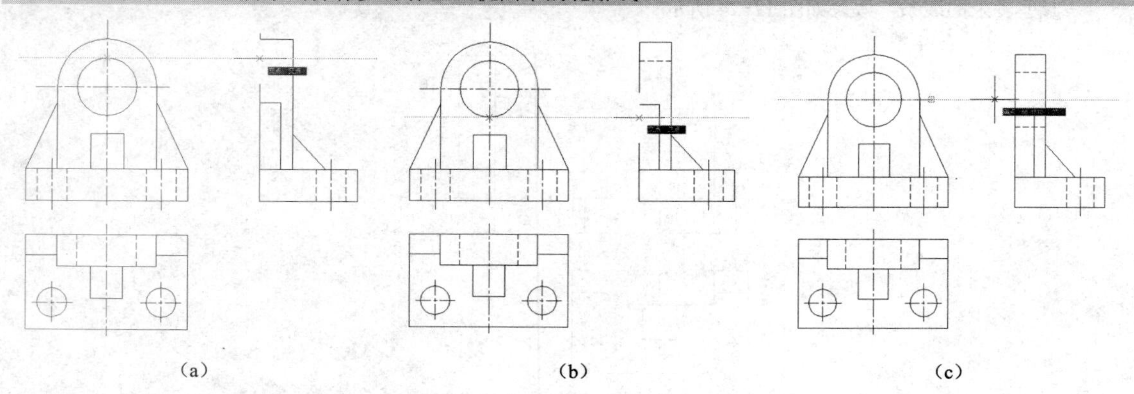

图 12-27　补全左视图中的轮廓线

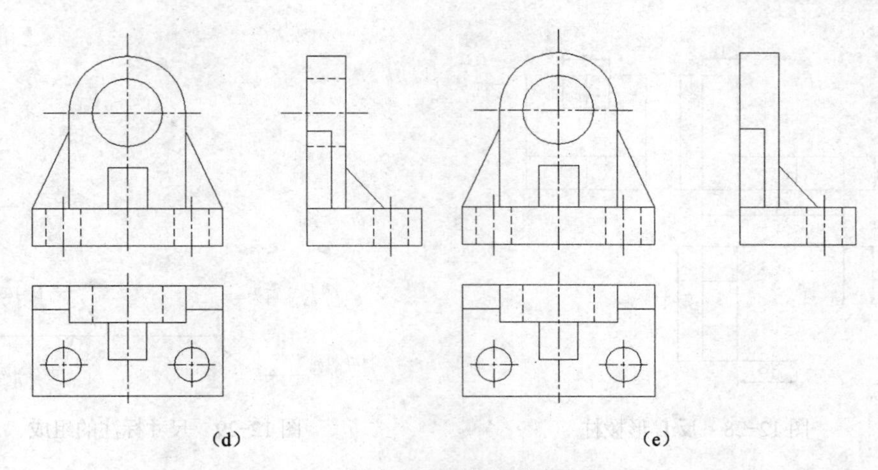

图 12-27 补全左视图中的轮廓线（续）

2．尺寸标注的组成及规则

在图形设计、绘制中，尺寸标注是表达机件和设施各部分的真实大小和相对位置的标示手段。AutoCAD 软件提供了一套完整的尺寸标注命令和实用程序，可以对直径、角度、两点间的距离、圆心以及标高等进行标注，足以完成图纸中要求的尺寸标注。

（1）尺寸标注的基本要求。

在对绘制的图形进行尺寸标注的时候应遵循以下规则。

① 物体的真实大小应以图样中所标注的尺寸为依据，图样中所标注的尺寸为该图样所表示的物体的最后完工尺寸，否则应另加说明。

② 尺寸配置齐全，应能完全确定形体的形状和大小，既不缺少尺寸，也不应有不合理的多余尺寸。

③ 尺寸标注清晰、布置得当，便于看图。

④ 每个部位的尺寸应尽可能标注在最能反映该部位形状特征的那个视图上。如图 12-28 所示，该反 L 形棱柱的整体轮廓在主视图上反映效果最好，因此该反 L 形棱柱的基本尺寸 45、38 就标注在主视图中；物体左前端的切角在俯视图上最具特征，所以切角的定位尺寸两个 19 就标注在俯视图中；而物体右上部的槽口在左视图中最为明显，故槽口的定型尺寸 15、11 就标注在左视图中。

⑤ 为使图形清晰，一般应将尺寸注在图形轮廓以外；但为了便于查找，对于图内的某些细部，尺寸也可酌情注在图形内部，但尽量不与图形的轮廓线相交。

⑥ 尺寸布局应相对集中，并尽量安排在两视图之间的位置。

⑦ 尺寸排列要整齐，小尺寸靠近图形，大尺寸远离图形。首尾相连的尺寸标注尺寸线应该在同一条直线上。内外包含的尺寸线之间的间隔应相同。

⑧ 尽量避免在虚线线条上标注尺寸。

（2）尺寸标注的组成。

尺寸标注的类型和外观多种多样，一个完整的尺寸标注一般包括尺寸线、尺寸界线、尺寸箭头和尺寸文字四个部分，如图 12-29 所示。

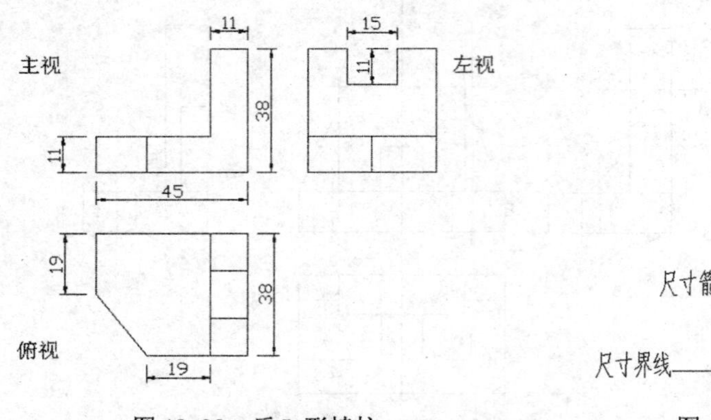

图 12-28 反 L 形棱柱

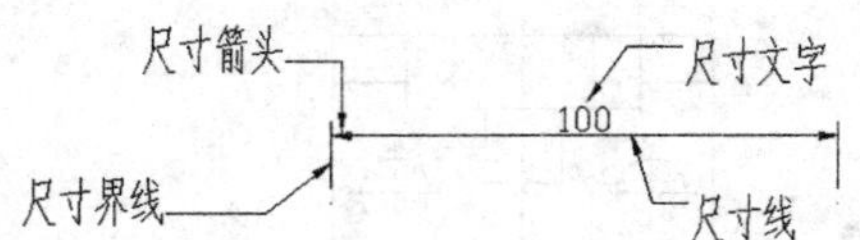

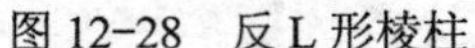

图 12-29 尺寸标注的组成

① 尺寸线。表示尺寸的实际度量方向。在 AutoCAD 软件中，尺寸线在尺寸标注时由系统自动生成。尺寸线应用细实线绘制，图形本身的任何线条均不得用作尺寸线。

② 尺寸界线。表示标注对象的尺寸范围，为了标注清晰，通常用尺寸界线将标注的尺寸引出被标注对象之外。尺寸界线应用细实线绘制，一般应与被标注长度垂直；对于角标注，尺寸界线应沿径向引出（如图 12-30（a）所示），其一端应离开轮廓线不小于 2 mm，另一端宜超出尺寸线 2～3 mm。必要时，图形的轮廓线、轴线、中心线都可作为尺寸界线使用，如图 12-30（b）所示。

③ 尺寸箭头。表示尺寸的起始位置，位于尺寸线的两端与尺寸界线相交的地方。尺寸箭头在机械图中为实心闭合的样式（如图 12-30（a）所示）；在工程图中应为中粗线，即建筑标记（如图 12-30（b）所示）；不论在哪类图中，半径、直径、角度和弧长的尺寸箭头都必须是实心闭合的样式。

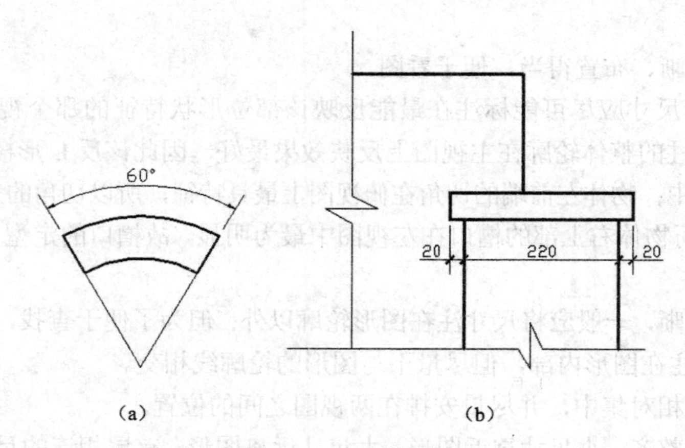

图 12-30 尺寸界线

④ 尺寸文字。表示所标注对象的实际尺寸大小，通常放置在尺寸线的上方或尺寸线的断开处。

图形的尺寸应以尺寸数字为准，不得从图上直接量取。尺寸数字表示物体的真实大小，与画图的比例无关。尺寸的单位，对于线性尺寸，除标高及总平面图以米为单位外，其余均为毫米，并且不在数字之后注明。某些专业工程图若以厘米为单位，通常会在附注中加以说明。

为使数字清晰可见，任何图线不得穿过数字，必要时可将图线断开，空出标示尺寸数字的位置。

3. 尺寸标注工具

AutoCAD 软件提供了多种尺寸标注工具，针对不同的尺寸有不同的标注方法。同时，为了更好地遵守标注规则，软件也提供了基线标注、连续标注等快捷工具。

标注命令和相关的其他编辑命令主要集中在如图 12-31 所示的标注工具栏和如图 12-32 所示的标注菜单栏中。

（1）线性标注。

表示线条或两点间水平方向（或竖直方向）的增量。

执行方式

通过工具栏：从“标注”工具栏中选择“线性标注”命令。

通过菜单栏：选择菜单栏中的“标注”→“线性”。

通过命令行：DIMLINEAR。

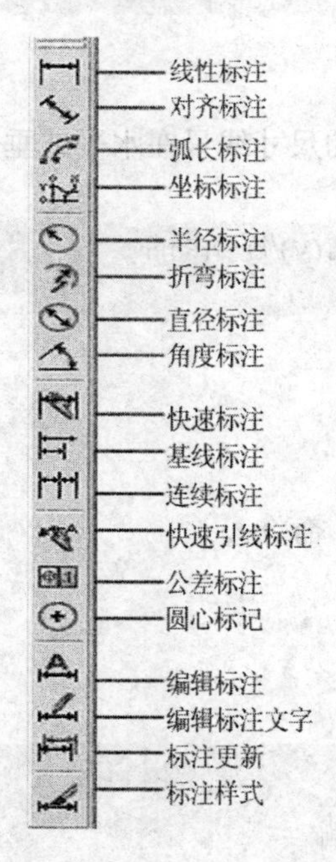

图 12-31 标注工具栏

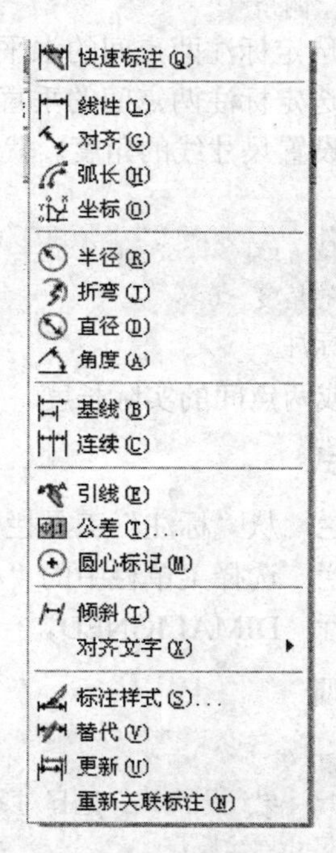

图 12-32 标注菜单栏

操作步骤

```
命令: dimlinear
指定第一条尺寸界线原点或 <选择对象>:
指定第二条尺寸界线原点:
指定尺寸线位置或[多行文字(M)/文字(T)/角度(A)/水平(H)/垂直(V)/旋转(R)]:
标注文字 =166.14（效果如图 12-33 所示）
```

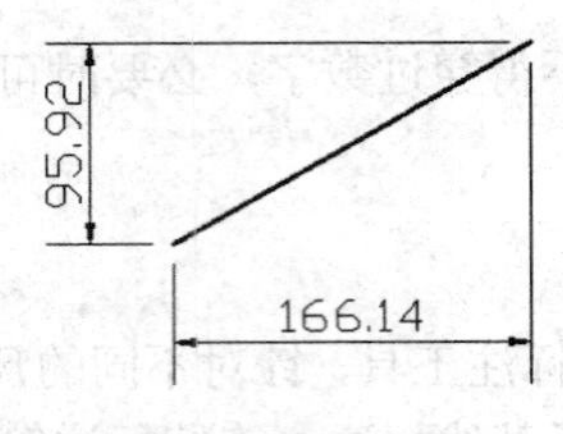

图 12-33　线性标注

选项说明

① 多行文字。用多行文字的方式输入尺寸文字内容。选择此选项会弹出多行文字输入框。

② 文字。即用户选择在命令行手动输入尺寸文字内容。

```
指定尺寸线位置或[多行文字(M)/文字(T)/角度(A)/水平(H)/垂直(V)/旋转(R)]: t
输入标注文字 <219.32>:
```

③ 角度。设置倾斜角度的尺寸文字。默认尺寸文字与尺寸线平行，此时为 0 度。

```
指定尺寸线位置或[多行文字(M)/文字(T)/角度(A)/水平(H)/垂直(V)/旋转(R)]:a
指定标注文字的角度:
```

④ 水平。选定标注两点间的水平增量。

⑤ 垂直。选定标注两点间的垂直增量。

⑥ 旋转。设置尺寸线的角度。默认情况下线性标注的尺寸线只在水平或垂直方向，即所标注的尺寸方向。

```
指定尺寸线位置或[多行文字(M)/文字(T)/角度(A)/水平(H)/垂直(V)/旋转(R)]:r
指定尺寸线的角度 <0>:
```

（2）对齐标注。

表示线条或两点间的实际长度。

执行方式

通过工具栏：从“标注”工具栏中选择“对齐标注”命令。

通过菜单栏：选择菜单栏中的“标注”→“对齐”。

通过命令行：DIMALIGNED。

操作步骤

```
命令: dimaligned
指定第一条尺寸界线原点或 <选择对象>:
指定第二条尺寸界线原点:
指定尺寸线位置或[多行文字(M)/文字(T)/角度(A)]:
标注文字 = 191.84（效果如图 12-34 所示）
```

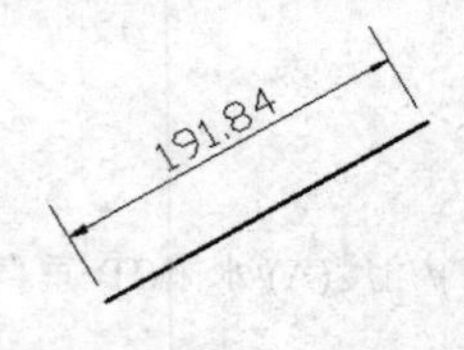

图 12-34　对齐标注

(3) 弧长标注。

表示一段弧线或多段线中弧线段的长度，通常带有弧长符号。

执行方式

通过工具栏：从“标注”工具栏中选择“弧长标注”命令。

通过菜单栏：选择菜单栏中的“标注”→“弧长”。

通过命令行：DIMARC。

操作步骤

```
命令: dimarc
选择弧线段或多段线弧线段:
指定弧长标注位置或 [多行文字(M)/文字(T)/角度(A)/部分(P)/]:
标注文字 = 109.57（效果如图 12-35 所示）
```

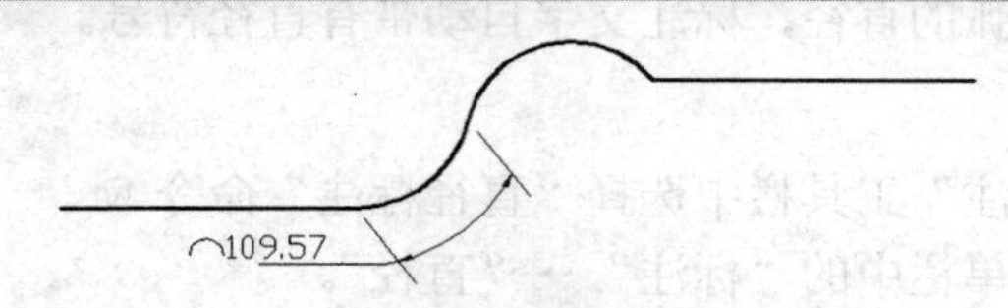

图 12-35 弧长标注

(4) 坐标标注。

AutoCAD 软件中提供的坐标标注是以引线的方式表示一个点其中一个方向的坐标值。

执行方式

通过工具栏：从“标注”工具栏中选择“坐标标注”命令。

通过菜单栏：选择菜单栏中的“标注”→“坐标”。

通过命令行：DIMORDINATE。

操作步骤

```
命令: dimordinate
指定点坐标:
指定引线端点或 [X 基准(X)/Y 基准(Y)/多行文字(M)/文字(T)/角度(A)]:
标注文字 = 333.03（效果如图 12-36 所示）
```

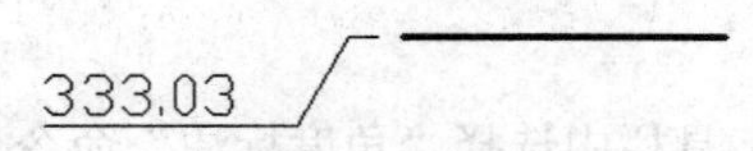

图 12-36 坐标标注

(5) 半径标注。

表示一个圆或一段圆弧的半径，标注文字自动带有半径符号。

执行方式

通过工具栏：从“标注”工具栏中选择“半径标注”命令。

通过菜单栏：选择菜单栏中的“标注”→“半径”。

通过命令行：DIMRADIUS。

操作步骤

```
命令: dimradius
选择圆弧或圆:
标注文字 =63.25
指定尺寸线位置或 [多行文字(M)/文字(T)/角度(A)]:（效果如图 12-37 所示）
```

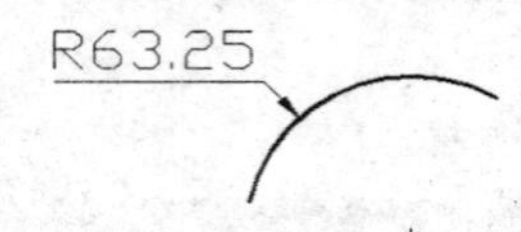

图 12-37　半径标注

（6）直径标注。

表示一个圆或一段圆弧的直径，标注文字自动带有直径符号。

执行方式

通过工具栏：从“标注”工具栏中选择“直径标注”命令。

通过菜单栏：选择菜单栏中的“标注”→“直径”。

通过命令行：DIMDIAMETER。

操作步骤

```
命令: dimdiameter
选择圆弧或圆:
标注文字 =126.51
指定尺寸线位置或 [多行文字(M)/文字(T)/角度(A)]:（效果如图 12-38 所示）
```

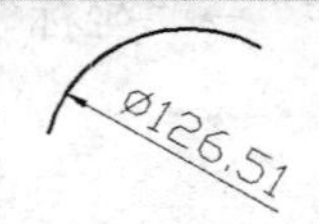

图 12-38　直径标注

（7）角度标注。

可以表示圆弧或圆的圆心角，如图 12-39（a）所示；也可以表示线条的夹角，如图 12-39（b）所示。

执行方式

通过工具栏：从“标注”工具栏中选择“角度标注”命令。

通过菜单栏：选择菜单栏中的“标注”→“角度”。

通过命令行：DIMANGULAR。

操作步骤

① 第一种方式。

```
命令: dimangular
选择圆弧、圆、直线或 <指定顶点>:（直接选择图形对象）
指定标注弧线位置或 [多行文字(M)/文字(T)/角度(A)]:
标注文字 =109（效果如图 12-39（a）所示）
```

② 第二种方式。

```
命令: dimangular
选择圆弧、圆、直线或 <指定顶点>:（直接回车）
指定角的顶点:
指定角的第一个端点:
指定角的第二个端点:
指定标注弧线位置或 [多行文字(M)/文字(T)/角度(A)]:
标注文字 =46（效果如图 12-39（b）所示）
```

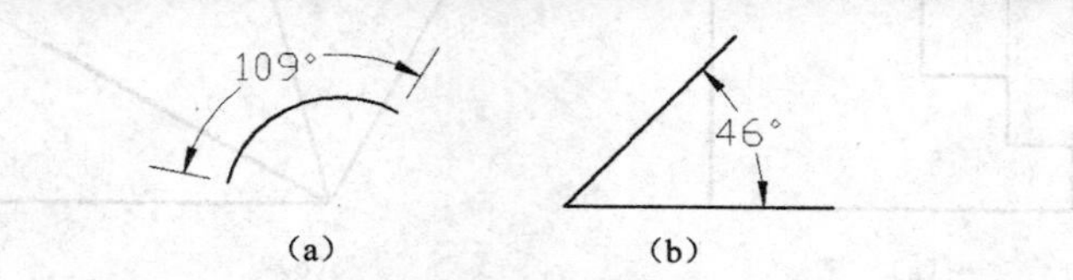

图 12-39 角度标注

（8）基线标注。

可以创建共用第一个尺寸原点的标注方式，这种标注适用于长度标注（如图 12-40（a）所示）、角度标注（如图 12-40（b）所示）和坐标标注等。使用基线标注，软件会保持每相邻两条尺寸线之间的距离都相等，距离值可通过“标注样式”工具进行设置。

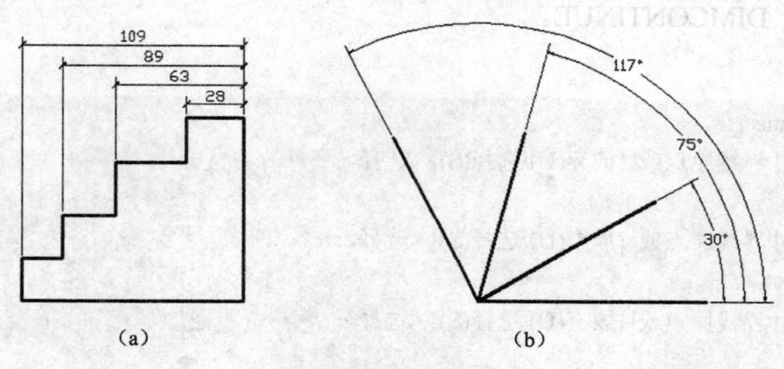

图 12-40 基线标注

执行方式

通过工具栏：从“标注”工具栏中选择“基线标注”命令。

通过菜单栏：选择菜单栏中的“标注”→“基线”。

通过命令行：DIMBASELINE。

操作步骤

```
命令: dimbaseline
指定第二条尺寸界线原点或 [放弃(U)/选择(S)] <选择>:
标注文字 =75
指定第二条尺寸界线原点或 [放弃(U)/选择(S)] <选择>:
标注文字 =127
指定第二条尺寸界线原点或 [放弃(U)/选择(S)] <选择>:
选择基准标注:
```

（9）连续标注。

连续标注用来创建一系列首尾相连的尺寸标注，这种标注适用于长度标注（如图 12-41（a）所示）、角度标注（如图 12-41（b）所示）和坐标标注等。使用连续标注，软件会保持所有尺寸线都在同一条水平线上。

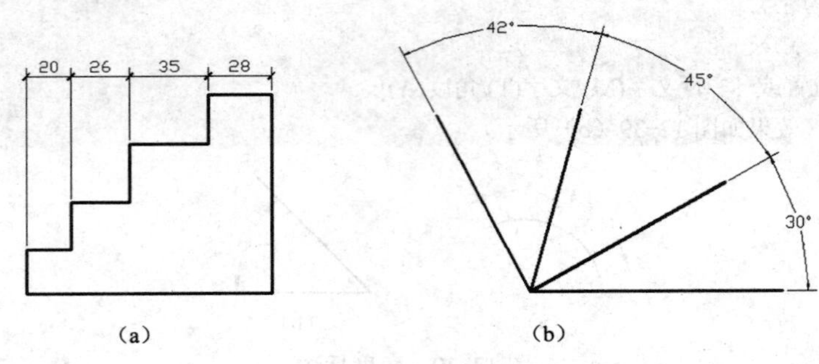

图 12-41　连续标注

执行方式

通过工具栏：从“标注”工具栏中选择“连续标注”命令。

通过菜单栏：选择菜单栏中的“标注”→“连续”。

通过命令行：DIMCONTINUE。

操作步骤

```
命令: dimcontinue
指定第二条尺寸界线原点或 [放弃(U)/选择(S)] <选择>:
标注文字 =45
指定第二条尺寸界线原点或 [放弃(U)/选择(S)] <选择>:
标注文字 =42
指定第二条尺寸界线原点或 [放弃(U)/选择(S)] <选择>:
选择连续标注:
```

（10）引线标注。

引线用来指示图形中包含的特征，然后给出关于这个特征的信息，在引线末端写出信息内容（如图 12-42 所示）。末端可输入文字，添加形位公差框格、图形元素等。此外，在操作中还可设置引线的形式（直线或平滑样条曲线）。

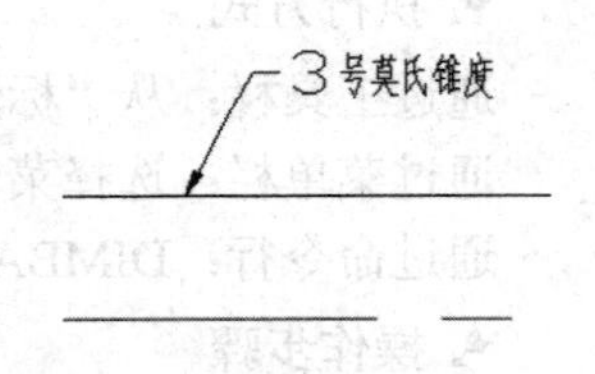

图 12-42　引线标注

执行方式

通过工具栏：从“标注”工具栏中选择“引线标注”命令。

通过菜单栏：选择菜单栏中的“标注”→“引线”。

通过命令行：QLEADER。

操作步骤

```
命令: qleader
指定第一个引线点或 [设置(S)] <设置>:
指定下一点:
```

指定下一点:
指定文字宽度 <0>:
输入注释文字的第一行 <多行文字(M)>:

（11）折弯标注。

折弯标注即折弯半径标注，也可称其为缩放的半径标注（如图 12-43 所示），可将任何位置指定为标注的原点，以代替半径标注中的圆或圆弧的中心点。在某些图纸当中，需要对较大的圆弧进行标注。大圆弧的圆心有时在图纸之外，这时就要用到折弯标注。折弯标注可以另外指定一个点来替代圆心。

执行方式

通过工具栏：从“标注”工具栏中选择“折弯标注”命令。

通过菜单栏：选择菜单栏中的“标注”→“折弯”。

通过命令行：DIMJOGGED。

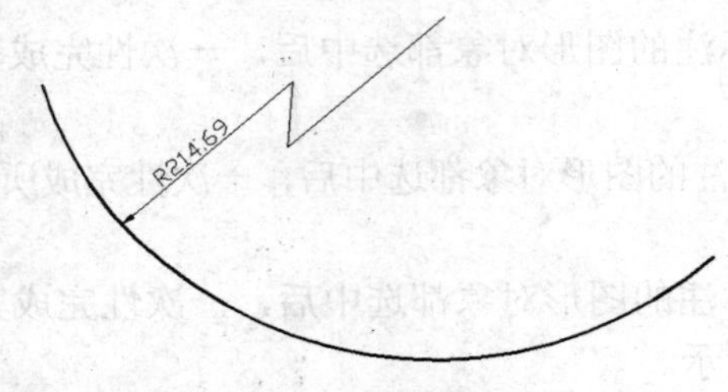

图 12-43　折弯标注

操作步骤

命令: dimjogged
选择圆弧或圆:
指定中心位置替代:
标注文字 ＝214.69
指定尺寸线位置或 [多行文字(M)/文字(T)/角度(A)]:
指定折弯位置:

（12）圆心标记。

用来表示圆心所在位置，如图 12-44 所示。

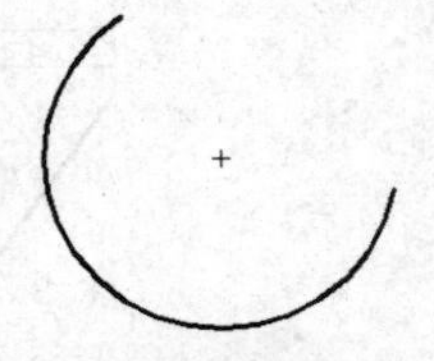

图 12-44　圆心标记

执行方式

通过工具栏：从“标注”工具栏中选择“圆心标记”命令。

通过菜单栏：选择菜单栏中的“标注”→“圆心标记”。

通过命令行：DIMCENTER。

操作步骤

命令: dimcenter
选择圆弧或圆:

（13）快速标注。

系统可以自动查找所选几何体上的端点，并将它们作为尺寸界线的起始点和终止点进行标注。它可以一次标注多个对象或者编辑现有标注。

执行方式

通过工具栏：从“标注”工具栏中选择“快速标注”命令。

通过菜单栏：选择菜单栏中的“标注”→“快速标注”。

通过命令行：QDIM。

操作步骤

```
命令: qdim
选择要标注的几何图形:
指定尺寸线位置或 [连续(C)/并列(S)/基线(B)/坐标(O)/半径(R)/直径(D)/基准点(P)/编辑(E)/设置(T)] <连续>:
```

选项说明

① 连续。将所有需要标注的图形对象都选中后，一次性完成连续标注，效果如图 12-45（a）所示。

② 并列。将所有需要标注的图形对象都选中后，一次性完成并列式标注，效果如图 12-45（b）所示。

③ 基线。将所有需要标注的图形对象都选中后，一次性完成基线标注，效果如图 12-45（c）所示。

④ 坐标。将所有需要标注的图形对象都选中后，一次性完成所有端点的坐标标注，效果如图 12-45（d）所示。

⑤ 半径。将所有需要标注的图形对象都选中后，一次性完成其中圆弧或圆部分的半径标注，效果如图 12-45（e）所示。

⑥ 直径。将所有需要标注的图形对象都选中后，一次性完成其中圆弧或圆部分的直径标注，效果如图 12-45（f）所示。

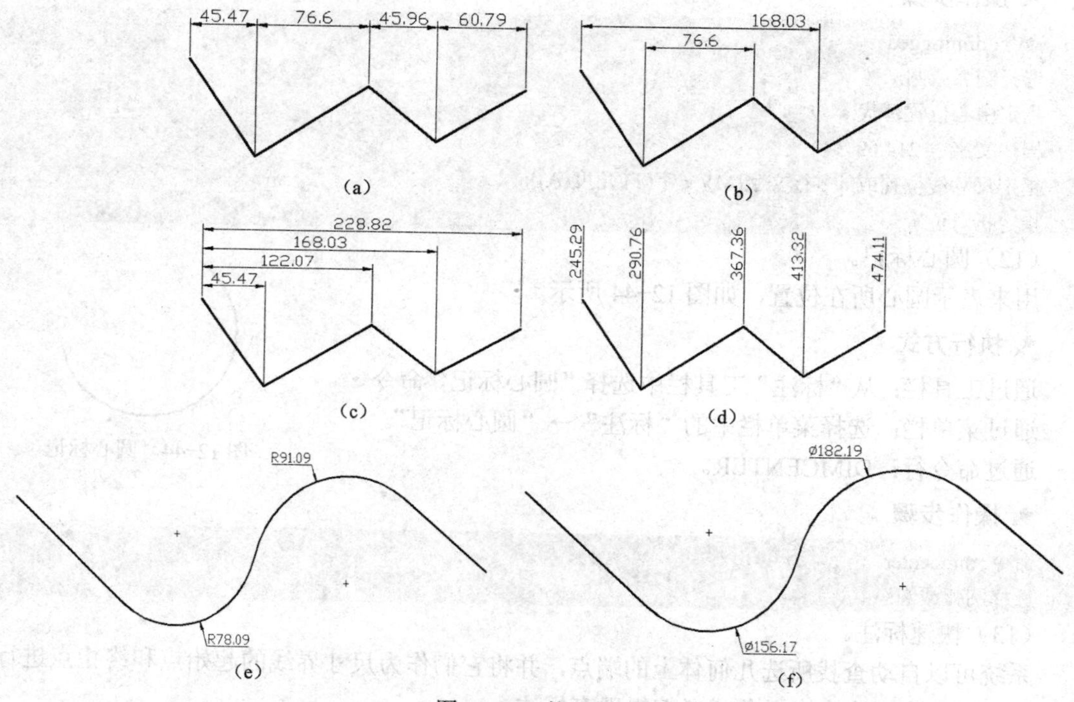

图 12-45 快速标注

⑦ 基准点。在执行快速基线标注等操作时，可以指定标注的起始位置。默认状态标注效果如图 12-46（a）所示，指定最右侧端点为起始基准点进行标注的效果如图 12-46（b）所示。

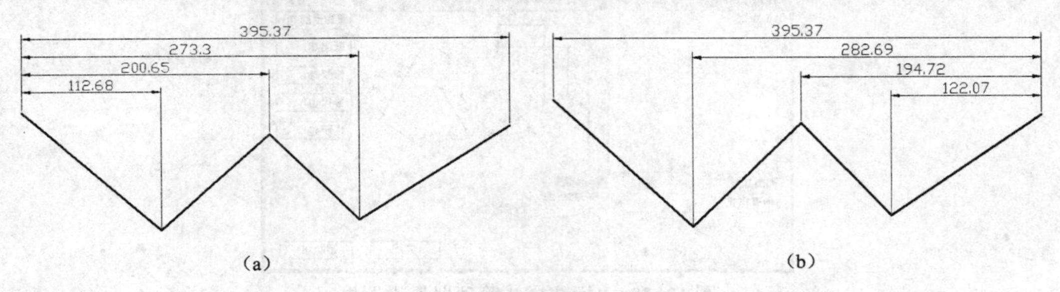

图 12-46　快速标注中指定基准点的标注情况对比

⑧ 编辑。将所有需要标注的图形对象都选中后，通过选择指定不需要标注的点，效果如图 12-47 所示。

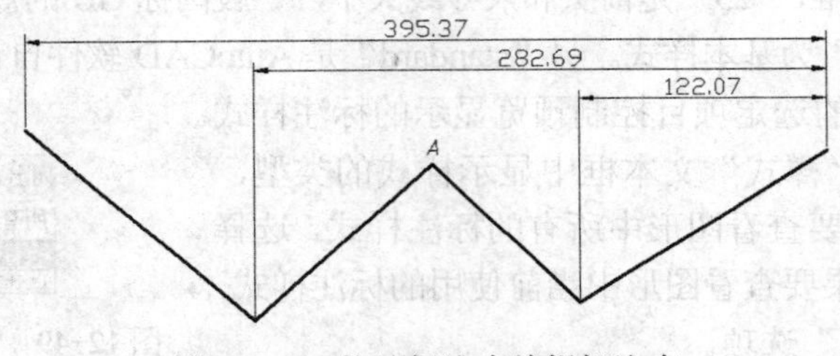

图 12-47　快速标注中编辑标注点

```
命令: qdim
选择要标注的几何图形: 指定对角点: 找到 4 个（选择所有直线）
选择要标注的几何图形:
指定尺寸线位置或 [连续(C)/并列(S)/基线(B)/坐标(O)/半径(R)/直径(D)/基准点(P)/编辑(E)/设置(T)] <基线>:e
指定要删除的标注点或 [添加(A)/退出(X)] <退出>:（对象捕捉 A 点）
已删除一个标注点
指定要删除的标注点或 [添加(A)/退出(X)] <退出>:
指定尺寸线位置或 [连续(C)/并列(S)/基线(B)/坐标(O)/半径(R)/直径(D)/基准点(P)/编辑(E)/设置(T)] <基线>:
```

4. 标注样式管理器

在尺寸标注之前，首先要对尺寸标注的各个部分进行设定，这些操作是在“标注样式管理器”中完成的。

执行方式

通过工具栏：从“标注”工具栏中选择“标注样式”命令。

通过菜单栏：选择菜单栏中的“标注”→“标注样式”；

选择菜单栏中的“格式”→“标注样式”。

通过命令行：DIMSTYLE。

操作步骤

执行“标注样式”命令，弹出“标注样式管理器”设置框，如图 12-48 所示。

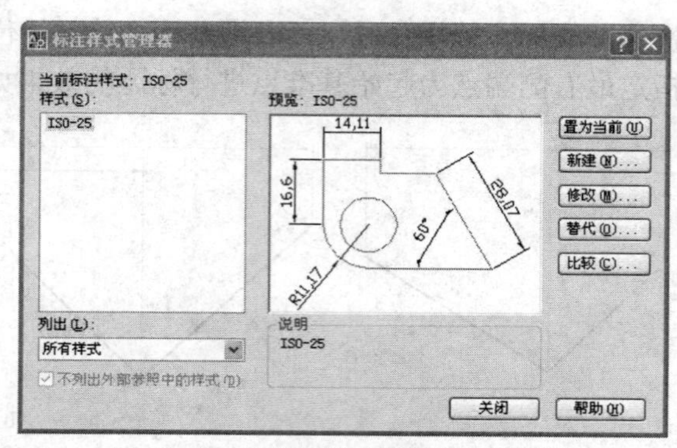

图 12-48 “标注样式管理器”设置框

选项说明

（1）样式。列出所有已创建的标注样式名。其中“ISO-25”为中式单位设置下系统提供的标注样式，“ISO”是国际标准，“25”是箭头和尺寸线大小，一般国标 GB 的规范与 ISO 类似，所以创建新样式多以“ISO-25”为基本样式。另“standard”是 AutoCAD 软件自带的标准标注样式。

“样式”文本框中的选定项目控制预览显示的标注样式。

（2）列出。选择“样式”文本框中显示样式的类型，如图 12-49 所示。如果要查看图形中所有的标注样式，选择“所有样式”选项；如果要查看图形中当前使用的标注样式，选择“正在使用的样式”选项。

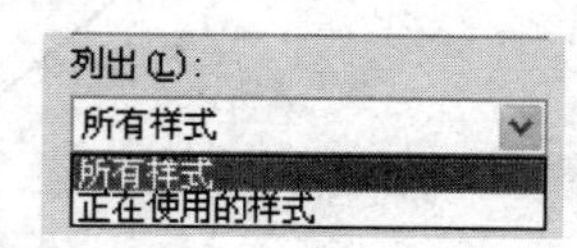

图 12-49 “列出”的标注样式选择器

（3）说明。说明“样式”文本框中与当前样式相关的选定样式。如果说明超出给定的空间，可以单击窗格并使用箭头键向下滚动。

（4）置为当前。在“样式”列表中选中相应样式名，将其设置为当前使用的样式。

（5）新建。在某一已有样式的基础上根据需要创建新的标注样式。单击该选项后弹出如图 12-50 所示的“创建新标注样式”对话框。

① 新样式名。指定新的标注样式名。

② 基础样式。选择用来创建新样式的基础样式。新样式的创建实际是在已有样式的基础上根据需要进行修改，这样大大简化了操作过程。

③ 用于。创建一种仅适用于特定标注类型的标注样式。适用类型包括：所有标注、线性标注、角度标注、半径标注、直径标注、坐标标注以及引线和公差等，如图 12-51 所示。

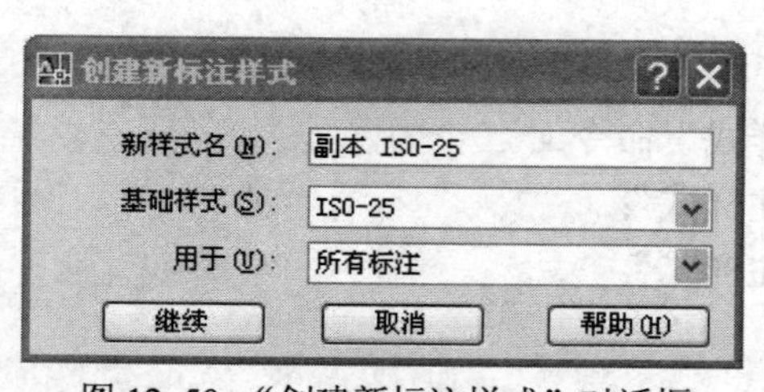

图 12-50 “创建新标注样式”对话框

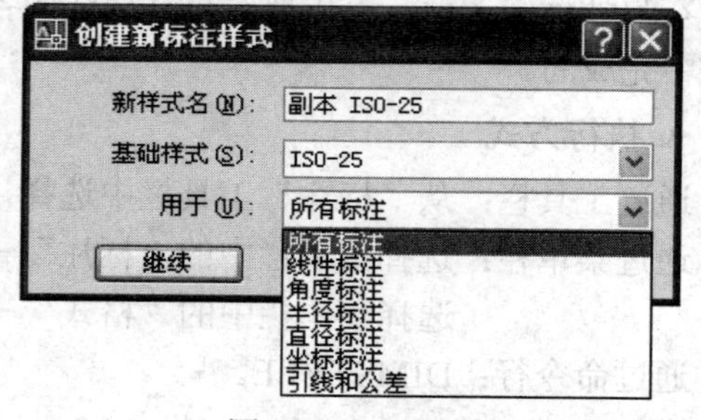

图 12-51 适用类型

④ 继续。单击此处弹出“新建标注样式”对话框，可以对具体的标注内容进行设置，如图 12-52 所示。

（6）修改。在“样式”文本框中选定需要对尺寸线、尺寸文字、尺寸箭头等内容进行修改的样式名，然后单击此选项弹出“新建标注样式”对话框，在对话框中对具体数据进行调整。

（7）替代。单击此选项显示“替代当前样式”对话框，从中可以设置标注样式的临时替代。替代将作为未保存的更改结果显示在“样式”文本框中的标注样式下，效果如图 12-53 所示。

（8）比较。单击此选项会弹出“比较标注样式”对话框，如图 12-54 所示。从中可以选择两个已创建的标注样式，软件会自动列出两个样式中不同的设置内容。

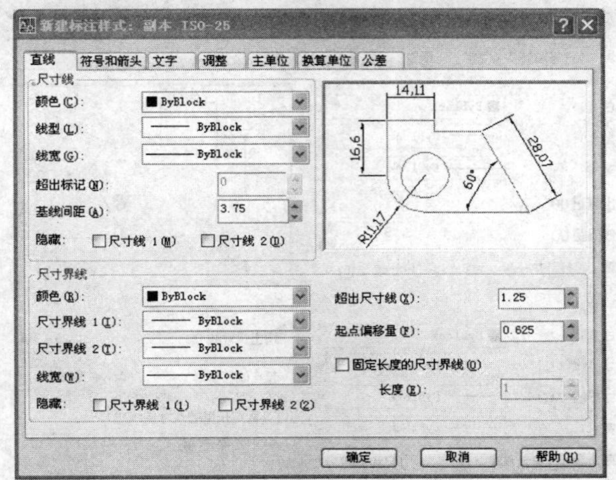

图 12-52 “新建标注样式”对话框

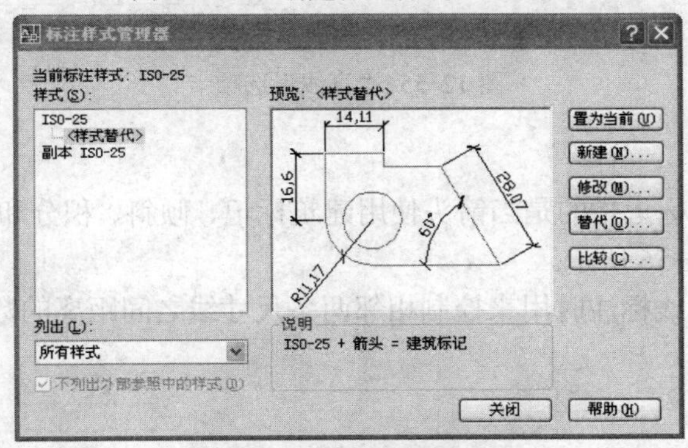

图 12-53 “替代当前样式”对话框

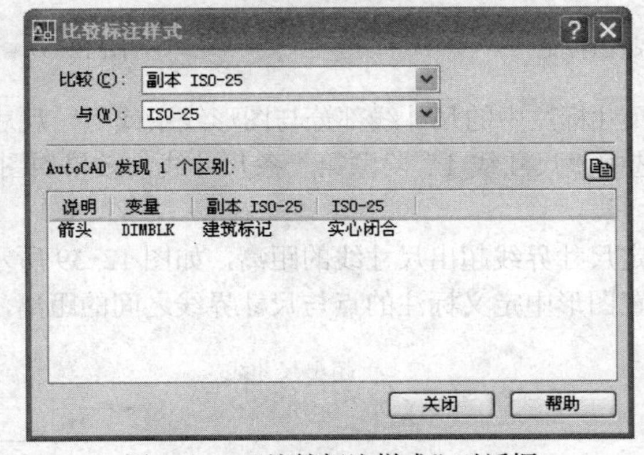

图 12-54 “比较标注样式”对话框

5. 标注样式设置

在“标注样式管理器”中选择新建、修改以及替代操作后都会弹出“标注样式”对话框，在这个对话框中有七个选项卡，可以对与标注相关的所有内容进行设置和调整。

（1）“直线”选项卡。如图 12-55 所示。

在“直线”选项卡中可以对尺寸标注中和尺寸线以及尺寸界线相关的内容进行设置。

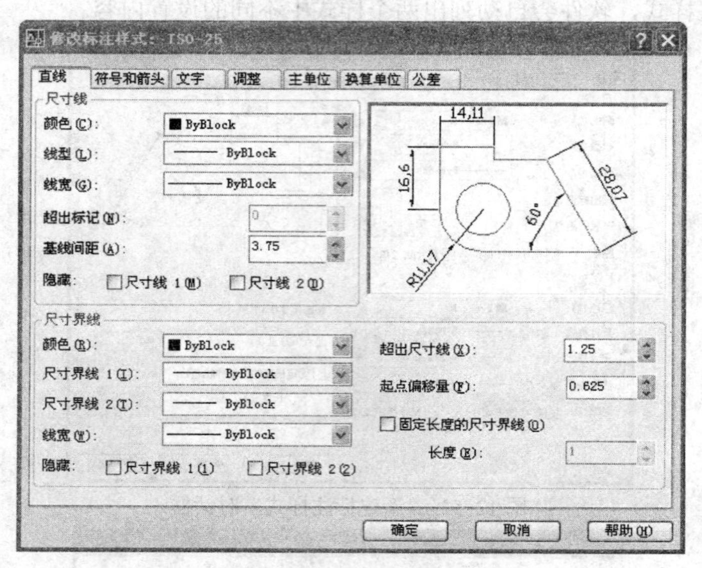

图 12-55 “直线”选项卡

选项说明

① 超出标记。超出标记指的是当箭头使用建筑标记、倾斜、积分和无标记时尺寸线超出尺寸界线的距离，如图 12-56 所示。

② 基线间距。在基线标注时用来控制相邻两条尺寸线之间距离的数据，如图 12-57 所示。

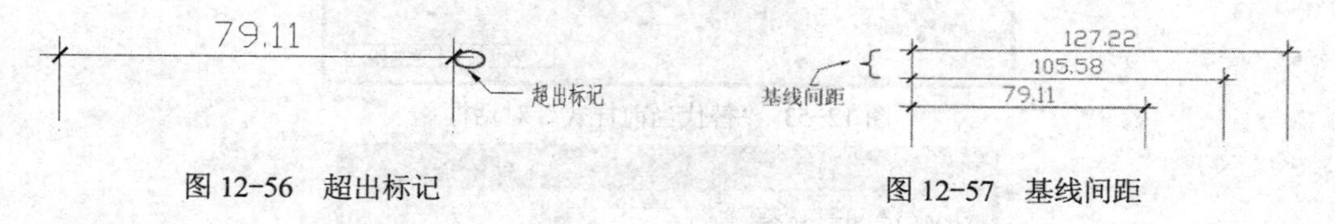

图 12-56 超出标记　　图 12-57 基线间距

③ 隐藏尺寸线。当尺寸标注中的尺寸线部分与图形线条或另一尺寸标注重叠时，可以选择将部分尺寸线不显示。选中“尺寸线 1”隐藏第一条尺寸线，效果如图 12-58 所示；选中“尺寸线 2”隐藏第二条尺寸线。

④ 超出尺寸线。指定尺寸界线超出尺寸线的距离，如图 12-59 所示。

⑤ 起点偏移量。设置图形中定义标注的点与尺寸界线之间的距离，如图 12-60 所示。

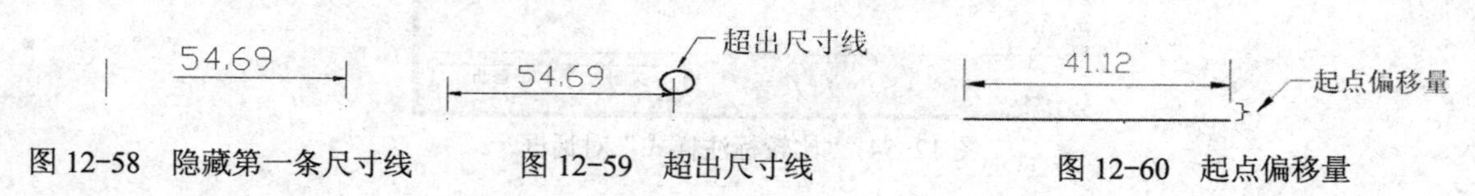

图 12-58 隐藏第一条尺寸线　　图 12-59 超出尺寸线　　图 12-60 起点偏移量

⑥ 固定长度的尺寸界线。为了使图纸更整齐、更清晰，经常使用固定长度的尺寸界线，如图 12-61 所示。

图 12-61　尺寸界线

⑦ 隐藏尺寸界线。当尺寸标注中的尺寸界线部分与图形线条或另一尺寸标注重叠时，可以选择将部分尺界线不显示。选中“尺寸界线 1”隐藏第一条尺寸界线，效果如图 12-62 所示；选中“尺寸界线 2”隐藏第二条尺寸界线。

图 12-62　隐藏尺寸界线

（2）“符号和箭头”选项卡。如图 12-63 所示。

在“符号和箭头”选项卡中可以对箭头、圆心标记、弧长符号以及半径标注折弯等相关的内容进行设置。

选项说明

① 第一项。设置第一条尺寸线上起止符号的样式。AutoCAD 软件提供的所有样式如图 12-64 所示。

在默认情况下，当第一项改变时，第二个将自动改变与其匹配。

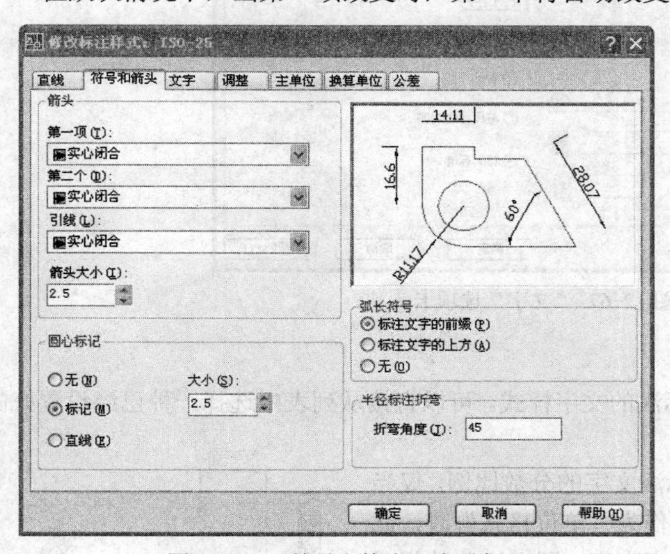

图 12-63　“符号和箭头”选项卡

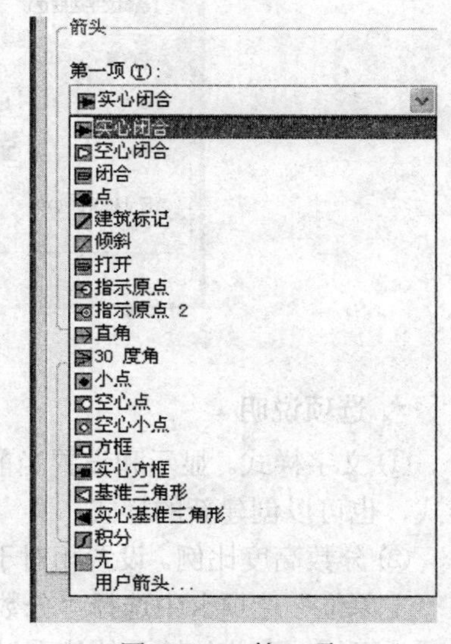

图 12-64　第一项

② 第二个。设置第二条尺寸线上起止符号的样式。

③ 引线。设置引线标注时的箭头类型。

④ 箭头大小。显示和设置起止符号的大小。

⑤ 圆心标记。控制圆心标记的外观和大小。AutoCAD 软件提供三种标记方式：无、标记（如图 12-65（a）所示）、直线（如图 12-65（b）所示）。

⑥ 弧长符号。控制弧长标注中圆弧符号的显示。AutoCAD 软件提供三种标记方式：标注文字的前缀（如图 12-66（a）所示）、标注文字的上方（如图 12-66（b）所示）、无。

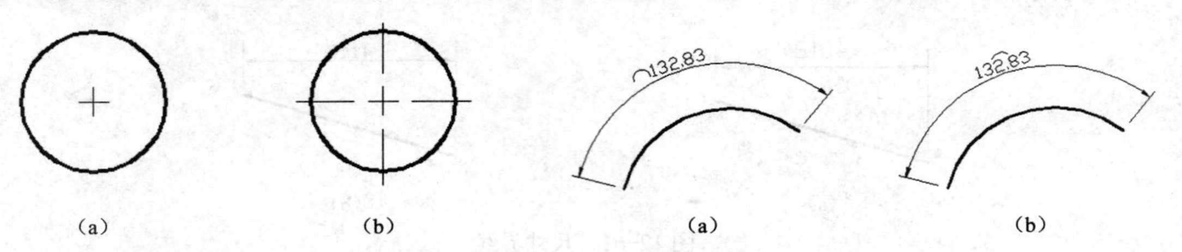

图 12-65　圆心标记

图 12-66　弧长符号

⑦ 半径标注折弯。此选项控制折弯半径标注的显示。折弯半径标注通常在中心点位于页面外部时创建。折弯角度是控制折弯半径标注中尺寸线横向线段的角度。

（3）“文字”选项卡。如图 12-67 所示。

在“文字”选项卡中可以对文字外观、文字位置以及文字对齐等相关的内容进行设置。

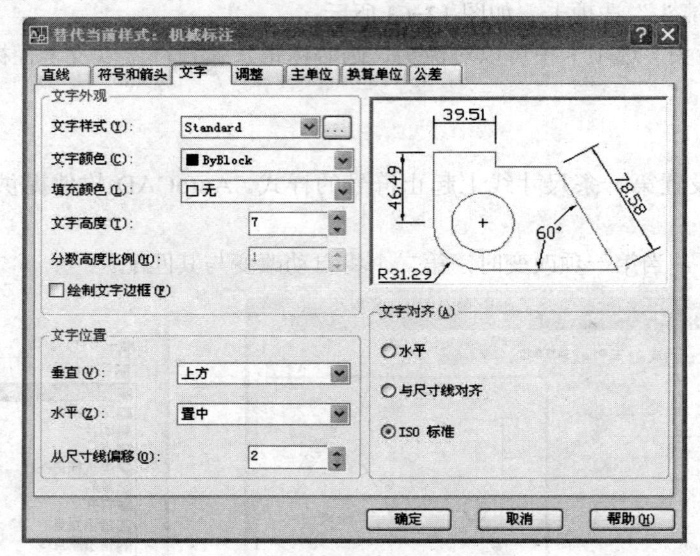

图 12-67　“文字”选项卡

选项说明

① 文字样式。显示和设置当前标注的文字样式。可以直接从列表中选择一种已经设置好的样式，也可以创建新的样式。

② 分数高度比例。设置相对于标注文字的分数比例。仅当在“主单位”选项卡中选择“分数”作为“单位格式”时，此选项才可用。在此处输入的值乘以文字高度，即标注分数相对于标注文字的高度。

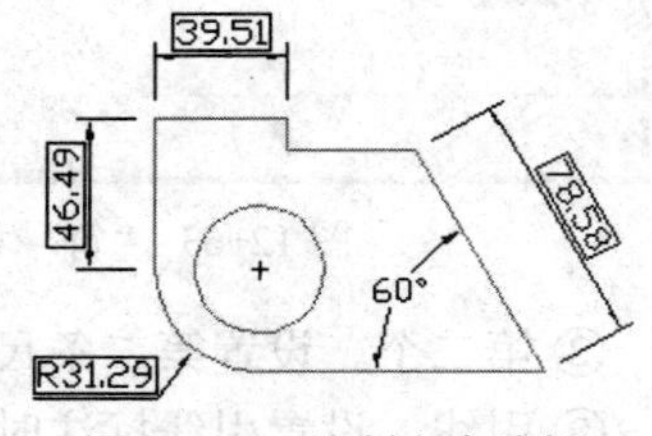

图 12-68　绘制文字边框

③ 绘制文字边框。选择此选项，将在标注文字周围绘制一个边框，效果如图 12-68 所示。

④ 垂直。控制标注文字相对尺寸线在垂直方向的位置，AutoCAD 软件提供了置中、上方、外部、JIS 四种方式。

⑤ 水平。控制标注文字相对尺寸线在水平方向的位置，AutoCAD 软件提供了置中、第一条尺寸界线、第二条尺寸界线、第一条尺寸界线上方和第二条尺寸界线上方五种。

⑥ 文字对齐。AutoCAD 软件提供了三种控制标注文字方向的标准：水平（如 12-69（a）所示）、与尺寸线对齐（如图 12-69（b）所示）和 ISO 标准（如图 12-69（c）所示）。

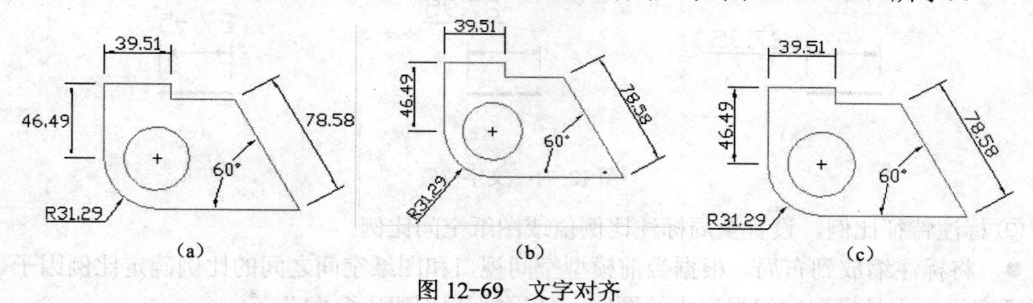

图 12-69　文字对齐

（4）“调整”选项卡。如图 12-70 所示。

在“调整”选项卡中可以对尺寸文字的放置位置进行调整，对文字对齐等相关的内容进行设置。

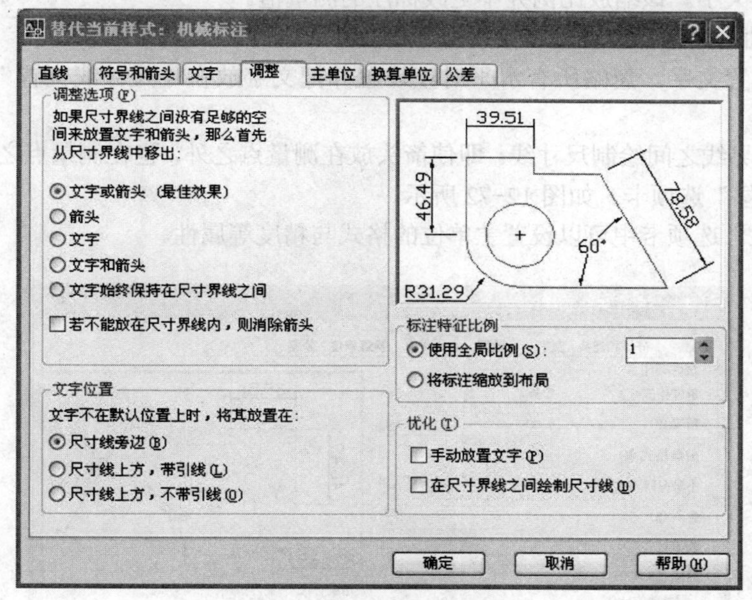

图 12-70　“调整”选项卡

选项说明

① 调整选项。当确定尺寸界线之间没有足够的空间来放置尺寸文字和尺寸箭头时，按照用户选定方式调整放置位置。AutoCAD 软件提供了以下六个选项。

- 文字或箭头（最佳效果）。按照最佳效果将文字或箭头移动到尺寸界线外。
- 箭头。先将箭头移动到尺寸界线外，然后移动文字。
- 文字。先将文字移动到尺寸界线外，然后移动箭头。
- 文字和箭头。当尺寸界线间的距离不足以放下文字和箭头时，文字和箭头都移到尺寸界线外。
- 文字始终保持在尺寸界线之间。
- 若不能放在尺寸界线内，则消除箭头。如果尺寸界线内没有足够的空间，则消除箭头。

② 文字位置。当文字不在默认位置时，按照用户设置控制文字的放置位置。包括尺寸线旁边（如图 12-71（a）所示），尺寸线上方，带引线（如图 12-71（b）所示）和尺寸线上方，不带引线（如图 12-71（c）所示）。

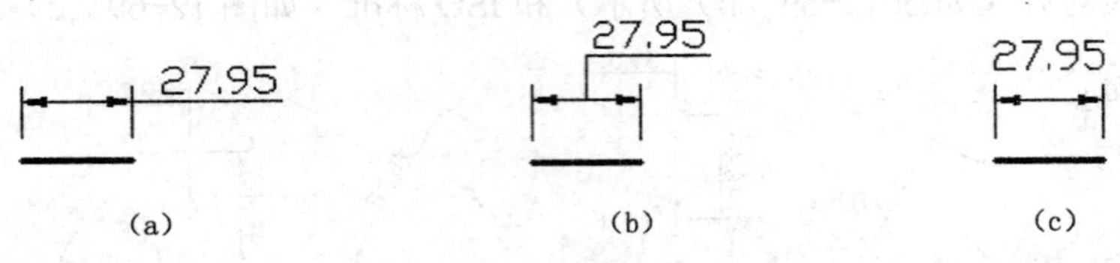

图 12-71　文字位置

③ 标注特征比例。设置全局标注比例值或图纸空间比例。

● 将标注缩放到布局。根据当前模型空间视口和图纸空间之间的比例确定比例因子。当在图纸空间而不是模型空间视口中绘图时，使用默认比例因子“1”。

● 使用全局比例。为所有标注样式设置一个比例，这些设置指定了大小、距离或间距，包括文字和箭头大小。该缩放比例并不更改标注的测量值。

④ 优化。由用户选择放置文字位置的方式。

● 手动放置文字。忽略所有水平对正设置并把文字放在“尺寸线位置”提示下指定的位置。

● 在尺寸界线之间绘制尺寸线。即使箭头放在测量点之外，也在测量点之间绘制尺寸线。

（5）“主单位”选项卡。如图 12-72 所示。

在“主单位”选项卡中可以设置主单位的格式与精度等属性。

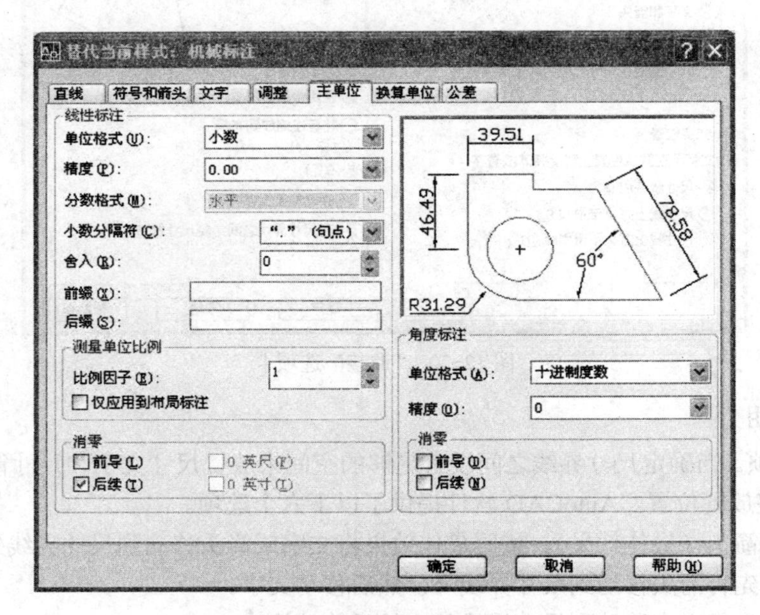

图 12-72 “主单位”选项卡

选项说明

① 线性标注。设置线性标注的格式和精度。

● 单位格式。设置除角度之外的所有标注类型的当前单位格式。AutoCAD 提供了多样标注类型，如图 12-73 所示。

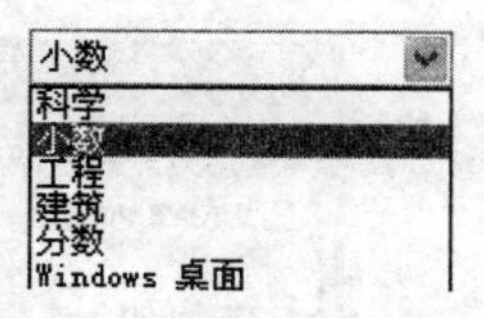

图 12-73 单位格式

● 精度。显示和设置标注文字的小数位数。

● 分数格式。当单位格式设置为“分数”时，AutoCAD 提供了多种分数格式，包括水平、对角和非堆叠。

● 小数分隔符。默认设置用于十进制格式的小数分隔符为逗号。除了逗号还有句号和空格两个选项。

● 舍入。为除“角度”之外的所有标注类型设置标注测量值的舍入规则。如果输入 0.25，则所有标注距离都以 0.25 为单位进行舍入。如果输入 1.0，则所有标注距离都将舍入为最接近的整数。小数点后显示的位数取决于“精度”设置。

● 前缀。标注文字包含前缀。可以输入文字或使用控制代码显示特殊符号。当输入前缀时，将覆盖直径和半径等标注中使用的任何默认前缀。如果指定了公差，前缀将添加到公差和主标注中。

● 后缀。标注文字包含后缀。可以输入文字或使用控制代码显示特殊符号。输入的后缀将代替所有默认后缀。如果指定了公差，后缀将添加到公差和主标注中。

② 测量单位比例。定义线性比例选项。

● 比例因子。设置线性标注测量值的比例因子。该值不应用于角度标注，也不应用于舍入值或者正负公差值。

● 仅应用到布局标注。此选项仅将测量单位比例因子应用于布局视口中创建的标注。除非使用非关联标注，否则该设置应保持取消复选状态。

③ 消零。控制不输出前导零和后续零以及零英尺和零英寸部分。

● 前导。不输出所有十进制标注中的前导零。例如：0.0100 显示为.0100。

● 后续。不输出所有十进制标注中的后续零。例如：0.0100 显示为 0.01。

● 0 英尺。当距离小于一英尺时，不输出英尺-英寸型标注中的英尺部分。

● 0 英寸。当距离为整数英尺时，不输出英尺-英寸型标注中的英寸部分。

④ 角度标注。显示和设置角度标注的当前角度格式。

● 单位格式。设置角度单位格式。包括十进制度数、度/分/秒、百分度、弧度。

● 精度。设置角度标注的小数位数。

● 消零。控制不输出角度数据中的前导零和后续零。

（6）“换算单位”选项卡。如图 12-74 所示。

在“换算单位”选项卡中可以设置换算单位、角度和尺寸及换算测量单位的格式与精度等属性。

选项说明

① 显示换算单位。这是一个复选框，选中此选项后再进行后续设置。

② 换算单位。

● 单位格式。设置换算单位的单位格式。AutoCAD 为换算单位提供了多种单位格式，如图 12-75 所示。

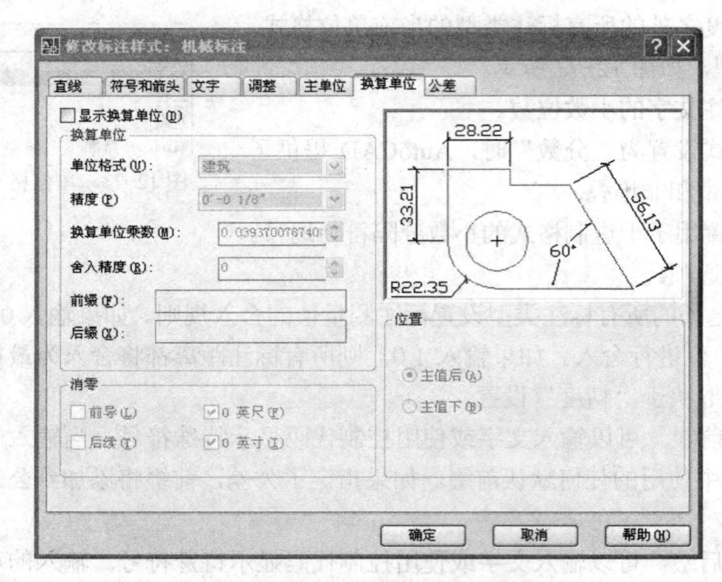

图 12-74 “换算单位”选项卡

图 12-75 换算单位的单位格式

- 精度。设置换算单位的小数位数。
- 换算单位乘数。在主单位和换算单位之间指定一个转换系数。

AutoCAD 用当前测量所得线性距离值乘转换系数，值所得数据以方括号形式显示在原数据之后。但这项转换对角度尺寸没有影响，AutoCAD 舍入尺寸和正负公差值也不受影响。例如：在换算单位乘数输入框中输入 1/25.4 的数值（即该输入框中的默认数据 0.03937007874016），将公制的主单位尺寸测量值换算为英制单位的换算单位尺寸，最终显示如图 12-76 所示。

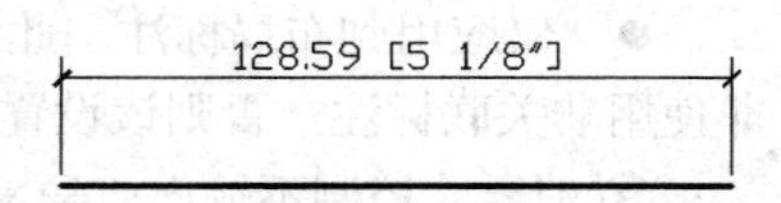

图 12-76 换算单位乘法器

- 舍入精度。为除“角度”之外的所有标注类型设置标注测量值的舍入规则。如果输入 0.25，则所有标注距离都以 0.25 为单位进行舍入。如果输入 1.0，则所有标注距离都将舍入为最接近的整数。小数点后显示的位数取决于“精度”设置。
- 前缀。换算尺寸文字包含前缀。可以输入文字或使用控制代码显示特殊符号。
- 后缀。换算尺寸文字包含后缀。可以输入文字或使用控制代码显示特殊符号。

③ 消零。控制不输出前导零和后续零以及零英尺和零英寸部分。

- 前导。不输出所有十进制标注中的前导零。
- 后续。不输出所有十进制标注中的后续零。
- 0 英尺。当距离小于一英尺时，不输出英尺-英寸型标注中的英尺部分。
- 0 英寸。当距离为整数英尺时，不输出英尺-英寸型标注中的英寸部分。

④ 位置。控制标注文字中换算单位与主单位的相对位置。

- 主值后。将换算单位放置在标注文字中的主单位之后。
- 主值下。将换算单位放置在标注文字中的主单位之下。

（7）“公差”选项卡。如图 12-77 所示。

在“公差”选项卡中可以设置尺寸标注中公差的显示和格式。

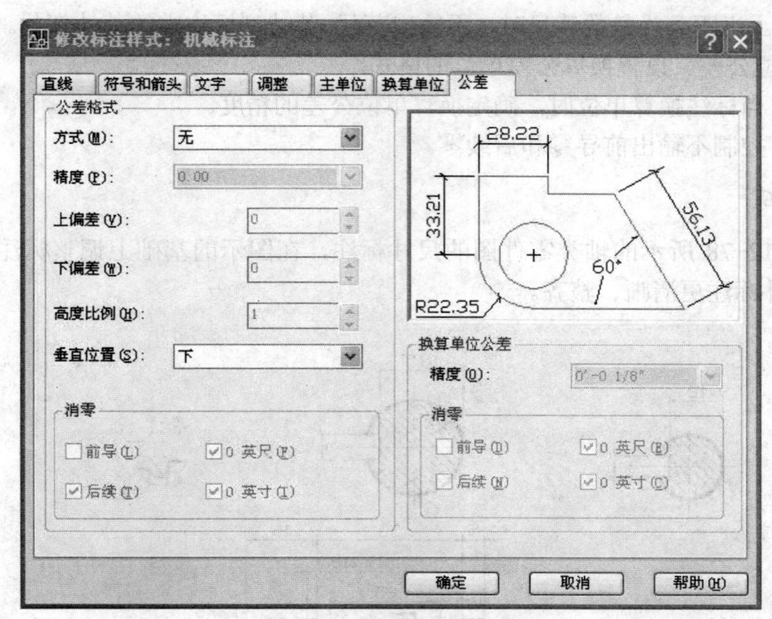

图 12-77 “公差”选项卡

选项说明

① 公差格式。设置公差的格式。

● 方式。设置计算公差的方法。包括无、对称、极限偏差、极限尺寸和基本尺寸五个选项。其中无：不添加公差。对称：上下偏差的绝对值相同，标注后面将显示加减号。在“上偏差”中输入公差值。极限偏差：添加正/负公差表达式。不同的正公差和负公差值将应用于标注测量值。将在“上偏差”中输入的公差值前面显示正号（+）；在“下偏差”中输入的公差值前面显示负号（–）。极限尺寸：用以创建极限标注。在这种标注中，将显示一个最大值和一个最小值，一个在上，一个在下。最大值等于标注值加上在“上偏差”中输入的值。最小值等于标注值减去在“下偏差”中输入的值。基本尺寸：用以创建基本标注。这种设置将在整个标注范围周边显示一个框。

● 精度。设置公差的小数位数。

● 上偏差。用以设置最大公差或上偏差。如果“方式”中选择的是“对称”，则此数值被用于公差。

● 下偏差。用以设置最小公差或下偏差。

● 高度比例。设置公差文字的当前高度。

● 垂直位置。控制对称公差和极限公差的文字对正方式。对正方式包括下、中、上三种。其中下表示将公差文字和主单位文字的下部对齐；中表示将公差文字和主单位文字的中部对齐；上表示将公差文字和主单位文字的上部对齐。

② 消零。控制不输出前导零和后续零以及零英尺和零英寸部分。

● 前导。不输出所有十进制标注中的前导零。

● 后续。不输出所有十进制标注中的后续零。

● 0 英尺。当距离小于一英尺时，不输出英尺-英寸型标注中的英尺部分。

- 0 英寸。当距离为整数英尺时，不输出英尺-英寸型标注中的英寸部分。

③ 换算单位公差。设置换算公差单位的格式。

- 精度。当标注换算单位时，确定换算单位公差的精度。
- 消零。控制不输出前导零和后续零。

实例演练

完成如图 12-78 所示的轴类零件图的尺寸标注，在图示的基础上调整标注样式及标注位置，使图形尺寸标注更清晰、整齐。

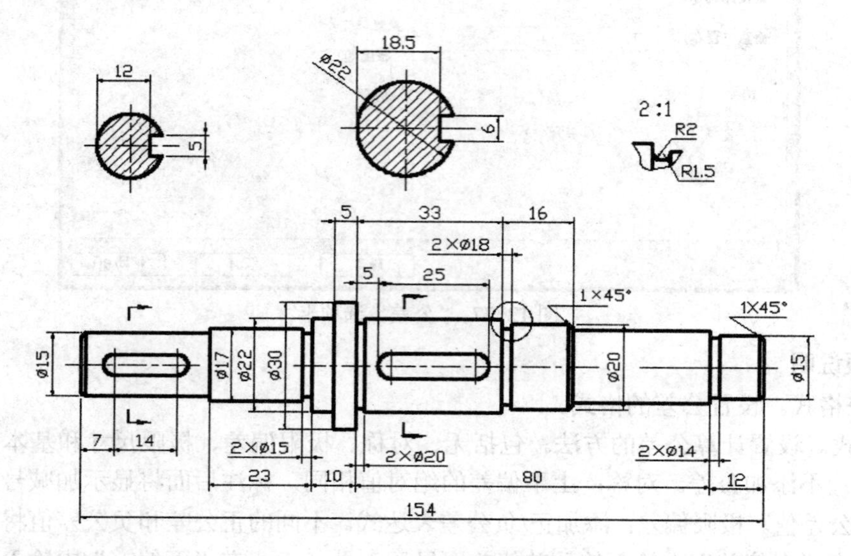

图 12-78 连接轴

此图形的标注会用到线性标注、直径标注、引线标注、连续标注和基线标注等。标注样式中各选项卡的参考数据如图 12-79 中的各图所示。

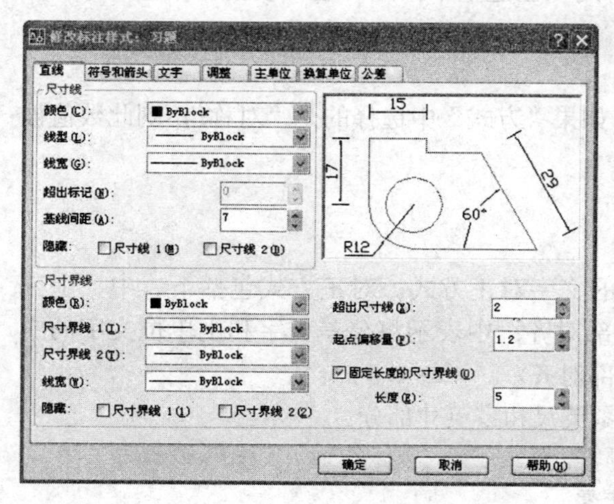

(a)

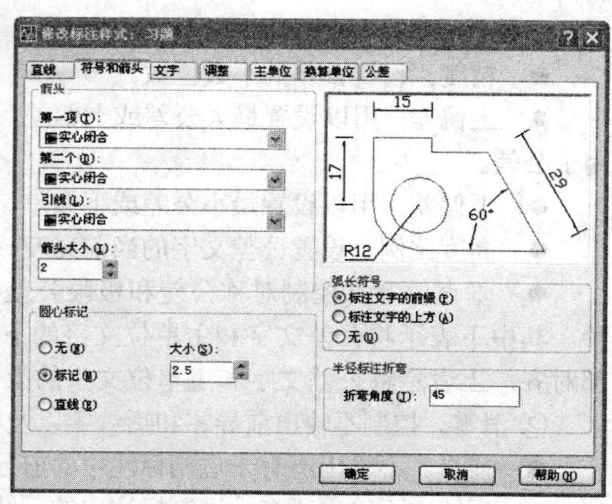

(b)

图 12-79 各选项卡的参考数据

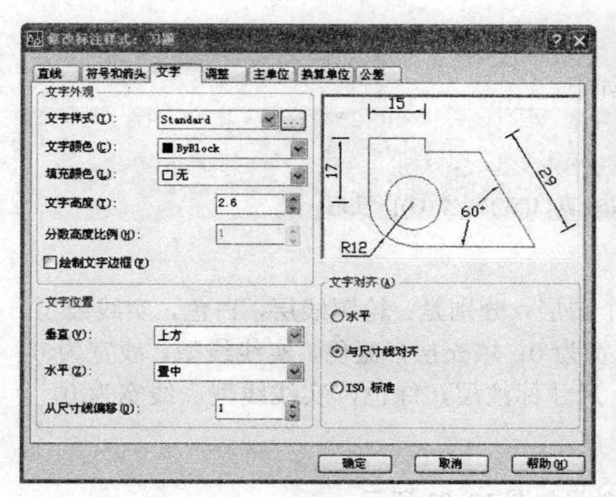

(c)

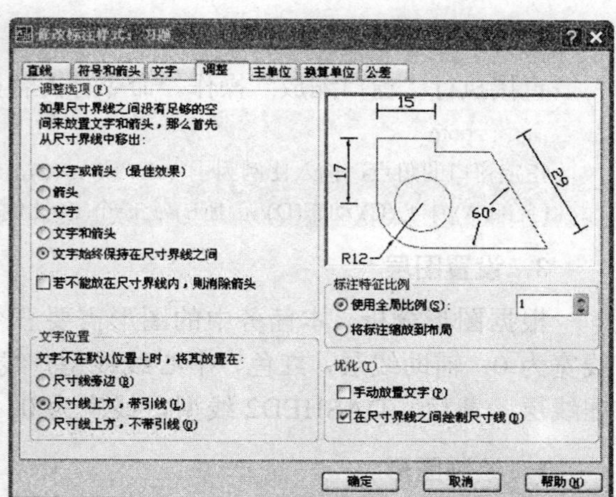

(d)

图 12-79　各选项卡的参考数据（续）

部分线性标注中带有直径符号的选项卡的参考数据如图 12-80 所示。

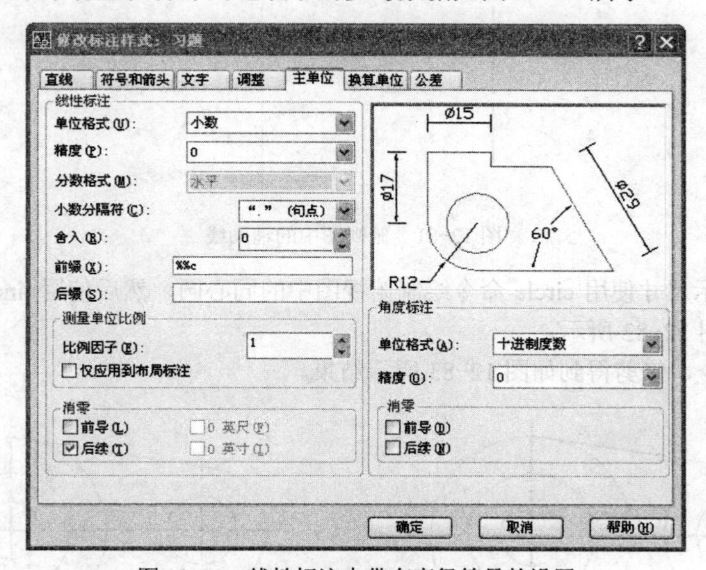

图 12-80　线性标注中带有直径符号的设置

12.4　操作分析

1. 设置图形界限

本任务要绘制的图形包括三个视图，根据其尺寸数据选择图形界限为 280 mm×180 mm 的矩形。

命令: limits
重新设置模型空间界限:
指定左下角点或 [开(ON)/关(OFF)] <0.0000,0.0000>:（直接回车，使用默认数值）
指定右上角点 <420.0000,21212.0000>:280,180（输入图形界限右上角的坐标值）

2. 视图缩放

直接执行“窗口缩放”操作。命令行内容如下：

```
命令: zoom
指定窗口的角点，输入比例因子 (nX 或 nXP)，或者
[全部(A)/中心(C)/动态(D)/范围(E)/上一个(P)/比例(S)/窗口(W)/对象(O)] <实时>: e
```

3. 设置图层

根据图形分析，本任务中的图形需要五个图层，分别是：轮廓线层，白色，实线线型，线宽为 0；辅助线层，红色，中心线线型，线宽为 0；填充层，蓝色，实线线型，线宽为 0；虚线层，黄色，DASHED2 线型，线宽为 0；尺寸标注层，绿色，实线线型，线宽为 0。

4. 绘制图形

（1）在辅助线层绘制俯视图中的辅助线，效果如图 12-81 所示。

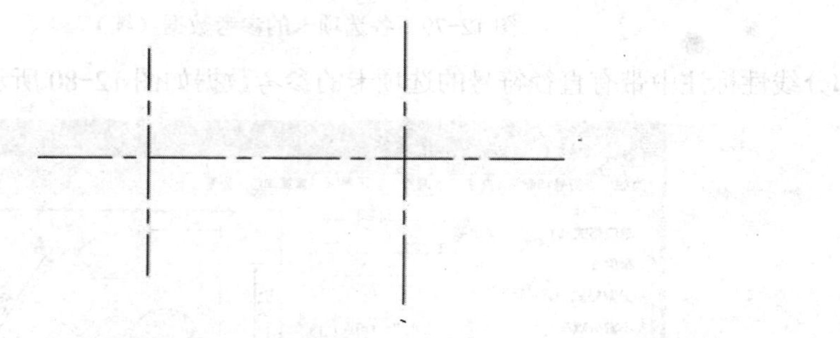

图 12-81　俯视图中的辅助线

（2）按照图示尺寸使用 circle 命令绘制俯视图中的同心圆，然后使用 line 命令绘制两条外公切线，结果如图 12-82 所示。

使用修剪命令，修剪得到如图 12-83 所示结果。

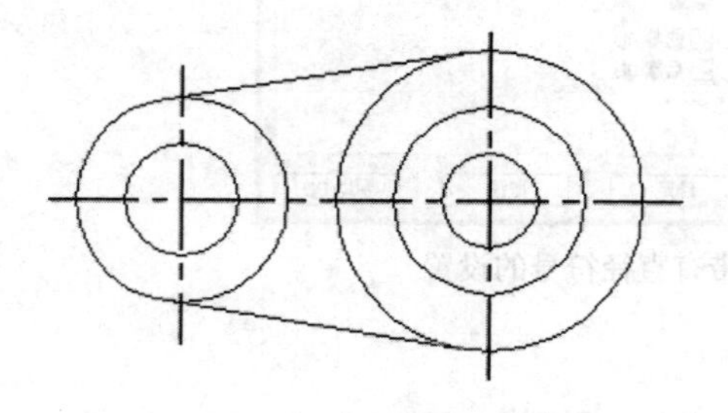

图 12-82　绘制俯视图

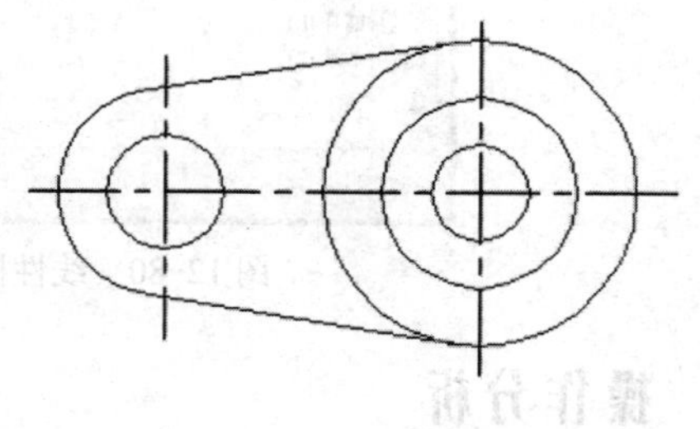

图 12-83　修剪结果

（3）在虚线层绘制并修剪完成如图 12-84 所示的虚线图形。

（4）将俯视图中的两条竖向辅助线复制出来，利用极轴控制方向得到主视图的辅助线。操作如图 12-85 所示。

（5）在轮廓线层使用 line 命令，利用俯视图中的点配合极轴确定主视图中的所有点，操作步骤如图 12-86 所示。

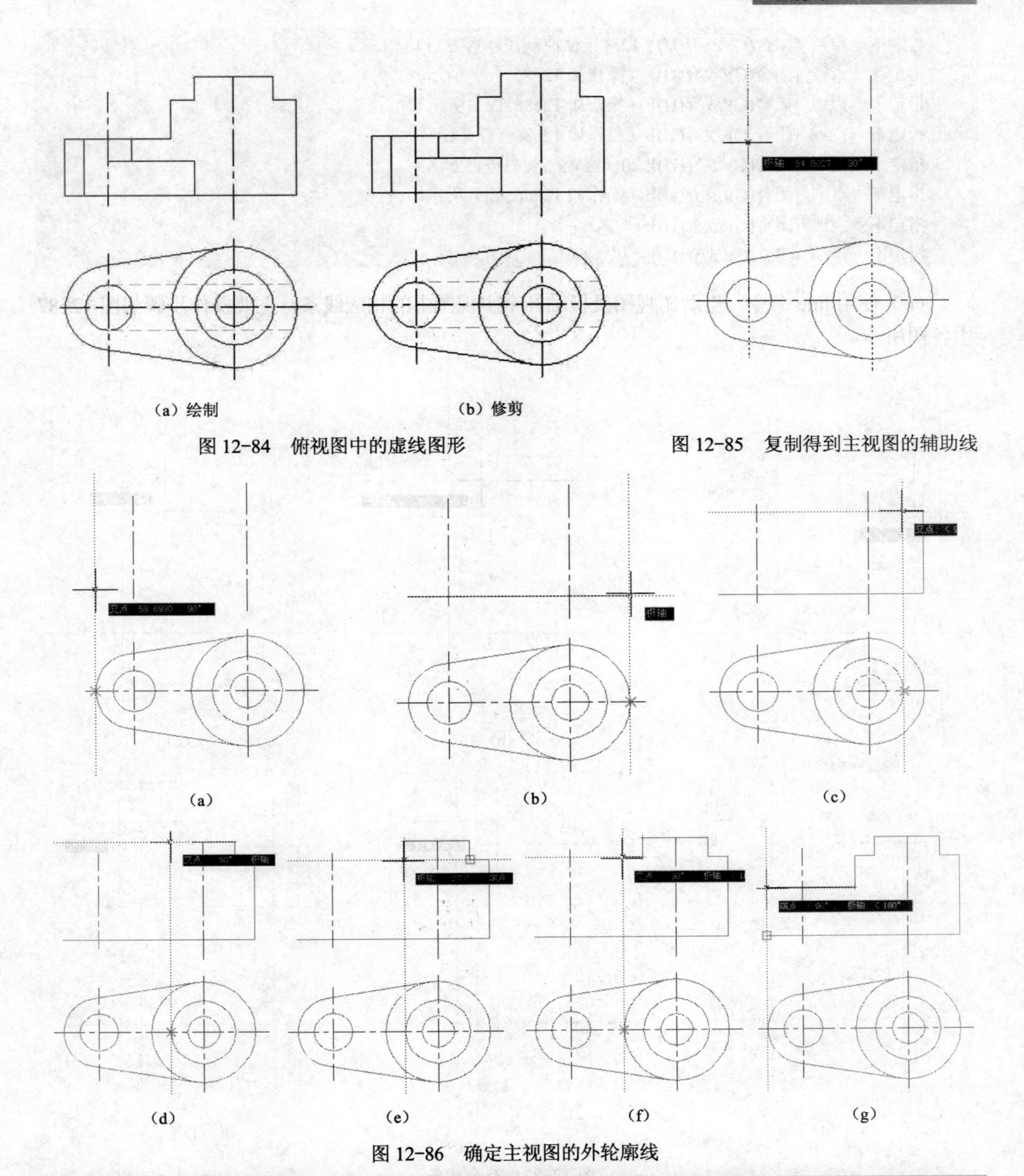

（a）绘制　　（b）修剪

图 12-84　俯视图中的虚线图形

图 12-85　复制得到主视图的辅助线

（a）　（b）　（c）

（d）　（e）　（f）　（g）

图 12-86　确定主视图的外轮廓线

命令: line

指定第一点:（操作如图 12-86（a）所示）

指定下一点或 [放弃(U)]:（操作如图 12-86（b）所示）

指定下一点或 [放弃(U)]: 50（极轴控制在竖直方向）

指定下一点或 [闭合(C)/放弃(U)]:（操作如 12-86（c）所示）

指定下一点或 [闭合(C)/放弃(U)]: 12（极轴控制在竖直方向）
指定下一点或 [闭合(C)/放弃(U)]:（操作如 12-86（d）所示）
指定下一点或 [闭合(C)/放弃(U)]:（操作如 12-86（e）所示）
指定下一点或 [闭合(C)/放弃(U)]:（操作如 12-86（f）所示）
指定下一点或 [闭合(C)/放弃(U)]: 20（极轴控制在竖直方向）
指定下一点或 [闭合(C)/放弃(U)]:（操作如 12-86（g）所示）
指定下一点或 [闭合(C)/放弃(U)]: c
指定下一点或 [闭合(C)/放弃(U)]:

（6）使用 line 命令，借助俯视图及极轴补全主视图中的相应线条，主要操作步骤如图 12-87 中各图所示。

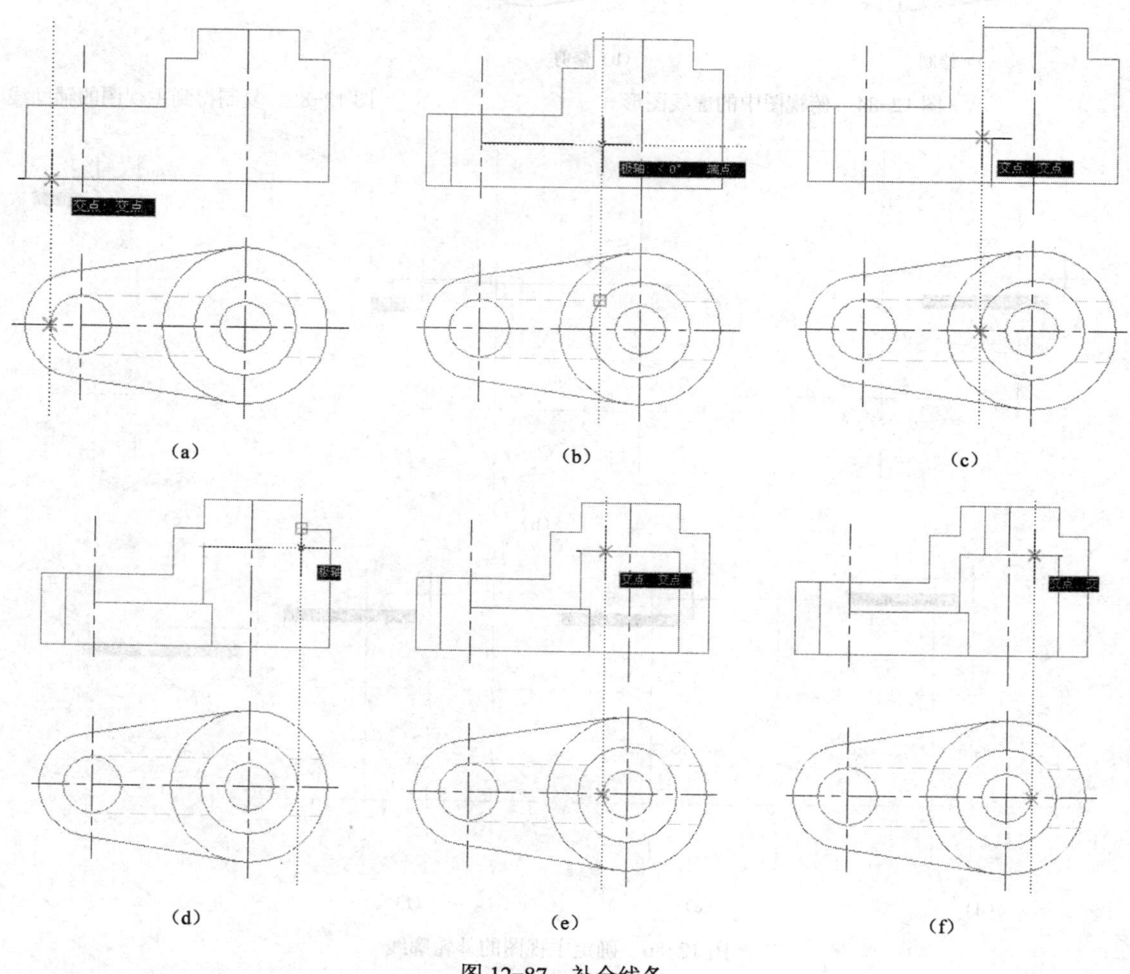

图 12-87　补全线条

（7）利用主视图中的点确定左视图中的外轮廓线。

命令: rectang
指定第一个角点或 [倒角(C)/标高(E)/圆角(F)/厚度(T)/宽度(W)]:（确定左下角点，如图 12-88 所示）

指定另一个角点或 [面积(A)/尺寸(D)/旋转(R)]: @64,50（绘制结果如图 12-89 所示）

（8）利用主视图中的辅助线复制得到左视图中的竖向辅助线，操作如图 12-90 所示。

（9）转换到辅助线层，使用 line 命令补全主视图中的辅助线，并复制得到左视图中的水平辅助线，效果如图 12-91 所示。

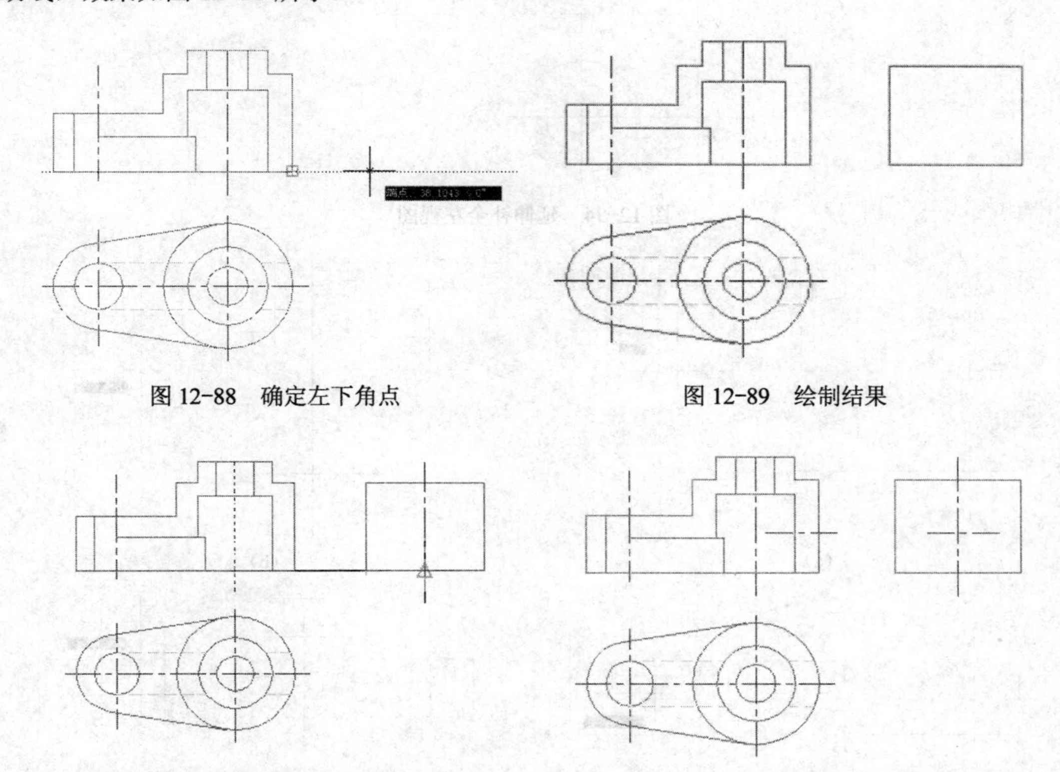

图 12-88　确定左下角点　　图 12-89　绘制结果

图 12-90　复制得到左视图中的竖向辅助线　　图 12-91　补全左视图中的辅助线

（10）利用主视图中的点确定左视图中相应位置的线条，操作如图 12-92 所示。

（11）根据视图的特点将主视图中的部分图形复制到左视图中，操作如图 12-93 所示。

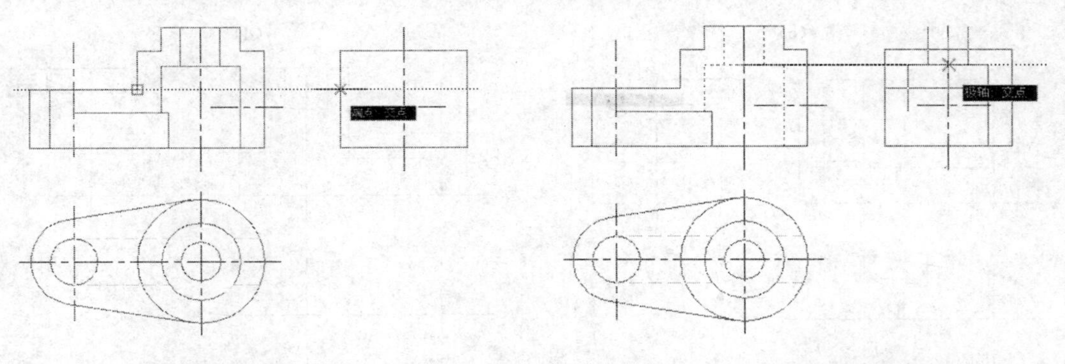

图 12-92　补全左视图　　图 12-93　复制补全左视图

（12）将复制得到的线条转换到虚线层，并利用延伸命令完成如图 12-94 所示的效果。

（13）绘制左视图中剩余的线条，操作如图 12-95 所示。

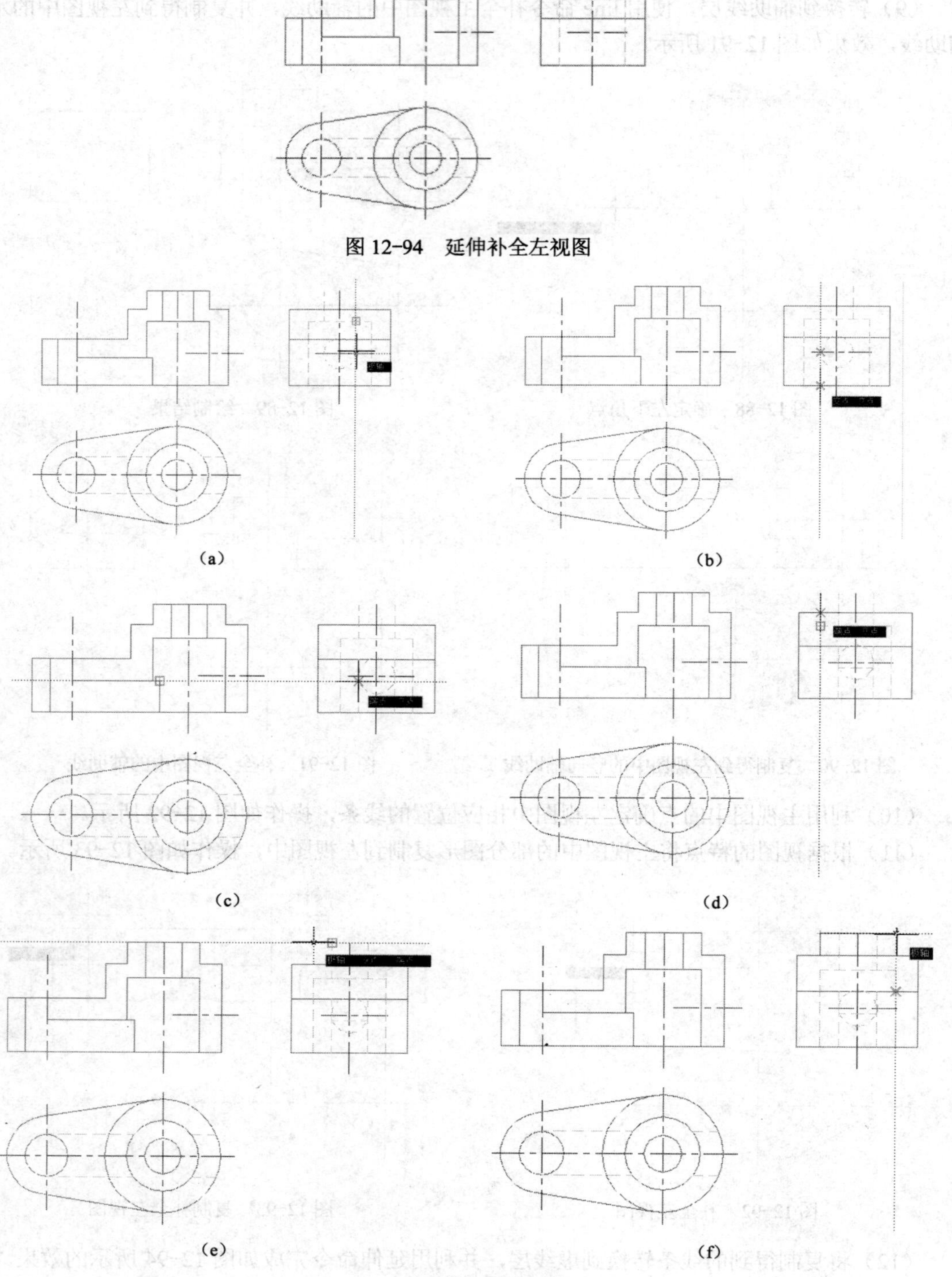

图 12-94 延伸补全左视图

(a) (b) (c) (d) (e) (f)

图 12-95 补全左视图

（14）利用左视图和俯视图补全主视图，操作如图 12-96 所示。

命令: arc
指定圆弧的起点或 [圆心(C)]:（操作如 12-96（a）所示）
指定圆弧的第二个点或 [圆心(C)/端点(E)]:（操作如 12-96（b）所示）
指定圆弧的端点:（操作如 12-96（c）所示）

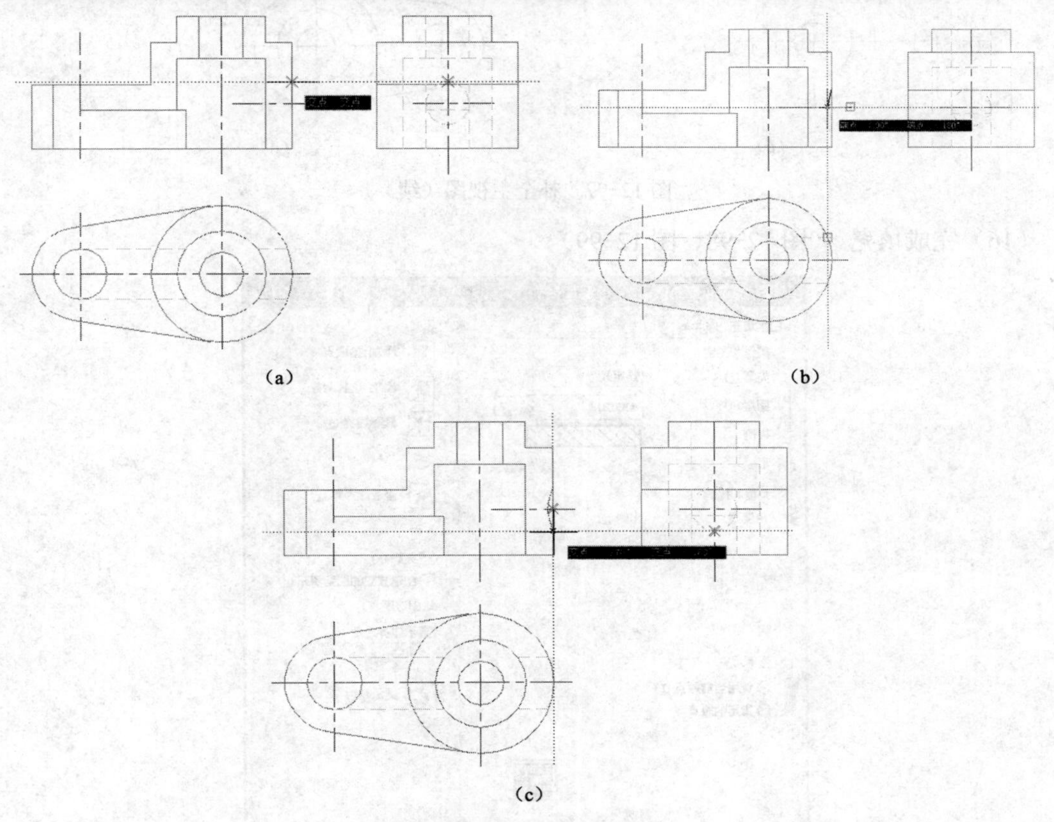

图 12-96　补全主视图

（15）利用左视图和俯视图补全主视图，操作如图 12-97 所示。

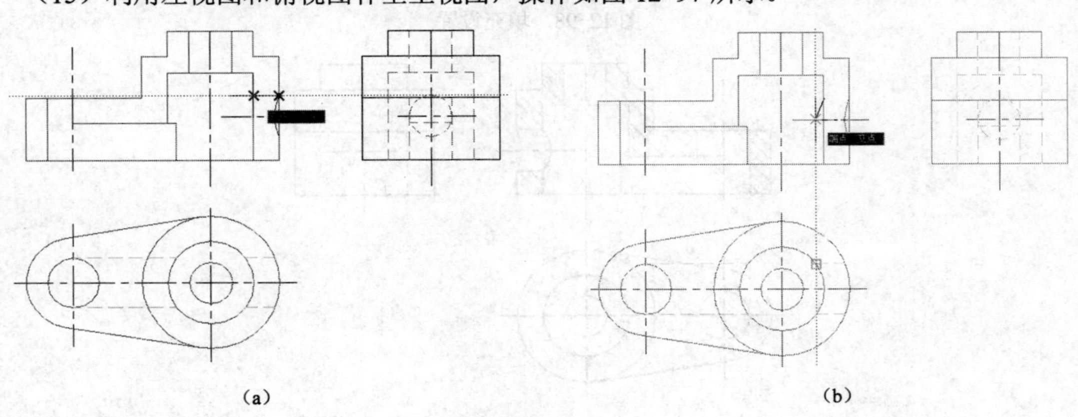

图 12-97　补全主视图

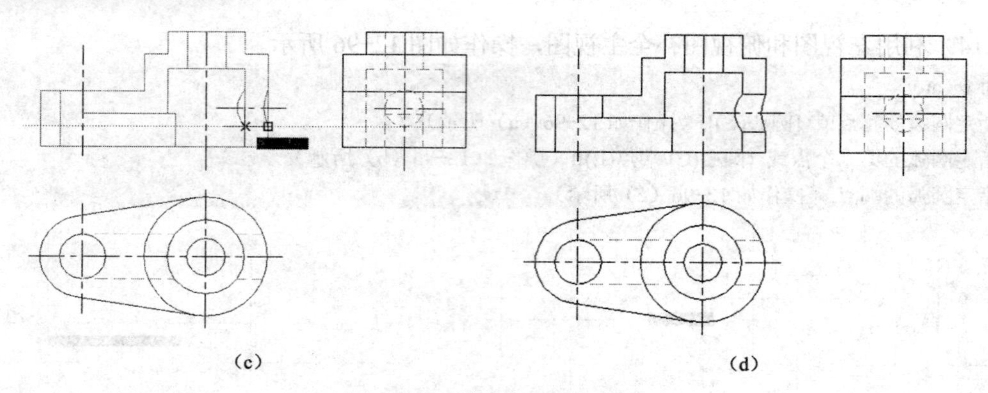

图 12-97　补全主视图（续）

（16）完成填充。（图 12-98、图 12-99）

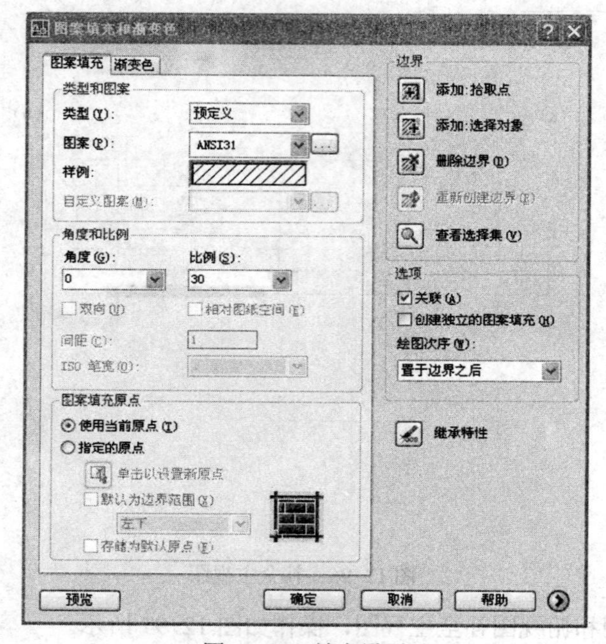

图 12-98　填充设置

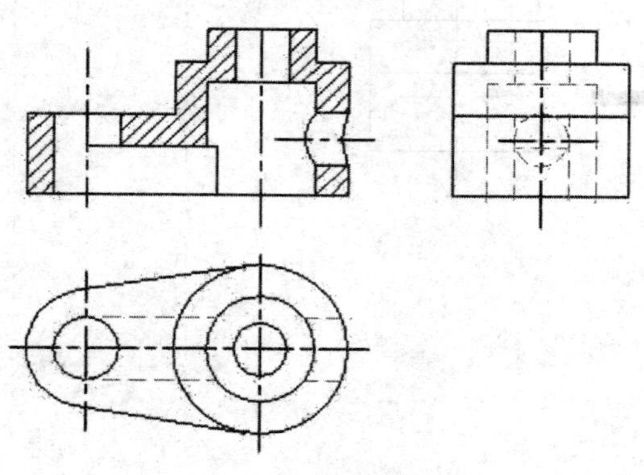

图 12-99　填充完成

（17）将尺寸标注设置为当前层，使用线性标注对一个尺寸进行标注（如图 12-100 所示），然后以其为参照调整标注样式，参考数据如图 12-101 所示。

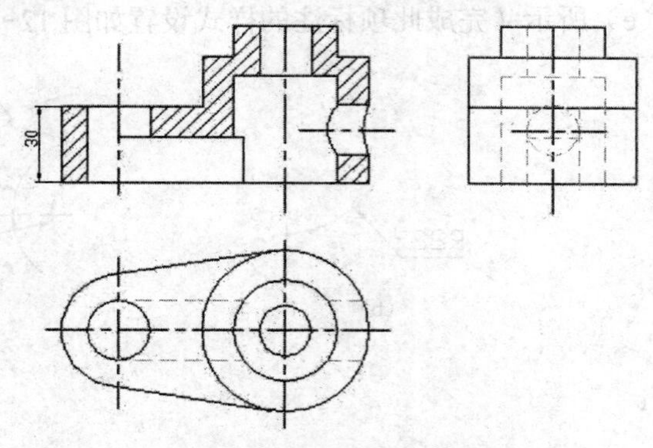

图 12-100　尺寸标注参照

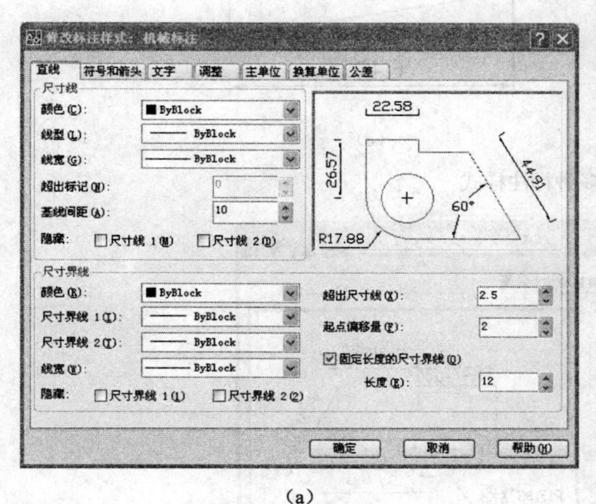

（a）

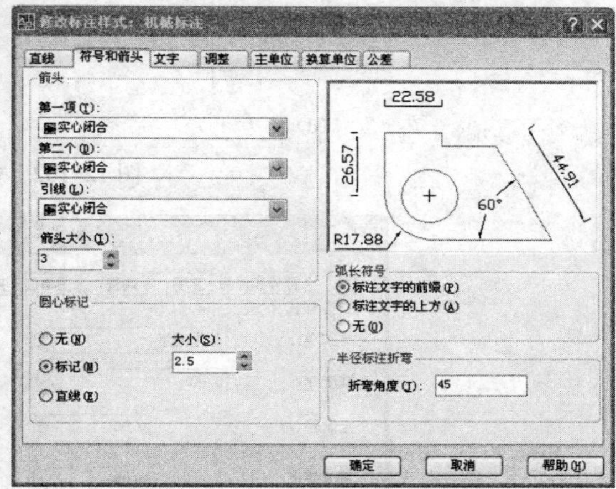

（b）

修改标注样式：机械标注

（c）

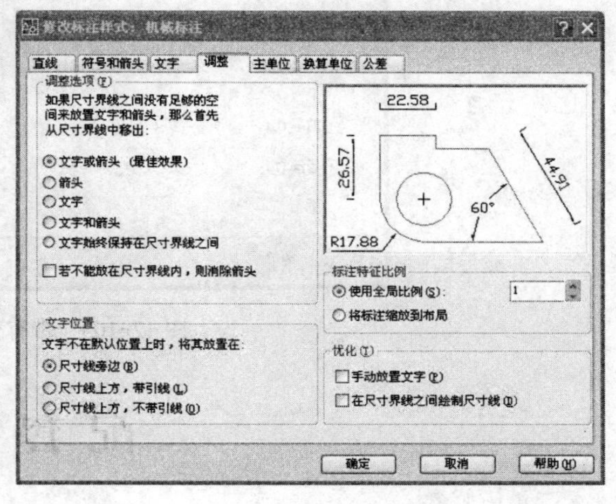

（d）

图 12-101　调整标注样式

（18）完成尺寸标注。其中包括线性标注，如图 12-102（a）所示；半径标注，如图 12-102（b）所示；直径标注，如图 12-102（c）所示；基线标注，如图 12-102（d）所示；有公差的线性标注，如图 12-102（e）所示（完成此项标注的样式设置如图 12-103 所示）。

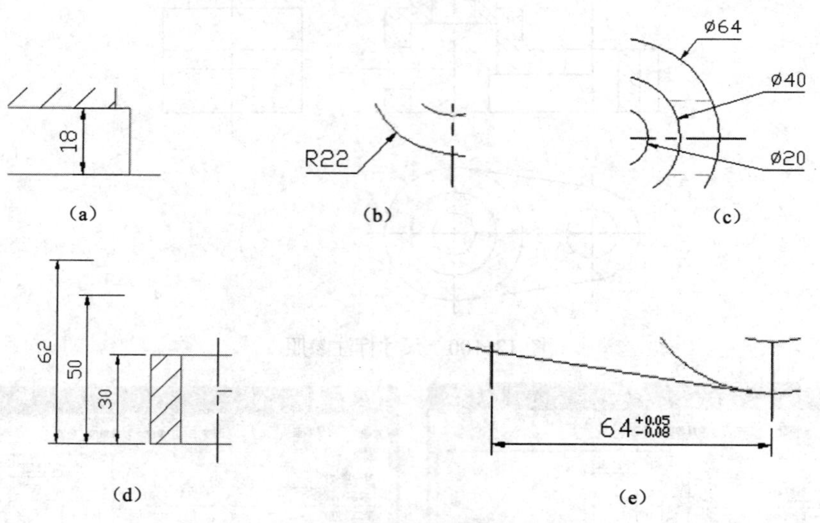

图 12-102　多种标注样式

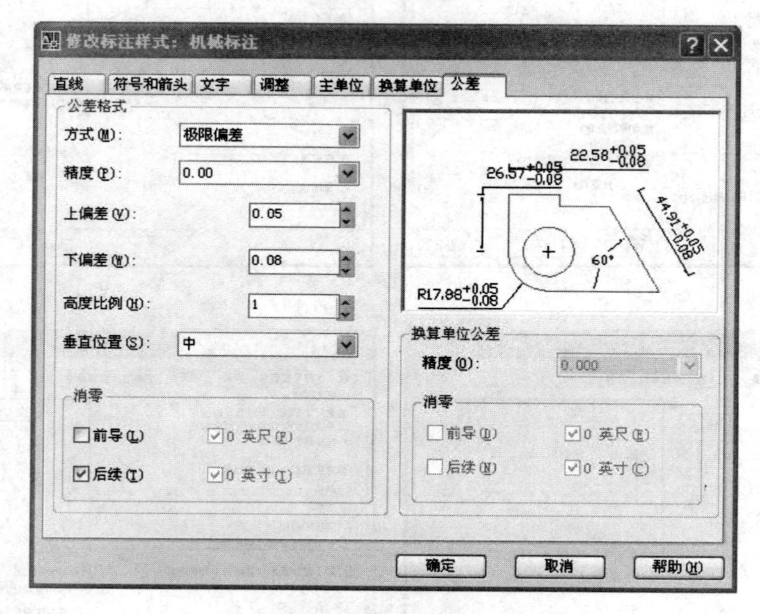

图 12-103　带有公差的标注样式

配 套 练 习

1．为之前所有绘制过的图形添加尺寸标注。

2．绘制如图 12-104 所示的图形，并为其添加尺寸标注。

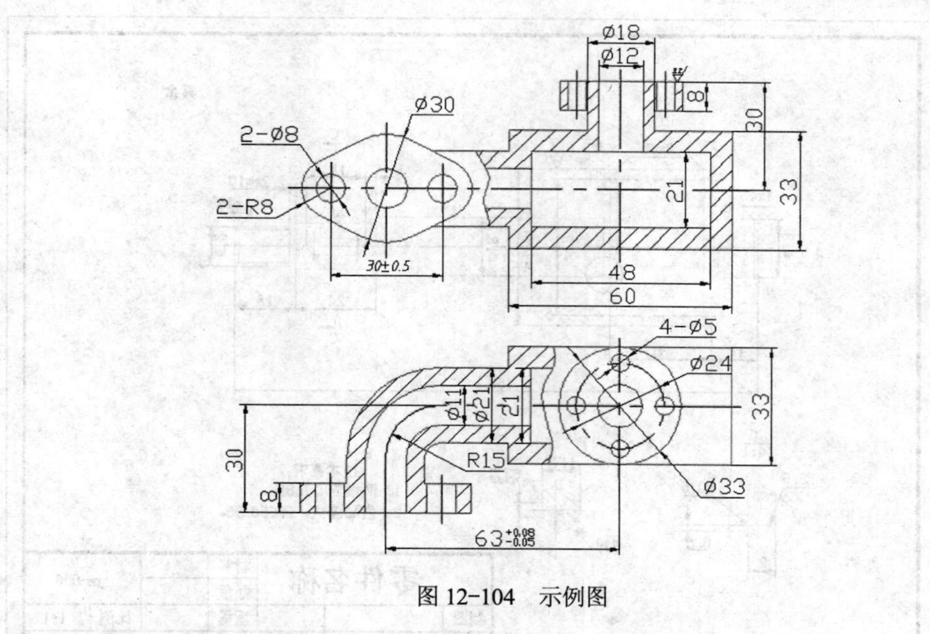

图 12-104 示例图

3．绘制如图 12-105 所示的图形，并为其添加尺寸标注。

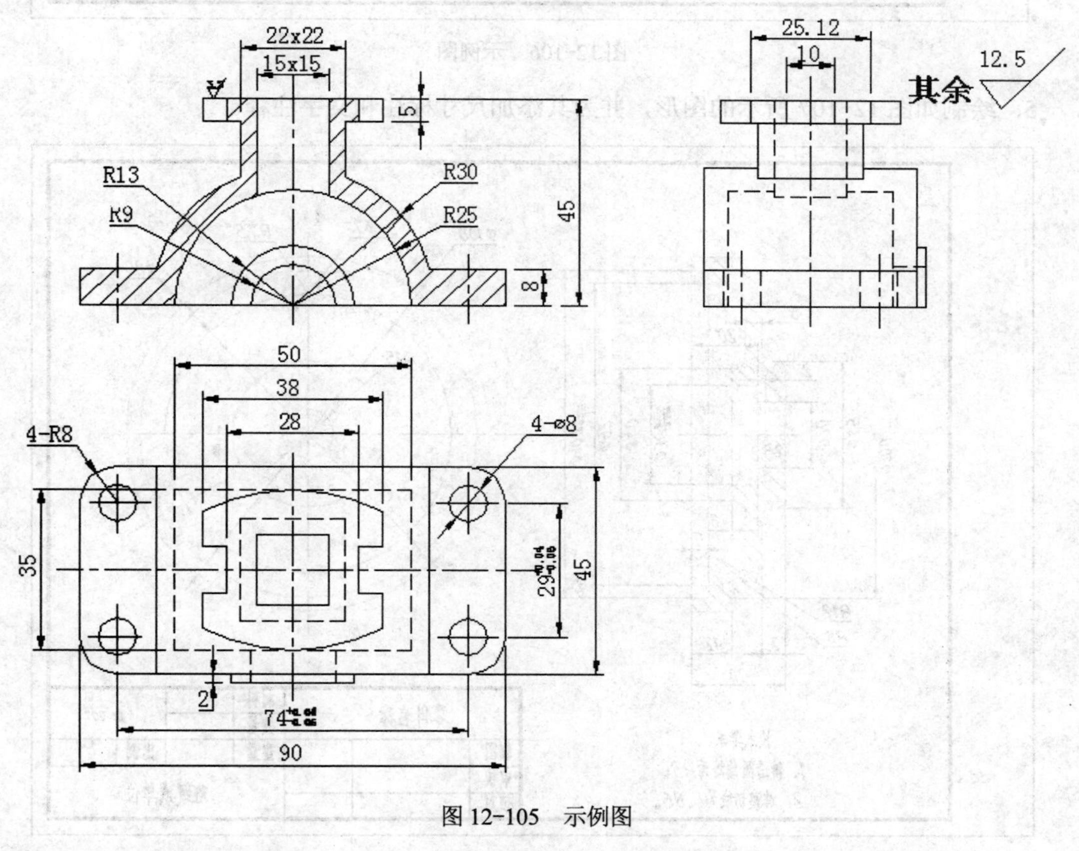

图 12-105 示例图

4．绘制如图 12-106 所示的图形，并为其添加尺寸标注和文字注释。

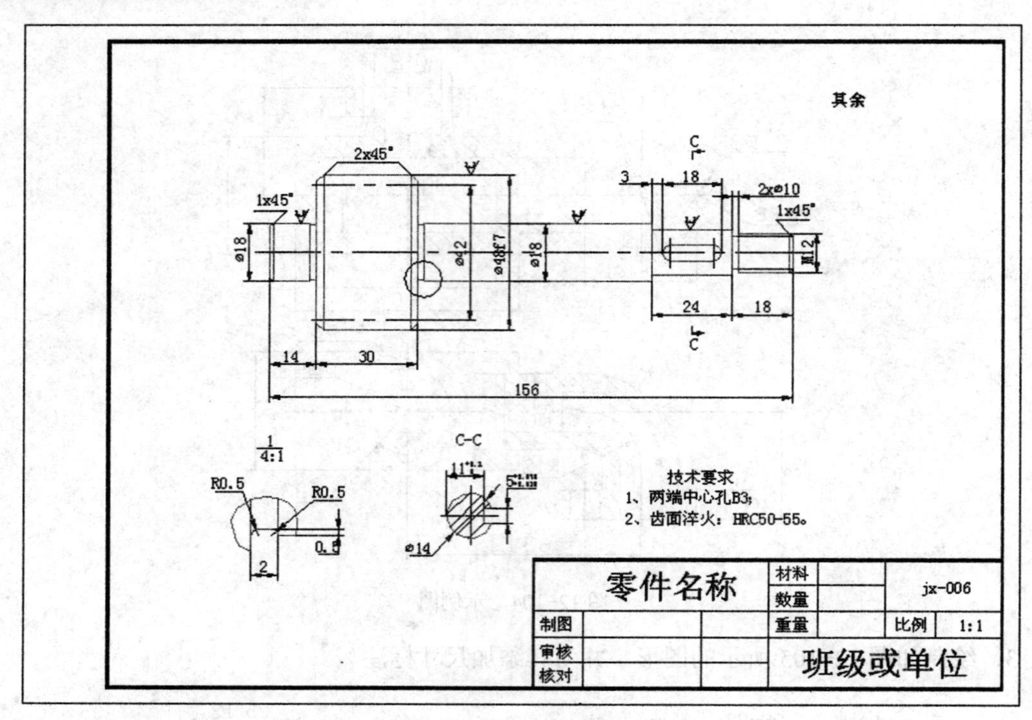

图 12-106　示例图

5．绘制如图 12-107 所示的图形，并为其添加尺寸标注和文字注释。

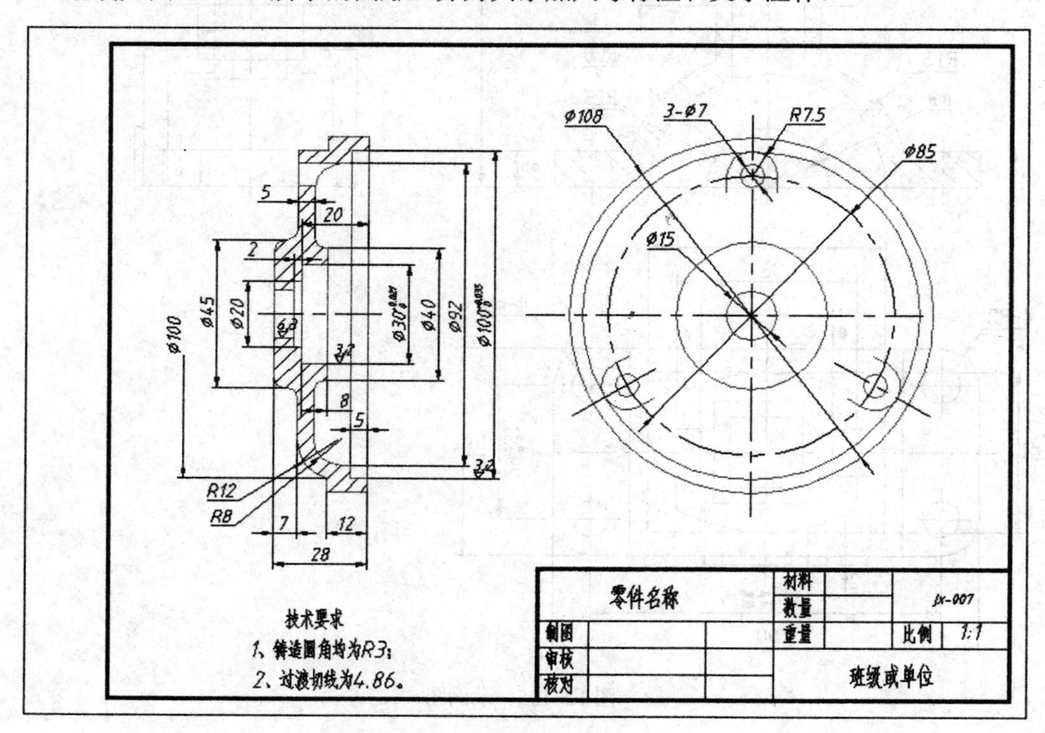

图 12-107　示例图

项目三

建 筑 图

13 任务十三

绘制建筑平面图

13.1 学习目标

知识目标

- 理解图层、多线的含义，掌握图层、多线的建立、修改、控制及管理方法。
- 理解标注样式的含义，掌握标注样式的建立、修改方法。
- 理解图块的含义，掌握图块属性的创建方法、外部图块的创建方法。
- 掌握文本的输入方法。
- 掌握图形的编辑方法。
- 掌握尺寸标注方法。
- 熟悉各种绘图环境的配置方式。

技能目标

- 掌握绘制建筑平面图的能力及绘图技巧。

13.2 任务介绍

本任务为绘制如图 13-1 所示的综合楼建筑底层平面图，标注说明文字、标高、尺寸等，要求绘图比例为 1:100，并将其保存。

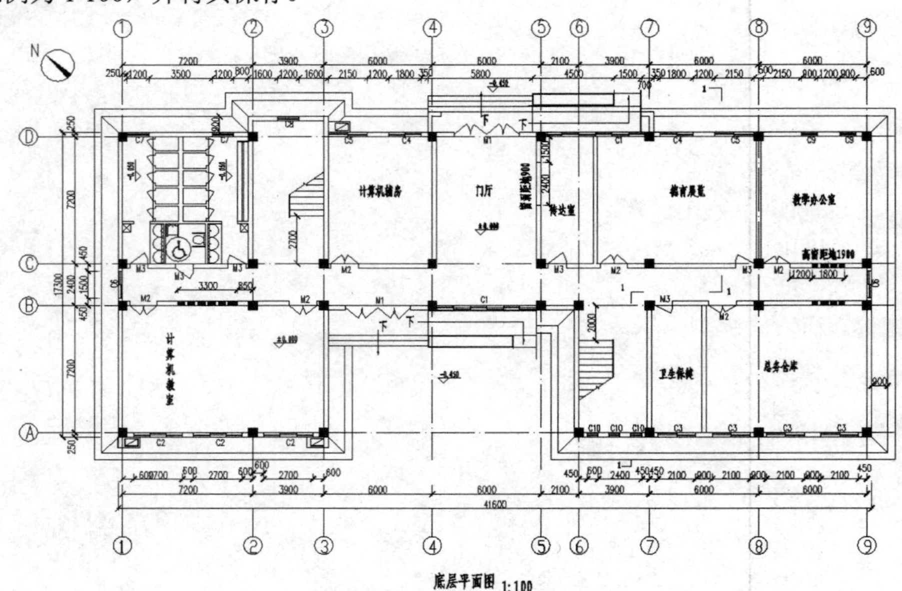

图 13-1　综合楼建筑底层平面图

13.3　相关知识

1. 绘制建筑平面图的基本要求

房屋的建筑平面图是假想用水平剖切面在稍高于窗台的位置将房屋剖开，把剖切面以上的部分移开，将剩余部分向下投射得到的水平剖面图，习惯上称其为平面图。一般来说房屋有几层就应画几个平面图，并且以楼层取名称呼它。例如四层房屋就应画出底层平面图、二层平面图、三层平面图、顶层平面图。如果多层房屋中间各层的房间分隔情况相同，也可将相同的几层画成一个标准层平面图。

1）平面图表达的内容

楼层建筑平面图主要用来表达房屋的平面形式和内部布置、房间的分隔和门窗的位置。图13-1是某综合楼的底层平面图。从该平面图中可以看到，该综合楼平面呈凹形，可从凹处的台阶进入，上3级台阶后进门，左边的走廊两侧，一边为计算机教室，一边是楼梯间和卫生间。门对面的房间是计算机辅房，其右边是门厅，此门厅是从校门进来的主要入口，与门厅相连的传达室旁边有德育展览室及教学办公室。德育展览室对面是楼梯间、卫生保健室和总务仓库。由于是该建筑的底层平面图，还应画出室外的散水和水沟。

2）平面图中的图线

平面图中剖切到的墙用粗实线画出，通常不画剖面线或材料图例。门、窗、楼梯都用图例表示。图例用细实线画出，门线应90°、60°或45°开启，开启弧线应用细实线画出。门的代号为M，根据宽度、高度的不同分别用M1、M2等来代表。窗的代号为C，根据宽度和高度的不同分别用C1、C2等表示。门、窗的具体尺寸可查门窗表。卫生间的设施、洗脸盆、蹲式大便器、小便器、污水池等均用相关专业图例表示。

底层平面图上外面一圈实线表示的是散水，散水是为排水设置的，紧连散水的是水沟。

3）平面图中的尺寸

平面图中沿房屋长度方向要标注三道尺寸，靠里一道表明外墙上门、窗洞口的位置以及窗间墙与轴线的关系；中间一道尺寸标注房间的横向轴线尺寸，称为房屋的开间尺寸；外面一道尺寸表明房屋的总长，即从墙边到墙边的尺寸。竖向也要标注三道尺寸，靠里一道尺寸标注外墙上门、窗的宽度及定位轴线之间的尺寸；第二道尺寸标注房间的纵向轴线尺寸；外边一道标注房屋总的宽度尺寸。由于房间的开间不同，因此可在另一侧再标注两道尺寸，如图13-1所示。靠里一道是门、窗位置尺寸，另一道标注的是开间尺寸。此外，在底层平面图中还应标注散水的宽度尺寸。通常还应注明地面的标高，如底层地面标高为±0.000。在标准层平面图中，应注出各层楼面的标高。在底层平面图中还应画出作剖面图时剖切位置，剖切符号应用粗实线画出。

4）画平面图的步骤

平面图常用的比例为1:50、1:100、1:200，绘图步骤如下。

第一步：画出定位轴线。

第二步：画出墙线及门窗位置线。

第三步：画出楼梯、台阶、门窗、卫生设备等，然后标注尺寸，画出标高符号，注写文字和数字等。

2. 多线

多线是由1～16条平行线（多线元素）组成的。绘制多线的方法与绘制直线的方法相似，即指定一个起点和一个端点。与直线不同的是，一条多线可以一次绘制一条或多条平行直线段，因此常用于绘制墙体、管道等。多线的外观由多线样式决定，绘制多线首先要设置多线样式。

1）多线样式

执行方式

通过菜单栏：选择菜单栏中的“格式”→“多线样式”。

通过命令行：MLSTYLE。

操作步骤

执行“多线样式”命令进入“多线样式”对话框，如图 13-2 所示，单击“新建”按钮，弹出如图 13-3 所示的“创建新的多线样式”对话框，在“新样式名”文本框中输入新建样式名“QT24”，单击“继续”按钮，弹出“新建多线样式：QT24”对话框，如图 13-4 所示。在“图元”框中单击“0.5”，使其亮显，然后在“偏移”文本框中输入数值 120；单击“−0.5”，使其亮显，然后在“偏移”文本框中输入数值−120。单击“确定”按钮，返回如图 13-2 所示的“多线样式”对话框，“多线样式”列表中显示已经创建“QT24”，单击“置为当前”按钮，使其成为当前使用样式。

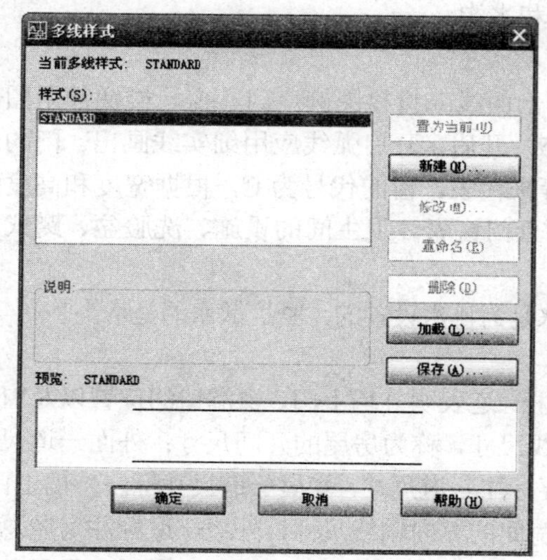

图 13-2 “多线样式”对话框

图 13-3 “创建新的多线样式”对话框

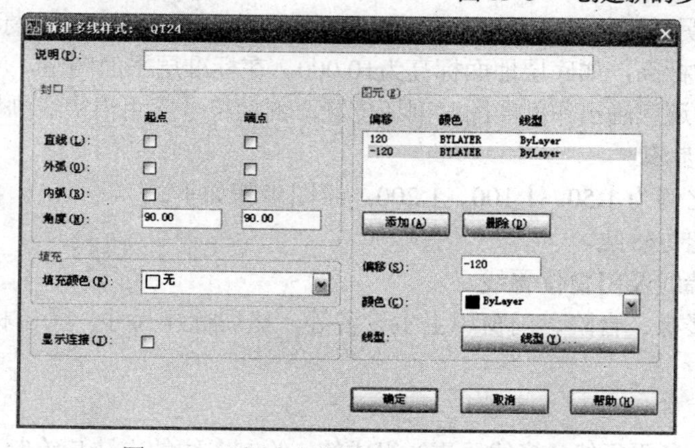

图 13-4 “新建多线样式：QT24”对话框

2）多线

执行方式

通过菜单栏：选择菜单栏中的“绘图”→“多线”。

通过命令行：MLINE（快捷命令 ML）。

操作步骤

```
命令: mline
当前设置: 对正 = 上，比例 = 20.00，样式 = STANDARD
指定起点或 [对正(J)/比例(S)/样式(ST)]:
指定下一点:
指定下一点或 [放弃(U)]:
```

选项说明

（1）对正：设定多线对正方式。

① 上：从左往右绘制多线，光标捕捉交点 *A*、*B* 两点，对正点位于最顶端，最顶端的直线与捕捉点重合，如图 13-5（a）所示。

② 无：从左往右绘制多线，光标捕捉交点 *C*、*D* 两点，对正点位于多线中偏移量为 0 的位置，如图 13-5（b）所示。

③ 下：从左往右绘制多线，光标捕捉交点 *E*、*F* 两点，对正点位于最底端，最底端的直线与捕捉点重合，如图 13-5（c）所示。

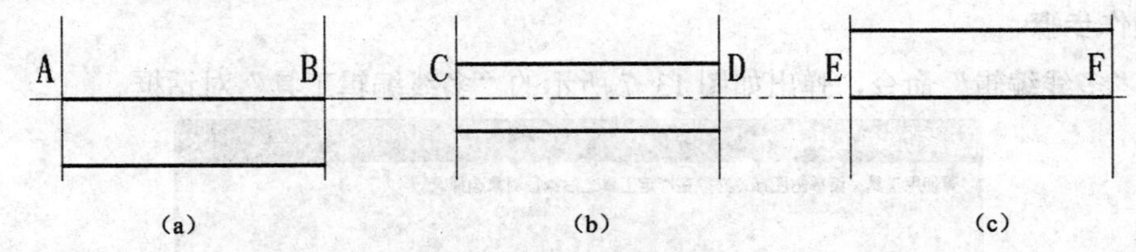

图 13-5　多线对正方式

（2）比例：指定绘制的多线宽度是已经创建的多线样式宽度的倍数。

（3）样式：从已创建的几组多线样式中指定绘制的多线样式。

实例演练

在图 13-6（a）中，用已经设置好的“QT24”多线样式绘制外墙线。

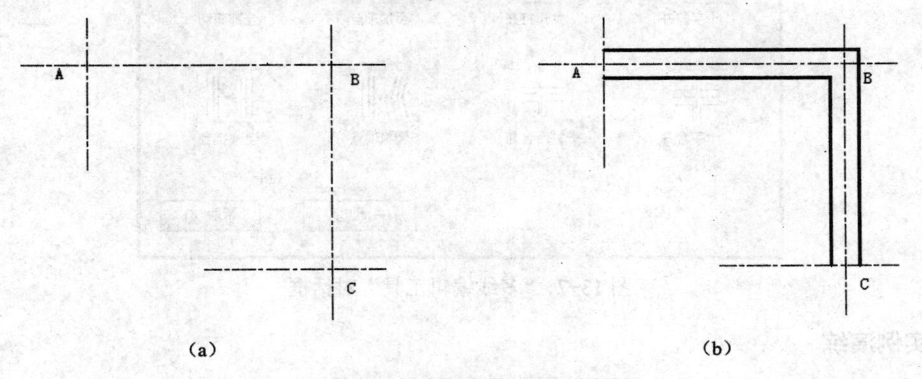

图 13-6　采用多线命令绘制图形

命令: mline（启动“多线”命令）
当前设置: 对正 = 上，比例 =20.00，样式 =QT37
指定起点或 [对正(J)/比例(S)/样式(ST)]: st（选择多线样式）
输入多线样式名或 [?]: QT24（输入多线样式名称）
当前设置: 对正 = 上，比例 =20.00，样式 =QT24
指定起点或 [对正(J)/比例(S)/样式(ST)]: s（选择多线比例）
输入多线比例 <20.00>: 1（输入多线比例）
当前设置: 对正 = 上，比例 =1.00，样式 =QT24
指定起点或 [对正(J)/比例(S)/样式(ST)]: j（选择对正方式）
输入对正类型 [上(T)/无(Z)/下(B)] <上>: z（指定多线对正方式）
当前设置: 对正 = 无，比例 =1.00，样式 =QT24
指定起点或 [对正(J)/比例(S)/样式(ST)]:（指定 *A* 点）
指定下一点:（指定 *B* 点）
指定下一点:（指定 *C* 点）
指定下一点:

3）多线编辑

执行方式

通过菜单栏：选择菜单栏中的“修改”→“对象”→“多线”。

通过命令行：MLEDIT。

操作步骤

执行“多线编辑”命令，弹出如图 13-7 所示的“多线编辑工具”对话框。

图 13-7 “多线编辑工具”对话框

实例演练

将如图 13-8（a）所示的多线图形修改成如图 13-8（b）所示的图形。

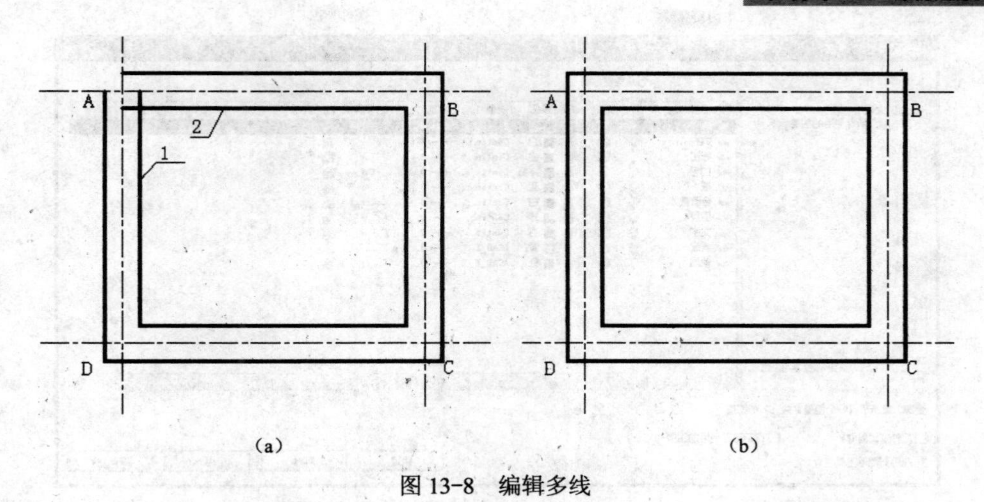

图 13-8 编辑多线

通过键盘输入“MLEDIT”，弹出如图 13-7 所示的“多线编辑工具”对话框，单击“角点结合”，光标变为拾取框，先单击线 1，然后单击线 2，*A* 点角点结合，如图 13-8（b）所示。

13.4 操作分析

本任务要绘制的图形最大尺寸为 41 600 mm×17 300 mm，图形要求以 1:100 的比例绘制，则图形范围为 416 mm×173 mm，因此，采用 A2 幅面的图纸进行图形的绘制。

为了在画图时能按房屋建筑平面图形的实际尺寸 1:1 度量，且出图时按 1:1 输出，可输入绘图界限为 A2 幅面尺寸的 100 倍，然后用放大 100 倍的尺寸画出内、外边框线；按房屋建筑平面图形的实际尺寸 1:1 画图，然后以 0.01 为比例系数利用缩放命令将全部图形缩小，所得到的就是 1:100 的图。

操作步骤

1．设置绘图环境

1）设置图层及线型

单击“图层”工具栏中的“图层特性管理器”按钮，或在命令行中输入“layer”并按“Enter”键，打开“图层特性管理器”对话框，创建并设置如表 13-1 所示的图层及线型，结果如图 13-9 所示。

表 13-1 创建并设置图层及线型

序号	图层名	颜色	线型	线宽	用途
1	粗实线（0）	白色	Continuous	0.3	可见轮廓线
2	墙	蓝色	Continuous	0.25	图案填充、文字标注及细实线绘制
3	轴线	红色	ACAD_ISO02W100	默认	中心线、轴线
4	虚线	黄色	ACAD_ISO02W100	默认	不可见轮廓线
5	标注	白色	Continuous	默认	标注尺寸、技术要求代号等
6	台阶散水	白色	Continuous	默认	假想轮廓线
7	文字	白色	Continuous	默认	注写文字
8	门窗	洋红	Continuous	0.13	门窗洞口绘制

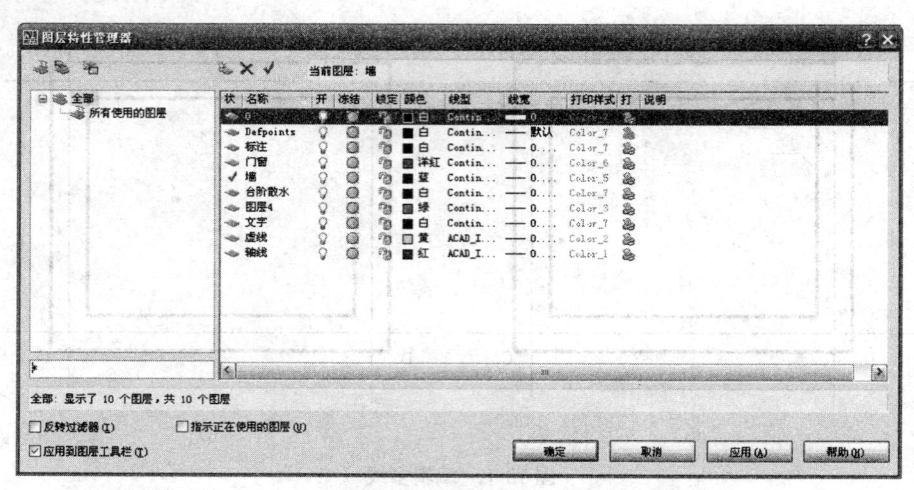

图 13-9　设置图层及线型

2）设置图幅

（1）选择“格式”→“图形界限”，或在命令行中输入“limits”并按“Enter”键，设置图形界限左下角为“0，0”，右上角为“594，420”。

（2）选择“绘图”→“矩形”，绘制图框，如图 13-10 所示，命令行提示与操作如下。

```
命令: rectang
指定第一个角点或 [倒角(C)/标高(E)/圆角(F)/厚度(T)/宽度(W)]: 0,0
指定另一个角点或 [尺寸(D)]: 594,420
命令: rectang
指定第一个角点或 [倒角(C)/标高(E)/圆角(F)/厚度(T)/宽度(W)]: 25,10
指定另一个角点或 [尺寸(D)]: 584,410
```

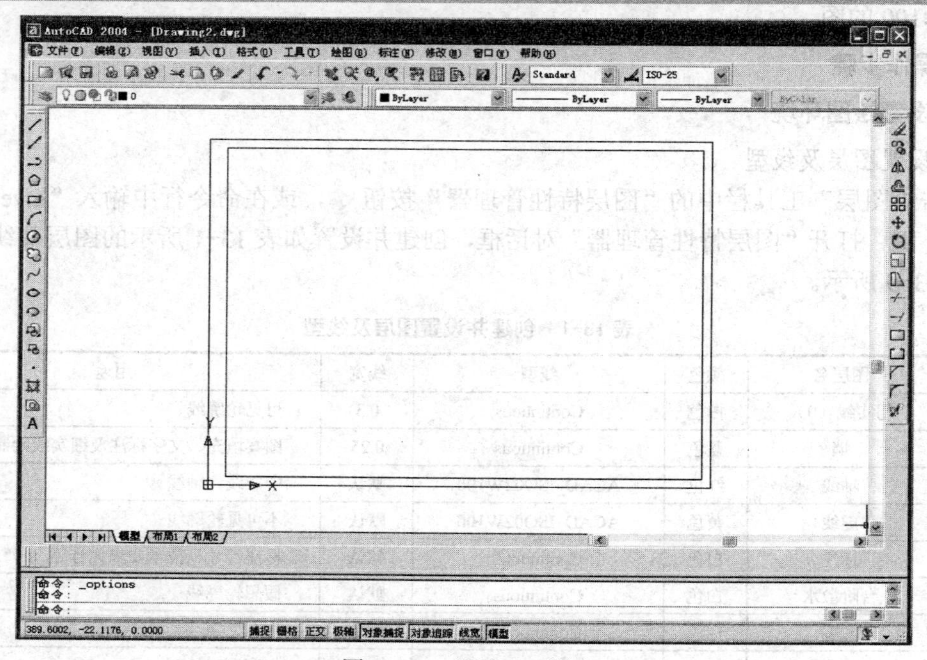

图 13-10　设置 A2 图幅

3）设置文字样式

选择“格式”→“文字样式”，弹出“文字样式”对话框。单击“新建”按钮，在“新建文字样式”子对话框中以“数字”为样式名，选择“txt.shx”字体，“倾斜角度”设为0，“宽度比例”设为0.7，单击“应用”按钮，建立数字和字母文字样式；再新建汉字文字样式“汉字”，选择“仿宋_GB2312”字体，“宽度比例”设为0.7，“倾斜角度”设为0，单击“应用”按钮并关闭对话框，如图13-11所示。

4）设置尺寸标注样式

选择“格式”→“标注样式”，弹出“标注样式管理器”对话框，如图13-12所示。单击“新建”按钮，在“创建新标注样式”子对话框中以“标注1”为样式名，单击“继续”按钮，弹出“新建标注样式：标注1”对话框，分别进入“直线”“符号和箭头”“文字”等选项卡，根据制图国家标准的有关规定，在“直线”选项卡中将“基线间距”设为8；在“符号和箭头”选项卡中将“箭头大小”设为3.5；在“文字”选项卡中将“文字样式”设为“数字”。

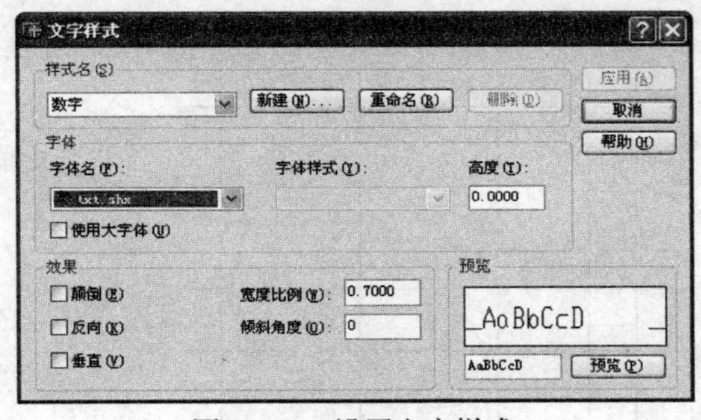

图13-11　设置文字样式

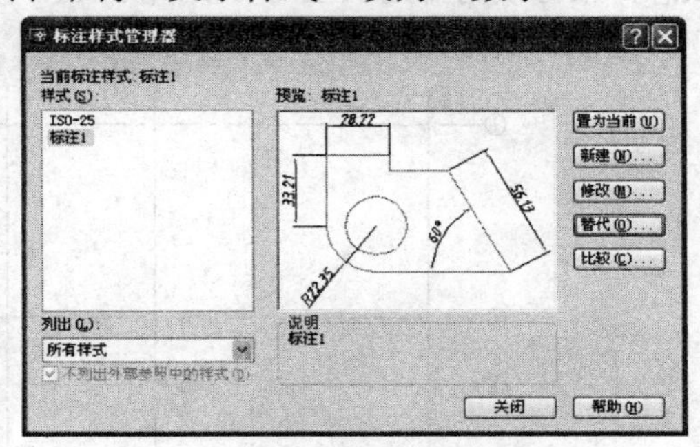

图13-12　设置尺寸标注样式

5）绘制标题栏

根据图13-13所示标题栏格式，采用“直线”“偏移”“修剪”“复制”等命令绘制标题栏，然后选择“绘图”→“文字”→“多行文字”，填写相应文字，完成标题栏的绘制。

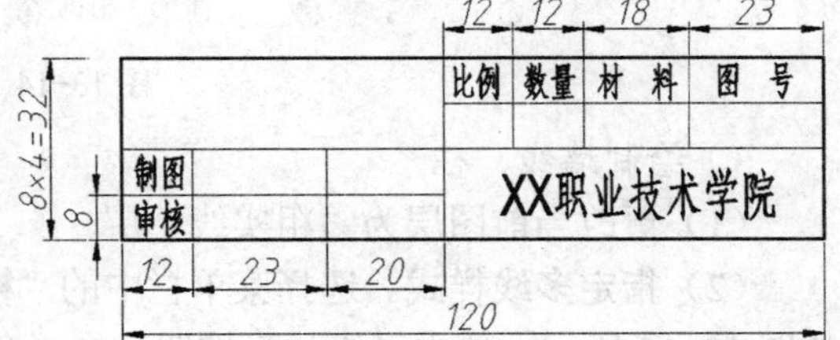

图13-13　标题栏格式

完成上述绘图环境的设置后，将图幅外框和标题栏外框改到“粗实线”层，然后以“A2.dwt”为名存入图形样板中，备以后重复调用。再以“房屋建筑底层平面图.dwg”为名另存盘，并在该文件中绘制房屋建筑底层平面图。

2．房屋建筑底层平面图的绘制

1）调用前述设置的样板图样“A2.dwt”

为了在画图时能按房屋的实际尺寸1:1度量，且出图时以1:1输出，可采用以下方法：选择“文件”→“新建”，新建一个图形文件，在“选择样板”对话框中的“名称”下拉列表框中选择“A2”图纸，因样板文件A2已设置好了绘图环境，不必重新设置，只需改变绘图界限为A2幅面尺寸的100倍，将调出的样板图样以原点为基点执行SCALE命令。

2）绘制定位轴线、轴号

（1）将当前图层设置为如前所述的“中线”。

（2）单击“绘图”工具栏中的“直线”按钮，或在命令行输入“LINE”并按“Enter”键，绘制两条轴线，分别为水平向和竖直向，长度分别为 45 000 mm 和 20 000 mm，绘制时打开“正交”状态。

（3）单击“修改”工具栏中的“偏移”按钮，或在命令行输入“OFFSET”并按“Enter”键，将水平轴线依次向下偏移 7 200 mm、2 400 mm、7 200 mm，将竖直轴线依次向右偏移 7 200 mm、3 900 mm、6 000 mm、6 000 mm、2 100 mm、3 900 mm、6 000 mm、6 000 mm，绘制出轴网。

（4）单击“绘图”工具栏中的“圆”按钮，或在命令行输入“CIRCLE”并按“Enter”键，绘制轴号圆圈，轴号圆圈在图样上应为直径 8 mm 的圆，制图比例为 1:100，故其直径应为 8 mm×100=800 mm。

（5）选择菜单栏中的“绘图”→“文字”→“单行文字”，将轴线编号，并插入圆圈中。

（6）单击“修改”工具栏中的“复制”按钮，复制刚绘制的圆圈和轴线编号到轴网各个端点，并修改各轴线的轴号数字或字母，修改时双击文字，出现闪烁的文字编辑符即进入编辑状态，轴号横向排列从左向右依次为数字，纵向排列从下向上依次为大写英文字母。

绘制好的轴网如图 13-14 所示。

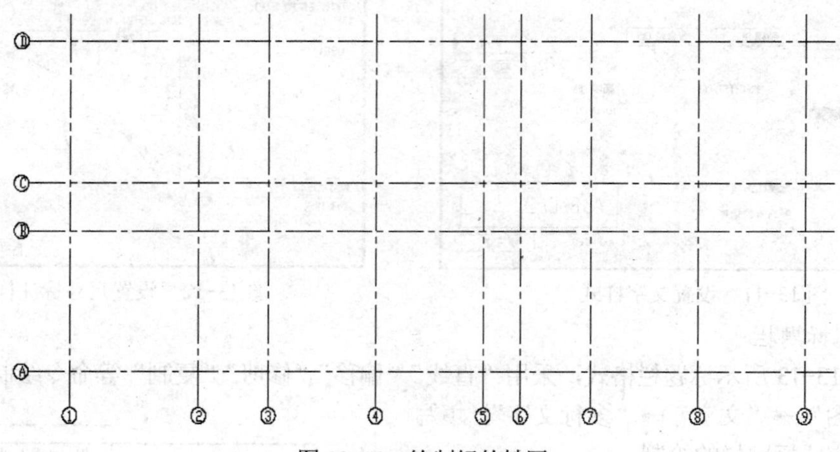

图 13-14　绘制好的轴网

3）绘制墙线、柱

（1）更改当前图层为“粗实线”层。

（2）指定多线样式。选择菜单栏中的“格式”→“多线样式”，打开“多线样式”对话框，如图 13-15 所示。单击“添加”按钮，在“名称”内输入“墙 1”，再单击“添加”按钮。单击“多线特性…”按钮，打开“多线特性”对话框，在“封口”选项组的“直线”项后勾选“起点”和“端点”复选框，如图 13-16 所示，单击“确定”按钮，回到“多线样式”对话框，单击“确定”按钮，完成多线样式设置。

（3）选择菜单栏中的“绘图”→“多线”，绘制墙线，具体位置和尺寸参照图 13-1。命令行提示与操作如下。

```
命令: mline
指定起点或 [对正(J)/比例(S)/样式(ST)]: st
输入多线样式名或 [?]: 墙 1
指定起点或 [对正(J)/比例(S)/样式(ST)]: s
输入多线比例 <250.00>: 250
```

指定起点或 [对正(J)/比例(S)/样式(ST)]: j
输入对正类型 [上(T)/无(Z)/下(B)] <上>: b

图 13-15 “多线样式”对话框

图 13-16 “多线特性”对话框

（4）利用多线编辑工具对墙线进行细部修改。选择菜单栏中的“修改”→“对象”→“多线”，打开“多线编辑工具”对话框，如图 13-17 所示。分别选择不同的编辑工具和需要编辑的多线进行编辑，然后利用“分解”命令、“修剪”命令等对墙线进行细部修改。

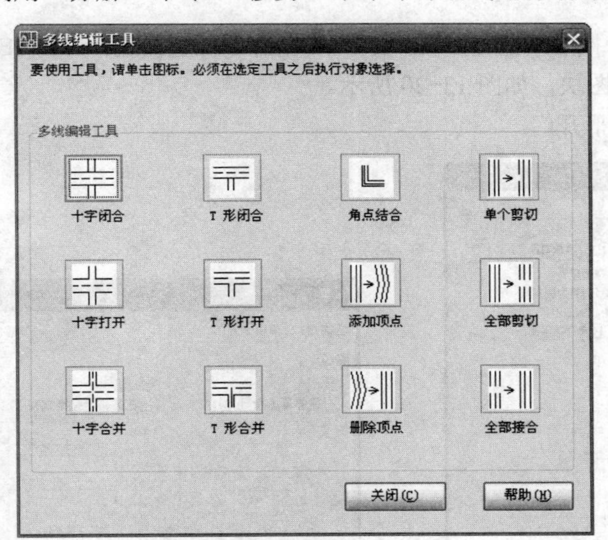

图 13-17 “多线编辑工具”对话框

（5）绘制柱的截面，形成柱网。单击“绘图”工具栏中的“矩形”按钮，或在命令行直接输入“RECTANG”并按“Enter”键，绘制柱子轮廓，柱子尺寸为 500 mm×500 mm，单击“绘图”工具栏中的“图案填充”按钮，对柱子轮廓进行填充，结果如图 13-18 所示。

4）线条编辑、门窗开洞

（1）更改当前层为“门窗”层。其中墙线（多线）的编辑应使用“多线编辑”工具，多线的编辑不支持普通线条的修改，若需使用常规的修改命令，必须先使用“分解”命令将其分解，转化为普通线段才可以进行修改编辑。

（2）单击“修改”工具栏中的“修剪”按钮，或在命令行直接输入“TRIM”并按“Enter”

键，修剪门窗洞口。

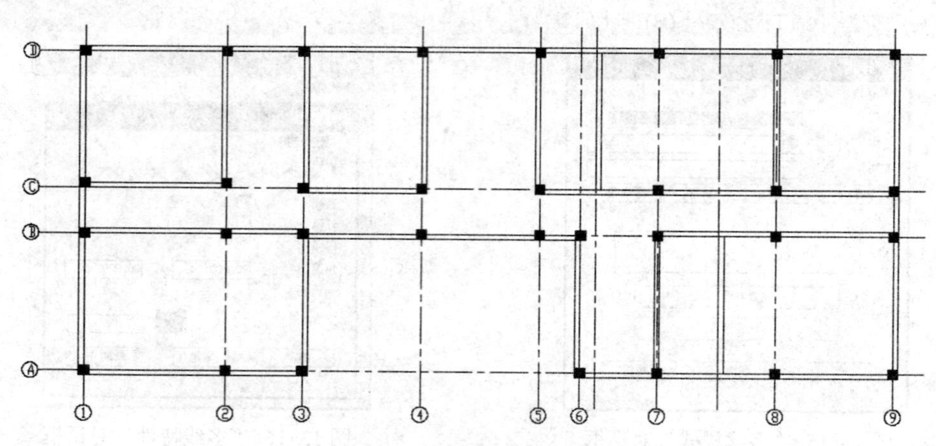

图 13-18　绘制墙线及柱的定位

（3）利用“直线”命令和“圆弧”命令绘制单扇平开门。

（4）选择菜单栏中的“绘图”→“块”→“创建块”，创建“单扇平开门”图块，如图 13-19 所示。

（5）选择菜单栏中的“插入”→“块”，或在命令行直接输入“INSERT”并按“Enter”键，插入“单扇平开门”图块，如图 13-20 所示。

同理，绘制其他平开门。

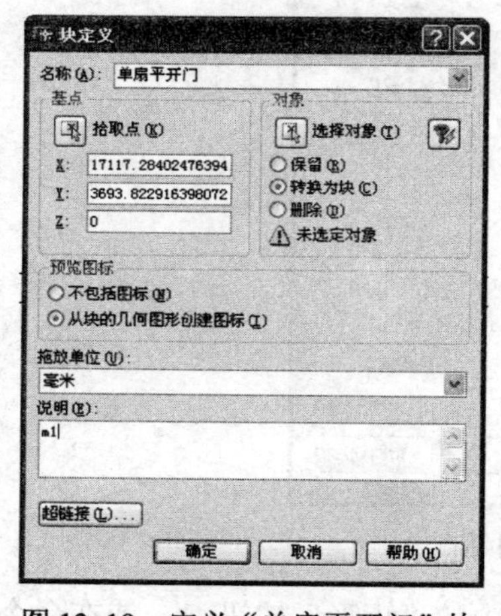

图 13-19　定义“单扇平开门”块

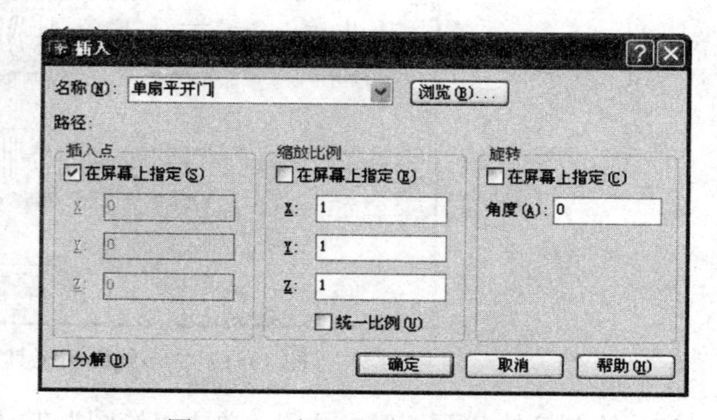

图 13-20　插入“单扇平开门”块

5）绘制楼梯

（1）利用“直线”“矩形”“偏移”命令绘制楼梯。

（2）单击“绘图”工具栏中的“直线”按钮，或在命令行直接输入“LINE”并按“Enter”键，按“F8”关掉正交模式，绘制出楼梯的剖切线。

（3）单击“修改”工具栏中的“修剪”按钮，或在命令行直接输入“TRIM”并按“Enter”键，剪掉多余的线段。

（4）选择菜单栏中的“标注”→“多重引线”，在踏步的中线处绘制出指示箭头。结果如

图 13-21 所示。

6）绘制卫生间

（1）绘制墙线。选择菜单栏中的“绘图”→“多线”，绘制墙线，墙宽为 60 mm。

（2）绘制门洞。单击“修改”工具栏中的“分解”按钮，将多线墙体分解，然后利用“直线”命令和“修剪”命令绘制出门洞，门洞宽度为 600 mm。单击“修改”工具栏中的“镜像”按钮，镜像卫生间。结果如图 13-22 所示。

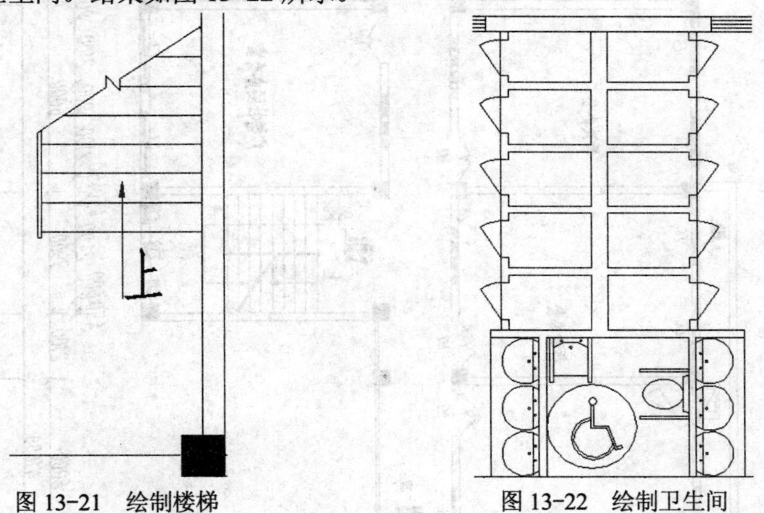

图 13-21　绘制楼梯　　图 13-22　绘制卫生间

室内基本布局设施，如办公桌、椅子等，可以从 CAD 设计中心里查找并调用，也可自行创建此类的块以便调用，以提高 CAD 制图速度。

绘图技巧如下。

（1）使用“直线”命令时，若为正交关系，可单击“正交”按钮，或按“F8”实现正交的开启或关闭，然后根据正交方向的提示，直接输入下一点的距离，而不需要输入@符号；若为斜线，可单击“极轴”按钮，或按“F10”实现极轴的开启或关闭，设置斜线角度，此时，图形即进入了自动捕捉所需角度的状态，可大大提高制图时直线输入距离的速度。注意，两者不能同时使用。

（2）墙线有两种绘制办法：一种是用“多线”画，然后在墙的相交处进行编辑处理；另一种是用偏移的方法将轴线向两侧各偏移半墙厚，然后改变偏移得到的图线所属的图层，使其成为粗实线，并进行修剪等编辑处理。

（3）平面图若左右对称，图上的许多图例符号可以只在一半图上画出，然后利用镜像命令画完另一半。

（4）图上的图例符号较多时，可以事先做成图块（例如构造柱、门窗等图例），以备调用。

（5）AutoCAD 提供点坐标（ID）、距离（Distance）、面积（Area）的查询，给图形的分析带来了很大的方便，用户可以及时查询相关信息，进行修改。用户可选择菜单栏中的“工具”→“查询”→“距离”等来执行上述命令。

配套练习

试采用上述绘图方法完成该建筑二、三、四及屋顶平面图的绘制。其图样分别见图 13-23、图 13-24、图 13-25。

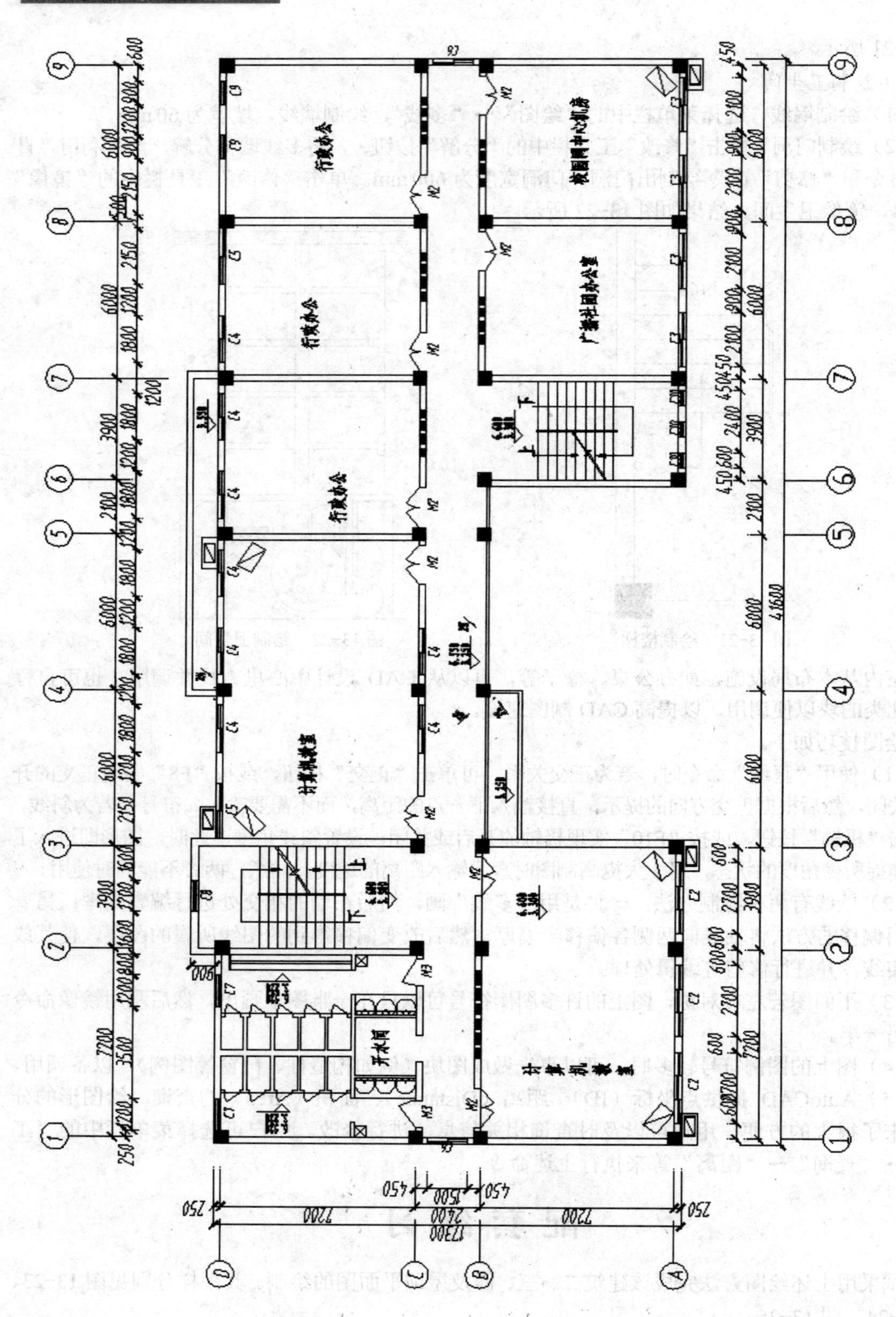

图 13-23 二、三层平面图

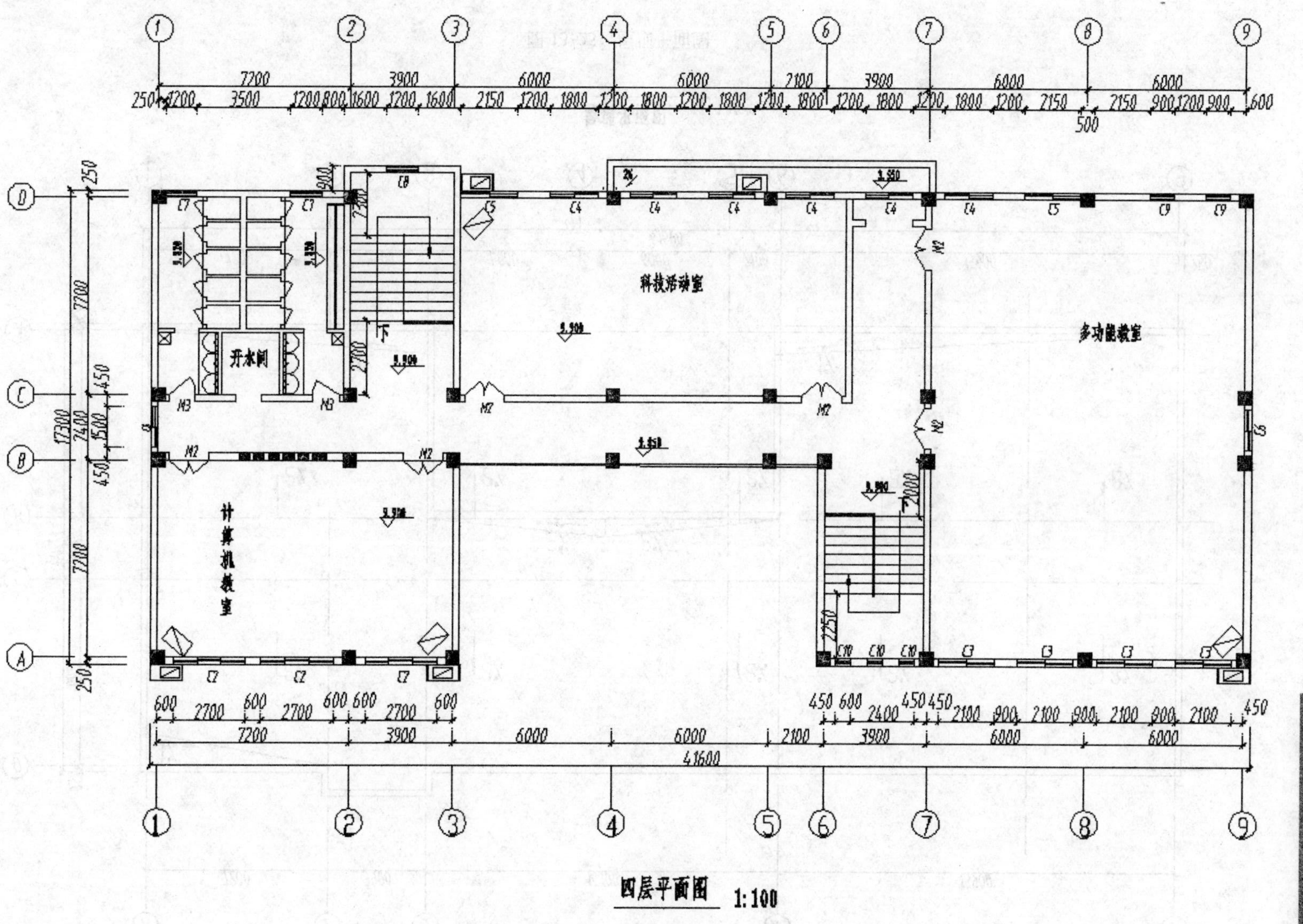

图 13-24　四层平面图

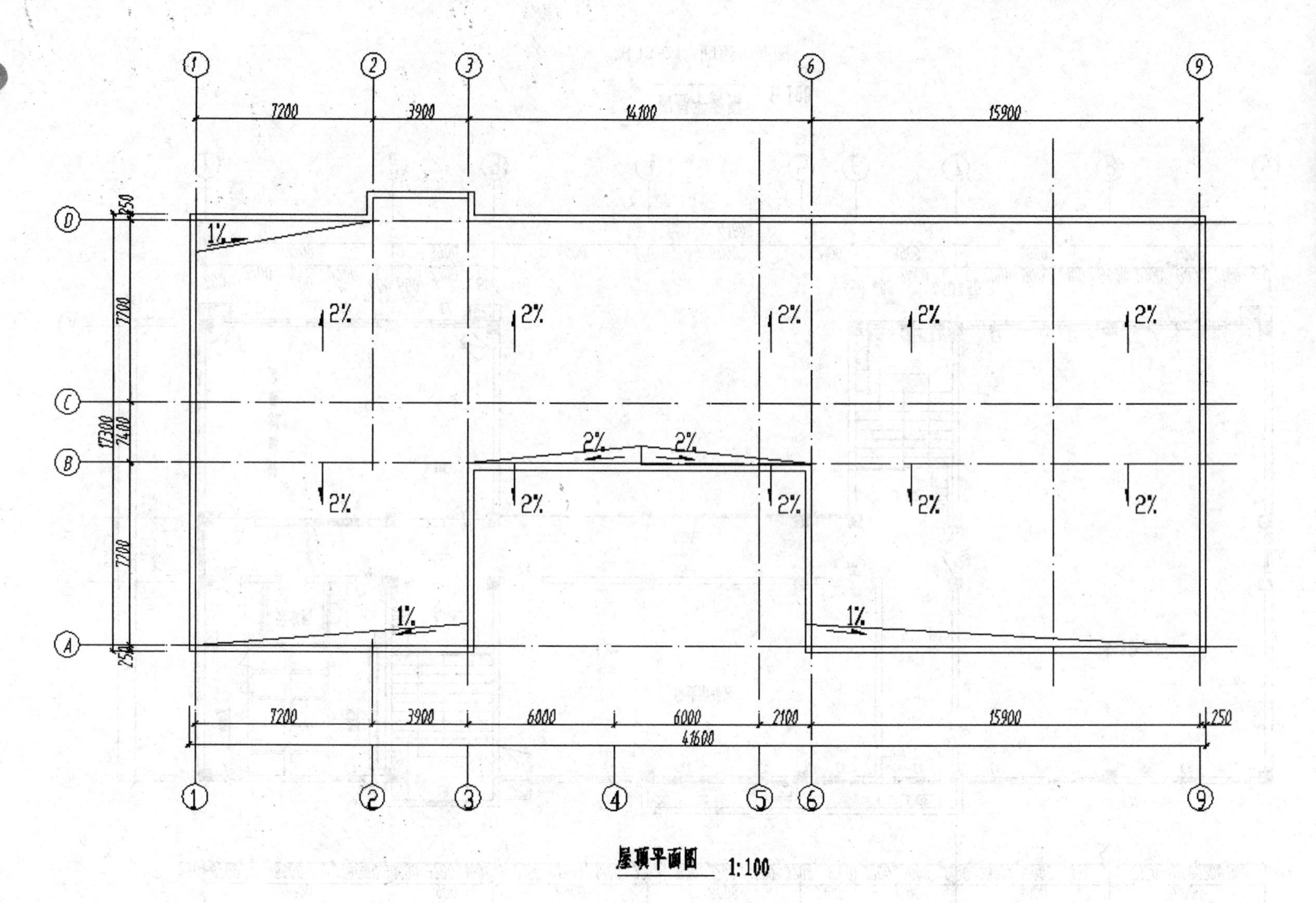
屋顶平面图 1:100
1
2
3
4
5
6
9
A
B
C
D
7200
3900
14100
15900
6000
6000
2100
250
41600
7700
2400
17300
2%
1%

图 13-25　屋顶平面图

14 任务十四 绘制建筑立面图

14.1 学习目标

知识目标

- 掌握构造线的绘制方法。
- 掌握图案填充方法。
- 掌握图案填充的编辑方法。

技能目标

- 掌握绘制建筑立面图的能力及绘图技巧。

14.2 任务介绍

本任务为绘制完成如图 14-1 所示的综合楼建筑立面图，标注尺寸、建筑装饰材料、色彩等，要求绘图比例为 1:100，并将其保存。

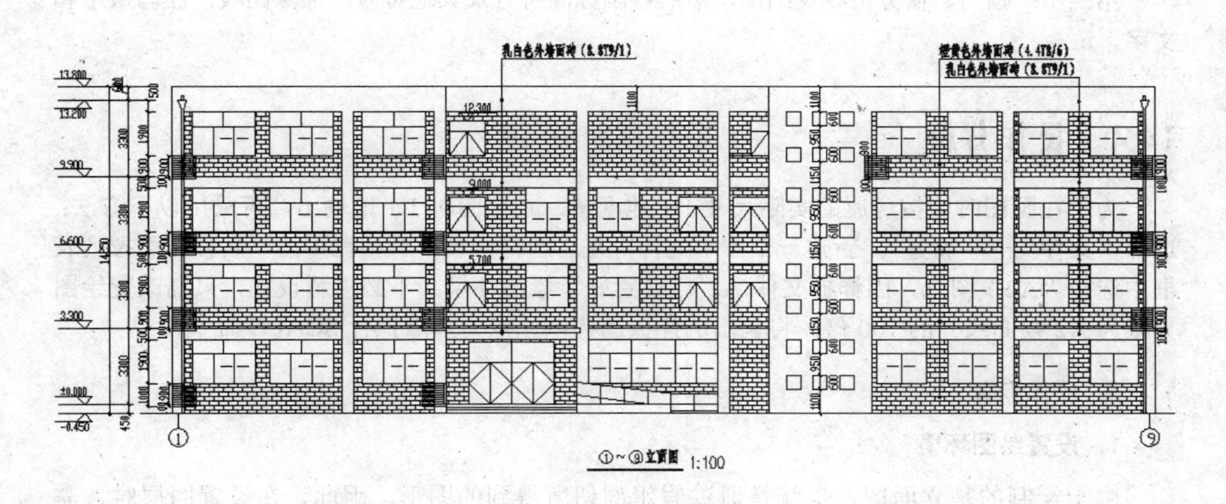

图 14-1 综合楼建筑立面图

14.3 相关知识

为了反映出房屋立面的形状，把房屋向着与各墙面平行的投影面进行投射，所得到的图形称为房屋各个立面的立面图。立面图可根据两端定位轴线的编号来取名，如图 14-1 所示是某综合楼①～⑨轴立面图。也可按平面图各面的朝向确定名称，如东立面图、南立面图等。有时也把房屋主要出入口或反映房屋外貌主要特征的立面图作为正立面图，相应地可定出背立面图和侧立面图等。

1. 立面图表达的内容和图线

立面图主要用于表示房屋的外部形状、高度和立面装修。如图 14-1 所示，此综合楼的中间为出入口，一共有 4 层。

在立面图中，外轮廓线是粗实线；地面线用加粗线表示；门、窗、台阶用中实线画；门窗分格线用细实线画；图例也用细实线画。

2. 立面图中的尺寸

立面图中的尺寸较少，通常只注出几个主要部位的标高，如室外地面的标高，勒脚的标高，屋顶的标高等。在图 14-1 中竖向标注有三道尺寸，靠里一道尺寸注出了窗洞及窗间墙的高度，中间一道尺寸注出了楼层高度，外面一道标注出了房屋总的高度尺寸。

3. 画立面图的步骤

画立面图使用的比例常与平面图相同，其绘图步骤如下。

第一步：画外轮廓线和每层房屋的高度线，即地面线、楼面线、屋檐线和屋顶线等。

第二步：画门、窗洞的位置线。

第三步：画门、窗分格线及细部，然后再画标高符号及其他符号，加深图线，注写数字和文字。

14.4 操作分析

为了在画图时能按房屋的实际尺寸 1:1 地度量，且出图时 1:1 地输出，可采用以下方法：选择“文件”→“新建”，新建一个图形文件，在“选择样板”对话框中的“名称”下拉列表框中选择“A2”图纸，因样板文件 A2 已设置好了绘图环境，不必重新设置，只需改变绘图界限为 A2 幅面尺寸的 100 倍，将调出的样板图样以原点为基点执行 SCALE 命令。

操作步骤

1. 设置绘图环境

由于绘制的是立面图，也就是通过假想剖切所得到的图形，因此，在设置图层时，需在样板图样的基础上增加几个图层，增加后的图层如图 14-2 所示。

图 14-2　设置图层及线型

2．房屋建筑立面图的绘制

（1）调用前述设置的样板图样“A2.dwt”。

（2）绘制立面图。

① 将当前图层设置为“中线”。

② 单击“绘图”工具栏中的“直线”按钮，或在命令行输入“LINE”并按“Enter”键，绘制两条轴线，分别为水平向和竖直向，长度分别为 44 000 mm 和 16 000 mm，绘制时打开“正交”状态，如图 14-3 所示。

③ 单击“修改”工具栏中的“偏移”按钮，或在命令行输入“OFFSET”并按“Enter”键，将水平轴线依次向上偏移 450 mm、900 mm、1 900 mm、500 mm、900 mm、1 900 mm、500 mm、900 mm、1 900 mm、500 mm、900 mm、1 900 mm、500 mm、600 mm，将竖直轴线依次向右偏移 7 200 mm、3 900 mm、6 000 mm、6 000 mm、2 100 mm、3 900 mm、6 000 mm、6 000 mm，绘制出轴网，如图 14-4 所示。命令行提示与操作如下。

图 14-3　绘制轴线　　　　图 14-4　绘制轴网

```
命令: offset
指定偏移距离或 [通过(T)] <通过>: 450
选择要偏移的对象或 <退出>:
指定点以确定偏移所在一侧:
选择要偏移的对象或 <退出>:
命令: offset
指定偏移距离或 [通过(T)] <450.0000>: 900
```

选择要偏移的对象或 <退出>:
指定点以确定偏移所在一侧:
选择要偏移的对象或 <退出>:
命令: offset
指定偏移距离或 [通过(T)] <900.0000>: 1900
选择要偏移的对象或 <退出>:
指定点以确定偏移所在一侧:
选择要偏移的对象或 <退出>:
命令: offset
指定偏移距离或 [通过(T)] <1900.0000>: 500
选择要偏移的对象或 <退出>:
指定点以确定偏移所在一侧:
选择要偏移的对象或 <退出>:
命令: offset
指定偏移距离或 [通过(T)] <500.0000>: 900
选择要偏移的对象或 <退出>:
指定点以确定偏移所在一侧:
选择要偏移的对象或 <退出>:
命令: offset
指定偏移距离或 [通过(T)] <900.0000>: 1900
选择要偏移的对象或 <退出>:
指定点以确定偏移所在一侧:
选择要偏移的对象或 <退出>:
命令: offset
指定偏移距离或 [通过(T)] <1900.0000>: 500
选择要偏移的对象或 <退出>:
指定点以确定偏移所在一侧:
选择要偏移的对象或 <退出>:
选择要偏移的对象或 <退出>:
命令: offset
指定偏移距离或 [通过(T)] <500.0000>: 900
选择要偏移的对象或 <退出>:
指定点以确定偏移所在一侧:
选择要偏移的对象或 <退出>:
命令: offset
指定偏移距离或 [通过(T)] <900.0000>: 1900
选择要偏移的对象或 <退出>:
指定点以确定偏移所在一侧:
选择要偏移的对象或 <退出>:
命令: offset
指定偏移距离或 [通过(T)] <1900.0000>: 500
选择要偏移的对象或 <退出>:
指定点以确定偏移所在一侧:

```
选择要偏移的对象或 <退出>:
命令: offset
指定偏移距离或 [通过(T)] <500.0000>: 900
选择要偏移的对象或 <退出>:
指定点以确定偏移所在一侧:
选择要偏移的对象或 <退出>:
命令: offset
指定偏移距离或 [通过(T)] <900.0000>: 1900
选择要偏移的对象或 <退出>:
指定点以确定偏移所在一侧:
选择要偏移的对象或 <退出>:
命令: offset
指定偏移距离或 [通过(T)] <1900.0000>: 500
选择要偏移的对象或 <退出>:
指定点以确定偏移所在一侧:
选择要偏移的对象或 <退出>:
命令: offset
指定偏移距离或 [通过(T)] <500.0000>: 600
选择要偏移的对象或 <退出>:
指定点以确定偏移所在一侧:
选择要偏移的对象或 <退出>:
```

④ 单击“修改”工具栏中的“偏移”按钮，或在命令行输入“OFFSET”并按“Enter”键，将所有竖直轴线分别向各自的左侧和右侧偏移 250 mm，并将偏移后的轴线全部选中，修改其属性为“粗实线”。再将所有水平轴线选中，修改其属性为“粗实线”。修改后的结果如图 14-5 所示。

⑤ 将“中线”层关闭，利用“修剪”和“删除”命令对图形进行修改，修改后的结果如图 14-6 所示。

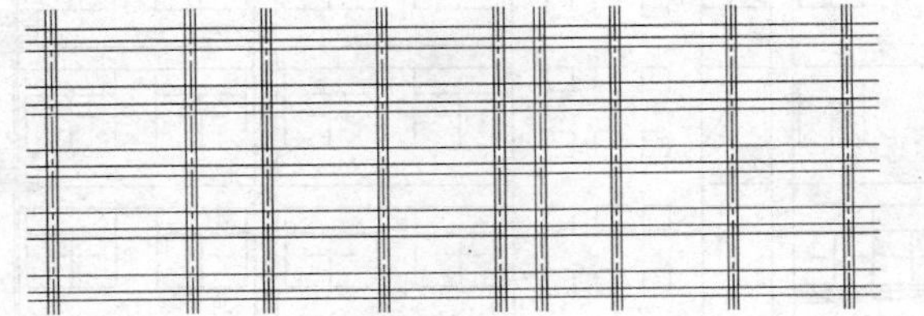

图 14-5　偏移并修改轴线属性

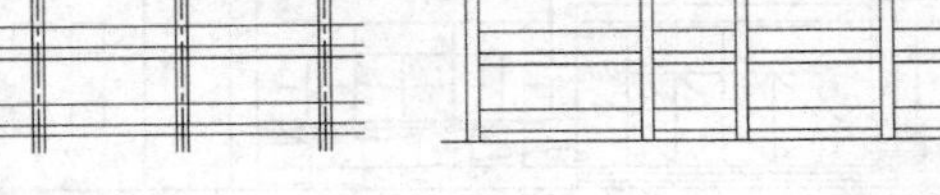

图 14-6　绘制柱轮廓线及楼地层线

⑥ 设置“中实线”为当前层，利用“矩形”和“直线”命令绘制门、窗及空调外机图例，并分别以 C1、C2、C3、C10、M1、M2、KT 为名创建块。门、窗及空调外机图例如图 14-7 所示。下面以创建 C1 块为例说明创建块的方法：选择菜单栏中的“绘图”→“块”→“创建”，创建 C1 块，如图 14-8 所示。命令行提示与操作如下。

```
命令: block
选择对象: 指定对角点: 找到 20 个
选择对象:
指定插入基点:
```

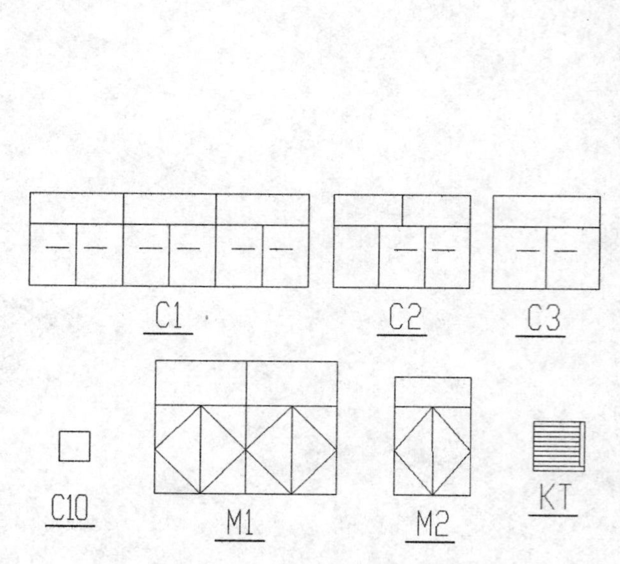

图 14-7 门、窗及空调外机图例

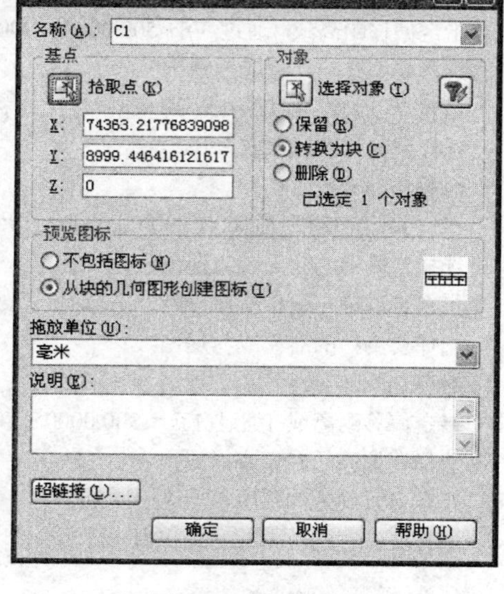

图 14-8 创建 C1 块

⑦ 选择菜单栏中的“插入”→“块”，分别将名为 C1、C2、C3、C10、M1、M2、KT 的块插入图中相应位置，并利用“直线”“修剪”“偏移”等命令完成室外台阶、雨水管等的绘制。结果如图 14-9 所示。

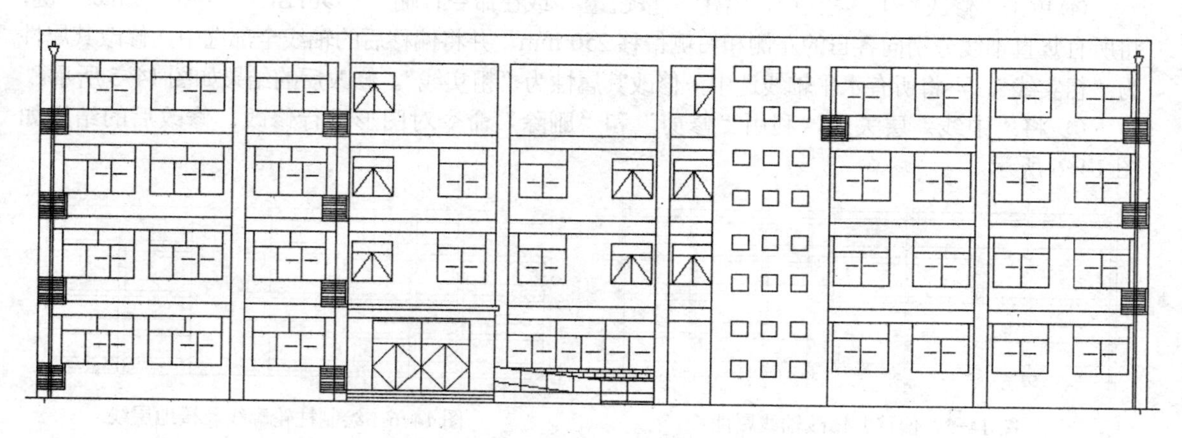

图 14-9 插入门、窗及空调外机等图例

⑧ 选择菜单栏中的“绘图”→“图案填充”，或直接在命令行输入“BHATCH”并按“Enter”键，打开“边界图案填充”对话框，如图 14-10 所示，选择“图案”为“AR-B816”，再点击“拾取点”按钮，进行图案填充操作，结果如图 14-11 所示。

⑨ 单击“绘图”工具栏中的“圆”按钮，或在命令行输入“CIRCLE”并按“Enter”键，绘制轴号圆圈，轴号圆圈在图样上应为直径 8 mm 的圆，制图比例为 1:100，故其直径应为 8 mm×100=800 mm。再选择菜单栏中的“绘图”→“文字”→“单行文字”，将轴线编号，并插入圆圈中。最后单击“修改”工具栏中的“复制”按钮，复制刚绘制的圆圈和轴线编号到

另一个端点，并修改各轴线的轴号数字，修改时双击文字，出现闪烁的文字编辑符即进入编辑状态，此操作在打开“中线”层的状态下进行。

⑩ 选择菜单栏中的“标注”→“线性”以及“连续”对图形进行尺寸标注，并注写相应文字，完善图形，如图 14-1 所示。

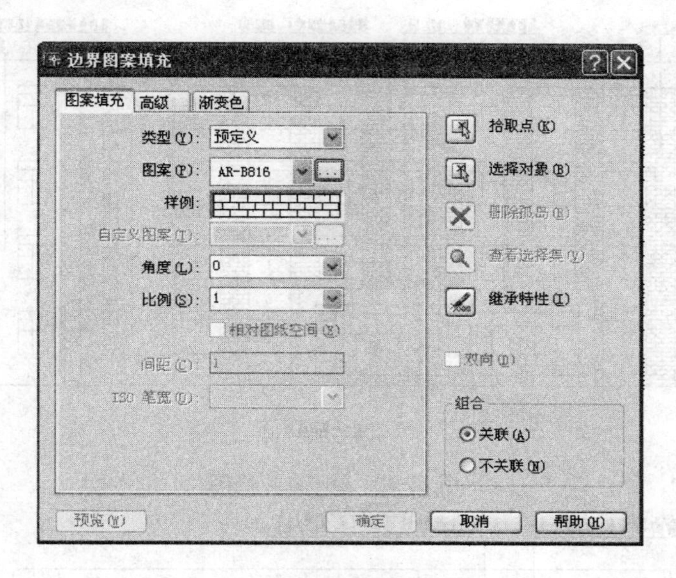

图 14-10 “边界图案填充”对话框

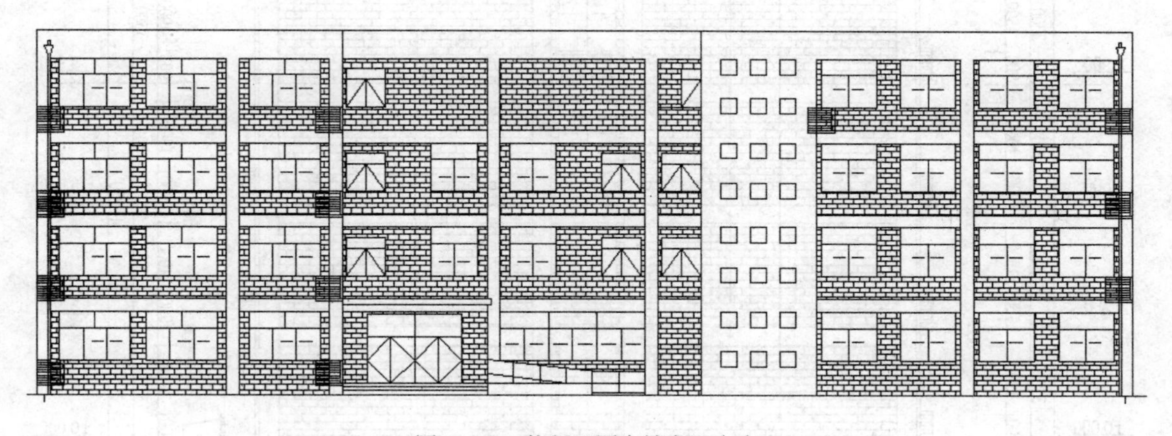

图 14-11 执行“图案填充”命令

绘图技巧如下。

（1）在执行“偏移”命令时，当多次偏移距离不同，但不同的偏移距离有规律重复时，可利用“复制”命令，以提高绘图的速度。

（2）在执行“插入块”命令时，可根据具体的插入位置，在完成一次、一行或一列插入后，执行“复制”命令，以提高绘图的速度。

（3）在执行“修剪”命令时，为提高修剪速度，可在输入“修剪”命令后，快速连续两次按下“回车”键，就可对所需修剪的线条进行修剪了。

配 套 练 习

试采用上述绘图方法完成图 14-12、图 14-13 的绘制。

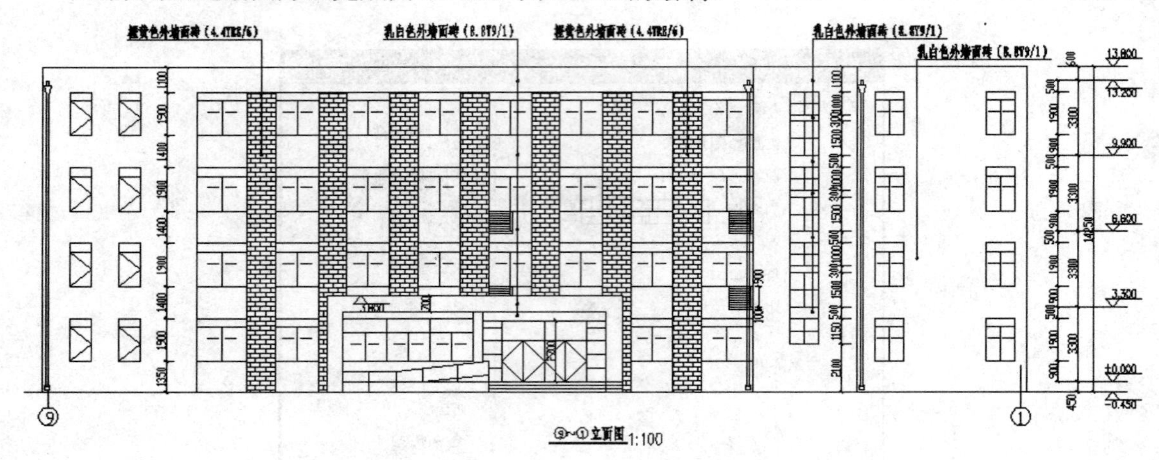

图 14-12 ⑨～①立面图

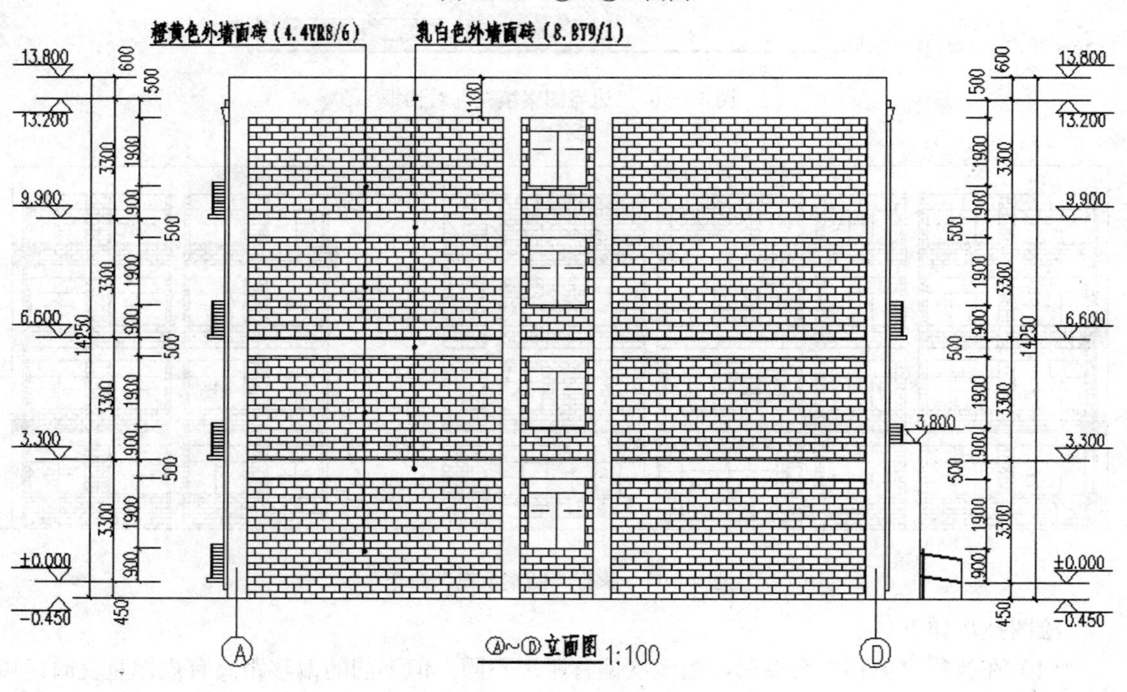

图 14-13 A～D 立面图

15 任务十五 绘制建筑剖面图

15.1 学习目标

知识目标

- 掌握偏移命令的操作方法。
- 掌握修剪命令的操作方法。

技能目标

- 掌握标注建筑剖面图的能力及绘图技巧。

15.2 任务介绍

本任务为绘制完成如图 15-1 所示的综合楼建筑剖面图，并标注尺寸。要求绘图比例 1:100，并将其保存。

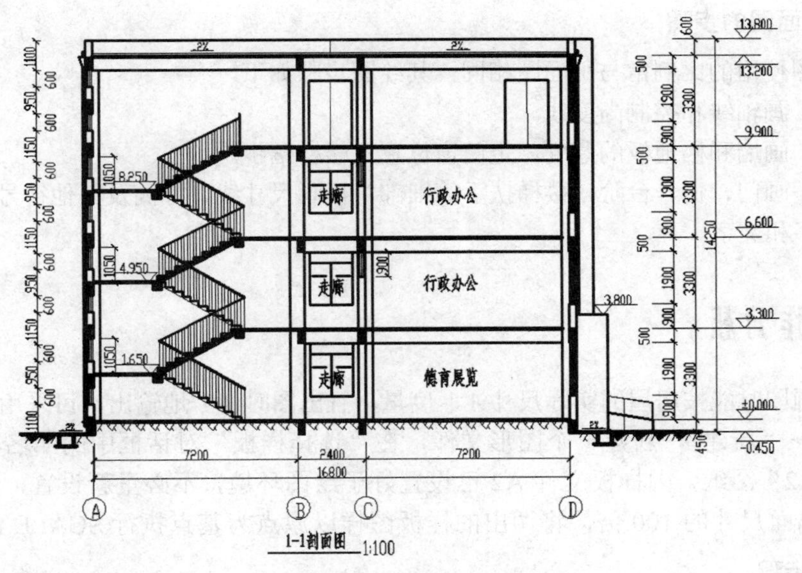

图 15-1 综合楼建筑剖面图

15.3 相关知识

剖面图是假想用平行于某一墙面的平面（一般平行于横墙）剖切房屋所得到的图。虽然是剖面图但不画剖面线或材料图例。剖面图主要用于表达房屋内部的构造、分层情况、各部分之间的联系及高度等。剖切位置通常选在内部构造比较复杂和典型的部位，例如应通过门、窗洞、楼梯等。必要时还要采用几个平行的平面进行剖切。

1. 剖面图表示的内容和图线

图 15-1 是某综合楼的 1—1 剖面图，其剖切位置可以从图 13-1 底层平面图中看出。1—1 剖面是用两个平行的平面进行剖切的，剖切平面通过了楼梯间和德育展览室的窗，剖切后向左作投影。

剖面图中被剖切到的墙、楼梯、各层楼板、休息平台等均使用粗实线画出；没被剖切到但投射时看到的部分用中实线画出。从图 15-1 中可知：A、C、D 轴线的墙是被剖切到的，各层楼板、休息平台、屋顶板、女儿墙均为被剖切到的。楼梯段的第 2、4、6 三个梯段为被剖切到的，画成粗实线。楼梯段的第 1、3、5 三个梯段是看到的，应画成中实线。屋顶最外一条中实线是女儿墙的边线，也是看到的。门窗用图例表示，画成细实线，室外地面线画成加粗实线。此外，散水和水沟也是被剖切到的。

2. 剖面图中的尺寸

剖面图中主要标注高度尺寸。应标注出各层楼面的标高，休息平台的标高，屋顶的标高以及外墙的窗洞口的高度尺寸。如图 15-1 所示左侧标注出了窗间墙的高度以及楼梯间门窗的高度。图的右侧有三道尺寸，靠里一道是德育展览室外的窗洞高、窗间墙高；中间一道是楼层的层高尺寸；外面一道是总高尺寸。图中还标注出了楼梯间的进深、走廊的宽度和德育展览室的进深。此外还注有 A、D 轴线之间的宽度尺寸。

3. 画剖面图的步骤

画剖面图使用的比例常与平面图相同，其绘图步骤如下。

第一步：画轴线和控制高度线。

第二步：画墙和楼地板的厚度，定门窗位置及楼梯踏步。

第三步：画门、窗、台阶、楼梯扶手等细部，再画尺寸线、标高及其他符号，最后加深图线，注写数字和文字。

15.4 操作分析

为了在画图时能按房屋的实际尺寸 1:1 度量，且出图时 1:1 地输出，可采用以下方法：选择“文件”→“新建”，新建一个图形文件，在“选择样板”对话框中的“名称”下拉列表框中选择“A2”图纸，因样板文件 A2 已设置好了绘图环境，不必重新设置，只需改变绘图界限为 A2 幅面尺寸的 100 倍，将调出的样板图样以原点为基点执行 SCALE 命令。

操作步骤

1. 设置绘图环境

（1）图层设置。

按照工程要求进行图层设置，本任务的图层设置如图 15-2 所示。

图 15-2　剖面图图层设置

（2）调用前述设置的样板图样“A2.dwt”。

（3）设置文字样式。

选择“格式”→“文字样式”，弹出“文字样式”对话框。单击“新建”按钮，在“新建文字样式”子对话框中以“数字”为样式名，选择“txt.shx”字体，“倾斜角度”设为 0，“宽度比例”设为 0.7，单击“应用”按钮，建立数字和字母文字样式；再新建汉字文字样式“汉字”，选择“仿宋_GB2312”字体，“宽度比例”设为 0.7，“倾斜角度”设为 0，单击“应用”按钮并关闭对话框，如图 15-3 所示。

（4）设置尺寸标注样式。

选择“格式”→“标注样式”，弹出“标注样式管理器”对话框，如图 15-4 所示。单击“新建”按钮，在“创建新标注样式”子对话框中以“标注 1”为样式名，单击“继续”按钮，弹出“新建标注样式：标注 1”对话框，分别进入“直线”“符号和箭头”“文字”等选项卡，根据制图国家标准的有关规定，在“直线”选项卡中将“基线间距”设为 8；在“符号和箭头”选项卡中将“箭头大小”设为 3.5；在“文字”选项卡中将“文字样式”设为“数字”。

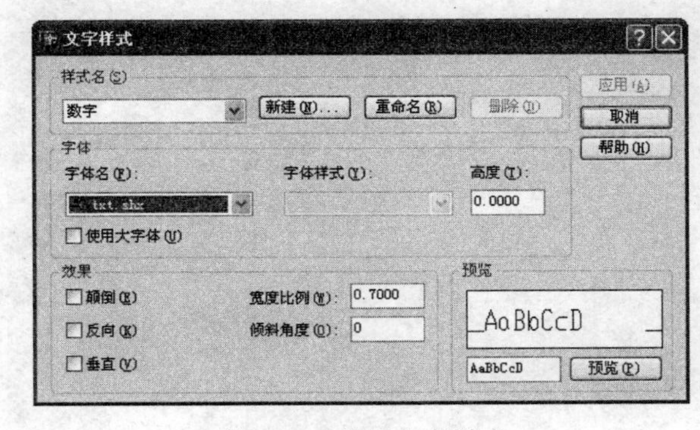

图 15-3　设置文字样式

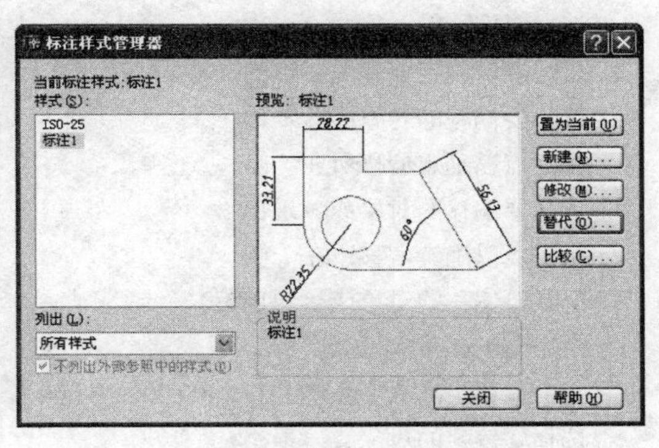

图 15-4　设置尺寸标注样式

2．剖面图绘制

（1）将当前图层设置为“中线”。

（2）单击“绘图”工具栏中的“直线”按钮，或在命令行输入“LINE”并按“Enter”键，绘制两条轴线，分别为水平向和竖直向，长度分别为 21 000 mm 和 16 000 mm，绘制时打开“正交”状态，如图 15-5 所示。

（3）单击“修改”工具栏中的“偏移”按钮，或在命令行输入“OFFSET”并按“Enter”键，将水平轴线依次向上偏移 450 mm、3 300 mm、3 300 mm、3 300 mm、3 300 mm、600 mm，将竖直轴线依次向右偏移 7 200 mm、2 400 mm、7 200 mm，绘制出轴网，如图 15-6 所示。命令行提示与操作如下。

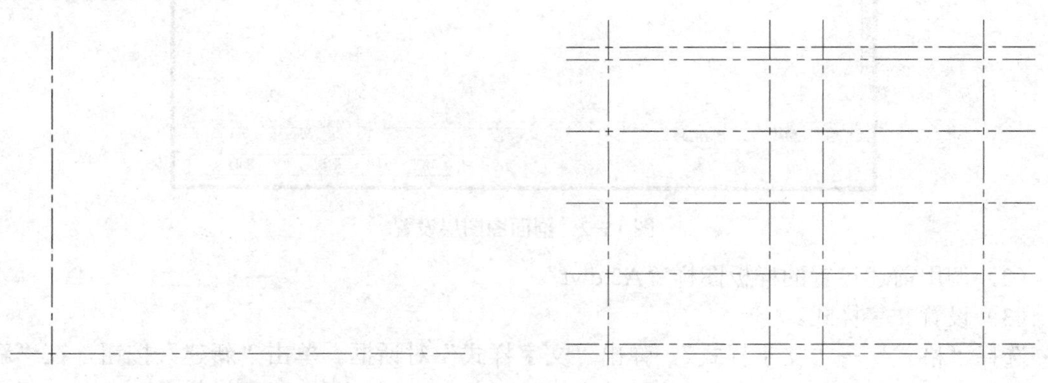

图 15-5　绘制轴线　　　　图 15-6　绘制轴网

```
命令: offset
指定偏移距离或 [通过(T)] <100.0000>: 450
选择要偏移的对象或 <退出>:
指定点以确定偏移所在一侧:
选择要偏移的对象或 <退出>:
命令: offset
指定偏移距离或 [通过(T)] <450.0000>: 3300
选择要偏移的对象或 <退出>:
指定点以确定偏移所在一侧:
选择要偏移的对象或 <退出>:
指定点以确定偏移所在一侧:
选择要偏移的对象或 <退出>:
指定点以确定偏移所在一侧:
选择要偏移的对象或 <退出>:
指定点以确定偏移所在一侧:
选择要偏移的对象或 <退出>:
命令: offset
指定偏移距离或 [通过(T)] <3300.0000>: 600
选择要偏移的对象或 <退出>:
指定点以确定偏移所在一侧:
```

```
选择要偏移的对象或 <退出>:
命令: offset
指定偏移距离或 [通过(T)] <600.0000>: 7200
选择要偏移的对象或 <退出>:
指定点以确定偏移所在一侧:
选择要偏移的对象或 <退出>:
命令: offset
指定偏移距离或 [通过(T)] <7200.0000>: 2400
选择要偏移的对象或 <退出>:
指定点以确定偏移所在一侧:
选择要偏移的对象或 <退出>:
命令: offset
指定偏移距离或 [通过(T)] <2400.0000>: 7200
选择要偏移的对象或 <退出>:
指定点以确定偏移所在一侧:
选择要偏移的对象或 <退出>:
```

（4）利用“偏移”“修剪”等命令对图形进行修改，修改后的结果如图 15-7 所示。

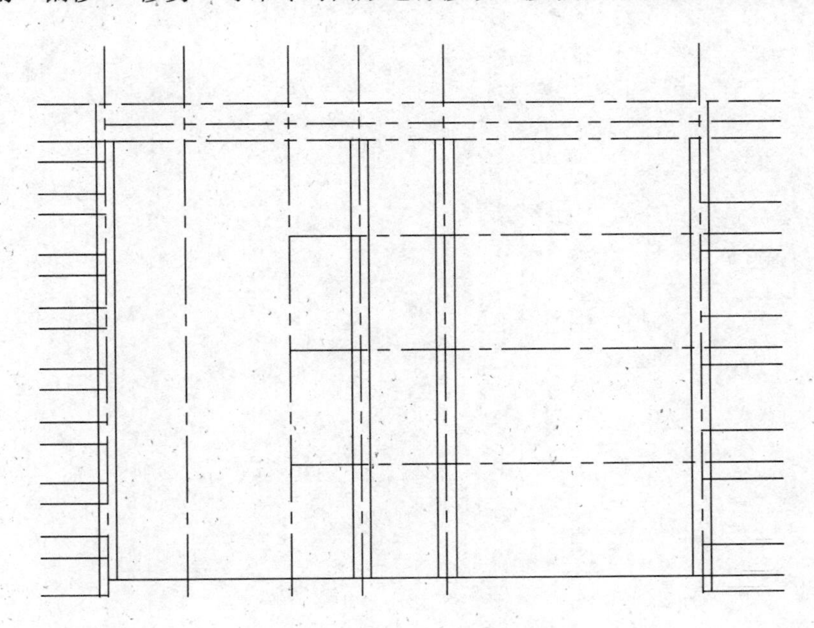

图 15-7　偏移并修改轴线属性

（5）利用“直线”“偏移”“修剪”“延伸”“图案填充”等命令绘制楼梯段，如图 15-8 所示。

（6）选择菜单栏中的“插入”→“块”，分别将名为 C10、M2 的块插入图中相应位置，并利用“复制”命令将楼梯段进行多次复制到相应位置。再利用“直线”“偏移”“修剪”等命令绘制雨篷、散水、雨水管、雨水检查井、室外扶手等构件，结果如图 15-9 所示。

（7）注写文字，进行尺寸标注，完善图形，结果如图 15-1 所示。

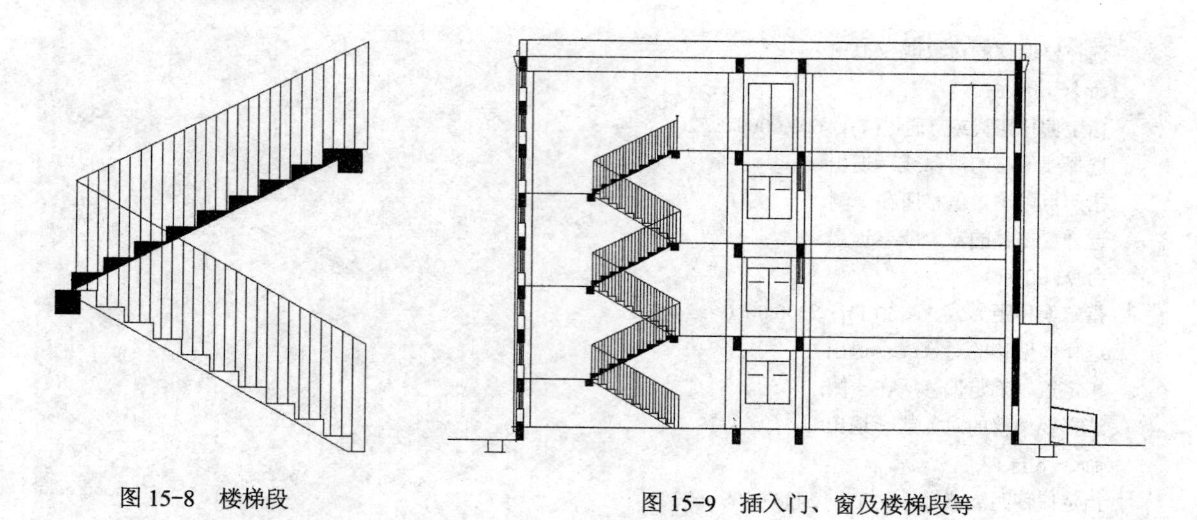

图 15-8　楼梯段

图 15-9　插入门、窗及楼梯段等

16 任务十六

绘制建筑详图

16.1 学习目标

知识目标

- 掌握图形距离的查询方法。
- 掌握图形的移动、缩放方法。
- 掌握图形在两个图形文件之间的复制、粘贴方法。

技能目标

- 掌握绘制楼梯及墙身详图的能力及绘图技巧。

16.2 任务介绍

本任务为绘制完成如图 16-1 所示的综合楼建筑楼梯及墙身详图，并标注尺寸。要求绘图比例为 1:100，并将其保存。

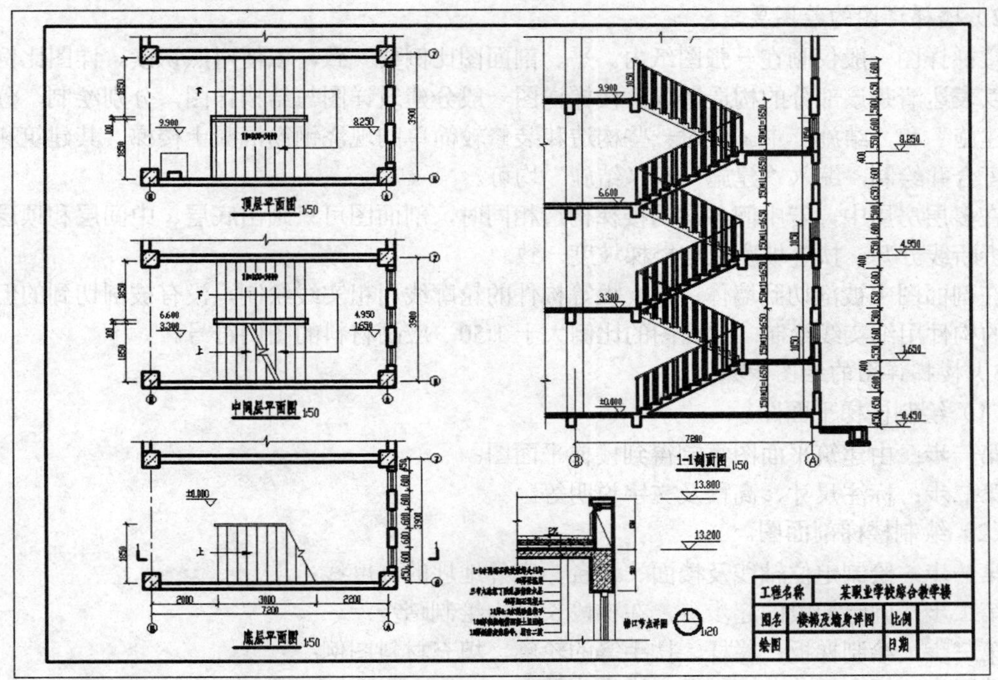

图 16-1　综合楼建筑楼梯及墙身详图

16.3 相关知识

建筑平面图、立面图和剖面图虽然能够表达房屋的平面布置、外部形状、内部构造和主要尺寸，但是由于绘图所用的比例较小，许多细部构造、尺寸、材料和做法等内容无法表达清楚。为了满足施工要求，通常用较大比例画出房屋局部构造的详细图样，称为详图或大样图。

建筑详图可以是平、立、剖面图中某一局部的放大图，或者是某一局部的放大剖面图，也可以是某一构造节点或某一构件的放大图。

建筑详图包括墙身剖面图和楼梯、阳台、雨篷、厨房、卫生间、门窗、楼梯、建筑装饰等详图。

1．绘制楼梯详图的基本要求

1）楼梯详图的内容

楼梯是多层房屋上下层之间的垂直交通设施，它除了要满足行走方便和人流疏散的需求外，还应有足够的坚固耐久性。目前最常用的是现浇钢筋混凝土楼梯。楼梯一般由楼梯段、平台、栏杆和扶手四部分组成。

楼梯详图一般包括平面图、剖面图及节点详图。

楼梯平面图一般包括底层平面图、标准层平面图和顶层平面图，主要表达楼梯间的位置、开间、进深、墙体厚度、梯段长度及宽度、踏步宽度及数量、梯井宽度、梯段起步位置，底层平面图标注剖面图的剖视位置。

楼梯剖面图是假想用一个铅垂剖切面通过各层的梯段、门窗洞口，将楼梯垂直剖开，移去靠近观察者的部分，将剩余部分正投影得到的投影图。剖面图主要表达各梯段踏步、平台、栏杆和扶手等的构造及相关尺寸。剖面图中应注明地面、平台面、楼面等的标高和梯段、栏杆的高度尺寸。

2）楼梯详图的绘图要求

楼梯详图一般仅画在一张图纸内。平、剖面图比例要一致，以便对照识读。详图比例要大些，以表达清楚该部分的构造情况。楼梯详图一般分建筑详图与结构详图，分别绘制，分别编入“建施”和“结施”中。但对一些构造和装修较简单的现浇钢筋混凝土楼梯，其建筑和结构详图可合并绘制，编入“建施”和“结施”均可。

在多层房屋中，若中间各层的楼梯构造相同时，剖面图可只画出底层、中间层和顶层，中间用折断线分开，扶手坡度应与楼梯坡度一致。

在剖面图中被剖切到墙体、梁、板等构件的轮廓线用粗实线绘制，没有被剖切到的但可以看见的构件用细实线绘制。剖面图的比例大于 1:50，应画材料的图例符号。

3）楼梯详图的绘图步骤

（1）绘制楼梯平面图。

第一步：由建筑平面图复制得到楼梯平面图；

第二步：标注尺寸、高程及文字说明等。

（2）绘制楼梯剖面图。

第一步：绘制定位轴线及楼面、平台、室外地坪的高度线；

第二步：确定梯段的起步点，在梯段长度内绘制踏步；

第三步：绘制梯板、栏杆、扶手等的轮廓，填充材料图例；

第四步：标注尺寸、高程及文字说明等。

2. 绘制墙身节点详图的基本要求

墙身节点详图的作用是与建筑平面图配合作为墙身施工的依据。通常采用 1:10 或 1:20 的比例详细画出墙身的散水和勒脚、窗台、屋檐等各节点的构造及做法。

墙身节点详图中应表明墙身与轴线的关系。图 16-2 中包括了三个节点详图。

（1）在散水、勒脚节点详图中，墙厚为 200 mm，轴线位于柱的中心，墙边与柱子边平齐。防潮层设在±0.000 处。散水的做法在图中用多层构造的引线表示，引出线贯穿各层，在引出线的一侧画有四道短横线，在它旁边用文字说明各层的构造及厚度。勒脚亦用引出线引出，然后在引出线上用文字说明勒脚是 450 mm 高，黑色石子加 10%的白色水刷石面。外墙面由 14 mm 厚的 1:3 水泥砂浆打底，打毛或刮出纹面，8 mm 厚的 1:0.15:2 水泥石灰砂浆，1 mm 厚的白水泥浆贴陶瓷马赛克，白水泥浆擦缝。踢脚板由 25 mm 厚的 1:2 水泥砂浆做成，内墙由 20 mm 厚的 1:3 石灰砂浆打底，纸筋灰浆粉面。

（2）在窗台节点详图中表明了窗过梁、楼面、窗台的做法，楼面的构造是用多层构造引出线表示的。

（3）在檐口节点详图中表明了女儿墙的做法及屋面的构造。

在墙身节点详图中被剖切到的墙身线、女儿墙、楼面、屋面均应使用粗实线画出；看到的屋顶上的女儿墙边线、窗洞处的外墙边线、踢脚线等用中实线绘制；粉刷线用细实线画出。墙身节点详图中的尺寸不多，主要应注出轴线与墙身的关系、散水的宽度、踢脚板的高度、窗过梁的高度、女儿墙的高度等，还应注出几个标高，即室内地坪标高、室外地面标高等。在图中还用箭头表示出了散水的坡度和水沟的尺寸。

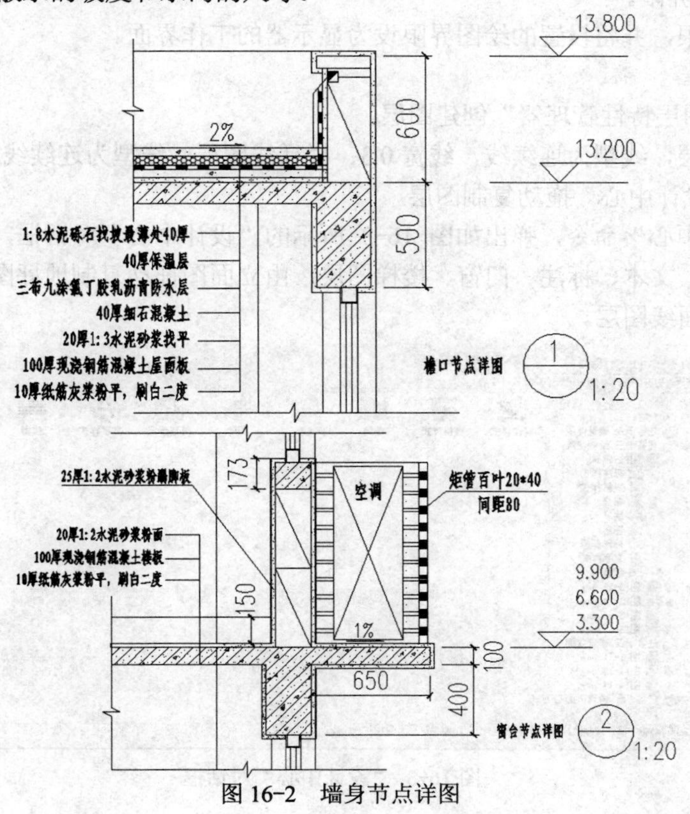

图 16-2　墙身节点详图

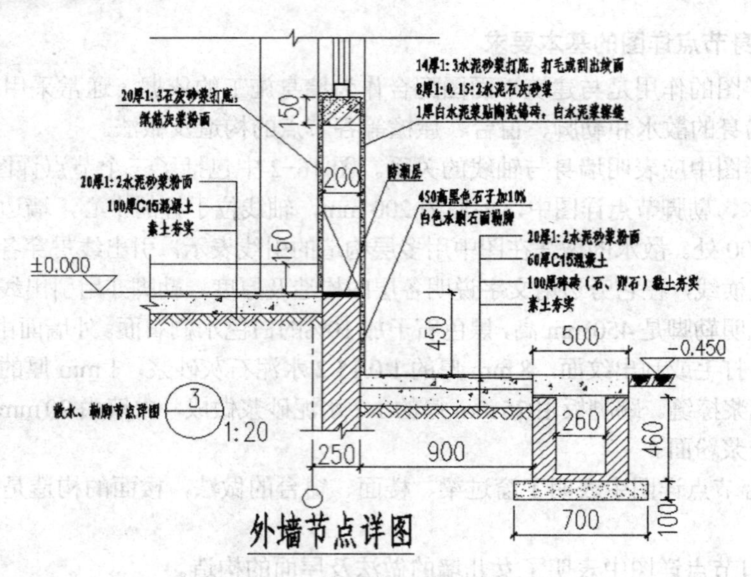

图 16-2　墙身节点详图（续）

操作步骤

（1）初始设置。

① 新建图形文件。

② 设置绘图界限。

设置绘图界限，并将设置的绘图界限设为显示器的工作界面。

③ 创建图层。

● 通过“图层特性管理器”创建图层。

剖面轮廓图层，线型为连续线，线宽 0.3；楼梯线图层，线型为连续线，线宽默认。

● 通过“设计中心”拖动复制图层。

执行“设计中心”命令，弹出如图 16-3 所示的“设计中心”对话框，由底层平面图拖动复制轴线、墙体、文本、标注、门窗、楼梯图层；由立面图拖动复制地坪图层；由剖面图拖动复制填充线、楼面线图层。

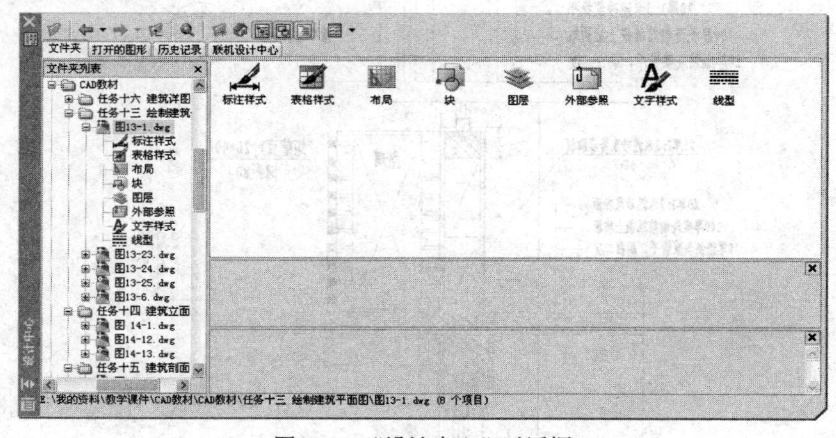

图 16-3　“设计中心”对话框

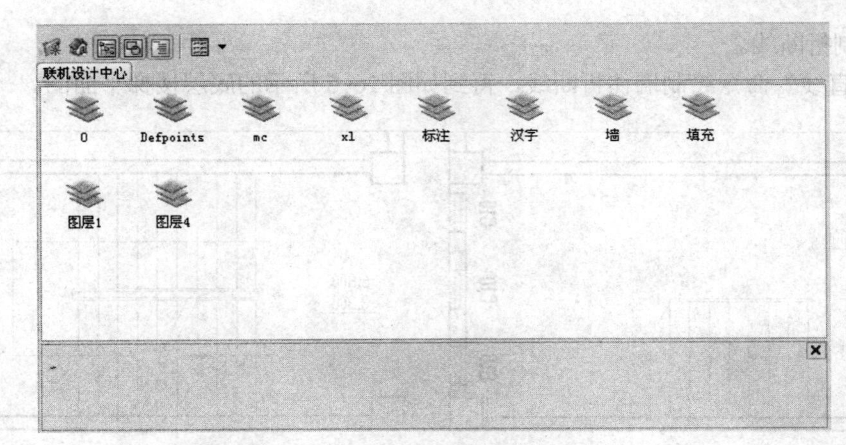

图 16-3 “设计中心”对话框（续）

④ 创建文字样式及标注样式。

在“设计中心”对话框中，拖动复制平面图中已创建的仿宋文字样式和线性标注样式。

（2）绘制楼梯平面图。

① 底层平面图的复制。

● 确定修剪楼梯间的范围。

打开底层平面图，使用“矩形”命令绘制矩形，将楼梯间包含在内，如图 16-4 所示。

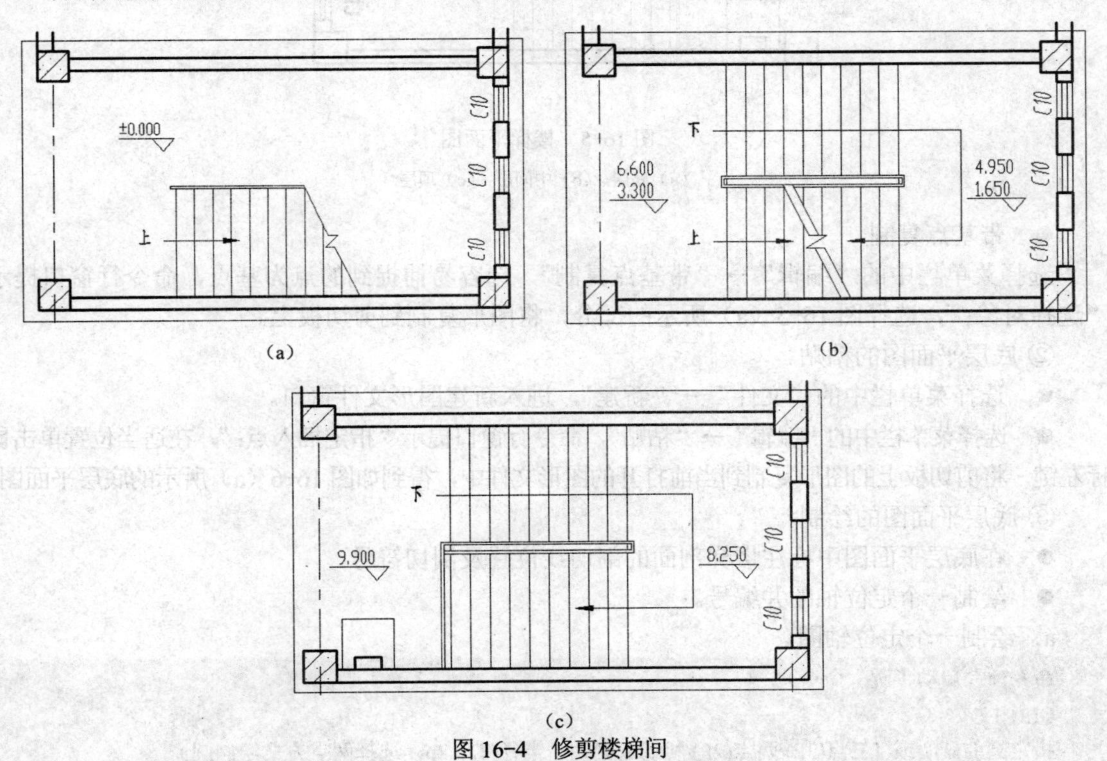

图 16-4　修剪楼梯间

● 修剪楼梯间。

使用“剪切”命令，选择矩形为剪切边，将矩形外的图形剪掉，然后删除矩形。

● 绘制折断线。

使用“直线”命令绘制墙体折断线，得到如图 16-5 所示的底层楼梯平面图。

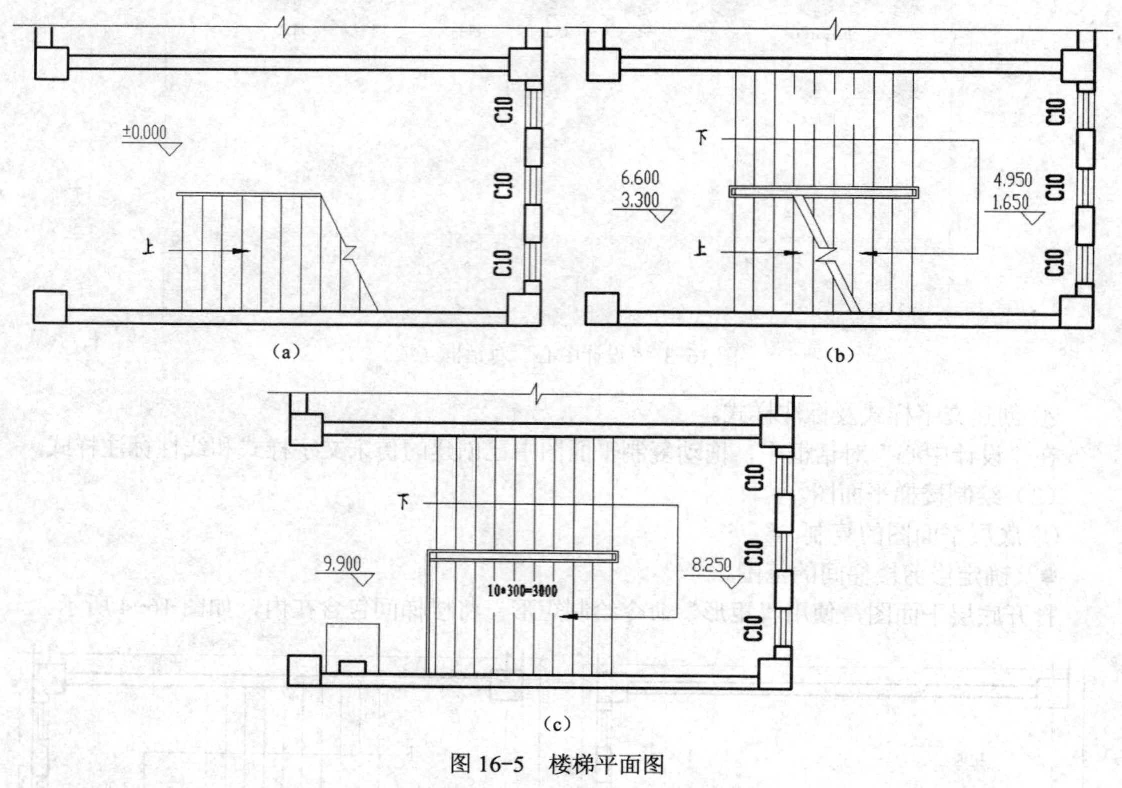

图 16-5 楼梯平面图

（a）底层 （b）中间层 （c）顶层

● 带基点复制。

选择菜单栏中的“编辑”→“带基点复制”，选容易捕捉到的点为基点，命令行窗口提示“选择对象：”，选择图 16-5（a）所示的部分，将图形复制到剪切板上。

② 底层平面图的粘贴。

● 选择菜单栏中的“文件”→“新建”，进入新建图形文件窗口。

● 选择菜单栏中的“编辑”→“粘贴”，命令行窗口提示“指定插入点：”，在适当位置单击鼠标左键，将剪切板上的图形复制到当前打开的图形文件中，得到如图 16-6（a）所示的底层平面图。

③ 底层平面图的绘制。

● 在底层平面图中标注楼梯剖面的剖切线位置及剖切符号。

● 绘制一个定位轴圈并编号。

a．绘制一个定位轴圈。

```
命令: c（启动“圆”命令）
CIRCLE
指定圆的圆心或 [三点(3P)/两点(2P)/相切、相切、半径(T)]: 2p（选择两点方式绘制圆）
指定圆直径的第一个端点:（捕捉底层平面图中⑥轴的端点）
指定圆直径的第二个端点: @0,-500（确定圆直径的端点，完成如图 16-6（a）所示的⑥轴轴圈的绘制）
```

b．标注定位轴圈并编号。

命令: dt（启动“单行文字”命令）
TEXT
当前文字样式: Standard 当前文字高度: 2.5000
指定文字的起点或 [对正(J)/样式(S)]: j（选择文字对正方式）
输入选项
[对齐(A)/调整(F)/中心(C)/中间(M)/右(R)/左上(TL)/中上(TC)/右上(TR)/左中(ML)/正中(MC)/右中(MR)/左下(BL)/中下(BC)/右下(BR)]: m（选择文字对正方式为中间对齐）
指定文字的中间点:（确定输入文字的对齐点）
指定高度 <2.5000>: 350（确定输入文字的高度为 350 mm）
指定文字的旋转角度 <0>:（直接敲回车键确定文字的旋转角度取默认值 0 度）
输入文字 6（敲两次回车键结束操作，完成如图 16-6（a）所示的⑥轴轴圈的绘制及编号标注）

● 绘制其余定位轴圈并编号。

命令: co（启动“复制”命令）
COPY
选择对象: 指定对角点: 找到 2 个（选取如图 16-6（a）所示的⑥轴轴圈及编号）
选择对象:
指定基点或 [位移(D)] <位移>:（捕捉⑥轴的左端点，以确定复制基点）
指定第二个点或 <使用第一个点作为位移>:（依次捕捉底层、中间层、顶层平面图轴线的右端点，完成轴圈及编号的复制）

选择菜单栏中的“修改”→“对象”→“文字”→“编辑”，拾取框依次选取需要修改的轴编号，数字亮显，输入轴编号完成编辑，得到如图 16-6 所示的平面图。

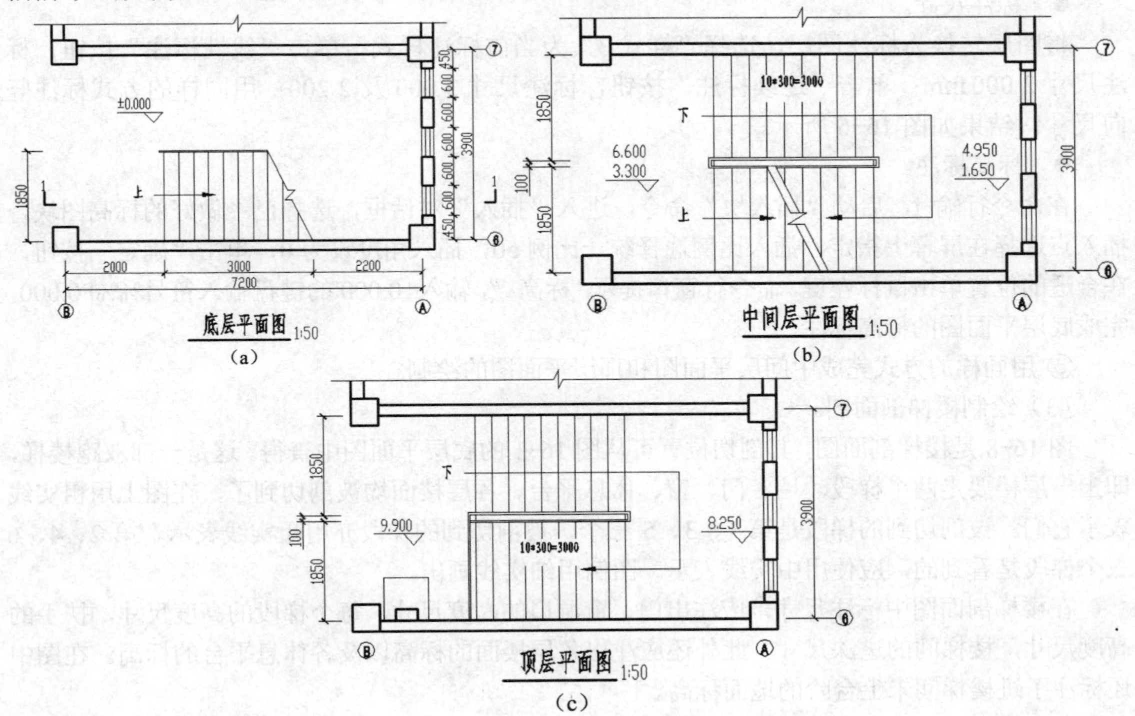

图 16-6　楼梯平面图

④ 底层平面图的标注。

● 创建标注样式。

在命令行输入 d，然后敲回车键启动创建尺寸标注样式的命令，进入如图 16-7 所示的“标注样式管理器”对话框，对拖动复制过来的“样式 3”进行修改，单击样式列表中的“样式 3”使其亮显，表示选择了该样式，然后单击[修改(M)...]按钮，在“调整”选项卡中修改全局比例，全局比例是出图比例的倒数即 50。单击“确定”，返回如图 16-7 所示的“标注样式管理器”对话框，选中“样式 3”，单击“置为当前”按钮，使其成为当前标注样式，然后关闭对话框。

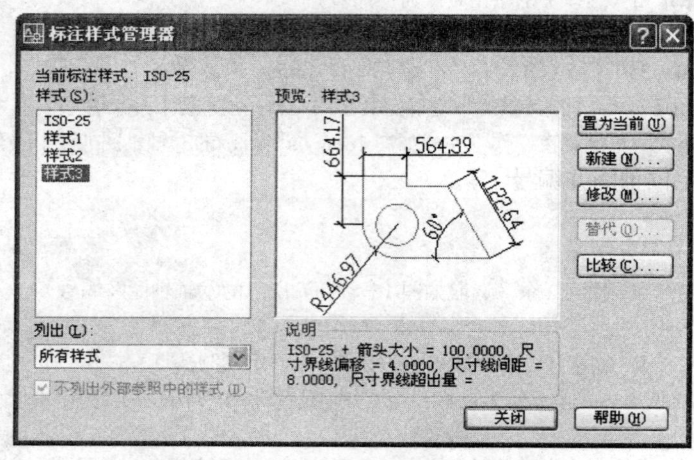

图 16-7 “标注样式管理器”对话框

● 标注尺寸。

将图层转换为标注图层，选择“样式 3”为当前标注样式。单击“线性标注”按钮，标注尺寸 2 000 mm；单击“连续标注”按钮，标注尺寸 3 000 及 2 200；用同样的方式标注竖向尺寸。结果如图 16-6 所示。

● 标高标注。

在命令行输 i，启动“插入块”命令，进入“插入”对话框，选择已经做好的标高图块，插入点选择在屏幕上指定，插入比例选择统一比例 50，插入角度设为 0，单击“确定”按钮，在合适的位置单击鼠标左键，命令行窗口提示“标高:”，输入±0.000 的键盘输入符号%%P0.000，完成底层平面图的标高标注。

⑤ 用同样的方式完成中间层平面图和顶层平面图的绘制。

（3）绘制楼梯剖面图。

图 16-8 是楼梯剖面图，其剖切位置可从图 16-1 的底层平面图中查得。这是一部双跑楼梯，即上一层楼要走两个梯段。墙、门、窗、休息平台、各层楼面均被剖切到了，在图上用粗实线表示它们。被剖切到的梯段是第 1、3、5 三个，被剖切到的梯段亦用粗实线表示。第 2、4、6 三个梯段是看到的，应使用中实线表示。图例用细实线画出。

在楼梯剖面图中标注尺寸，应注出门、窗洞口的高度尺寸，每个梯段的高度尺寸，扶手的高度尺寸，楼梯间的进深尺寸。此外还应注出各层楼面的标高以及各休息平台的标高。在图中还标注了进楼梯间未上台阶的地面标高。

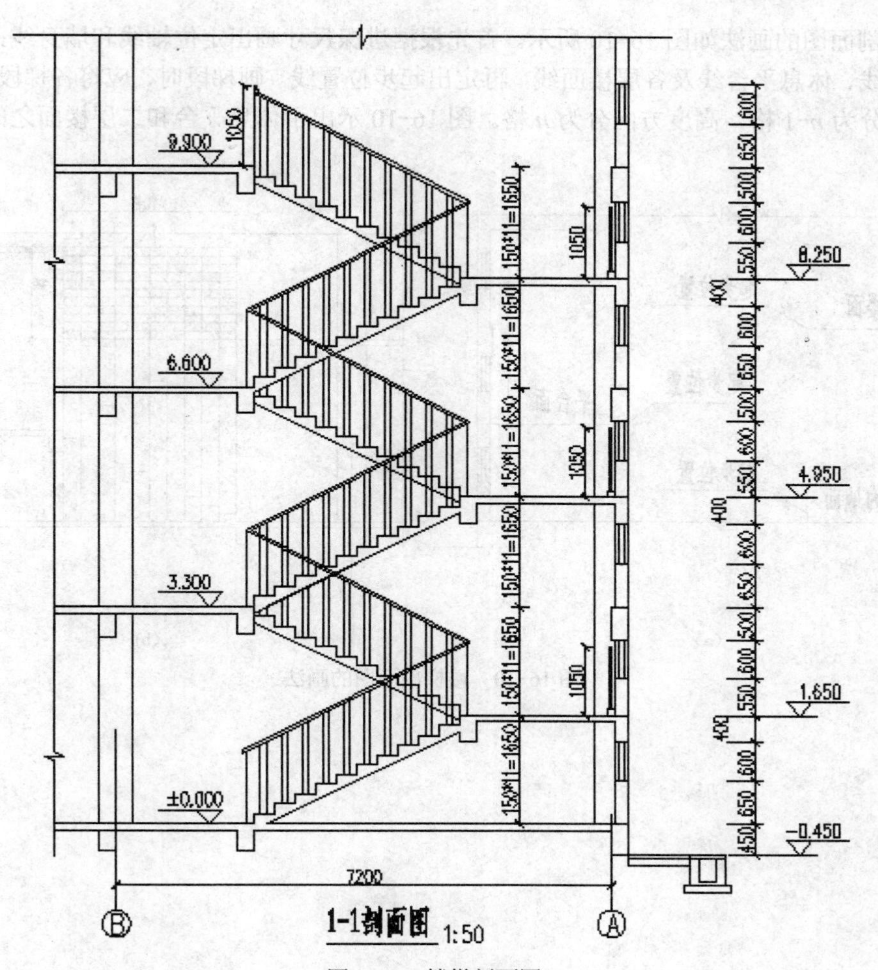

图 16-8　楼梯剖面图

画楼梯平面图时，应首先根据楼梯间的开间和进深尺寸画出定位轴线，然后画出墙身线和梯段起步线（图 16-9（a），再根据梯段的步数将起步线之间等分为 n-1 格（n 代表梯段的步数），再画出踏步的投影（图 16-9（b）。

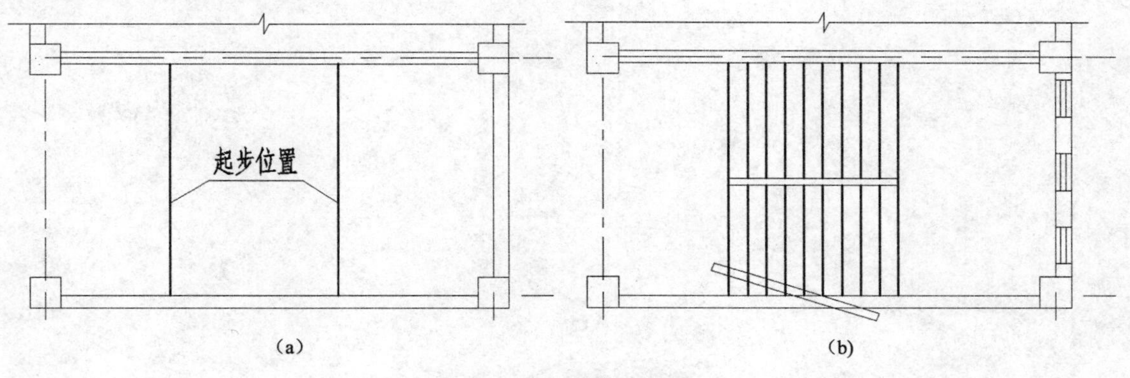

（a）　（b）

图 16-9　楼梯平面图的画法

楼梯剖面图的画法如图 16-10 所示。首先根据进深尺寸画出定位轴线和墙身线，然后画出室内地面线、休息平台线及各层楼面线，再定出起步位置线。画梯段时，应将各梯段分格画出，水平方向分为 *n*-1 格，高度方向分为 *n* 格。图 16-10 示出了休息平台和二层楼面之间梯段的分格画法。

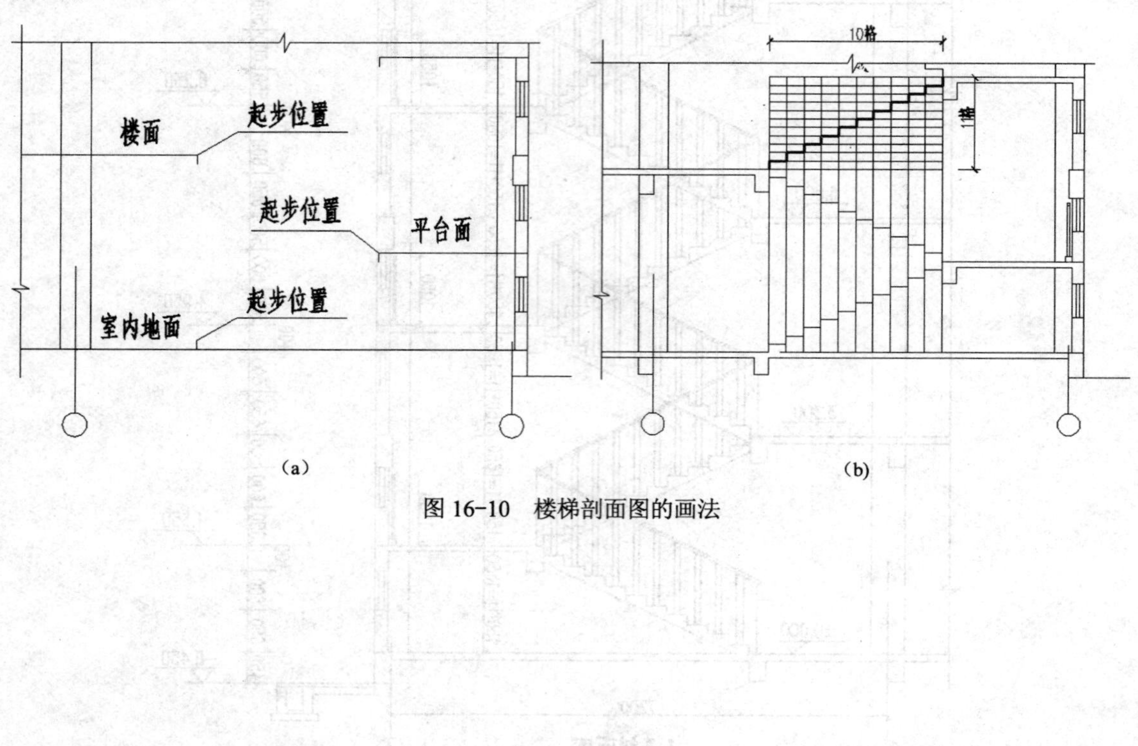

图 16-10 楼梯剖面图的画法

项目四

给排水专业图

17 任务十七

给排水工程图

17.1 学习目标

知识目标

- 了解建筑给排水工程的基本专业知识。
- 学习运用 AutoCAD 绘制建筑给排水工程图的操作技巧。
- 熟悉给排水工程图制图的特点。

技能目标

- 掌握给排水工程图的制图流程。

17.2 任务介绍

本任务为绘制完成如图 17-1 所示的甘肃省某三层办公楼给排水平面及系统图。

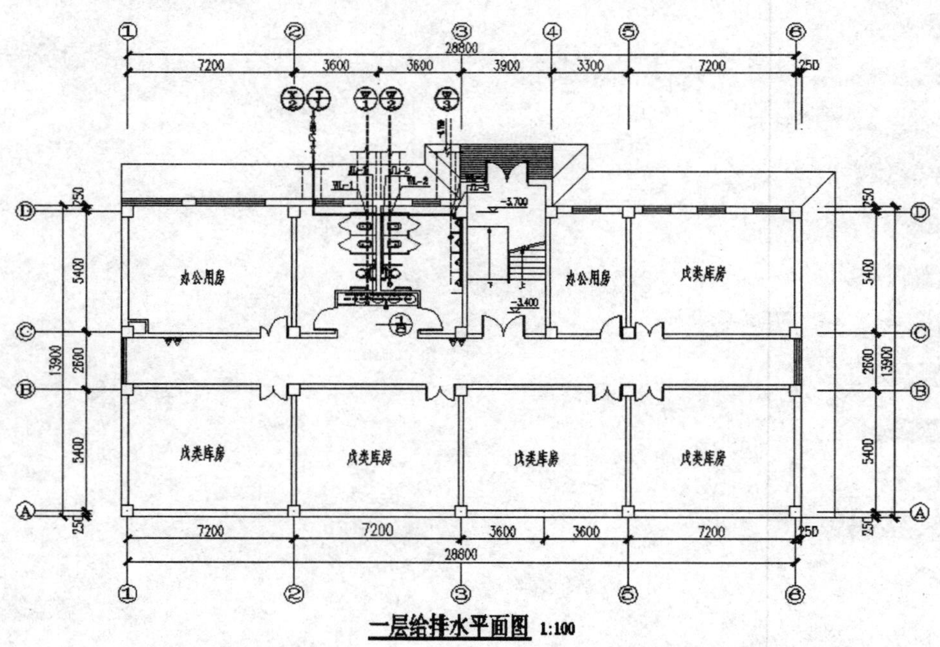

(a)

图 17-1 甘肃省某三层办公楼给排水平面及系统图

(a) 一层给排水平面图

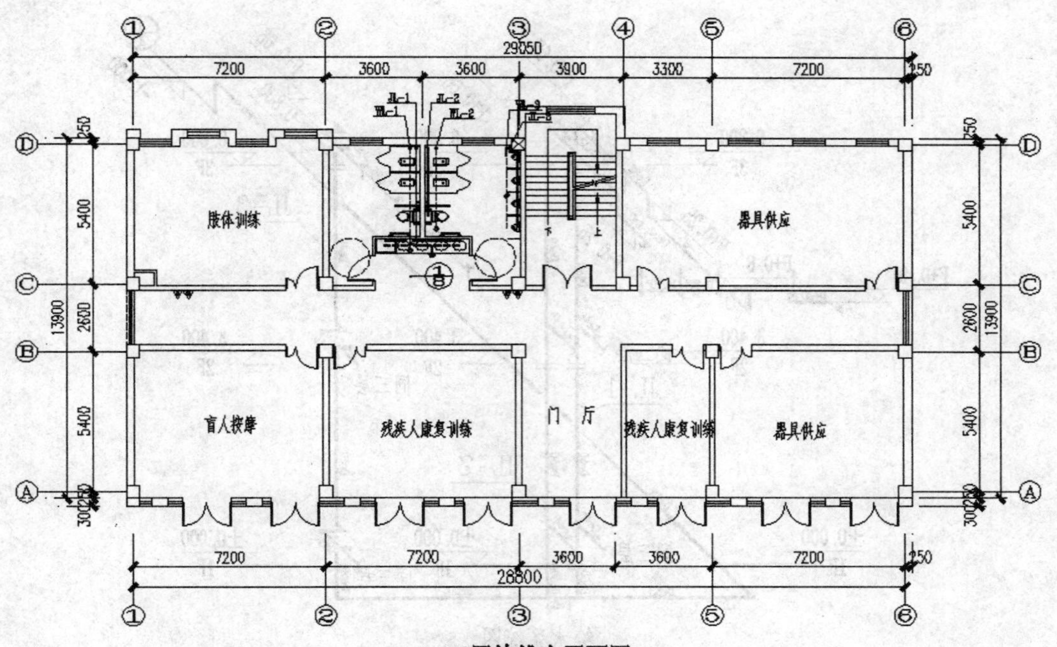

二、三层给排水平面图 1:100

(b)

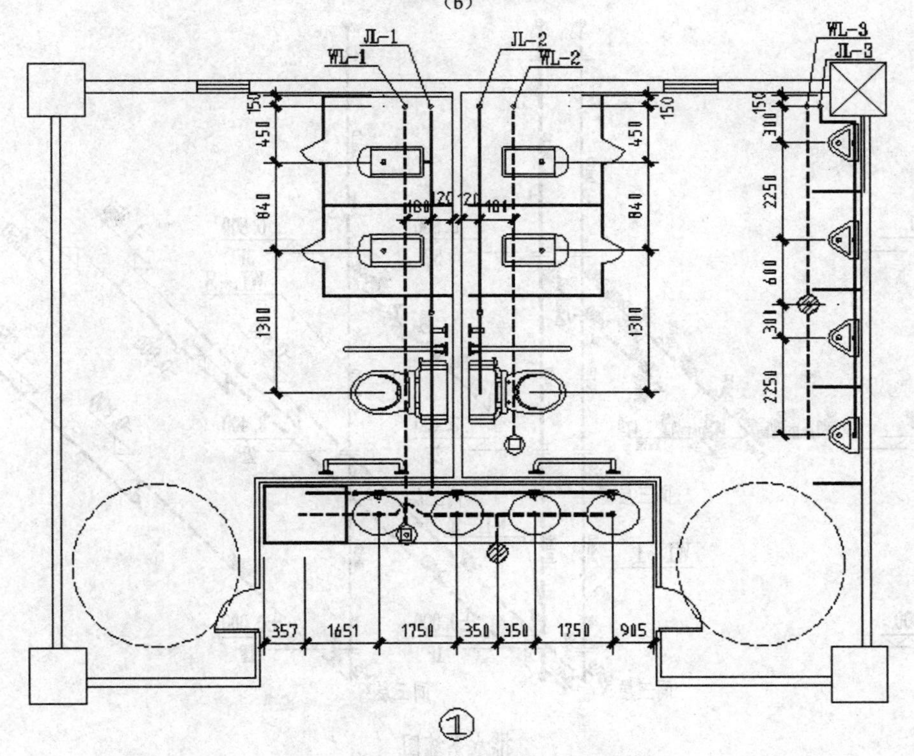

①

卫生间大样图 1:40

(c)

图 17-1　甘肃省某三层办公楼给排水平面及系统图（续）

（b）二、三层给排水平面图　（c）卫生间大样图

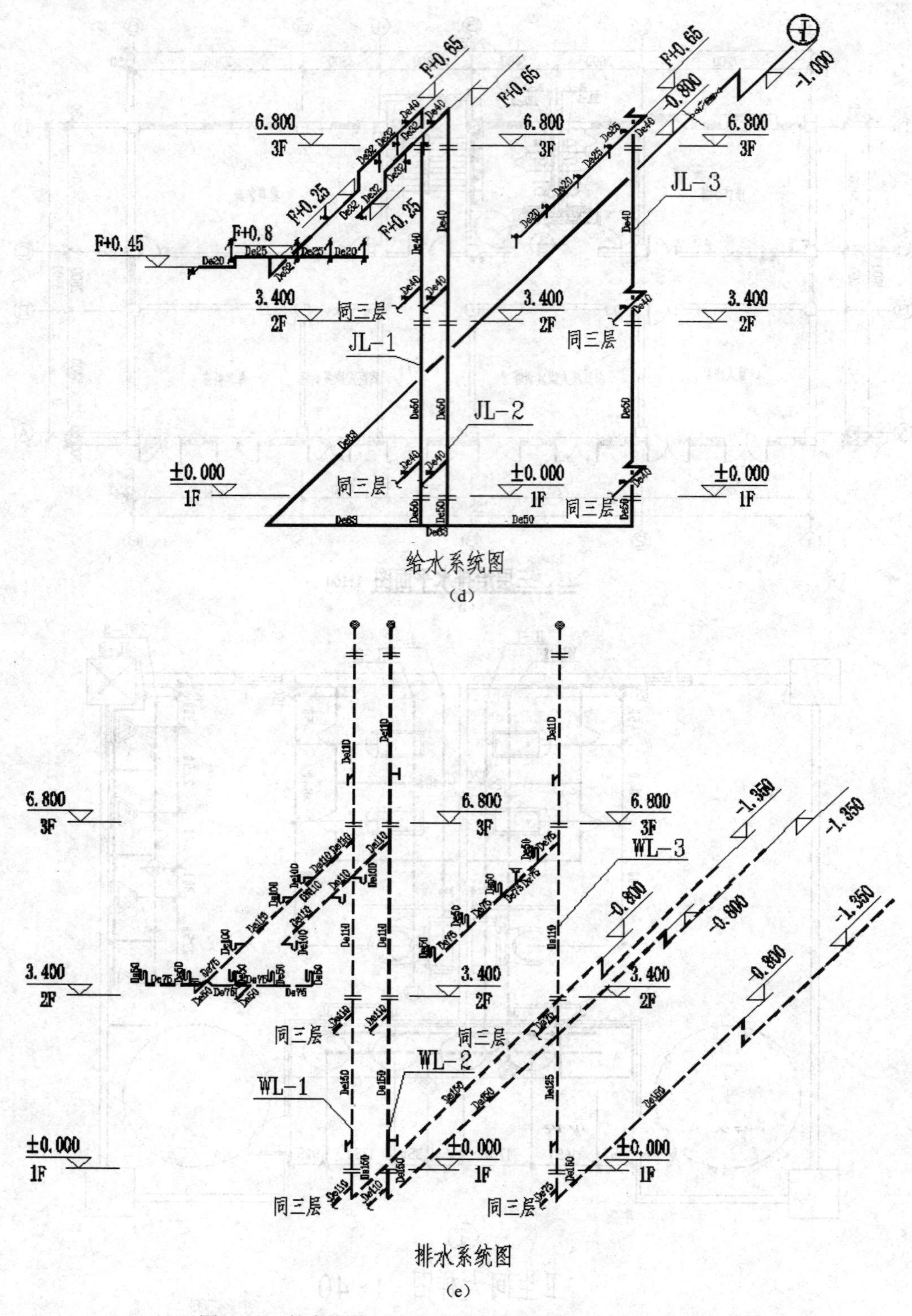

图 17-1 甘肃省某三层办公楼给排水平面及系统图（续）

（d）给水系统图 （e）排水系统图

17.3　相关知识

给排水工程包括给水工程和排水工程两个方面。给水工程指水源取水、水质净化、净水输送、配水使用等工程；排水工程指污水（如生活、粪便、生产等污水）排出，污水处理，处理后的污水排入江河、湖泊等工程。给排水工程主要由各种管理及其配件和水的处理、储存设备等组成，整个工程与房屋建筑、水力机械、水工结构等工程有着密切关系。

本任务介绍的室内给排水工程图是给排水工程图的一部分。在绘制这部分工程图时，除应遵守《建筑给水排水制图标准》（GB/T 50106—2010）的规定外，还应符合《房屋建筑制图统一标准》（GB/T 50001—2010）及国家现行有关标准、设计规范的规定。

室内给排水工程是为住宅、医院、学校、厂房等建筑物设计的用水装置。它由各种管道、配水器具、卫生设备及用水装置组成。室内给排水工程图主要显示了这些配水器具、卫生设备的安装位置及管道的布置情况。要将这些性质各异、内容复杂的管道及设备画在一张图上，显然不同于建筑施工图的内容、画法及要求，室内给排水工程图的比例、图线及形体表达等方面都要符合本专业的要求。室内给排水工程图一般以管道平面布置图、管道系统轴测图为主，另有安装详图、室外区域管网平面图与之配套。

室内给排水工程图大致有如下三点要求。

（1）采用一定的比例和图线，按直接正投影画出局部配水房间的房屋建筑平面图。

（2）管道作为配水的输送工具，形状细而长，因此在采用较小比例（如 1:50、1:100、1:200）画图时，无法精确画出较小的管径。根据管道及配水设备的形状、绘图比例和施工要求，在平面布置图和轴测图上，一般以单一线条表示管道的中心线，以示意性的图例符号表示管道上的附属设备、仪表以及房屋内部的配水器具、卫生设备等。

（3）室内给排水工程图的图线、比例及图例一律遵守《建筑给水排水制图标准》（GB/T 50106—2010）的有关规定。有些图例符号要在施工图上加以说明。

1．室内给排水平面图

室内给排水平面图是室内给水或排水系统平面布置图的简称，主要表示房屋内部给水或排水设备的配置和管道的布置情况。室内给排水平面图可画在同一张建筑平面图上。其主要内容包括以下几种。

（1）建筑平面图及相关给水或排水设备在建筑平面图中的平面位置。

（2）各用水设备的平面位置、规格类型等。

（3）给水或排水管网的各干管、立管和支管的平面位置、走向、立管编号和管道安装方式（明装或暗装）、名称、规格、尺寸等。

（4）管道器材设备（阀门、消火栓、地漏等）与给水系统相关的室内引入管、水表节点及加压装置的平面位置。

（5）屋顶给水平面图中应注明屋顶水箱的平面位置、水箱容量、进出水箱的各种管道的平面位置、设备支架及保温措施等内容。

（6）管道及设备安装预留洞的位置，预埋件、管沟等对土建的要求。

2．室内给排水系统图

给排水系统图是给排水系统轴测图的简称，主要表示给排水管道的空间布置和连接情况。

给水系统图和排水系统图应分别绘制。给排水系统图的轴测图宜采用正面斜等轴测绘制。

3．室内给排水工程图的一般绘图步骤

第一步：分楼层画出配水房间的建筑平面图。

配水房间的建筑平面图可采用与房屋建筑平面图相同的比例，一般为 1:100，也可采用放大比例 1:50 来画，为突出管道及卫生设备的布置情况，房屋的墙身和门窗等一律采用细实线画。

在底层平面图中，由于室内管道与户外管道相连，需单独画一个平面图，如图 17-1（a）所示。如果各楼层的卫生设备及管道布置相同，可共用一个楼层平面图，称为标准层平面图，如图 17-1（b）为二、三层平面图，即为标准层平面图，但需注明相应楼层的标高。

第二步：画出卫生设备的平面布置图。

各类用水器具和卫生设备均按国标规定的图例，用中实线按比例画出外形轮廓，内轮廓用细实线画出。施工时一律按《给水排水国家标准图集》安装，平面图中不必详细画出其形体形状。

第三步：画出管道的平面布置图。

管道是平面布置图的主要内容，通常采用粗实线表示给水管道，粗虚线表示排水管道。用小圆圈表示穿楼层的竖直管道，并加注代号 JL 表示给水立管，代号 PL 表示排水立管，穿层的给水或排水立管为两个或两个以上时，要加注立管编号，如图 17-1 中的 JL-1 表示第一号给水立管，PL-1 表示第一号排水立管。在本层内空间转折的立管平面图上不加表示。

底层平面布置图应画出引入管及埋在地下的水平干管。图 17-1 中的各层平面图都示出了水龙头、自动冲洗水箱及冲洗水管。管道线仅表示管道的安装位置，并不表示其具体平面位置尺寸，如与墙面的距离等。

在给排水工程施工图中，为清楚表明各管道之间、管道与墙柱之间以及卫生设备安装节点之间的距离，还应绘制卫生间给水大样图，如图 17-1（c）所示。

当室内给水系统进口为两个或两个以上时，应按图 17-2 所示加注管道类别及编号。图 17-1（a）示出了第 1 号给水系统。

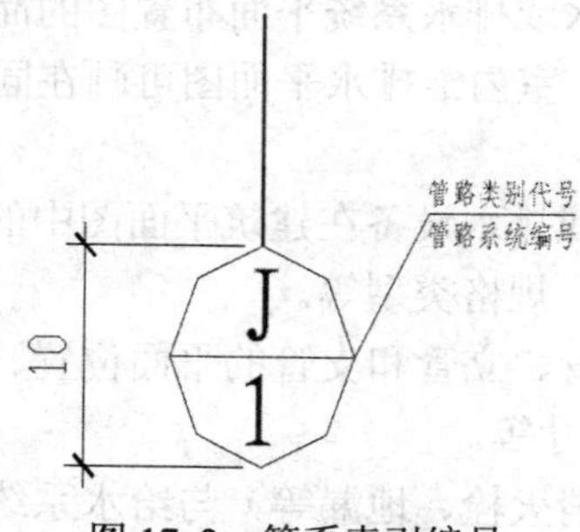

图 17-2　管系索引编号

操作步骤

（1）绘制给排水平面图。

① 绘制建筑平面图，绘制方法如前所述，绘制结果如图 17-3 所示。

② 利用“多段线”命令在建筑平面图上绘制给水管道，并绘制相关的阀门、水表（如图 17-4 所示）等；给水立管用直径为 10 mm 的圆表示，并进行标注，如图 17-5 所示。最终所得给水平面图如图 17-6 所示。

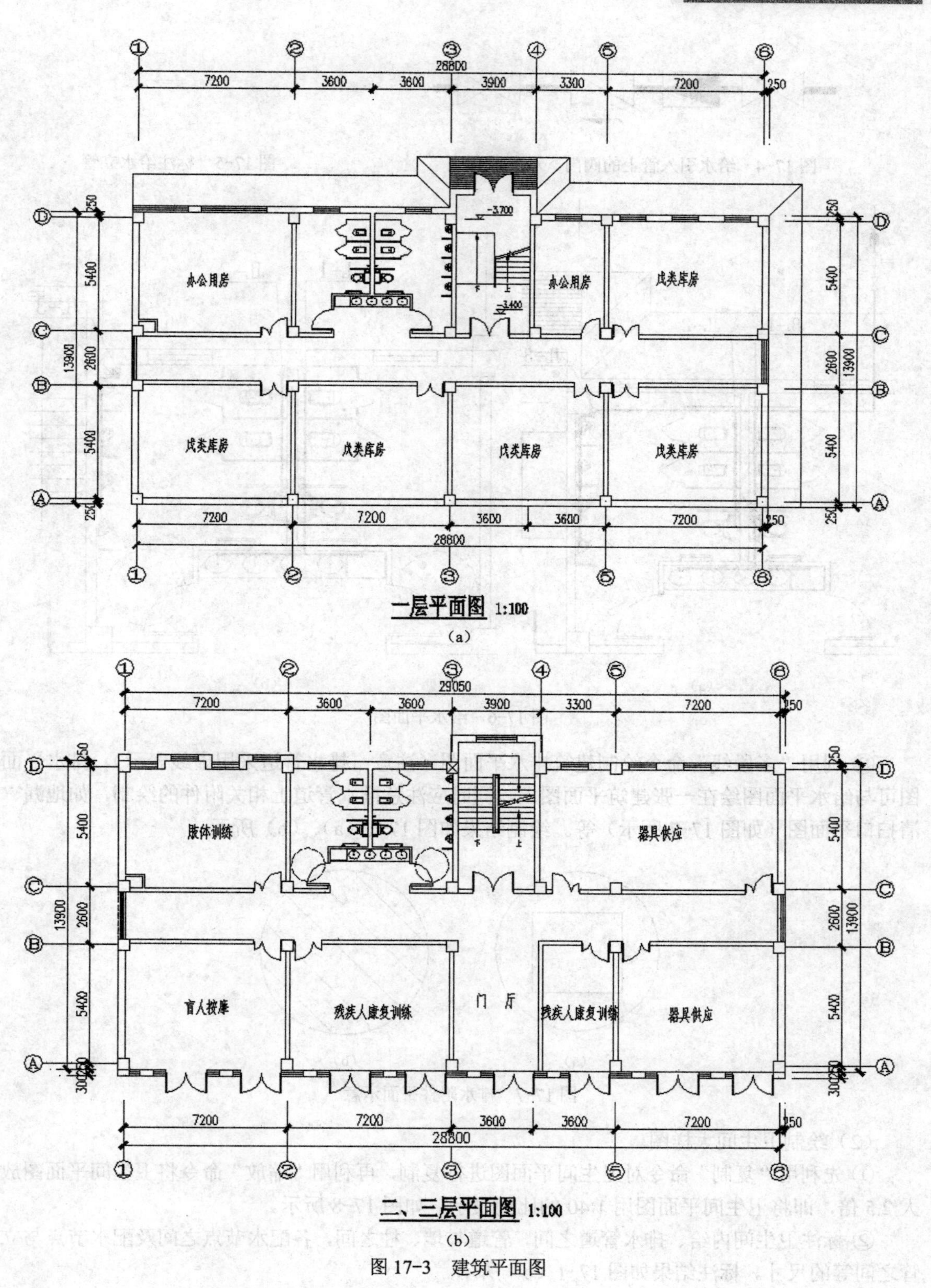
一层平面图 1:100
(a)
办公用房
戊类库房
二、三层平面图 1:100
(b)
肢体训练
器具供应
盲人按摩
残疾人康复训练
门厅

图 17-3 建筑平面图

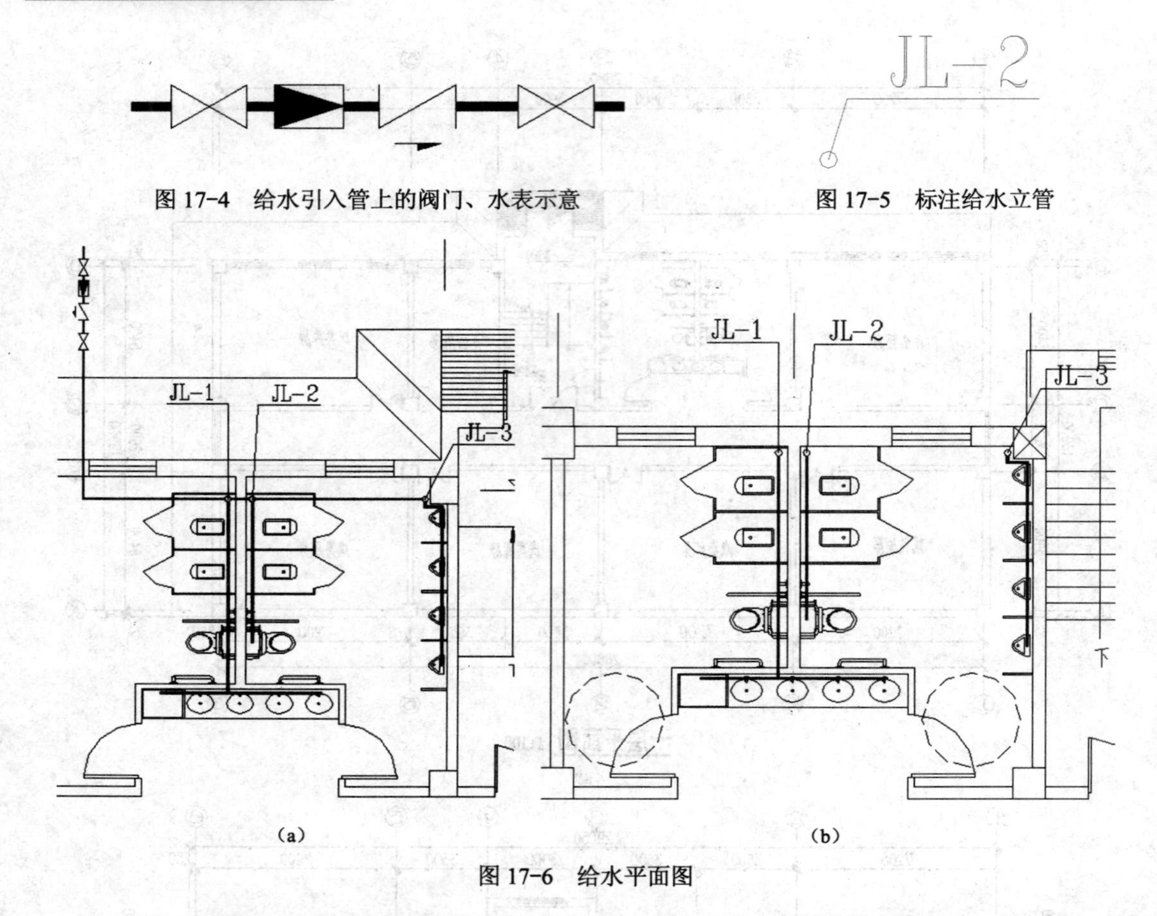

图 17-4　给水引入管上的阀门、水表示意

图 17-5　标注给水立管

(a)　(b)

图 17-6　给水平面图

③ 利用“多段线”命令绘制建筑排水平面图（注意：排水管道采用虚线表示），排水平面图可与给水平面图绘在一张建筑平面图上，同时应注意排水管道上相关附件的绘制，如地漏、清扫口平面图（如图 17-7 所示）等。绘制结果如图 17-1（a）、（b）所示。

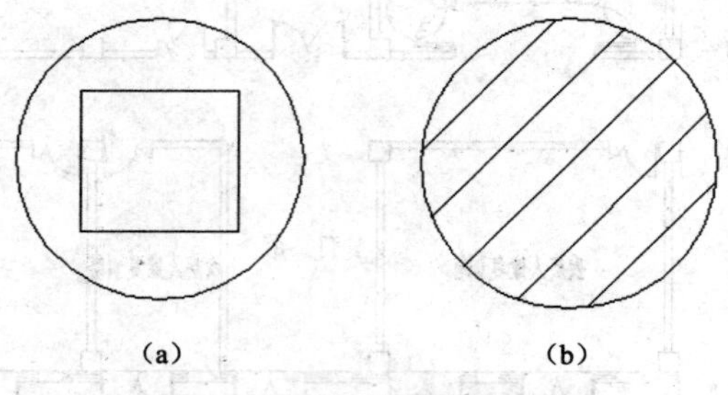

(a)　(b)

图 17-7　排水附件平面示意

（2）绘制卫生间大样图。

① 先利用“复制”命令对卫生间平面图进行复制，再利用“缩放”命令将卫生间平面图放大 2.5 倍，即将卫生间平面图用 1:40 的比例表示，如图 17-8 所示。

② 标注卫生间内给、排水管道之间，管道与墙、柱之间，各配水节点之间及配水节点与立管之间等的尺寸。标注结果如图 17-1（c）所示。

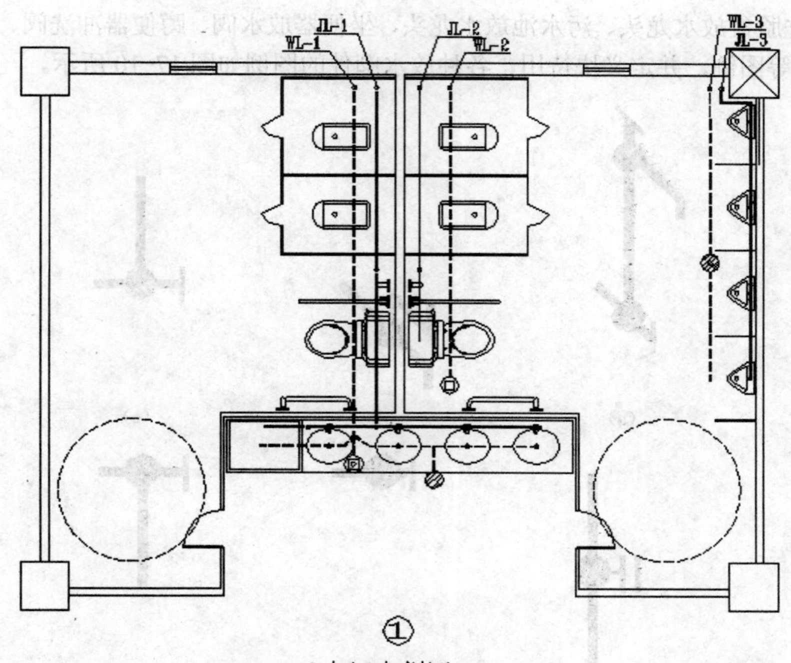

图 17-8　卫生间平面图

（3）绘制给水系统图。

① 采用斜等测法，根据给水管道平面布置图，利用“多段线”命令绘制给水系统图（注意：因 1、2 层卫生器具布置与 3 层完全相同，所以在 1、2 层给水横支管处只需画出一小段支管，在支管上插入普通闸阀图例，并用波浪线断开），结果如图 17-9 所示。

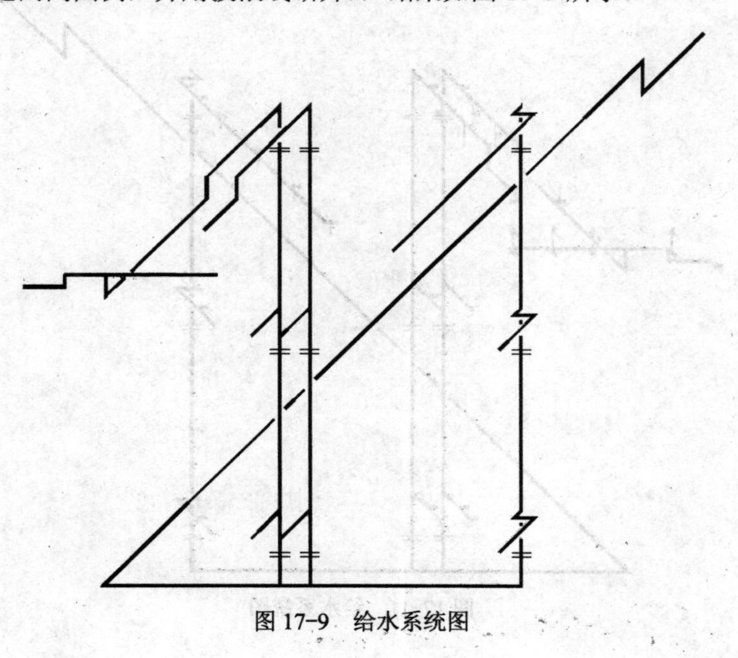

图 17-9　给水系统图

② 绘制洗脸盆放水龙头、污水池放水龙头、坐便器放水阀、蹲便器冲洗阀、普通闸阀以及小便器冲洗阀等图例，并定义块待用，各种放水阀件的图例如图 17-10 所示。

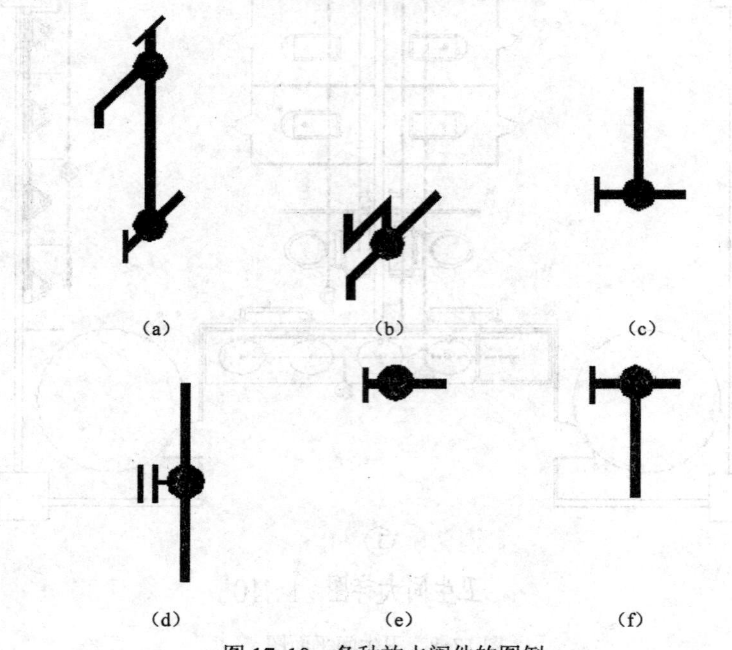

图 17-10　各种放水阀件的图例

③ 根据平面图中各类卫生器具的具体位置，在给水系统图中插入洗脸盆放水龙头、污水池放水龙头、坐便器放水阀、蹲便器冲洗阀、普通闸阀以及小便器冲洗阀等图例，结果如图 17-11 所示。

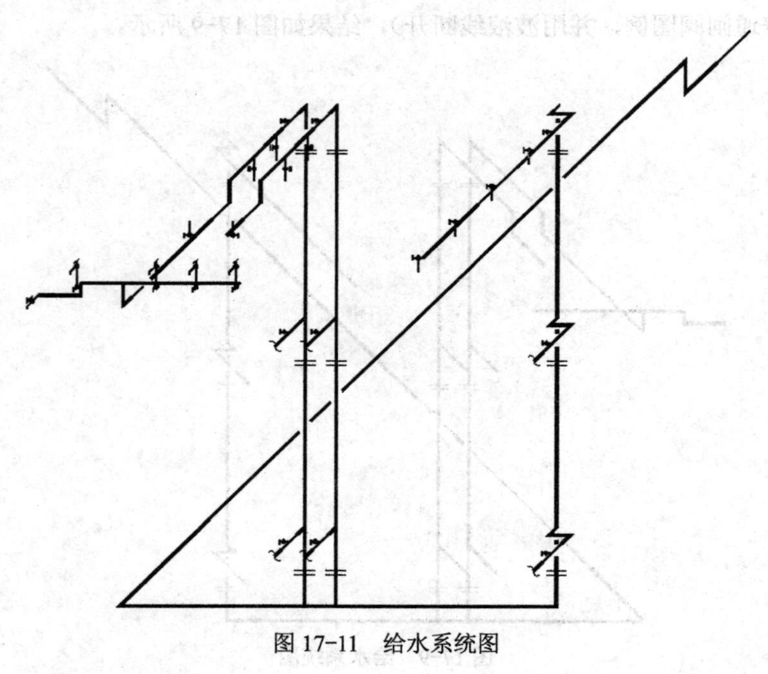

图 17-11　给水系统图

④ 对各部分管道的管径、标高等进行标注，注写相关数字、文字等；在给水引入管上绘制阀门、水表等；标注各立管及引入管编号、楼层编号及标高等。结果如图 17-1（d）所示。

（4）绘制排水系统图。

① 采用斜等测法，根据排水管道平面布置图，利用“多段线”命令绘制排水系统图（注意：排水管道用虚线表示；另外，因 1、2 层卫生器具布置与 3 层完全相同，所以在 1、2 层排水横支管处只需画出一小段支管，并用波浪线断开），结果如图 17-12 所示。

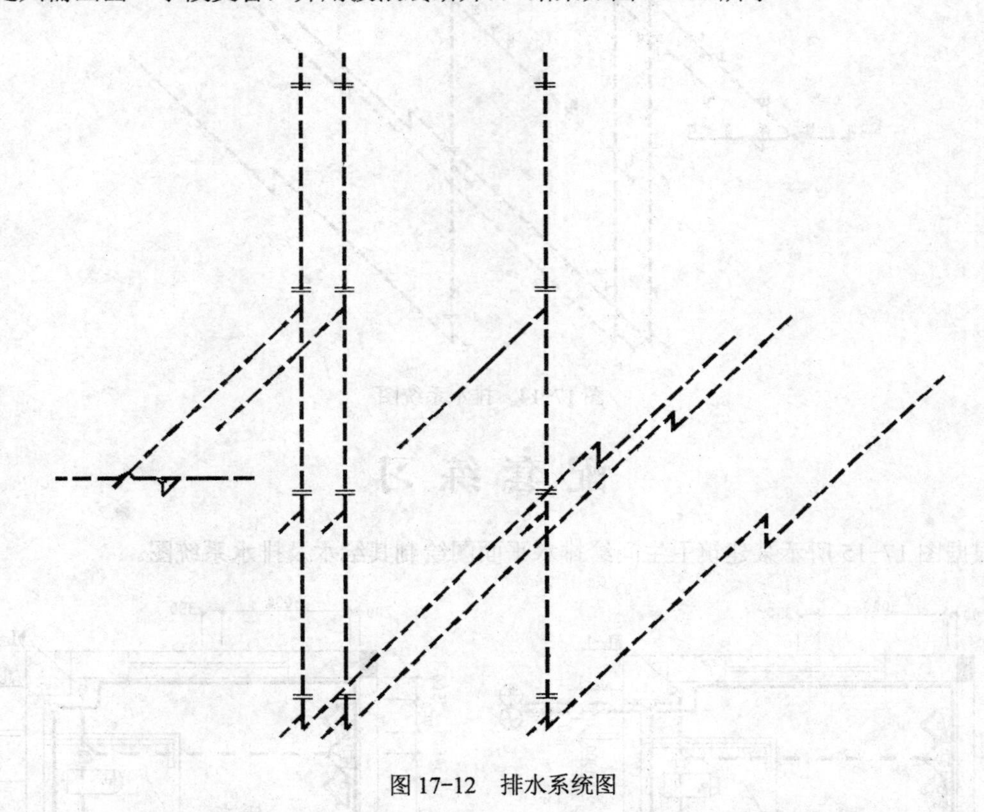

图 17-12　排水系统图

② 绘制清扫口、S 形存水弯、地漏、P 形存水弯、检查口、通气帽等图例，并定义块待用，各种排水附件的图例如图 17-13 所示。

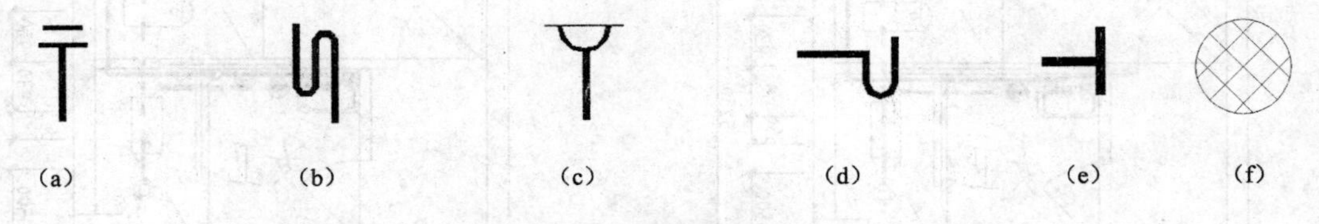

图 17-13　各种排水附件的图例

③ 根据平面图中各类卫生器具的具体位置，在排水系统图中插入清扫口、S 形存水弯、地漏、P 形存水弯、检查口、通气帽等图例，结果如图 17-14 所示。

④ 对各部分管道的管径、标高等进行标注，注写相关数字、文字等；在给水引入管上绘制阀门、水表等；标注各立管及引入管编号、楼层编号及标高等。结果如图 17-1（e）所示。

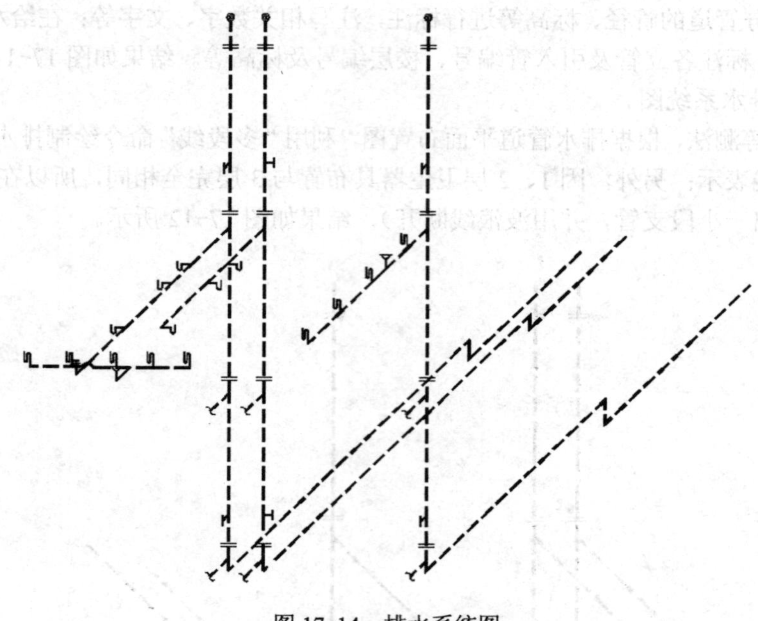

图 17-14　排水系统图

配 套 练 习

根据图 17-15 所示某建筑卫生间给排水平面图绘制其给水及排水系统图。

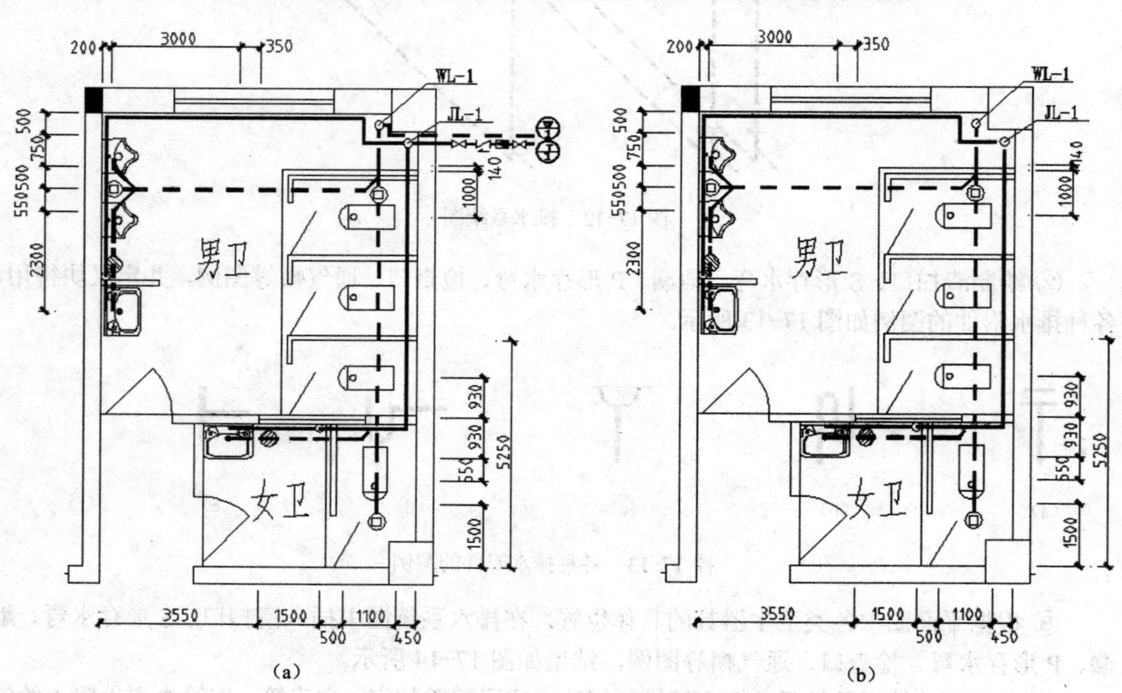

图 17-15　某建筑卫生间给排水平面图

项目五

化工专业图

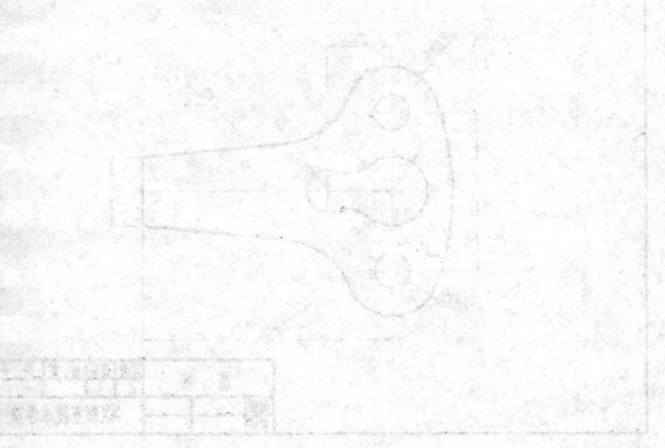

18 任务十八

化 工 制 图

18.1 学习目标

知识目标

- 了解化工设备的基本专业知识。
- 学习运用 AutoCAD 绘制化工设备及工艺流程图的操作技巧。
- 熟悉化工设备及工艺流程图制图的特点。

技能目标

- 掌握化工设备及工艺流程图的制图流程。

18.2 任务介绍

本任务为绘制完成如图 18-1 所示的摇柄平面图，并标注尺寸。要求在 A4 图幅中绘制，并将其保存。

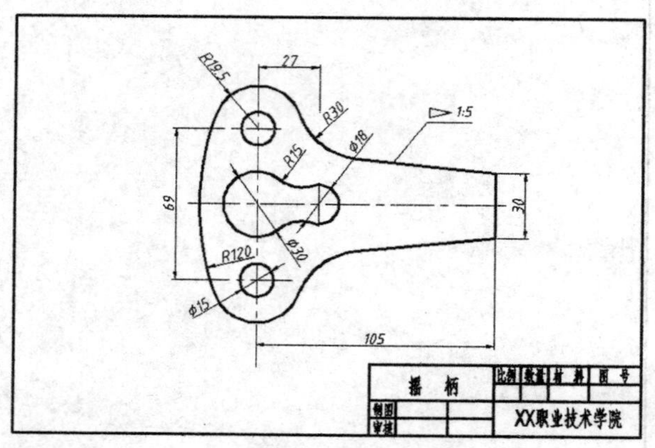

图 18-1　摇柄

18.3 相关知识

表示化工设备的形状、结构、大小、性能和制造安装等技术要求的图样称为化工设备图。化工设备图是按正投影法原理和技术制图、机械制图相关国家标准的规定绘制的。

1. 化工设备图的作用

完整成套的化工设备施工图样通常包括化工设备的装配图、部件图、零件图等。化工设备图详细反映了设备结构、制造要求和各零部件的装配连接关系，清楚地列出了设备的技术特性参数、技术要求以及对外连接关系。

2. 化工设备图的内容

1）一组视图

用一组视图表示该设备的主要结构形状和零部件之间的装配连接关系。一般由主视图、俯视图（或左视图）配以其他视图组成。另外，还要符合相关的行业标准和表达习惯。

2）必要的尺寸

用以表达设备的总体大小、性能、规格、装配和安装等尺寸以及一些零件的详细尺寸。标注方法应符合国家标准的规定。

3）零部件的编号及明细栏

与普通机械装配图一样，化工设备装配图要为各零部件编号，习惯称为件号。在明细栏中应详细填写其名称、规格、数量、材料、图号或标准号等内容。

4）管口符号和管口表

化工设备上的所有管口均应用英文字母顺序编号，自上而下按顺序填入管口表中，并在管口表中列出各管口的有关数据及用途等内容。管口表的内容是设备对外连接的重要参数。

5）技术特性表

用表格的形式列出设备设计、制造、使用的主要参数，如设计压力、工作压力等。

6）技术要求

用文字说明设备在制造、检验时应遵守的规范和规定。

7）标题栏

标题栏主要包括设计单位、设备名称、图号、比例、设计日期以及相关设计校审人员的签字。

操作步骤

（1）设置绘图环境。

① 设置图幅。

● 选择“文件”→“新建”，新建一个图形文件，在“选择样板”对话框中选择“打开”按钮下拉列表中的“无样板打开-公制”项，如图 18-2 所示。

● 选择“格式”→“图形界限”或在命令行输入“limits”，设置图形界限左下角为“0，0”，右上角为“210，297”。

图 18-2 新建文件

● 选择“绘图”→“矩形”，绘制图框，如图 18-3 所示，命令行提示与操作如下。

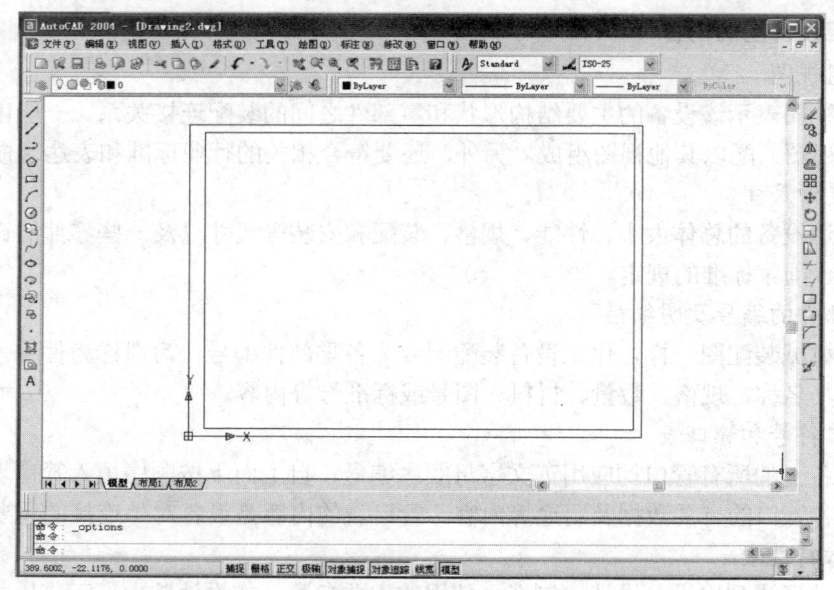

图 18-3 设置 A4 图纸

```
命令: rectang
指定第一个角点或 [倒角(C)/标高(E)/圆角(F)/厚度(T)/宽度(W)]: 0,0
指定另一个角点或 [尺寸(D)]: d
指定矩形的长度 <0.0000>: 297
指定矩形的宽度 <0.0000>: 210
指定另一个角点或 [尺寸(D)]:
命令: rectang
指定第一个角点或 [倒角(C)/标高(E)/圆角(F)/厚度(T)/宽度(W)]: 10,5
指定另一个角点或 [尺寸(D)]: d
指定矩形的长度 <297.0000>: 282
指定矩形的宽度 <210.0000>: 200
指定另一个角点或 [尺寸(D)]:
```

② 设置图层及线型。

单击“图层”工具栏中的“图层特性管理器”按钮，打开“图层特性管理器”对话框，创建并设置如表 18-1 所示的图层及线型，结果如图 18-4 所示。

表 18-1 设置图层及线性

序号	图层名	颜色	线型	线宽	用途
1	粗实线	白色	Continuous	0.3 mm	可见轮廓线
2	细实线	绿色	Continuous	默认	图案填充、文字标注及细实线
3	细点画线	红色	CENTER2	默认	中心线、轴线
4	虚线	黄色	ACAD_ISO02W100	默认	不可见轮廓线
5	尺寸	品红	Continuous	默认	标注尺寸、技术要求代号等
6	细双点画线	品红	PHANTOM2	默认	假想轮廓线

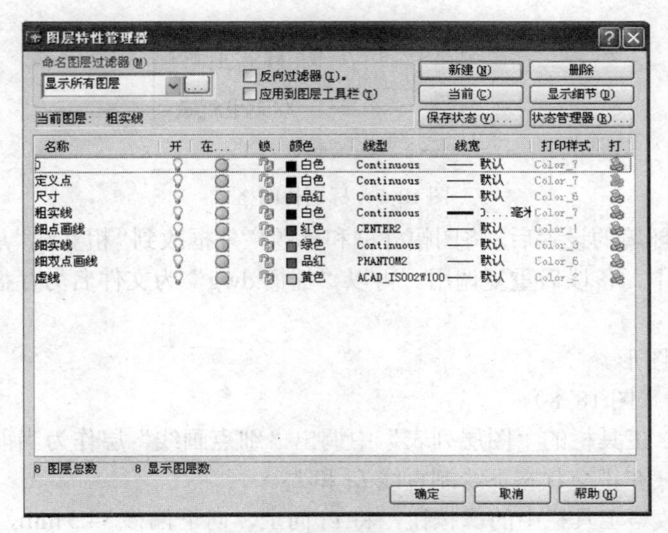

图 18-4　设置图层及线型

③ 设置文字样式。

选择“格式”→“文字样式”，弹出“文字样式”对话框。单击“新建”按钮，在“新建文字样式”子对话框中以“数字”为样式名，选择“isocp.shx”字体，“倾斜角度”设为 15，“宽度比例”设为 1，单击“应用”按钮，建立数字和字母文字样式；再新建汉字文字样式“仿宋体”，选择“仿宋_GB2312”字体，“宽度比例”设为 0.7，“倾斜角度”设为 0，单击“应用”按钮并关闭对话框，如图 18-5 所示。

④ 设置尺寸标注样式。

选择“格式”→“标注样式”，弹出“标注样式管理器”对话框，如图 18-6 所示。单击“新建”按钮，在“创建新标注样式”子对话框中以“标注 1”为新样式名，单击“继续”按钮，弹出“新建标注样式：标注 1”对话框，分别进入“直线”“符号和箭头”“文字”等选项卡，根据制图国家标准的有关规定，在“直线”选项卡中将“基线间距”设为 8；在“符号和箭头”选项卡中将“箭头大小”设为 3.5；在“文字”选项卡中将“文字样式”设为“数字”。

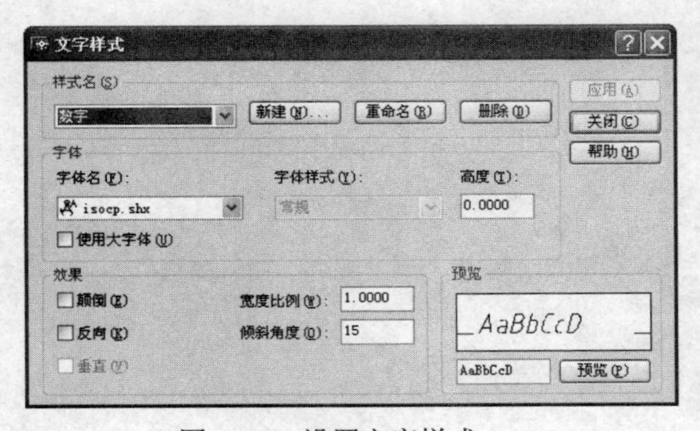

图 18-5　设置文字样式

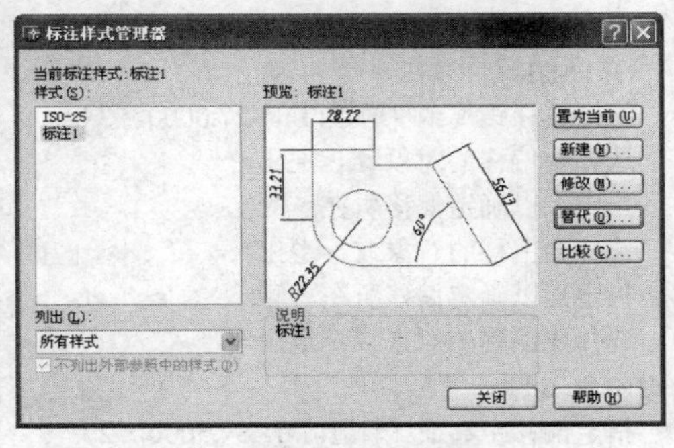

图 18-6　设置尺寸标注样式

⑤ 绘制标题栏。

根据图 18-7 所示标题栏的格式，采用“直线”“偏移”“修剪”“复制”等命令绘制标题栏，然后点击“绘图”→“文字”→“多行文字”按钮 A，填写相应的文字，完成标题栏的绘制。

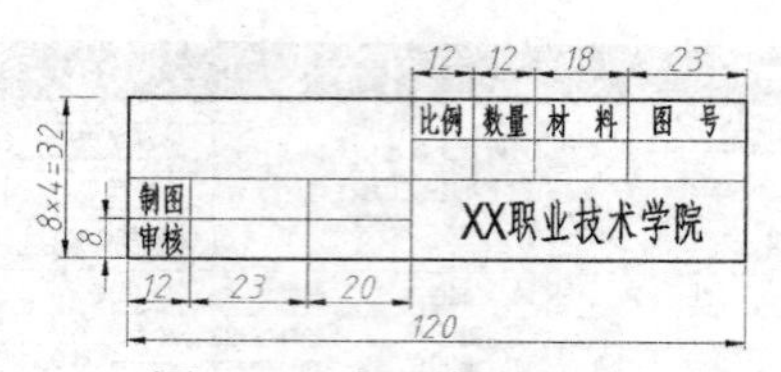

图 18-7　标题栏的格式

完成上述绘图环境的设置后，将图幅外框和标题栏外框改到“粗实线”层，然后以“A4.dwt”为名存入图形样板中，备以后重复调用。再以“摇柄.dwg”为文件名另存盘，并在该文件中绘制摇柄图。

（2）绘制平面图形。

① 绘制定位线（图 18-8）。

- 从“图层”工具栏的“图层列表”中调出“细点画线”层作为当前层，单击“绘图”工具栏中的按钮，在正交状态下绘制直线 L_1 和 L_2。
- 单击“修改”工具栏中的按钮，将 L_1 向上、向下偏移 34.5 mm，得到直线 L_3 和 L_4；将 L_2 向右偏移 27 mm，得到直线 L_5。

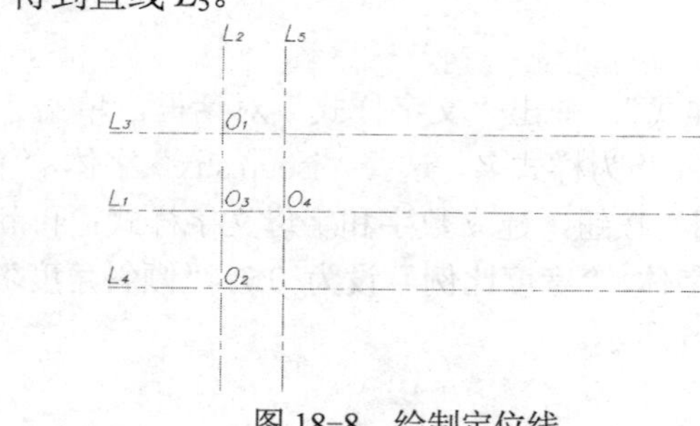

图 18-8　绘制定位线

命令行提示与操作如下。

```
命令:1
LINE 指定第一点:
指定下一点或 [放弃(U)]: <正交 开>
指定下一点或 [放弃(U)]:
命令: o
OFFSET
指定偏移距离或 [通过(T)] <27.0000>: 34.5
选择要偏移的对象或 <退出>:
指定点以确定偏移所在一侧:
选择要偏移的对象或 <退出>:
指定点以确定偏移所在一侧:
选择要偏移的对象或 <退出>:
命令: offset
指定偏移距离或 [通过(T)] <34.5000>: 27
选择要偏移的对象或 <退出>:
指定点以确定偏移所在一侧:
选择要偏移的对象或 <退出>:
```

② 绘制摇柄中的圆（图 18-9）。

- 从“图层列表”中调出“粗实线”层作为当前层，单击“绘图”工具栏中的按钮，

分别以 O_1、O_2 为圆心，绘制直径为 39 mm 和 15 mm 的同心圆。

- 用相同的方法，以 O_3 为圆心，绘制直径为 30 mm 的圆。
- 用相同的方法，以 O_4 为圆心，绘制直径为 18 mm 的圆。

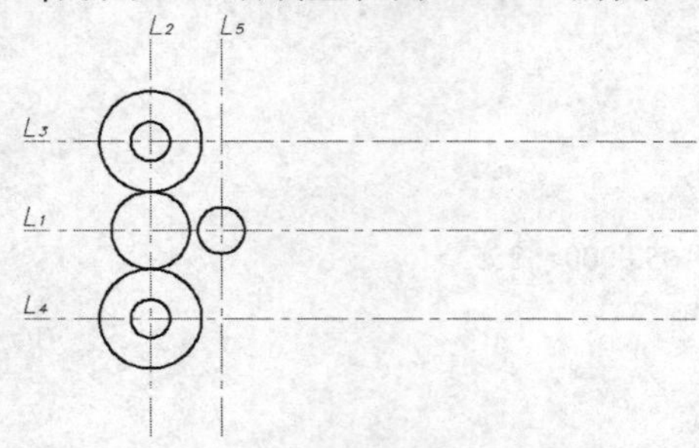

图 18–9　绘制摇柄中的圆

命令行提示与操作如下。

```
命令: c
CIRCLE 指定圆的圆心或 [三点(3P)/两点(2P)/相切、相切、半径(T)]:
指定圆的半径或 [直径(D)]: d
指定圆的直径: 39
命令: circle
指定圆的圆心或 [三点(3P)/两点(2P)/相切、相切、半径(T)]:
指定圆的半径或 [直径(D)] <19.5000>: d
指定圆的直径 <39.0000>: 15
命令: circle
指定圆的圆心或 [三点(3P)/两点(2P)/相切、相切、半径(T)]:
指定圆的半径或 [直径(D)] <7.5000>: d
指定圆的直径 <15.0000>: 30
命令: circle
指定圆的圆心或 [三点(3P)/两点(2P)/相切、相切、半径(T)]:
指定圆的半径或 [直径(D)] <15.0000>: d
指定圆的直径 <30.0000>: 18
```

③ 绘制摇柄中的锥度线（图 18–10、图 18–11）。

- 单击“修改”工具栏中的按钮，将 L_2 向右分别偏移 105 mm 和 255 mm。
- 用相同的方法，将 L_1 分别向上和向下偏移 15 mm。
- 单击“绘图”工具栏中的按钮，利用对象捕捉功能绘制直线 *OA*、*AB* 和 *OB*，如图 18–10 所示。

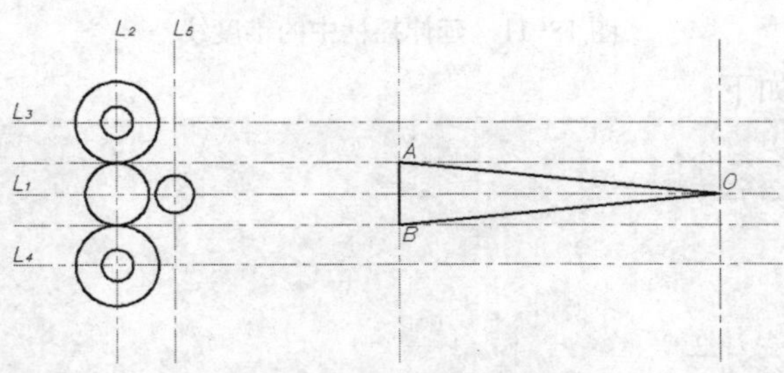

图 18–10　绘制摇柄中的锥度线

命令行提示与操作如下。

```
命令: offset
指定偏移距离或 [通过(T)] <27.0000>: 105
选择要偏移的对象或 <退出>:
指定点以确定偏移所在一侧:
选择要偏移的对象或 <退出>:
命令: offset
指定偏移距离或 [通过(T)] <105.0000>: 255
选择要偏移的对象或 <退出>:
指定点以确定偏移所在一侧:
选择要偏移的对象或 <退出>:
命令: offset
指定偏移距离或 [通过(T)] <255.0000>: 15
选择要偏移的对象或 <退出>:
指定点以确定偏移所在一侧:
选择要偏移的对象或 <退出>:
指定点以确定偏移所在一侧:
选择要偏移的对象或 <退出>:
命令: line
指定第一点:
指定下一点或 [放弃(U)]: <正交 关>
指定下一点或 [放弃(U)]:
指定下一点或 [闭合(C)/放弃(U)]:
指定下一点或 [闭合(C)/放弃(U)]:
```

- 单击“修改”工具栏中的按钮，选择两个$\phi 39$的圆作为延伸边界，分别将*OA*和*OB*两锥度线延伸到两个$\phi 39$的圆上，如图 18-11 所示。

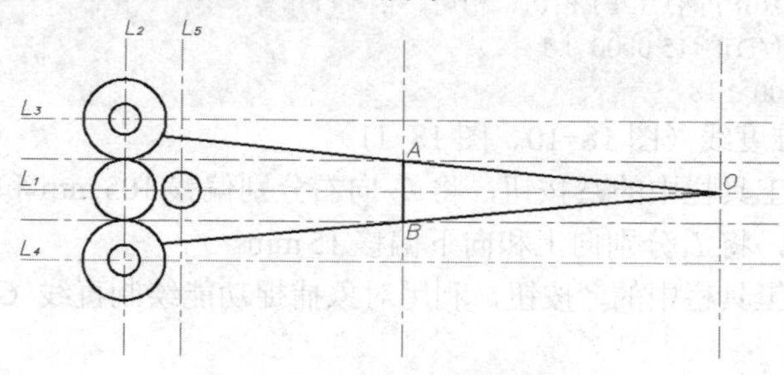

图 18-11　延伸摇柄中的锥度线

命令行提示与操作如下。

```
命令: extend
当前设置: 投影=UCS，边=无
选择边界的边...
选择对象: 找到 1 个
选择对象: 找到 1 个，总计 2 个
选择对象: 找到 1 个，总计 3 个
选择对象: 找到 1 个，总计 4 个
```

选择对象:
选择要延伸的对象，或按住 Shift 键选择要修剪的对象，或 [投影(P)/边(E)/放弃(U)]:
选择要延伸的对象，或按住 Shift 键选择要修剪的对象，或 [投影(P)/边(E)/放弃(U)]:
选择要延伸的对象，或按住 Shift 键选择要修剪的对象，或 [投影(P)/边(E)/放弃(U)]:

④ 绘制连接圆弧（图 18-12）。

- 单击“绘图”工具栏中的按钮，输入“t”，用“相切、相切、半径”画半径为 120 mm 的与两个ϕ39 的圆内切的大圆。
- 单击“修改”工具栏中的按钮，指定圆角半径为 15 mm，将ϕ30 和ϕ18 的两个圆用 R15 的圆弧光滑地连接起来。
- 用同样的方法，指定半径为 30 mm，将ϕ39 的圆和锥度线用 R30 的圆弧光滑地连接起来。

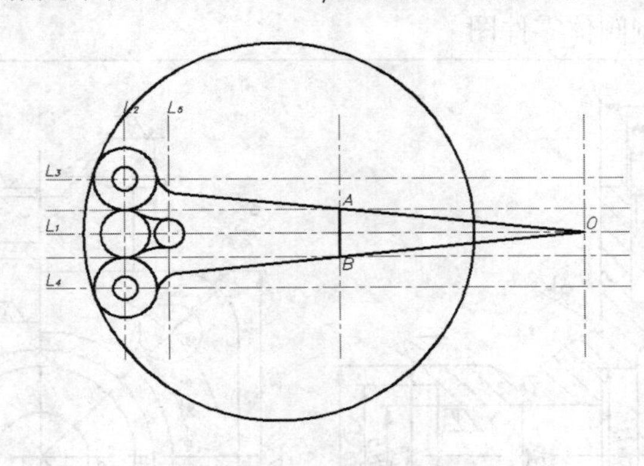

图 18-12　绘制连接圆弧

命令行提示与操作如下。

命令: circle
指定圆的圆心或 [三点(3P)/两点(2P)/相切、相切、半径(T)]: t
指定对象与圆的第一个切点:
指定对象与圆的第二个切点:
指定圆的半径 <9.0000>: 120
命令: fillet
当前设置: 模式 = 修剪，半径 = 30.0000
选择第一个对象或 [多段线(P)/半径(R)/修剪(T)/多个(U)]: r
指定圆角半径 <30.0000>: 15
选择第一个对象或 [多段线(P)/半径(R)/修剪(T)/多个(U)]:
选择第二个对象:
命令: fillet
当前设置: 模式 = 修剪，半径 = 15.0000
选择第一个对象或 [多段线(P)/半径(R)/修剪(T)/多个(U)]:
选择第二个对象:
命令: fillet
当前设置: 模式 = 修剪，半径 = 15.0000
选择第一个对象或 [多段线(P)/半径(R)/修剪(T)/多个(U)]: r
指定圆角半径 <15.0000>: 30
选择第一个对象或 [多段线(P)/半径(R)/修剪(T)/多个(U)]:
选择第二个对象:

⑤ 修剪图形。

- 单击“修改”工具栏中的按钮，将多余的定位线删除。
- 单击“修改”工具栏中的按钮，修剪图形，得到如图 18-1 所示的效果。

（3）标注尺寸。

① 从“图层列表”中调出“尺寸”层作为当前层，以“标注 1”作为当前标注样式，根据图中的尺寸类型，分别完成“半径、直径”等尺寸标注。

② 用“引线标注”命令先完成锥度尺寸标注“1:5”，然后绘制锥度符号“▷”加到“1:5”前面。

配 套 练 习

1．根据图 18-13 绘制阀体零件图。

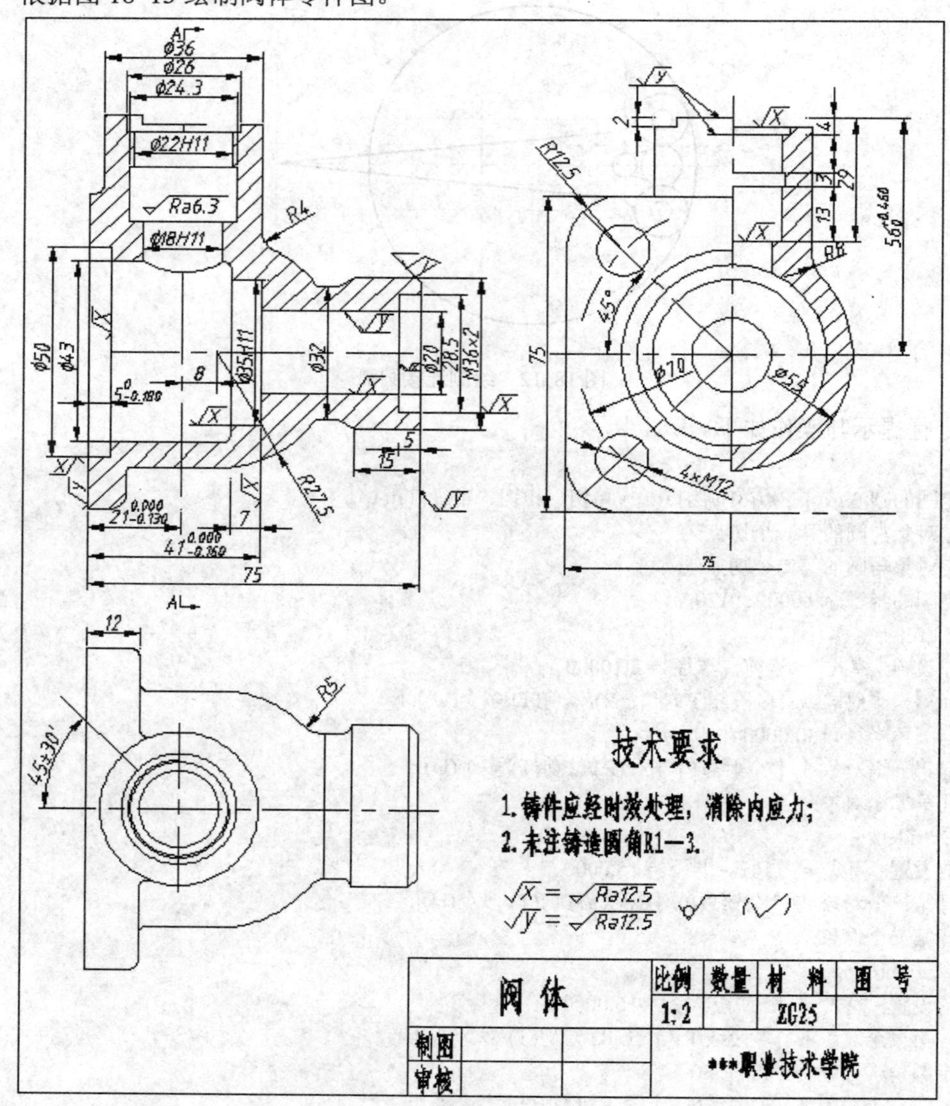

图 18-13　阀体零件图

2．根据图 18-14 绘制空压站工艺施工流程图。

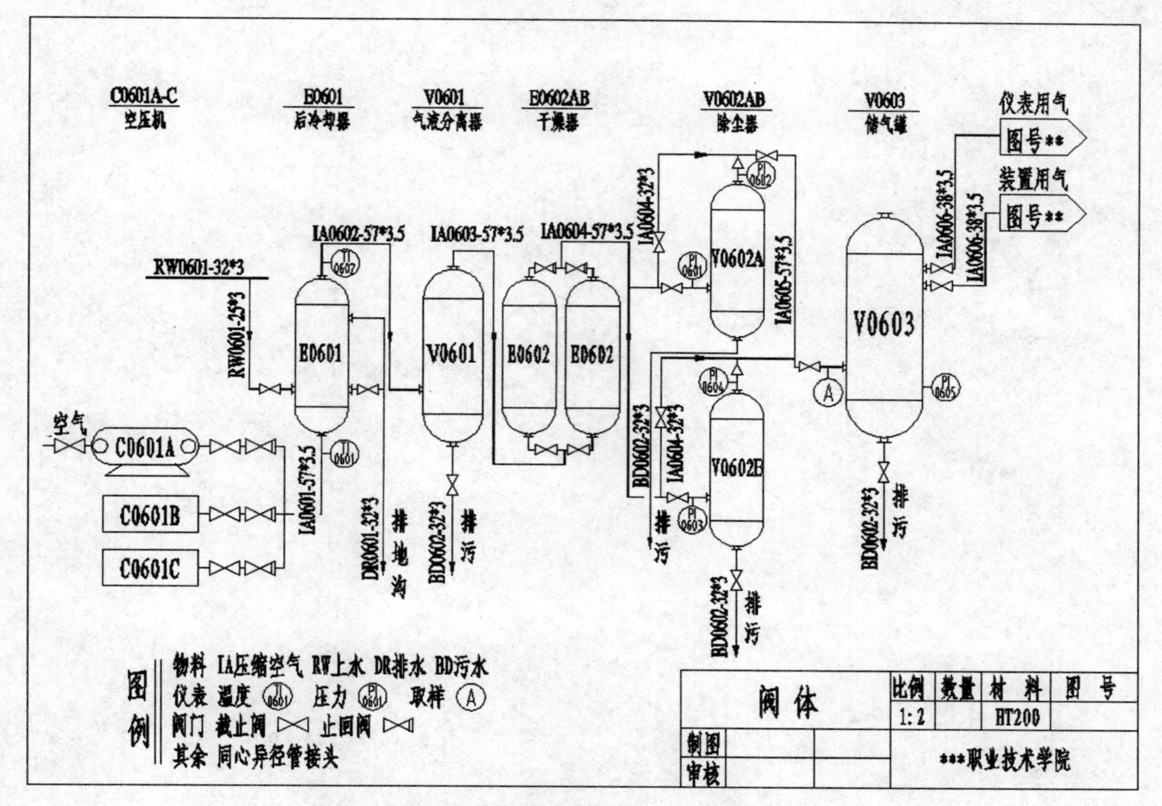

图 18-14　空压站工艺施工流程图

项目六

规划专业图

19 任务十九

道路系统规划图

19.1 学习目标

知识目标

- 熟悉 AutoCAD 软件绘制规划图的基本流程。
- 了解规划图中的各项要素，包括风玫瑰、比例尺等。
- 理解路网绘制。
- 熟悉多种绘图、修改工具。

技能目标

- 掌握 AutoCAD 软件绘制规划图的方法。
- 熟练掌握规划图中的底图引入和相关的图层设置。
- 熟练掌握规划范围界线的确定。
- 熟练掌握路网图的多种绘制方法和绘制技巧。

19.2 任务介绍

根据《中华人民共和国城乡规划法》的要求，规划设计单位应当提供规划的文件和图则，其中图则主要包括现状图、总体规划图、道路交通规划图和各项专业规划图等。本任务选择一个村的道路系统规划图，表现规划建设用地范围内的各项规划内容，体现规划建设用地范围内的主要路网结构和用地布局，是绘制各类专项规划图的基础。

任务图中除了规划主体图形，还包括标题、指北针、比例尺、图例等内容，绘制效果如图 19-1 所示。

19.3 相关知识

下面按照绘制流程进行介绍。

1. 新建总图文件

一般情况下，河流、等高线等现状要素在绘制规划图前已经绘制完成，只要通过将现状图另存为或在新建文件中插入块的方式直接引入即可。

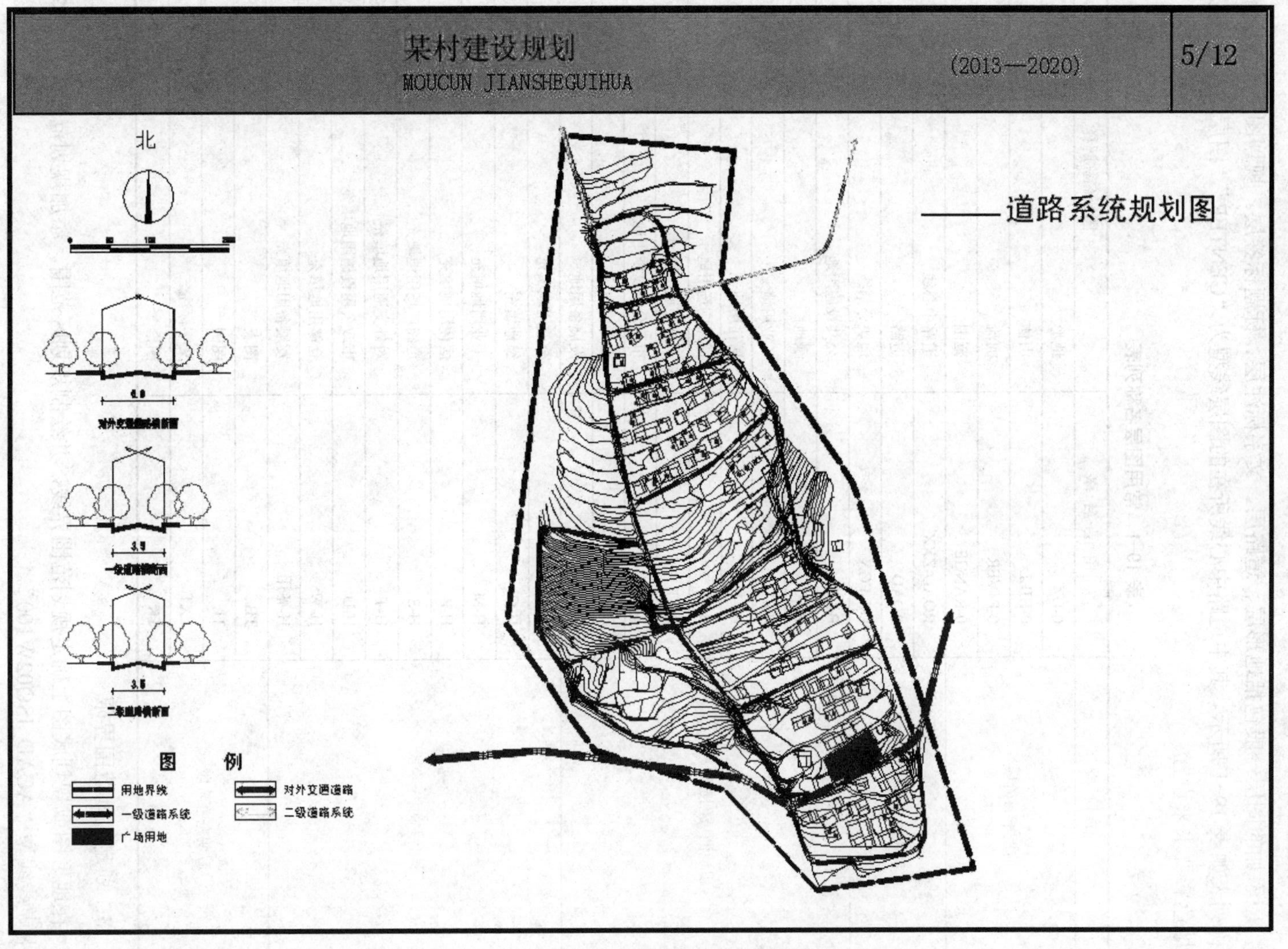

图 19-1　某村的道路系统规划图

2．设置图层

应添加的图层一般包括地形层、道路层、文字标注层、标题标签层。规划图中的常用图层名称列表如表 19-1 所示。其中道路中心线所在的图层线型为“CENTER”，图层的颜色宜按照用地色彩要求来设置。

表 19-1　常用图层名称列表

工作阶段	图层名称	图层名称解释
前期准备阶段	0-DX	地形
	0-HILL	山体
	0-RIVER	河流
	0-RANGE	范围
路网绘制阶段	ROAD-ZXX	道路中心线
	ROAD	道路
	DK-FGX	地块分割线
用地面域创建阶段	Bo-C	公共设施用地
	Bo-G	绿地
	Bo-M	工业用地
	Bo-R	居住用地
	Bo-S	道路广场用地
	Bo-T	对外交通用地
	Bo-U	市政公用设施用地
	Bo-W	仓储用地
	Bo-备用	发展备用地
用地色块填充阶段	H-C	公建用地填充
	H-G	绿地填充
	H-M	工业用地填充
	H-R	居住用地填充
	H-S	道路广场用地填充
	H-T	对外交通用地填充
	H-U	市政公用设施用地填充
	H-W	仓储用地填充
	H-备用	发展备用地填充
后期完善阶段	TB	图表
	TL	图例
	TXT	文字标注
	TK	图框

3．划定规划范围界限

在地形图或规划底图上确定规划范围界线，并绘制规划区范围。添加规划范围线，线型宜采用虚线线型“ACAD_ISO02W100”。

4．绘制风玫瑰、指北针、比例尺

如果采用的是矢量地形图，一般情况下这三项已经绘制完成。如果采用的是光栅地形图，就需要绘制添加这些要素。风玫瑰应按照当地的风向、频率绘制。指北针可以参考一般地图的指北针样式绘制。比例尺可采用数字比例尺和形象比例尺两种方式绘制。

5. 绘制路网

根据规划设计方案在地形图上确定道路中心线，绘制村庄道路骨架，并对道路交叉口进行修剪。

6. 制作图例、图框、图签

图例是对规划图中所包含的图形符号的说明，以使读图者正确理解规划图的相关设计内容。一般各设计院都有自己的图签模板，绘制规划图时可以直接引用。图签一般反映审核、审定、项目负责人和制图员等信息。

19.4 操作分析

1. 设置图形界限

在程序中设置图形界限。

2. 新建文件

本任务要绘制的图形较大，因为直接引入了前期已经绘制好的等高线地形图，如图 19-2 所示，所以不需要设置图形界线，直接将地形图调整完毕，另存为一个新的文件即可。

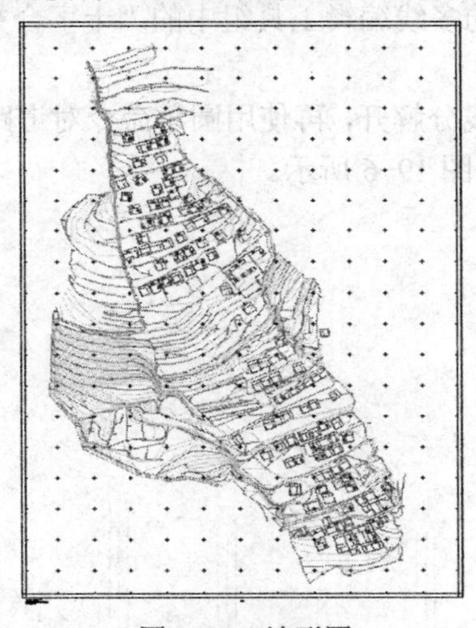

图 19-2　地形图

3. 设置图层

具体设置按照表 19-1 确定。其中部分图层是地形图中设置好的，在使用过程中根据需要调整相应图层的颜色为灰色即可。

4. 绘制规划范围线

可以使用多段线命令在 0-RANGE 图层绘制范围线，并调整线型比例。

5. 绘制路网

路网的绘制通常有偏移法和多线法两种。

1）多线法

利用多线绘制路网时，首先要设置多线样式。多线绘制完成后，还需要使用多线编辑工具进行修改，一般将多线分解后进行道路交叉口的圆角修改。

（1）设置多线样式。创建名为“道路”的多线样式，如图 19-3 所示。

图 19-3 “道路”多线样式

（2）使用多线命令绘制道路。

将“ROAD”层置为当前层，锁定其他图层，具体操作步骤如下。

① 使用多线命令绘制时将道路交叉口绘制成十字或“T”形交叉，以方便使用多线修改命令对路口进行编辑。

② 遇到道路宽度有变化的情况，应该在连接点结束命令，然后重新设置“比例”项，调整路线宽度后再绘制。

③ 绘制时使用“无”对正的方式，既方便控制路线位置，也方便不同道路接续绘制和修改。

（3）编辑修改，完成路网绘制。

用多线绘制的路网需要对道路交叉口等进行编辑，具体操作步骤如下。

① 利用“修改”工具栏中的多线编辑工具组中的“十字合并”和“T 形合并”工具进行修改，如图 19-4 所示。

② 使用分解命令将所有多线分解开，再使用圆角命令对道路交叉口进行连接处理（效果如图 19-5 所示），整个绘制结果如图 19-6 所示。

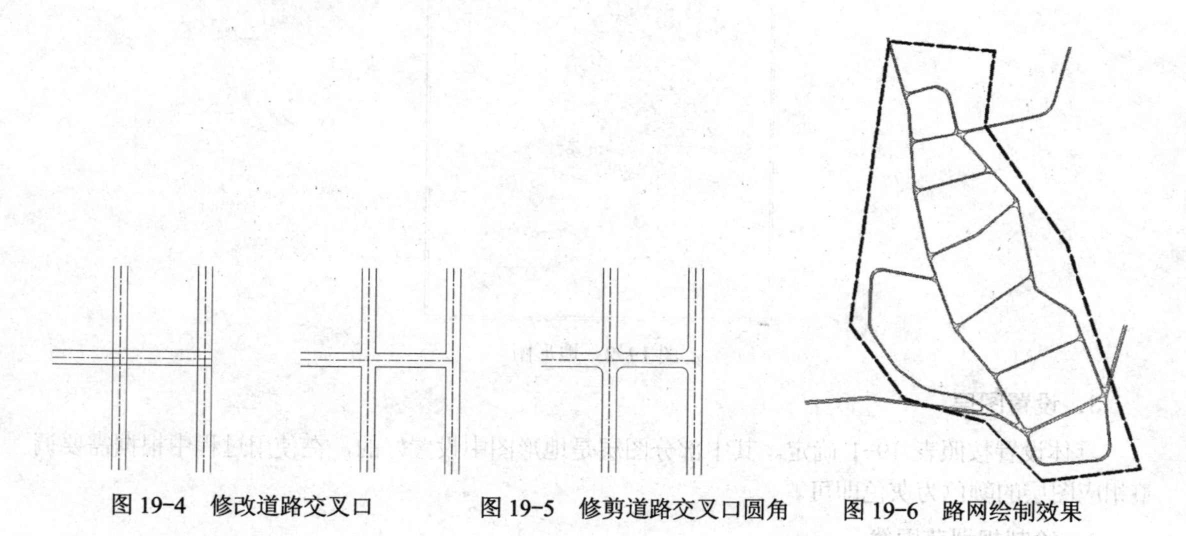

图 19-4 修改道路交叉口　　图 19-5 修剪道路交叉口圆角　　图 19-6 路网绘制效果

（4）完善图纸。

① 添加图框。可以利用单行文字、多行文字、矩形、填充等工具绘制图框，如图 19-7 所示。

② 绘制指北针和比例尺，如图 19-8 所示。

图 19-7　图框

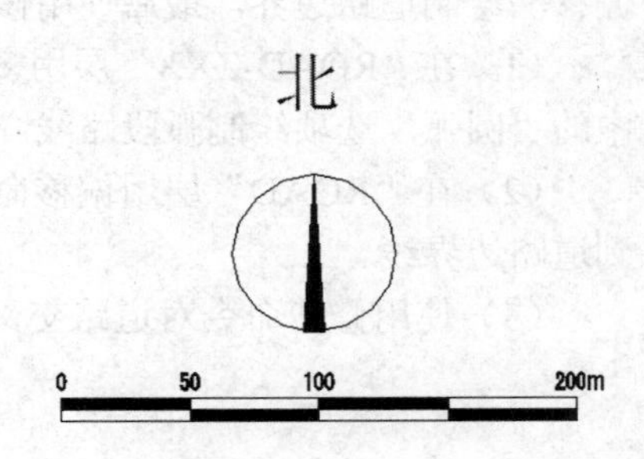

图 19-8　指北针和比例尺

③ 绘制图例，如图 19-9 所示。

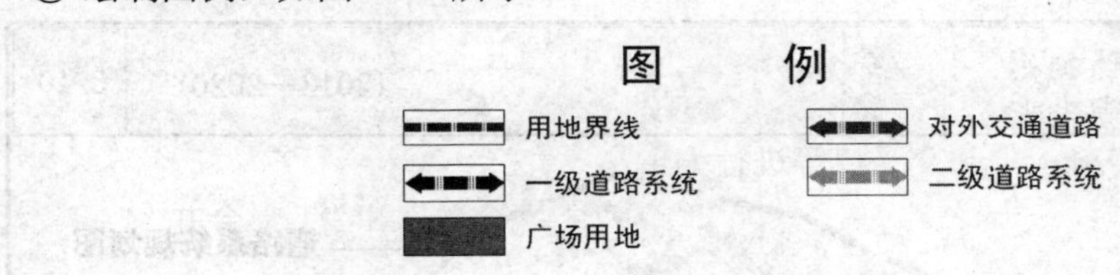

图 19-9　图例

④ 绘制道路断面示意图，如图 19-10 所示。

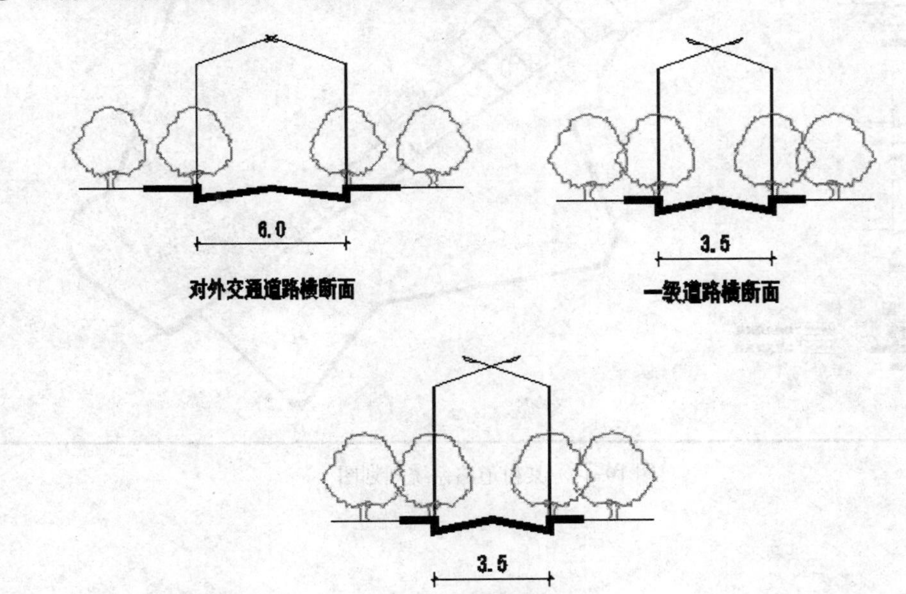

图 19-10　道路断面示意图

（5）按图例绘制道路。

可以使用多段线命令绘制道路，完成效果如图 19-1 所示。

2）偏移法

除了使用多线绘制路网，还可以使用偏移法。即先使用多段线绘制道路中心线，然后采用偏移法绘制道路边界，最后使用修剪命令编辑道路交叉口。

（1）在“ROAD-ZXX”层用多段线命令绘制道路中心线，在道路转折位置可以直接使用其中的“圆弧”选项绘制弧段路线。

（2）在“ROAD”层用偏移命令按照道路设计宽度，利用已经绘制好的道路中心线偏移得到道路边界线。

（3）使用修剪命令对道路交叉口进行编辑，其他绘制和多线绘制方法相同。

配 套 练 习

绘制如图 19-11 所示的某村道路系统规划图。

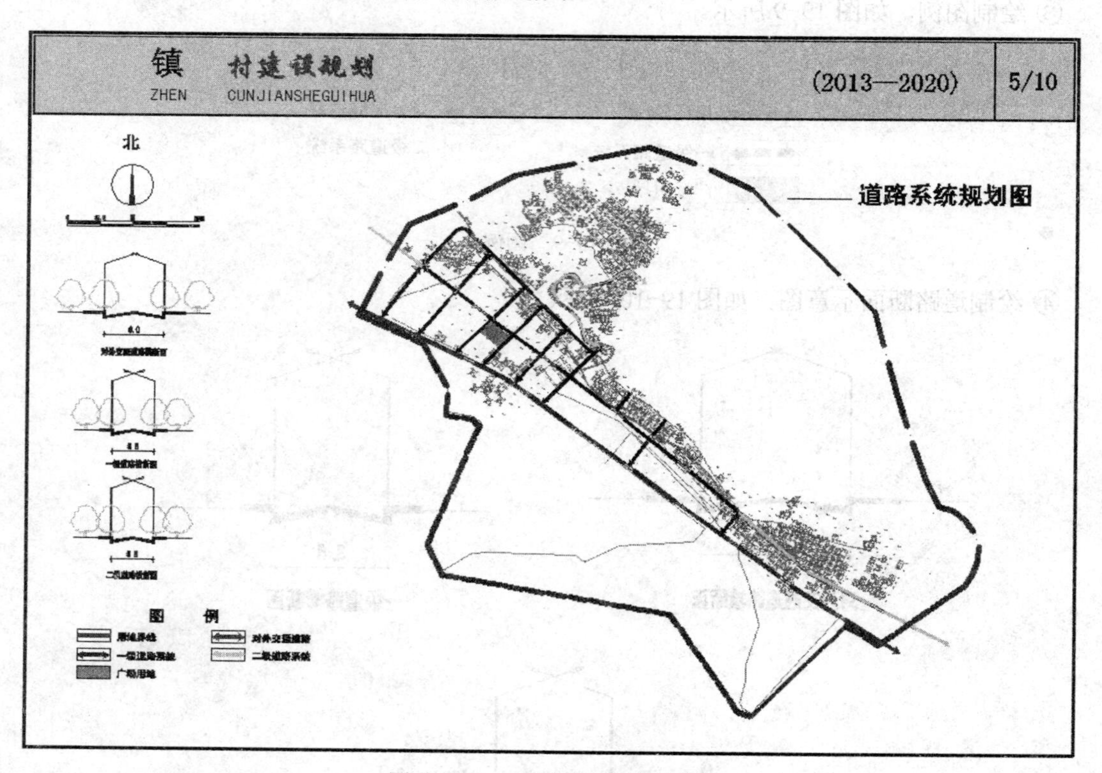

图 19-11　某村道路系统规划图

20 任务二十

用地布局规划图

20.1 学习目标

知识目标

- 熟悉用地布局规划图的图形要素。
- 了解规划图的边界、面域等。
- 理解地块划分及功能区分。
- 熟悉图案填充工具。
- 熟悉查询工具组。

技能目标

- 掌握 AutoCAD 软件绘制用地布局规划图的方法。
- 熟练掌握用地布局规划图中的地块创建和填充方法。
- 掌握查询相关数据的方法。

20.2 任务介绍

在用地布局规划图中，不同类型的地块需要分颜色填充，在填充色块前需要先创建地块边界。创建地块便于各类建设用地面积的统计，因此，边界类型宜选择面域。

本任务的图可以在任务十三完成的道路系统图的基础上完成，首先需要创建地块边界，然后创建成面域，再按照要求对地块进行填充，最终绘制效果如图 20-1 所示。

20.3 相关知识

1. 面域

面域是使用形成闭合环的对象创建的二维闭合区域，这个闭合区域可以由直线、多段线、圆、圆弧、椭圆、椭圆弧或样条曲线等任意线条组成。组成面域的线条必须形成一个闭合的区域。对已创建好的面域，可以使用布尔运算工具进行合并、减去等操作。还可以使用查询命令计算封闭区域的面积。

执行方式

通过工具栏：在“绘图”工具栏中单击 “面域”图标。

通过菜单栏：选择菜单栏中的“绘图”→“面域”。

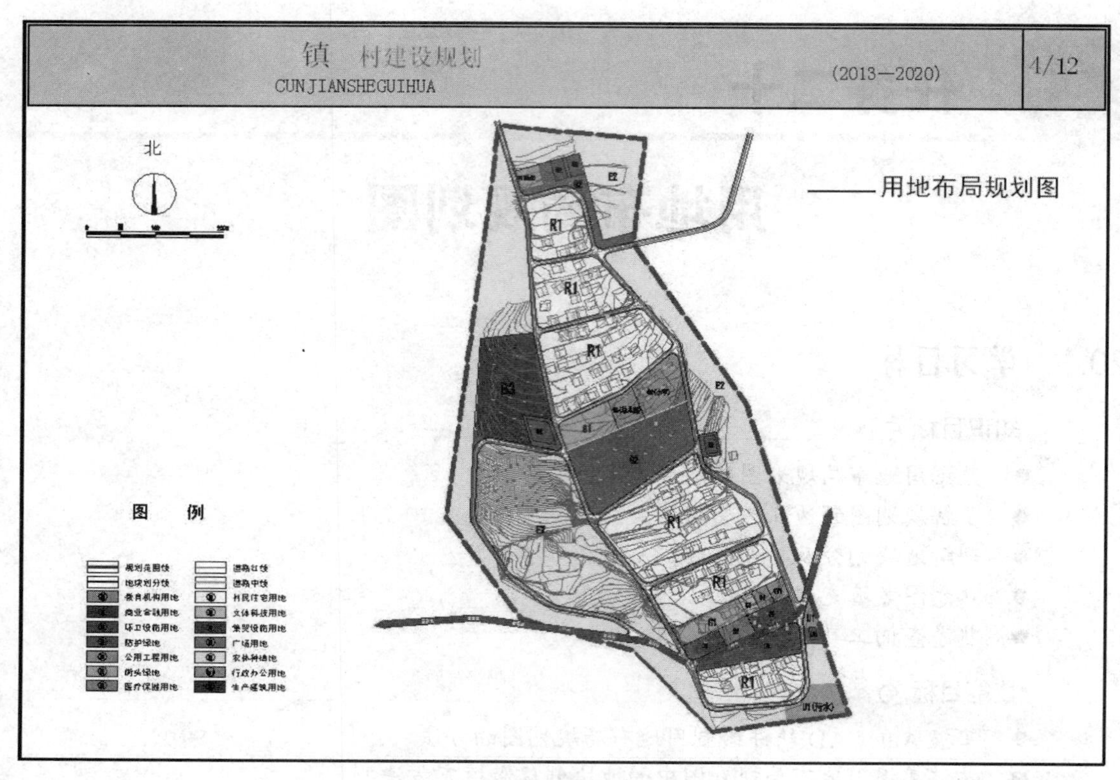

图 20-1　某村用地布局规划图

通过命令行：REGION（快捷命令 REG）。

操作步骤

```
命令: region
选择对象: 指定对角点: 找到 4 个
选择对象:
已提取 1 个环。
已创建 1 个面域。
```

2. 查询

1）查询面积

执行方式

通过菜单栏：选择菜单栏中的“工具”→“查询”→“面积”。

通过命令行：AREA（快捷命令 AA）。

操作步骤

```
命令: area
指定第一个角点或 [对象(O)/加(A)/减(S)]:
指定下一个角点或按 ENTER 键全选:（确定一个矩形区域）
面积 =0.0000，周长 =0.0000
```

选项说明

（1）对象。选择图形对象的边界。

```
选择对象:
面积 =217920.0940，周长 =1914.8829
```

（2）加、减。需要同时计算多个区域的总面积。

```
指定第一个角点或 [对象(O)/减(S)]: o
(“加”模式）选择对象:
面积 =985427.1078，周长 =4279.5522
```

知识拓展

在菜单栏的“工具”选项中，除了可以查询面积，还可以查询点坐标和距离等。

（1）查询点坐标，快捷命令为 ID。

```
命令: id
指定点: X = 487.1561      Y = 539.2119      Z = 0.0000
```

（2）查询距离，快捷命令为 DIST。

```
命令: dist
指定第一点:  指定第二点:
距离 =145.6867，XY 平面中的倾角 =111，   与 XY 平面的夹角 =0
X 增量 =-52.2094，   Y 增量 =206.0103，    Z 增量 =0.0000
```

2）查询面域

执行方式

通过菜单栏：选择菜单栏中的“工具”→“查询”→“面域/质量特性”。

通过命令行：MASSPROP。

操作步骤

```
命令: MASSPROP
选择对象: 找到 1 个
选择对象:
 ----------------      面域     ----------------
面积:                          985427.1078
周长:                          4279.5522
边界框:                    X: 281.0193    --    1774.8403
                           Y: 168.4354    --    920.9258
质心:                      X: 1054.9419
                           Y: 584.5704
惯性矩:                    X: 3.7520E+11
                           Y: 1.2710E+12
惯性积:                   XY: 5.9876E+11
旋转半径:                  X: 616.9901
                           Y: 1205.6849
```

主力矩与质心的 X-Y 方向:

I: 37800808974.2148 沿 [0.9979 -0.0654]

J: 1.7489E+11 沿 [0.0654 0.9979]

是否将分析结果写入文件？[是(Y)/否(N)] <否>:

3. 用地布局规划图中的要素

在用地布局规划图中各种用地分类需要用代码表示，常用代码如表 20-1 所示。

表 20-1 建设用地分类和代码

代码		用地名称	范围
R	R1	一类居住用地	公用设施、交通设施和公共服务设施齐全，布局完整，环境良好的低层住区用地
	R2	二类居住用地	公用设施、交通设施和公共服务设施较齐全，布局较完整，环境良好的多、中、高层住区用地
	R3	三类居住用地	公用设施、交通设施不齐全，公共服务设施较欠缺，环境较差，需要加以改造的简陋住区用地，包括危房、棚户区、临时住宅等用地
	R4	四类居住用地	以简陋住宅为主的用地
A	A1	行政办公用地	党政机关、社会团体、事业单位等机构及其相关设施用地
	A2	文化设施用地	图书、展览等公共文化活动设施用地
	A3	教育科研用地	高等院校、中等专业学校、中学、小学、科研事业单位等用地，包括为学校配建的独立地段的学生生活用地
B	B1	商业设施用地	各类商业经营活动及餐饮、旅馆等服务业用地
	B2	商务设施用地	金融、保险、证券、新闻出版、文艺团体等综合性办公用地
	B3	娱乐康体用地	各类娱乐、康体等设施用地
	B4	公用设施营业网点用地	零售加油、加气、电信、邮政等公用设施营业网点用地
	B9	其他服务设施用地	业余学校、民营培训机构、私人诊所、宠物医院等其他服务设施用地
M	M1	一类工业用地	对居住和公共环境基本无干扰、污染和安全隐患的工业用地
	M2	二类工业用地	对居住和公共环境有一定干扰、污染和安全隐患的工业用地
	M3	三类工业用地	对居住和公共环境有严重干扰、污染和安全隐患的工业用地
W	W1	一类物流仓储用地	对居住和公共环境基本无干扰、污染和安全隐患的物流仓储用地
	W2	二类物流仓储用地	对居住和公共环境有一定干扰、污染和安全隐患的物流仓储用地
	W3	三类物流仓储用地	存放易燃、易爆和剧毒等危险品的专用仓库用地
S	S1	城市道路用地	快速路、主干路、次干路和支路用地，包括其交叉路口用地，不包括居住用地、工业用地等内部配建的道路用地
	S2	轨道交通线路用地	轨道交通地面以上部分的线路用地
	S3	综合交通枢纽用地	铁路客货运站、公路长途客货运站、港口客运码头、公交枢纽及其附属用地
	S4	交通场站用地	静态交通设施用地，不包括交通指挥中心、交通队用地
U	U1	供应设施用地	供水、供电、供燃气和供热等设施用地
	U2	环境设施用地	雨水、污水、固体废物处理和环境保护等的公用设施及其附属设施用地
	U3	安全设施用地	消防、防洪等保卫城市安全的公用设施及其附属设施用地
	U9	其他公用设施用地	除以上之外的公用设施用地，包括施工、养护、维修设施等用地
G	G1	公园绿地	向公众开放，以游憩为主要功能，兼具生态、美化、防灾等作用的绿地
	G2	防护绿地	城市中具有卫生、隔离和安全防护功能的绿地，包括卫生隔离带、道路防护绿地、城市高压走廊绿带等
	G3	广场用地	以硬质铺装为主的城市公共活动场地

用地要素的图面表示分彩色、单色两种。彩色图例应用于彩色图；单色图例应用于双色图，如黑白图以及复印或晒蓝的底图等。规划图中各类用地要素的彩色图例如图 20-2 所示。

类别代号 大类	类别代号 中类	类别名称	颜色	备注
R		居住用地	50	
	R1	一类居住用地	51	
	R2	二类居住用地	50	
	R3	三类居住用地	40	
A		公共管理与公共服务用地	231	
	A1	行政办公用地	231	
	A2	文化设施用地	241	
	A3	教育科研用地	21	
	A4	体育用地	62	
	A5	医疗卫生用地	11	
	A6	社会福利设施用地	243	
	A7	文物古迹用地	244	
	A8	外事用地	230	
	A9	宗教设施用地	232	
B		商业服务业设施用地	240	
	B1	商业设施用地	240	
	B2	商务设施用地	240	
	B3	娱乐康体用地	240	
	B4	公用设施营业网点用地	240	
	B9	其他服务设施用地	240	
M		工业用地	35	
	M1	一类工业用地	35	
	M2	二类工业用地	37	
	M3	三类工业用地	39	
W		物流仓储用地	193	
	W1	一类物流仓储用地	193	
	W2	二类物流仓储用地	195	
	W3	三类物流仓储用地	197	
S		交通设施用地	8	
	S1	城市道路用地	8	
	S2	轨道交通线路用地	8	
	S3	综合交通枢纽用地	8	
	S4	交通场站用地	8	
	S9	其他交通设施用地	8	
U		公用设施用地	154	
	U1	供应设施用地	154	
	U2	环境设施用地	136	
	U3	安全设施用地	144	
	U9	其他公用设施用地	147	

类别代号 大类	类别代号 中类	类别名称	颜色	备注
G		绿地	90	
	G1	公园绿地	90	
	G2	防护绿地	104	
	G3	广场用地	93	
H1		城乡居民点建设用地	*	
	H11	城市建设用地	*	
	H12	镇建设用地	*	
	H13	乡建设用地	*	
	H14	村庄建设用地	*	
	H15	独立建设用地	*	
H2		区域交通设施用地	9	
	H21	铁路用地	9	
	H22	公路用地	9	
	H23	港口用地	9	
	H24	机场用地	9	
	H25	管道运输用地	9	
H3		区域公用设施用地	156	
H4		特殊用地	87	
	H41	军事用地	87	
	H42	安保用地	87	
H5		采矿用地	34	
E1		水域	140	
	E11	自然水域	132	
	E12	水库	140	
	E13	坑塘沟渠	130	
E2		农林用地	82	
E3		其他非建设用地	53	
	E31	空闲地	53	
	E32	其他未利用地	55	

R.A.B.M.W.S.U.G属于建设用地H中城乡居民点建设用地H1中城市建设用地H11。

大类	中类	小类	备注
H	H1	H11. H12. H13. H14. H15	建设用地
	H2	H21. H22. H23. H24. H25	
	H3		
	H4	H41. H42	
	H5		
E	E1	E11. E12. E13	非建设用地
	E2		
	E3	E31. E32	

图 20-2　用地要素的彩色图例

各种用地标识如图 20-3 所示。

托儿所	图书馆	瓶装供应站
小学	书报刊门市部	供热设施
九年一贯制学校	综合超市	调压站
中学	市场	给水泵站
初中	社区肉菜市场	排水泵站
普通高中	邮政支局	自来水厂
中等专业学校	邮政所	垃圾收集站
高等院校	电信分局	垃圾转运站
特殊学校	电信母局	污水处理厂
综合医院	电信模块局	加油加气站
专科医院	微波站	公共停车场
卫生服务中心	宽带IP	车辆清洗场
青少年活动中心	有线电视次中心	巡警队
敬老院	工商所	交通中队
老年人活动站	税务所	货运站场
党政机关	文物古迹	公交首末站
公安局	广场	公交综合站场
街道办事处	公共厕所	长途客运站
街道派出所	再生资源回收站	铁路站场
社区居委会	环卫机构	火车客运站
社区服务中心	环卫工人作息站	轨道交通站场
社区文娱中心	危险品仓库	轻轨站
体育活动中心	消防站	港口
社区警务室	变电站	游艇码头
社区服务站	开闭所	机场
社区文化站	天然气门站	铁路
社区健身场	燃气调压站	道路
影剧院	储配站	河流水域

图 20-3　各种用地标识

20.4 操作分析

1. 新建文件

本任务要绘制的图形是在上一个任务的基础上完成的，所以不需要创建图形界线，直接将上一个任务图中的多余内容删除，另存为一个新的文件即可。

2. 设置图层

具体设置参见上一任务中的表 19-1。

3. 分割地块

整个图形虽然已经由路网分割成若干小块，但是很多时候这些地块还需要进一步细分，以区分不同的用地类型，因此，可以使用多段线或直线命令在“DK-FGX”（地块分割线）图层上进行绘制，并完成修剪。

有时为了留出路旁绿地或建筑后退区，可以使用偏移命令将道路边界进行偏移，得到相应的地块，如图 20-4 所示。

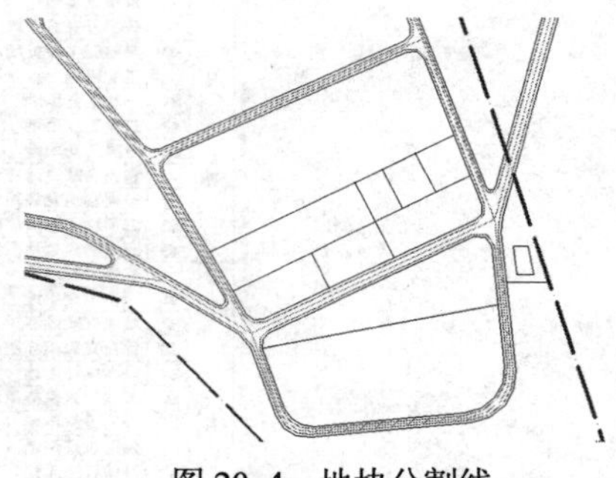

图 20-4　地块分割线

4. 生成用地面域

利用路网与地块分割线以及河流等边界所围合的范围，可以完成各类用地面域的创建，为了方便使用，可以将不同用地类型的面域创建在不同的图层上。

创建面域后可以查询面域特性，面积一栏中显示的是所选面域的总面积。利用此方法可以得到各类用地的面积，并据此生成用地平衡表。

5. 填充用地色块

用创建好的色块填充图层，对不同用途的地块进行颜色填充。注意如需在填充后显示出其他层的线条，应该将“绘图次序”一项设置为“置于边界之后”。完成效果如图 20-5 所示。

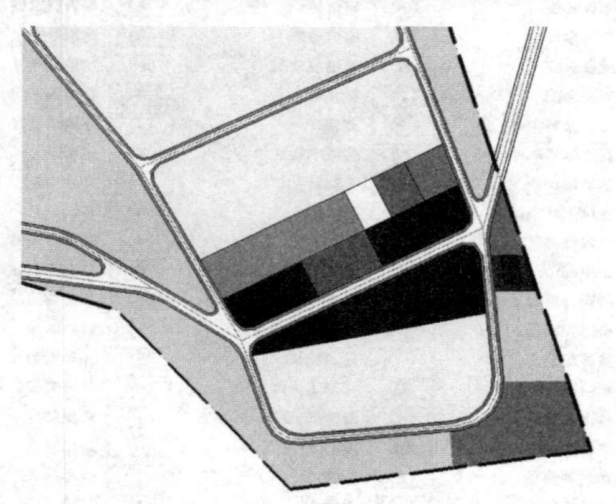

图 20-5　填充用地色块

6. 标注地块文字

可以利用文字输入工具，按照建设用地分类和代码表为所有色块添加文字标注。在添加过程中可以根据绘图习惯，选用复制、修改的方式，也可以将文件创建成块。完成效果如图 20-6 所示。

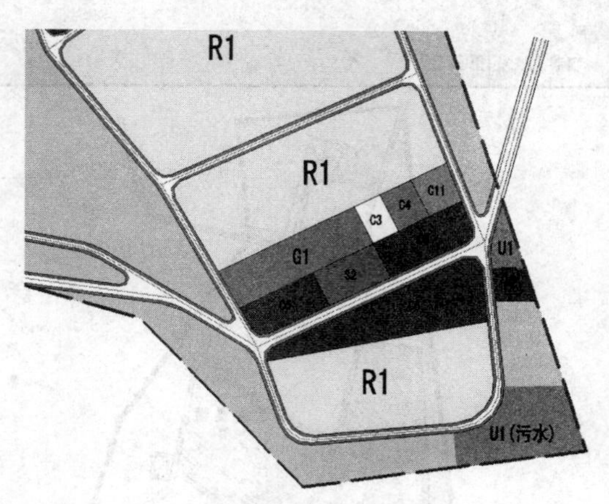

图 20-6　地块文字标注

7．修改图例、图表等相关内容

修改图例、图表等相关内容。

配 套 练 习

1．绘制如图 20-7 所示的某村用地布局规划图。

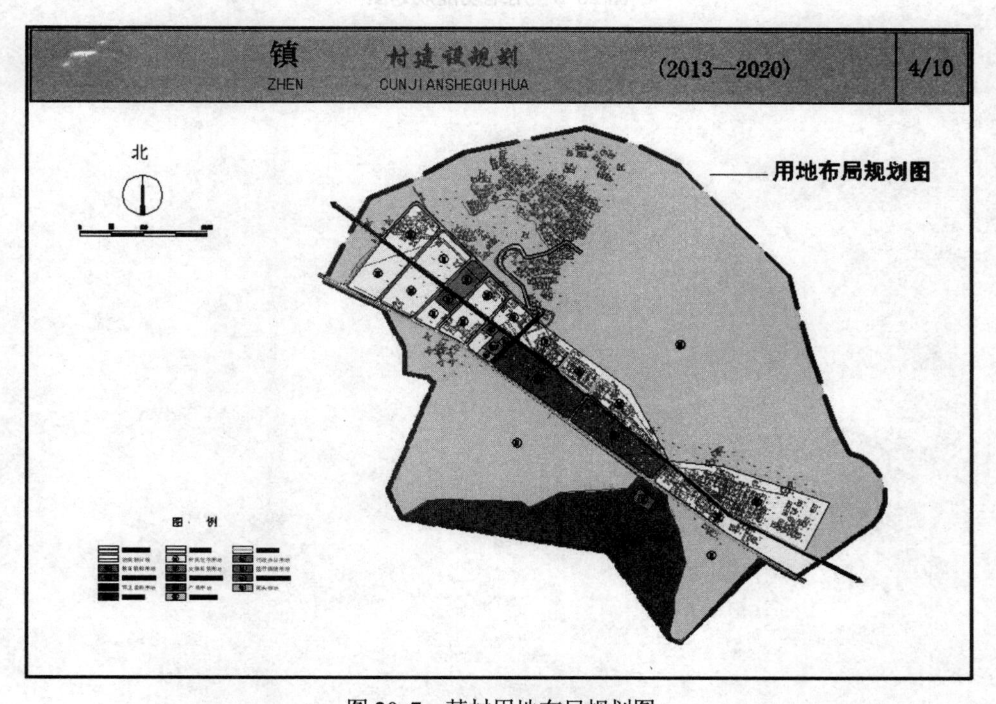

图 20-7　某村用地布局规划图

2. 在用地布局规划图的基础上修改完成如图 20-8 所示的用地功能规划图。

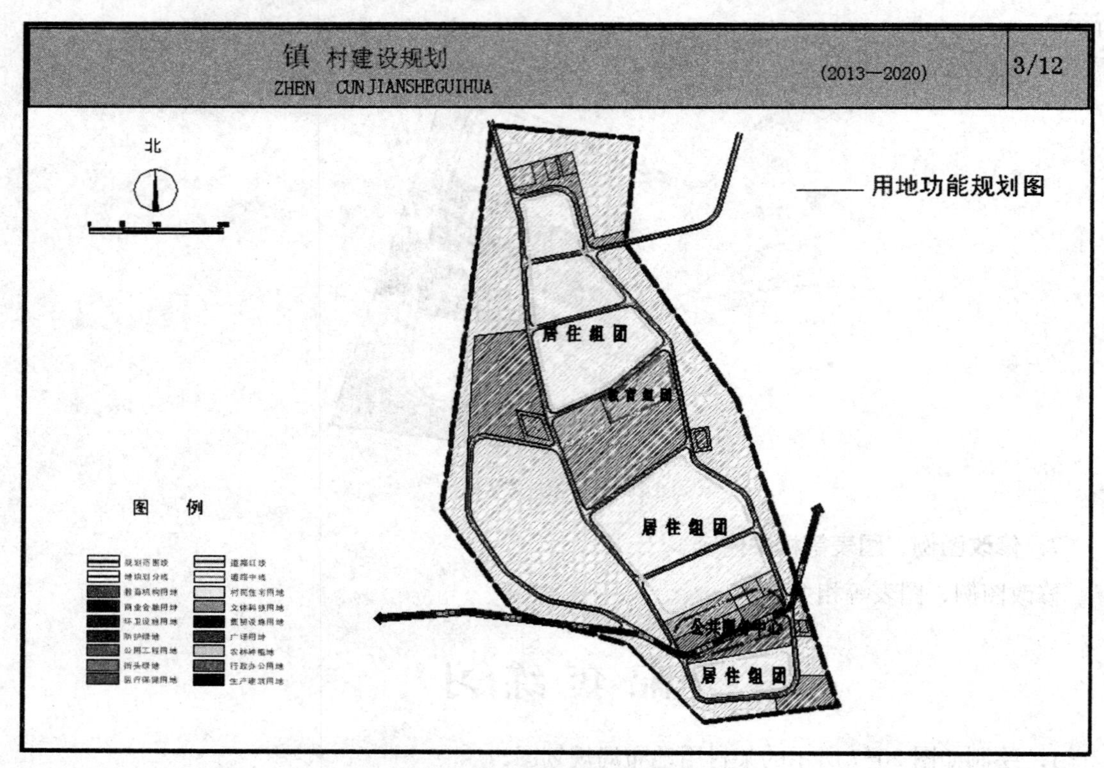

图 20-8 用地功能规划图

项目七

三 维 建 模

21 任务二十一

创建圆桌模型

21.1 学习目标

知识目标

- 了解用户自定义坐标系 UCS 在三维图形中的应用。
- 熟悉三维绘图空间和三维坐标系。
- 熟悉简单三维建模命令。

技能目标

- 熟练掌握简单三维建模工具的使用方法及其特点。
- 熟练掌握简单三维修改工具的使用方法及其特点。
- 熟练掌握三维视图、三维动态观察等工具的使用方法及其特点。

21.2 任务介绍

本任务为创建一个如图 21-1 所示的圆桌实体模型，并将其保存。桌面直径为 1 000 mm，高度为 50 mm。桌面有一个向下凹陷的区域，为半径 480 mm，高 5 mm 的圆柱形。四个桌腿距离桌面中心点 450 mm，半径为 20 mm，高度为 1 000 mm。桌腿之间的柱形连接体半径为 15 mm，距离地面的高度为 250 mm。球形连接体的半径为 30 mm。

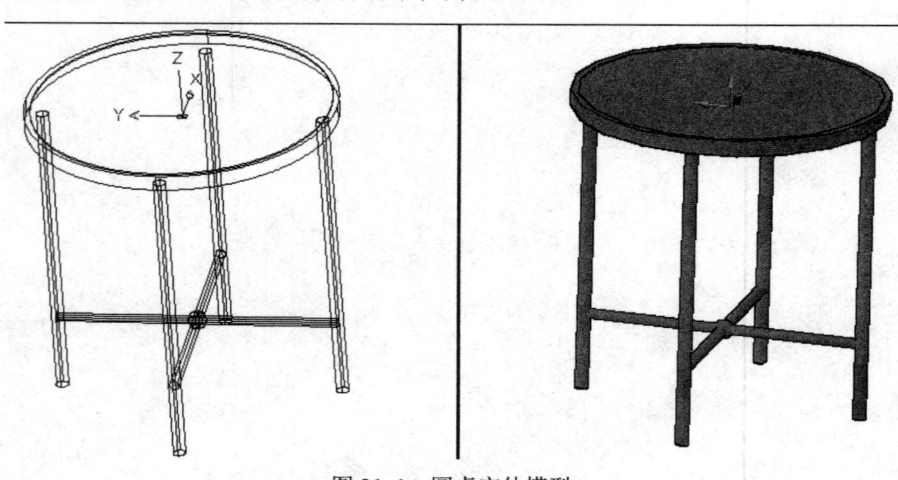

图 21-1　圆桌实体模型

本任务提供了一个较为简单的三维实体模型，它的整个创建过程需要使用建模工具、视图工具、视觉样式工具、三维动态观察器以及实体编辑工具。

用户需要特别注意的是，由于三维空间比二维空间多了一个控制轴——*Z* 轴，因此很多工具的使用方法会有相应的改变。

21.3　相关知识

1．视图工具栏

在三维建模空间中，用户需要从不同的视觉方向去观察图形的相对位置以及图形的形状等内容，AutoCAD 软件为用户提供了几种常用的视觉角度，包括多个二维和三维的视图视觉角度，这些视觉角度可以直接从“视图”工具栏中调用。其中二维的视觉角度可以起到转换 *XOY* 面的效果，省去了用户自定义坐标系的很多操作。

1）特殊视点

AutoCAD 软件为用户提供了六种平面视点和四种等轴测视点，这是最常用的几种视觉角度。用户直接单击选择使用即可，不需进行任何设置。

执行方式

通过工具栏：“视图”工具栏（如图 21-2 所示）。

通过菜单栏：选择菜单栏中的“视图”→“三维视图”→“俯视”“西南等轴测”等。

通过命令行：VIEW。

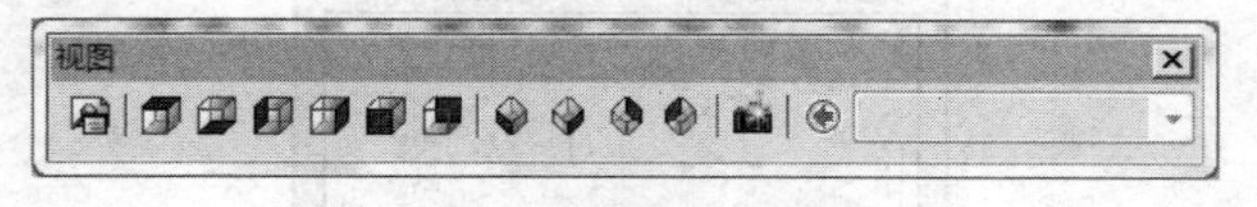

图 21-2 “视图”工具栏

2）创建视点

创建视点是用一种更为直观的方法来设置查看方向，“视点”命令可以将用户放置于任何一个位置观察图形，就好像从空间中的一个指定点向原点（0,0,0）方向观察。

执行方式

通过菜单栏：选择菜单栏中的“视图”→“三维视图”→“视点”。

通过命令行：VPOINT。

操作步骤

```
命令: vpoint
当前视图方向:   VIEWDIR=0.0000,0.0000,1.0000
指定视点或 [旋转(R)] <显示坐标球和三轴架>: 正在重生成模型。
```

选项说明

（1）指定视点。用户在屏幕上单击鼠标左键，确定新的视点位置，此时，AutoCAD 将这一点与坐标原点的连线方向设置为新的观察方向。

（2）旋转（R）。如果用户选择这个选项，则需要分别指定观察视线在 *XY* 平面中与 *X* 轴的夹角和观察视线与 *XY* 平面的夹角，该选项的作用与“预置视点”命令相同。

输入 XY 平面中与 X 轴的夹角 <209>:
输入与 XY 平面的夹角 <-23>:
正在重生成模型。

（3）显示坐标球和三轴架。此时绘图区域显示如图 21-3 所示的内容，图中的圆形标靶即坐标球，跟随鼠标转动的即三轴架。用户可以使用它们来动态地定义新的观察方向。

坐标球表示一个展开的地球，指南针的中心点代表北极（0，0，1），内环表示赤道（n，n，0），外环代表南极（0，0，−1）。用户可以将十字光标移动到球体的任意位置，该位置决定了相对于 XY 平面的视角。单击鼠标左键的位置与中心点的关系决定了 *Z* 角。当光标移动时，三轴架根据指南针指示的方向旋转。如果要旋转一个观察方向，用户需要将定点设备移动到球体的相应位置上，然后单击确定。

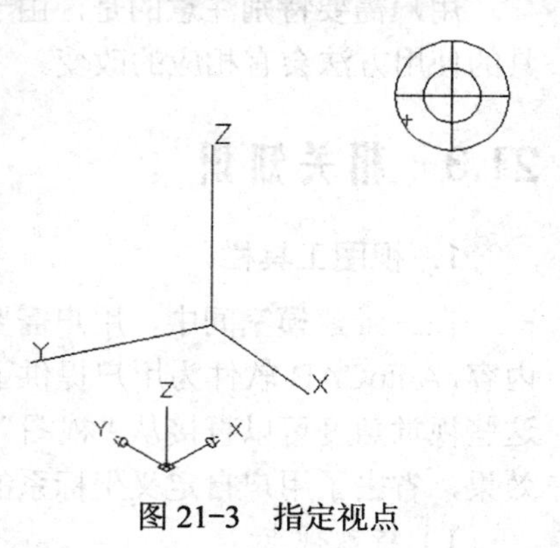

图 21-3　指定视点

3）视点预置

执行方式

菜单栏：选择菜单栏中的“视图”→“三维视图”→“视点预置”。

命令行：DDVPOINT（快捷命令 VP），弹出如图 21-4 所示的设置框。

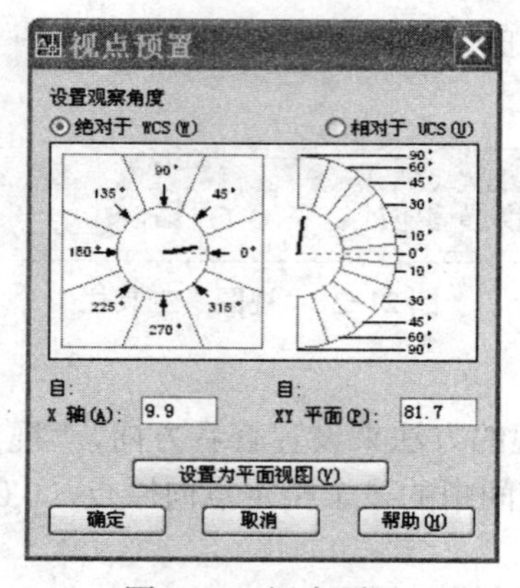

图 21-4　视点预置

选项说明

（1）绝对于 WCS（W）/ 相对于 UCS（U）。用户可以选择是相对于 WCS（世界坐标系），还是相对于 UCS（用户自定义坐标系）设置视点。

对话框中，左边是在 360 度范围内确定原点与视点之间的连线在 *XY* 平面的投影与 *X* 轴正方向的夹角。右边的半圆图形用于确定该连线与投影线之间的夹角，用户直接单击鼠标左键即可确定需要的任意角度方向。

（2）自：X 轴。这个设置框用来确定用户观察的视线（即视点到观察目标的连线）在 *XY* 平面的投影与 *X* 轴正方向的夹角。用户在文本框直接输入数值，该值与左图的角度值相对应。

（3）自：XY 平面。这个设置框用来确定用户观察的视线与 *XY* 平面的夹角。用户在文本框直接输入数值，该值与右图的角度值相对应。

（4）设置为平面视图。这个按钮用来设置视线与 *XY* 平面垂直（即夹角为 90 度的情况）。此时，相对于当前坐标系，实体图形显示为平面视图效果。

2．建模工具栏

简单的三维实体是三维图形的重要组成部分，AutoCAD 软件为用户预设了多种基础三维建模命令，包括长方体、圆柱体、球体、圆锥体等规则、常见的实体以及非常实用的多段体、螺旋体等实体。用户可以在建模工具栏（如图 21-5 所示）中直接单击选用，也可以在“绘图”菜单栏中的“建模”选项下找到相应的工具。

图 21-5　建模工具栏

1）长方体

执行方式

通过工具栏：在“建模”工具栏中选择“长方体”命令，绘制如图 21-6 所示的实体图形。
通过菜单栏：选择菜单栏中的“绘图”→“建模”→“长方体”。
通过命令行：BOX。

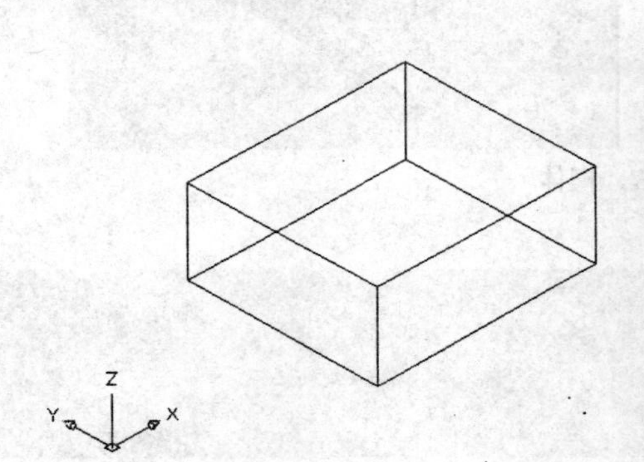

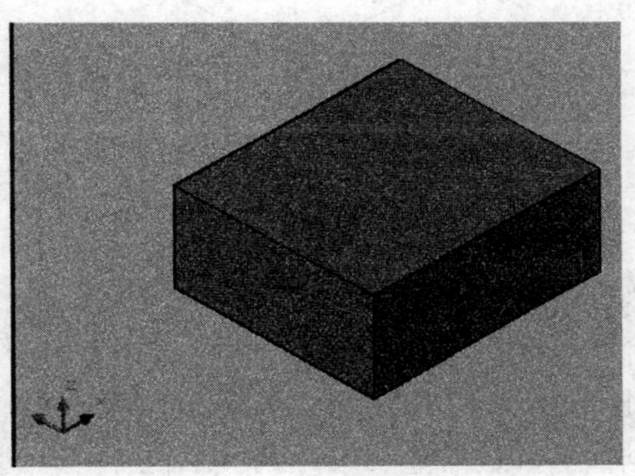

图 21-6　长方体

操作步骤

命令: box
指定第一个角点或 [中心(C)]:（单击鼠标左键确定长方体底面的一个角点）
指定其他角点或 [立方体(C)/长度(L)]:（单击鼠标左键确定长方体底面的对角点）
指定高度或 [两点(2P)] <174.1165>:（确定长方体的高度）

选项说明

（1）中心。从整个实体模型的中心点开始绘制长方体。

指定中心:
指定角点或 [立方体(C)/长度(L)]:
指定高度或 [两点(2P)] <219.9246>:

（2）立方体。即正方体，因为各边长度相等，所以只需要指定一个数据即可。

（3）长度。指定长方体的长、宽、高三个数据。

指定长度 <161.8742>:（必须是 X 轴方向的数据）
指定宽度:（必须是 Y 轴方向的数据）
指定高度或 [两点(2P)] <161.8742>:（必须是 Z 轴方向的数据）

（4）两点。在绘图区域对象捕捉两个点，以两点之间的距离作为高度数值。

指定第一点:
指定第二点:

2）楔体

楔体的绘制原理与长方体相同，只是 AutoCAD 软件自动以顶面的一条棱和与其相对的底面棱确定切面，截取了其中的一个楔体部分。

执行方式

通过工具栏：在“建模”工具栏中选择“楔体”命令，绘制如图 21-7 所示的实体图形。
通过菜单栏：选择菜单栏中的“绘图”→“建模”→“楔体”。
通过命令行：WEDGE。

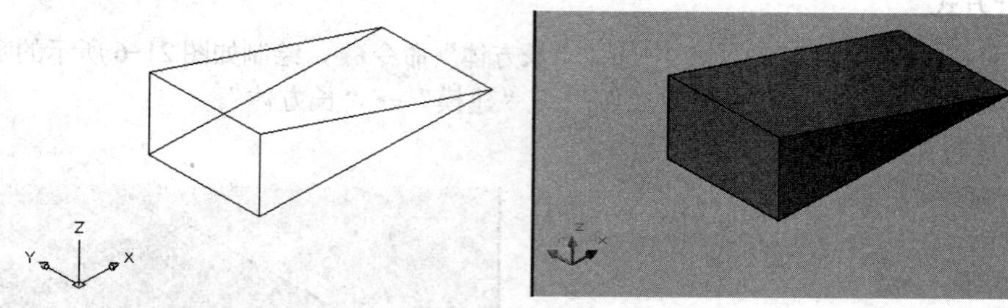

图 21-7　楔体

操作步骤

命令: wedge
指定第一个角点或 [中心(C)]:
指定其他角点或 [立方体(C)/长度(L)]:
指定高度或 [两点(2P)] <682.3302>:

3）圆锥体

执行方式

通过工具栏：在“建模”工具栏中选择“圆锥体”命令，绘制如图 21-8 所示的实体图形。
通过菜单栏：选择菜单栏中的“绘图”→“建模”→“圆锥体”。
通过命令行：CONE。

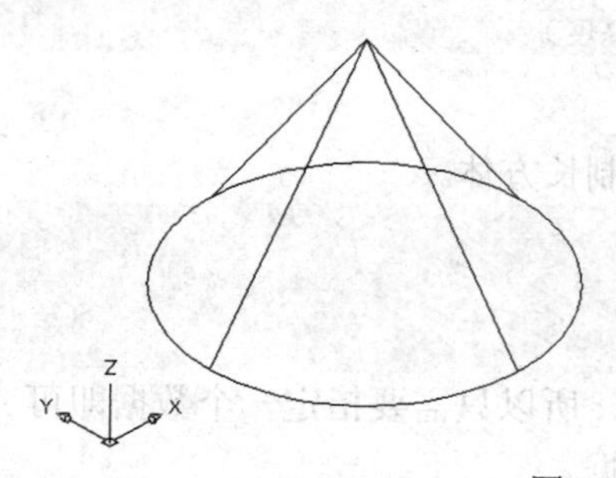

图 21-8　圆锥体

操作步骤

命令: cone
指定底面的中心点或 [三点(3P)/两点(2P)/相切、相切、半径(T)/椭圆(E)]:（指定底面圆的圆心）
指定底面半径或 [直径(D)] <522.6752>:
指定高度或 [两点(2P)/轴端点(A)/顶面半径(T)] <327.9527>:

选项说明

（1）三点（3P）/两点（2P）/相切、相切、半径（T）。AutoCAD 软件提供了三种绘制底面圆的方式。

（2）椭圆。执行这个选项是要创建底面为椭圆的实体图形，即椭圆锥，如图 21-9 所示。

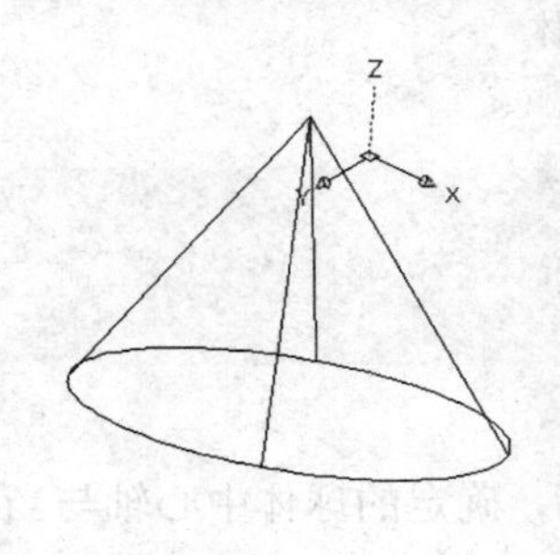

图 21-9　椭圆锥

（3）两点。在绘图区域对象捕捉两个点，以两点之间的距离作为高度数值。

指定第一点:
指定第二点:

（4）轴端点。在创建实体的过程中直接输入高度数据，或者用两点法确定实体的高度时，高度沿着 Z 轴所在的方向延伸。如果在空间中已知锥体的顶点，可以直接对象捕捉该点作为锥体的顶点。

（5）顶面半径。这个选项是用来创建圆台的（如图 21-10 所示），此时，实体图形对象的上顶面半径与下底面半径不相同。

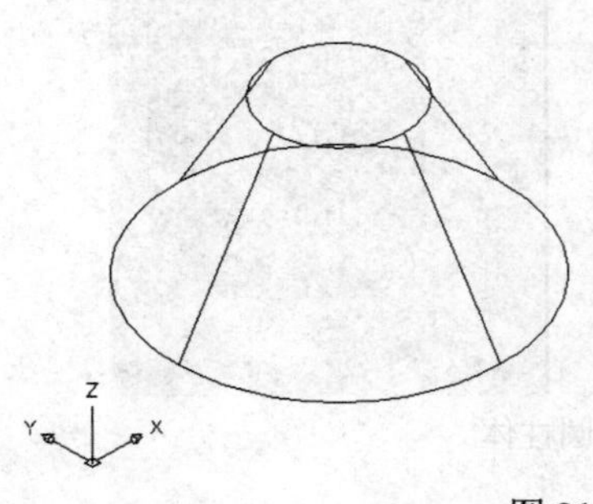

图 21-10　圆台

4）球体

执行方式

通过工具栏：在“建模”工具栏中选择“球体”命令，绘制如图 21-11 所示的实体图形。

通过菜单栏：选择菜单栏中的“绘图”→“建模”→“球体”。

通过命令行：SPHERE。

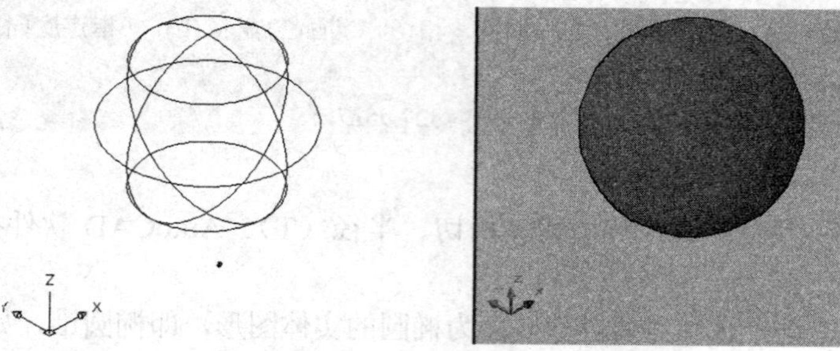

图 21-11　球体

操作步骤

```
命令: sphere
指定中心点或 [三点(3P)/两点(2P)/相切、相切、半径(T)]:
指定半径或 [直径(D)] <424.6007>:
```

选项说明

（1）中心点。指定球体的中心点。指定中心点后，确定的球体中心轴与当前 UCS（用户自定义坐标系）的 *Z* 轴平行，纬线与 *XY* 平面平行。

（2）三点（3P）/两点（2P）/相切、相切、半径（T）。AutoCAD 软件提供了三种定义球体圆周的方式。

5）圆柱体

执行方式

通过工具栏：在“建模”工具栏中选择“圆柱体”命令，绘制如图 21-12 所示的实体图形。

通过菜单栏：选择菜单栏中的“绘图”→“建模”→“圆柱体”。

通过命令行：CYLINDER。

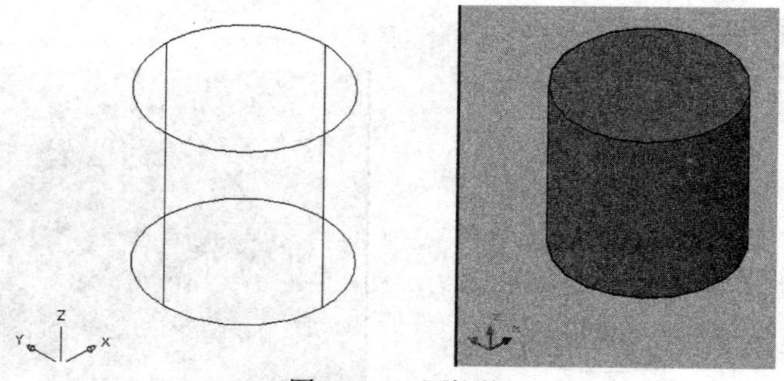

图 21-12　圆柱体

操作步骤

```
命令: cylinder
指定底面的中心点或 [三点(3P)/两点(2P)/相切、相切、半径(T)/椭圆(E)]:
指定底面半径或 [直径(D)] <273.7366>:
指定高度或 [两点(2P)/轴端点(A)] <527.9337>:
```

✎ 选项说明

（1）中心点。指定圆柱体上顶面或下底面的圆心。

（2）三点（3P）/两点（2P）/相切、相切、半径（T）。AutoCAD 软件提供了三种定义圆柱体底面圆的方式。

（3）两点。在绘图区域对象捕捉两个点，以两点之间的距离作为高度数值。

（4）轴端点。在创建实体的过程中直接输入高度数据，或者用两点法确定实体的高度时，高度沿着 *Z* 轴所在的方向延伸。如果在空间中已知圆柱体一个底面的中心点，可以直接对象捕捉该点，确定圆柱的高度及方向。

6）圆环体

✎ 执行方式

通过工具栏：在“建模”工具栏中选择“圆环体”命令，绘制如图 21-13 所示的实体图形。

通过菜单栏：选择菜单栏中的“绘图”→“建模”→“圆环体”。

通过命令行：TORUS。

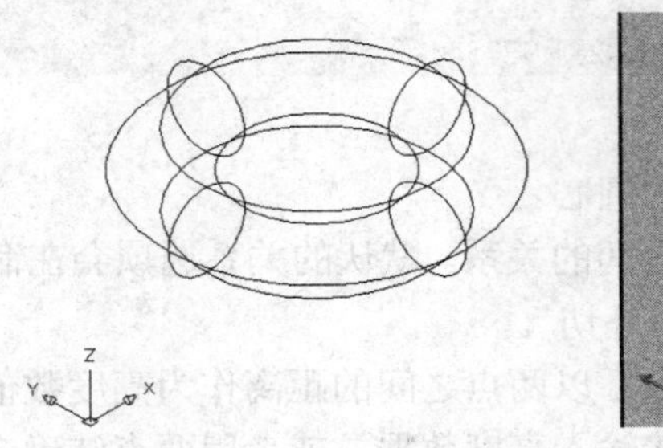
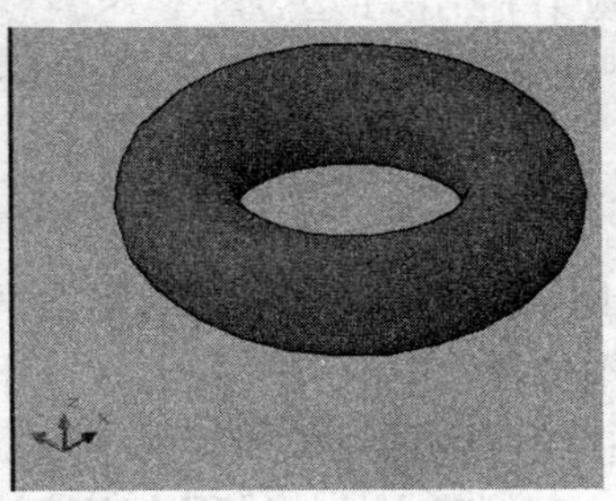

图 21-13 圆环体

✎ 操作步骤

```
命令: torus
指定中心点或 [三点(3P)/两点(2P)/相切、相切、半径(T)]:
指定半径或 [直径(D)] <179.3252>:
指定圆管半径或 [两点(2P)/直径(D)] <59.4289>:
```

✎ 选项说明

（1）中心点。指定圆环体的中心。

（2）三点（3P）/两点（2P）/相切、相切、半径（T）。AutoCAD 软件提供了三种定义圆环体圆周的方式。

（3）圆管半径。如图 21-14 所示。

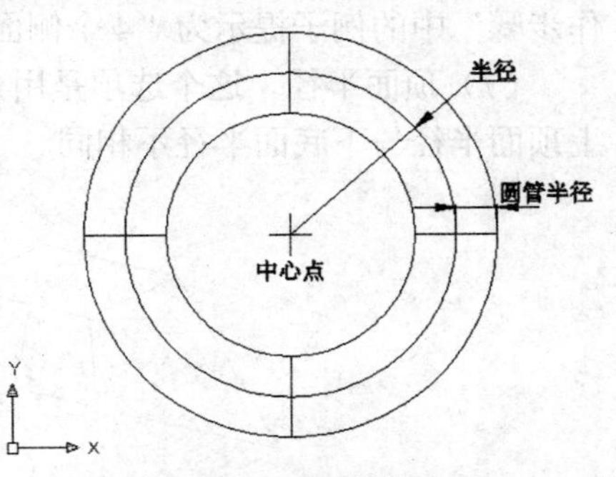

图 21-14 圆环体俯视图

7）棱锥面

✎ 执行方式

通过工具栏：在“建模”工具栏中选择“棱锥面”命令，绘制如图 21-15 所示的实体图形。

通过菜单栏：选择菜单栏中的“绘图”→“建模”→“棱锥面”。

通过命令行：PYRAMID。

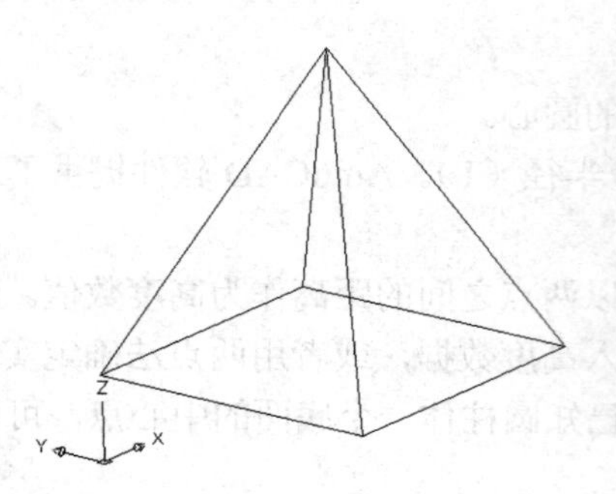

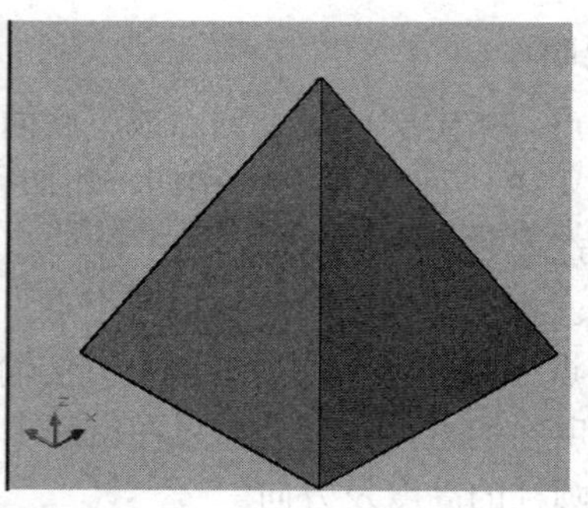

图 21-15　棱锥面

操作步骤

```
命令: pyramid
 4 个侧面　外切
指定底面的中心点或 [边(E)/侧面(S)]:
指定底面半径或 [内接(I)] <67.2596>:
指定高度或 [两点(2P)/轴端点(A)/顶面半径(T)] <281.9275>:
```

选项说明

（1）中心点。与底面多边形相关的圆的圆心。

（2）内接/外切。相关圆与底面多边形之间的关系。默认的关系选项会在命令初始的提示中显示。例如“操作步骤”中的例子提示为“外切”。

（3）两点。在绘图区域对象捕捉两个点，以两点之间的距离作为高度数值。

（4）轴端点。在创建实体的过程中直接输入高度数据，或者用两点法确定实体的高度时，高度沿着 *Z* 轴所在的方向延伸。如果在空间中已知棱锥面的顶点位置，可以直接对象捕捉该点，确定棱锥面的高度及方向。

（5）边。用确定底面多边形边的位置及长度的方式绘制棱锥面的底面。

```
指定边的第一个端点:
指定边的第二个端点:
```

（6）侧面。指定棱锥面的侧面数目。默认的侧面数会在命令初始的提示中显示。例如“操作步骤”中的例子提示为“4 个侧面”。

（7）顶面半径。这个选项是用来创建棱台的（如图 21-16 所示），此时，实体图形对象的上顶面半径与下底面半径不相同。

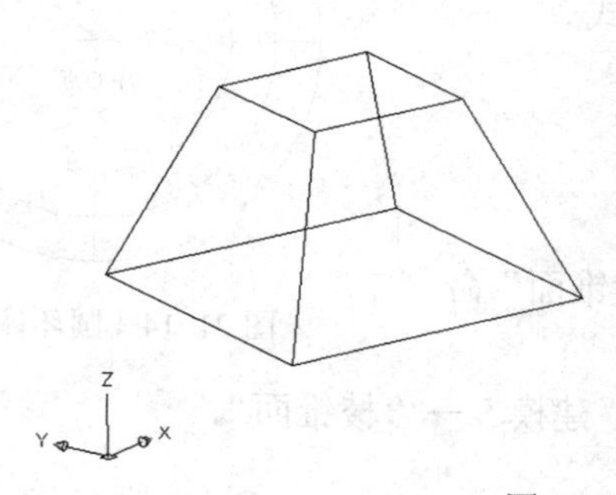

图 21-16　棱台

3．消隐与视觉样式工具栏

1）消隐

使用消隐，用户不需要进行选择，AutoCAD 软件会自动检查实体图形中的每一个线条，当确定线条位于其他实体的后方时，会把该线条在图形中消隐处理（如图 21-17 所示），在视觉效果上图形会更加逼真。该命令可以用于隐藏面域或三维实体被挡住的轮廓线。如果用户需要恢复消隐前的视觉效果，可通过“重生成”命令实现。

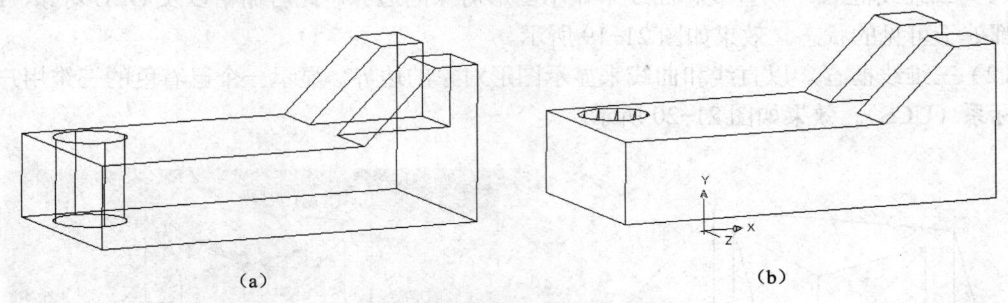

图 21-17　三维图像消隐

使用者需要特别注意的是，在消隐状态下，“实时缩放”命令和“实时平移”命令都无法使用。

执行方式

通过工具栏：在“渲染”工具栏中选择“消隐”命令。

通过菜单栏：选择菜单栏中的“视图”→“消隐”。

通过命令行：HIDE。

知识拓展——重生成命令

恢复图形的原有或实际状态，即 AutoCAD 自动根据图形数据库重生成整个图形。

执行方式

通过菜单栏：选择菜单栏中的“视图”→“重生成”。

通过命令行：REGEN。

2）视觉样式

AutoCAD 软件会根据用户的选择显示实体图形对象的不同表现状态，并根据观察角度的变化，调整各个面的相对亮度，产生更逼真的立体显示效果，还可以以某种颜色在三维实体表面和边上着色。

执行方式

通过工具栏：“视觉样式”工具栏如图 21-18 所示。

通过菜单栏：选择菜单栏中的“视图”→“视觉样式”→“二维线框”“三维线框”等。

通过命令行：SHADEMODE。

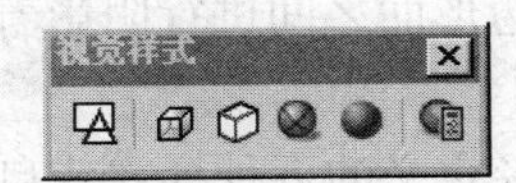

图 21-18　“视觉样式”工具栏

操作步骤

```
命令: shademode
VSCURRENT
输入选项 [二维线框(2)/三维线框(3)/三维隐藏(H)/真实(R)/概念(C)/其他(O)] <二维线框>:
```

选项说明

（1）二维线框。以直线和曲线来显示图形对象的边界。此时栅格以及 OLE 对象、线型、线宽都处于可见的状态。效果如图 21-19 所示。

（2）三维线框。以直线和曲线来显示图形对象的边界。显示一个已着色的三维用户自定义坐标系（UCS）。效果如图 21-20 所示。

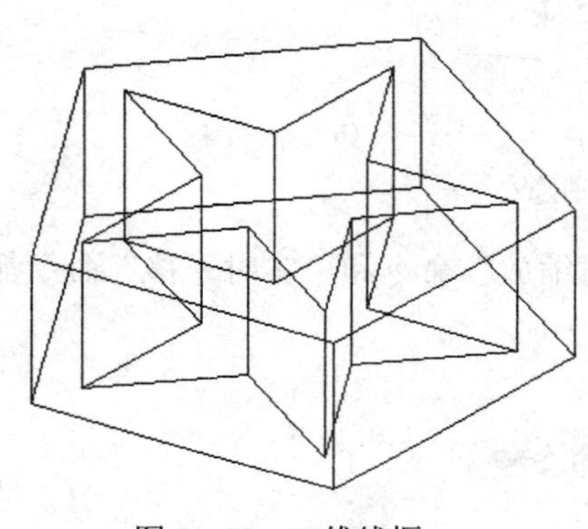

图 21-19　二维线框

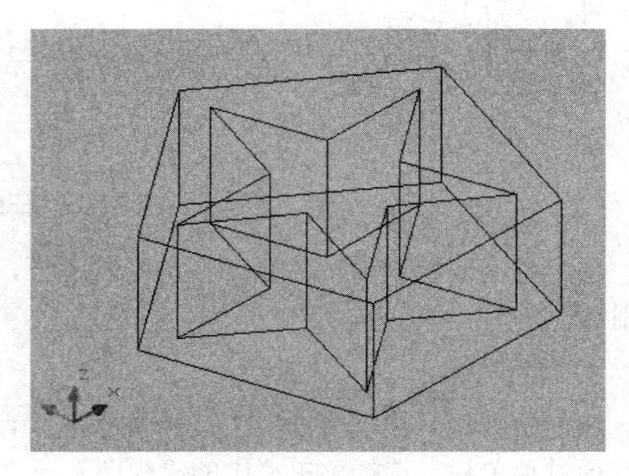

图 21-20　三维线框

（3）三维隐藏。以三维线框显示对象，并隐藏背面不可见的轮廓。效果如图 21-21 所示。

（4）真实。在实体对象的多边形面之间进行阴影着色。效果如图 21-22 所示。

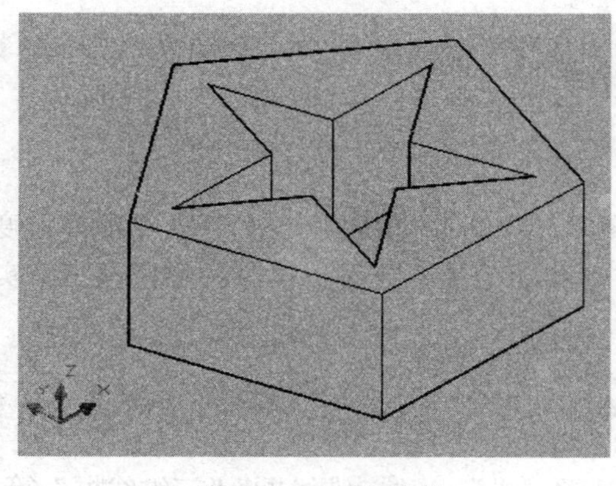

图 21-21　三维隐藏

图 21-22　真实

（5）概念。在实体对象的多边形面之间进行阴影着色，并在多边形面之间进行过渡。效果如图 21-23 所示。

（6）其他。表示可以对上述已经定义的五种样式或自定义样式任意选择。

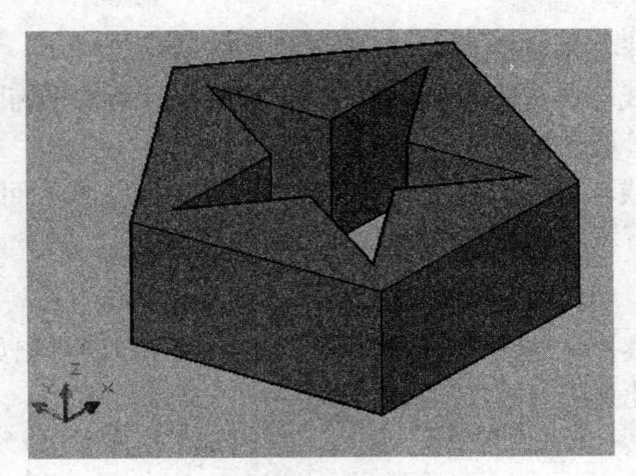

图 21-23　真实

4. 动态观察工具栏

动态观察器是 AutoCAD 软件中使用十分方便、功能足够强大的三维空间观察工具。用户可以使用该工具在当前视口中创建一个三维视图。用户可以使用鼠标实时地控制和改变视觉角度，自由观察图形。使用动态观察器可以查看整个图形，也可以查看模型中的任意对象，几乎能够满足建模过程中所有的观察要求。“动态观察”工具栏如图 21-24 所示。

图 21-24 “动态观察”工具栏

1）受约束的动态观察

执行方式

通过工具栏：“动态观察”工具栏。

通过菜单栏：选择菜单栏中的“视图”→“动态观察”→“受约束的动态观察”。

通过命令行：3DORBIT。

选项说明

受约束的动态观察是沿 *XY* 平面或 *Z* 轴，按照用户拖动鼠标的方向及距离调整观察角度。

2）自由动态观察

执行方式

通过工具栏：“动态观察”工具栏，执行效果如图 21-25 所示。

通过菜单栏：选择菜单栏中的“视图”→“动态观察”→“自由动态观察”。

通过命令行：3DFORBIT。

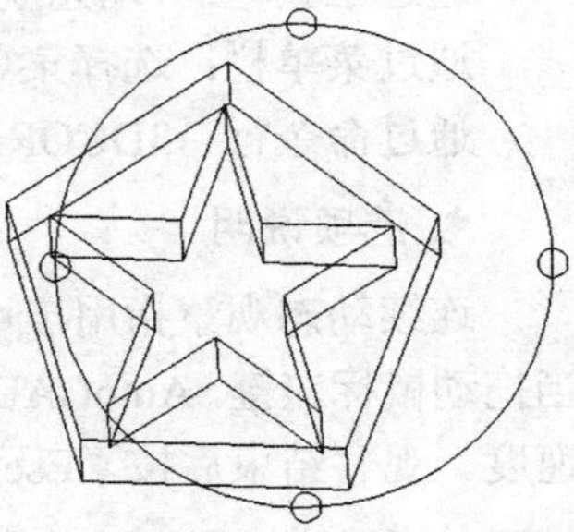

图 21-25　自由动态观察

选项说明

自由动态观察是不参照平面，在任意方向上进行动态观察。用户需要沿 *XY* 平面或 *Z* 轴观察时，视点不受约束。

（1）当光标在弧线球以内时，光标显示为两条封闭曲线环绕的小球体，此时视线从球面指向球心，用户按住鼠标左键拖动光标，可沿任意方向拖动视图，从球面的不同位置观察对象。

（2）当光标在弧线球以外时，光标显示为环形箭头，此时用户按住鼠标左键绕着弧线球移动光标，视图绕着通过球心并垂直于当前视平面的轴转动。

（3）当光标置于弧线球左右的两个小球中时，光标显示为水平椭圆，此时用户按住鼠标左键拖动光标，视图将绕着通过弧线球中心的垂直轴转动。

（4）当光标置于弧线球上下的两个小球中时，光标显示为垂直椭圆，此时用户按住鼠标左键拖动光标，视图将绕着通过弧线球中心的水平轴转动。

知识拓展

在执行自由动态观察操作期间，单击鼠标右键，AutoCAD 会弹出如图 21-26 所示的快捷菜单。用户此时可以利用此菜单完成其他操作。

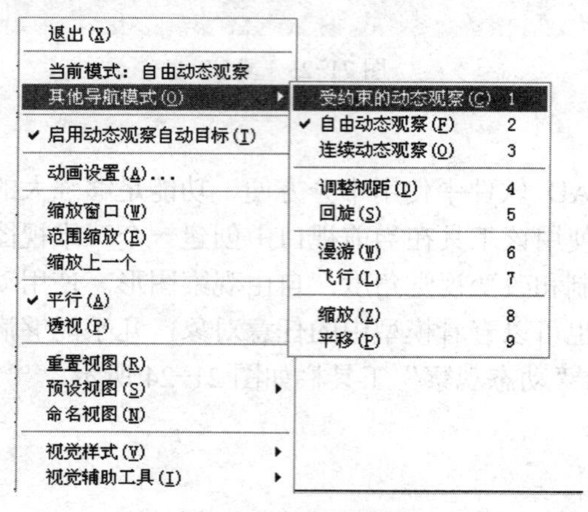

图 21-26　快捷菜单

3）连续动态观察

执行方式

通过工具栏：“动态观察”工具栏。

通过菜单栏：选择菜单栏中的“视图”→“动态观察”→“连续动态观察”。

通过命令行：3DCORBIT。

选项说明

连续动态观察指用户可以在连续、自动的状态下观察实体图形对象。操作时用户只需要适当拖动鼠标左键，AutoCAD 软件会根据用户拖动鼠标的方向和距离确定实体图形旋转的角度和速度。观察结束后按“Esc”键即可退出旋转观察状态。

5. 三维修改命令

在创建三维实体图形的过程中也需要修改命令来简化绘制过程，AutoCAD 软件提供了阵列、移动、镜像等三维修改命令，这些命令与二维空间的同类命令相比，在操作数据上原来的点控制变成了线控制，原来的线控制变成了面控制。

1）三维移动

执行方式

通过菜单栏：选择菜单栏中的“修改”→“三维操作”→“三维移动”。

通过命令行：3DMOVE。

操作步骤

```
命令: 3dmove
选择对象: 找到 1 个
选择对象:
指定基点或 [位移(D)] <位移>: 指定第二个点或 <使用第一个点作为位移>: 正在重生成模型。
```

选项说明

可参照二维移动命令。用户需要注意，如果使用相对坐标控制移动数据，应加入 Z 坐标值。三维移动操作的效果如图 21-27 所示。

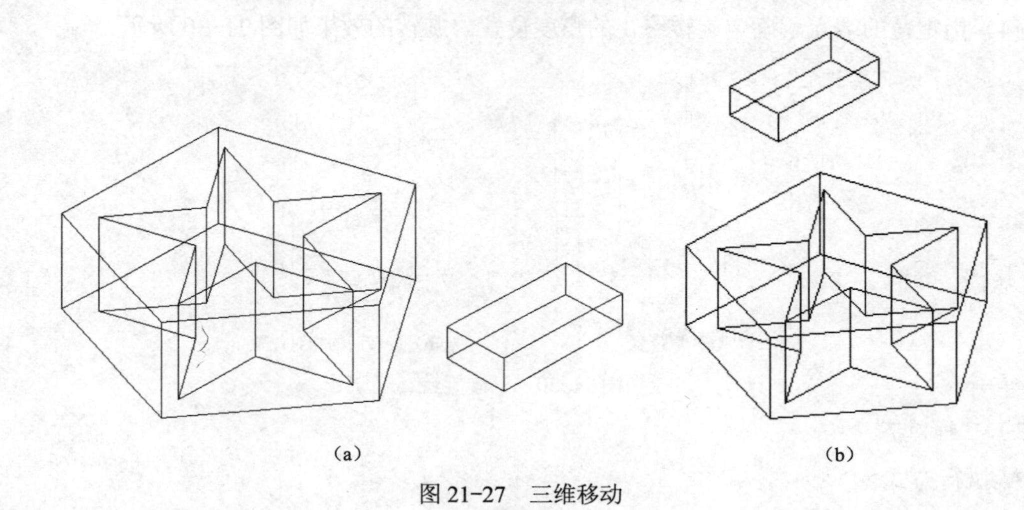

图 21-27　三维移动

2）三维旋转

执行方式

通过菜单栏：选择菜单栏中的“修改”→“三维操作”→“三维旋转”。

通过命令行：3DROATE。

操作步骤

```
命令: 3drotate
UCS 当前的正角方向:  ANGDIR=逆时针  ANGBASE=0
选择对象: 指定对角点: 找到 1 个
选择对象:
指定基点:
拾取旋转轴:
指定角的起点:
指定角的端点: 正在重生成模型。
```

选项说明

（1）指定基点。确定旋转轴的通过点，是一个如图 21-28 所示的着色三维空间球。

（2）拾取旋转轴。拾取通过基点的 X 轴、Y 轴或者 Z 轴作为旋转轴，如图 21-29 所示。

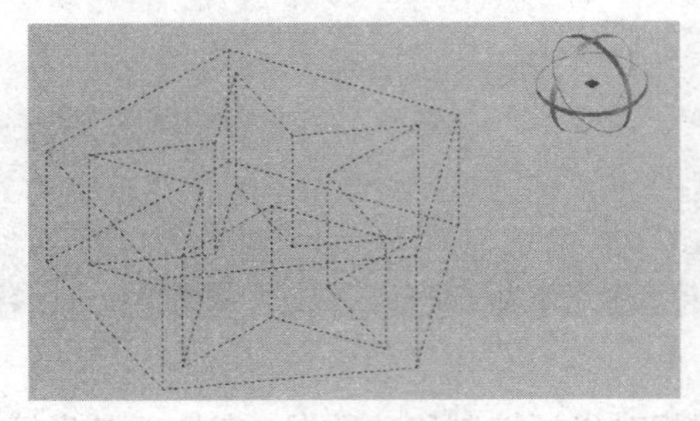

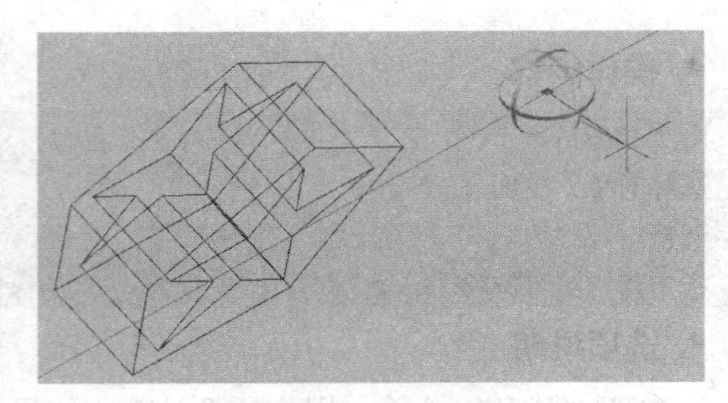

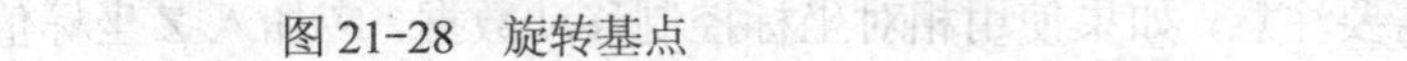

图 21-28　旋转基点　　　　图 21-29　旋转轴

（3）指定角的起点。确定旋转起始的角度位置。

（4）指定角的端点。确定旋转终止的角度位置。旋转的效果如图 21-30 所示。

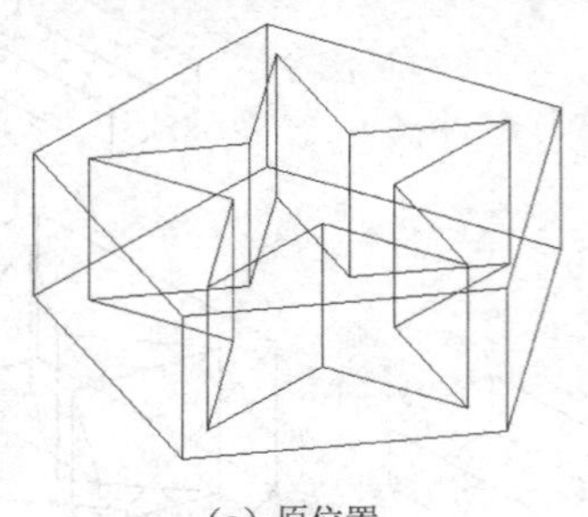

（a）原位置

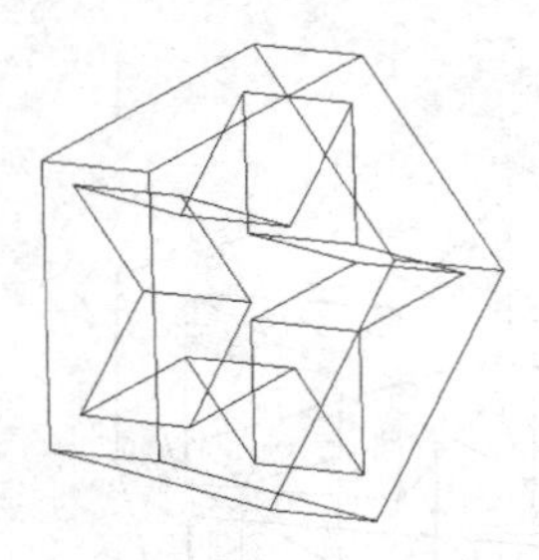

（b）旋转后的相对位置

图 21-30　三维旋转

3）三维对齐

执行方式

通过菜单栏：选择菜单栏中的“修改”→“三维操作”→“三维对齐”。

通过命令行：3DALIGN。

操作步骤

```
命令: 3dalign
选择对象: 找到 1 个
选择对象:
 指定源平面和方向 ...
指定基点或 [复制(C)]:
指定第二个点或 [继续(C)] <C>:
指定第三个点或 [继续(C)] <C>:
 指定目标平面和方向 ...
指定第一个目标点:
指定第二个目标点或 [退出(X)] <X>:
指定第三个目标点或 [退出(X)] <X>:
```

选项说明

（1）指定源平面和方向。在源对象中需要对齐的平面上按照命令要求指定三个点。

（2）指定目标平面和方向。在目标对象中需要对齐的平面上按照命令要求指定三个点。

（3）复制。对复制出来的实体进行对齐操作，保留原实体不变。

（4）继续。依次指定第一个源点和第一个目标点，第二个源点和第二个目标点，第三个源点和第三个目标点。AutoCAD 软件首先根据第一个源点到第一个目标点之间的矢量将指定对象平移，然后以第一个目标点为基点旋转指定对象，使三个源点所在的平面与三个目标点所在的平面重合。对齐的效果如图 21-31 所示。

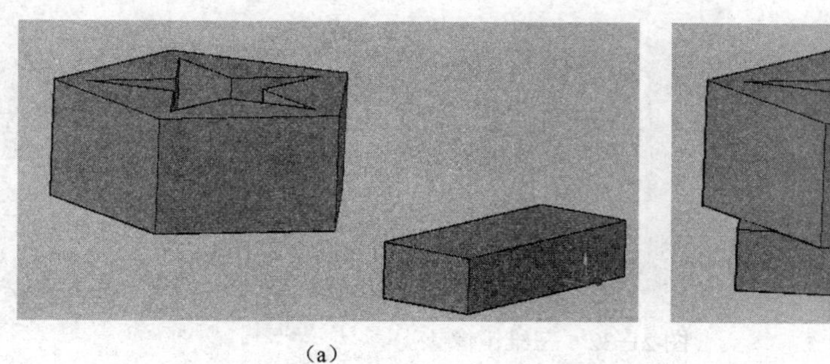
（a）

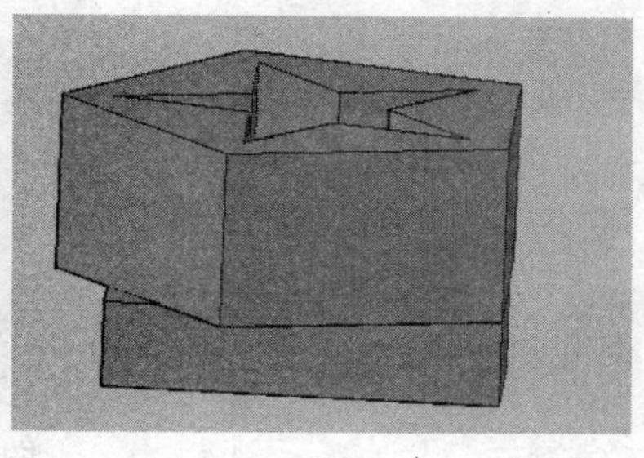
（b）

图 21-31　三维对齐

4）三维镜像

执行方式

通过菜单栏：选择菜单栏中的“修改”→“三维操作”→“三维镜像”。

通过命令行：MIRROR3D。

操作步骤

```
命令: mirror3d
选择对象: 找到 1 个
选择对象:
指定镜像平面 (三点) 的第一个点或
[对象(O)/最近的(L)/Z 轴(Z)/视图(V)/XY 平面(XY)/YZ 平面(YZ)/ZX 平面(ZX)/三点(3)] <三点>:
在镜像平面上指定第二点: 在镜像平面上指定第三点:
是否删除源对象？[是(Y)/否(N)] <否>:
```

选项说明

（1）指定镜像平面（三点）。指定三个点作为镜像面。

（2）对象。选择一个二维图形对象作为镜像面。

```
选择圆、圆弧或二维多段线线段:
是否删除源对象？[是(Y)/否(N)] <否>:
```

（3）最近的。使用上一次的镜像面进行镜像操作。

（4）Z 轴。通过定义平面上的一点与该平面法线上的一点来定义镜像面。

```
在镜像平面上指定点:
在镜像平面的 Z 轴 (法向) 上指定点:
是否删除源对象？[是(Y)/否(N)] <否>:
```

（5）视图。指定一个平行于当前视图的平面作为镜像面。

```
在视图平面上指定点 <0,0,0>:
是否删除源对象？[是(Y)/否(N)] <否>:
```

（6）XY 平面（XY）/YZ 平面（YZ）/ZX 平面（ZX）。选择与当前用户自定义坐标系（UCS）的 *XY* 面、*YZ* 面、*ZX* 面平行的平面作为镜像面。镜像的效果如图 21-32 所示。

```
指定 XY 平面上的点 <0,0,0>:
是否删除源对象？[是(Y)/否(N)] <否>:
```

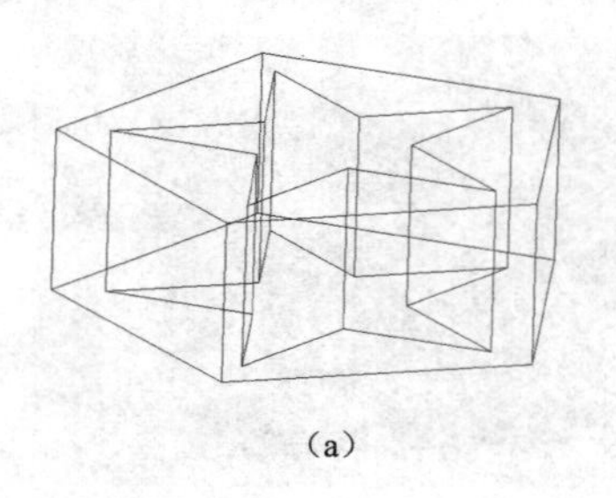

（a）

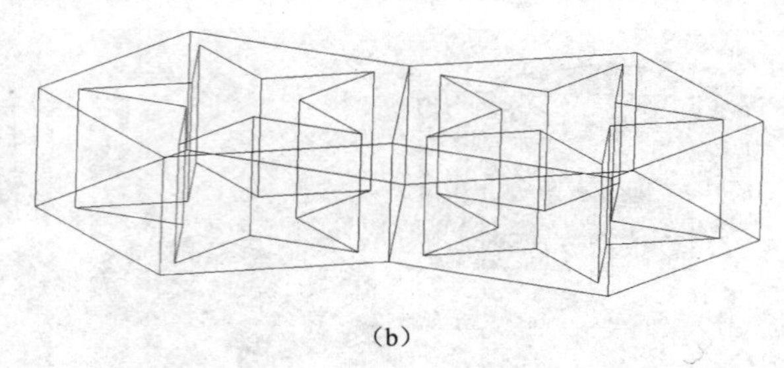

（b）

图 21-32　三维镜像

5）三维阵列

执行方式

通过菜单栏：选择菜单栏中的“修改”→“三维操作”→“三维阵列”。

通过命令行：3DARRAY。

操作步骤

```
命令: 3darray
选择对象: 找到 1 个
选择对象:
输入阵列类型 [矩形(R)/环形(P)] <矩形>:
输入行数 (---) <1>: 2
输入列数 (|||) <1>: 3
输入层数 (...) <1>: 2
指定行间距 (---): 150
指定列间距 (|||): 200
指定层间距 (...): 50
```

选项说明

（1）矩形。指定阵列的类型，矩形阵列可以指定行数、列数、层数。矩形阵列的效果如图 21-33 所示。

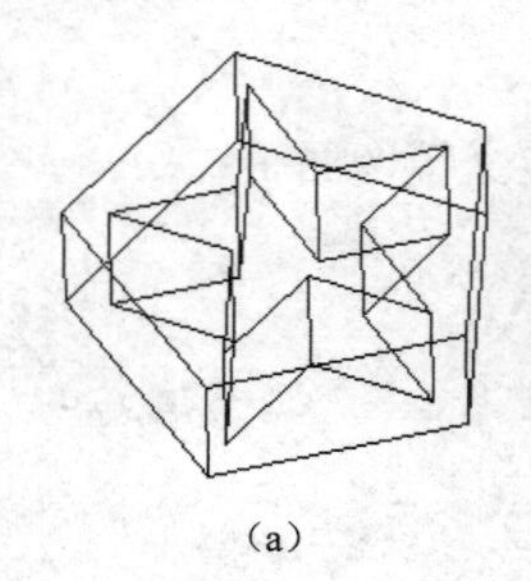

（a）

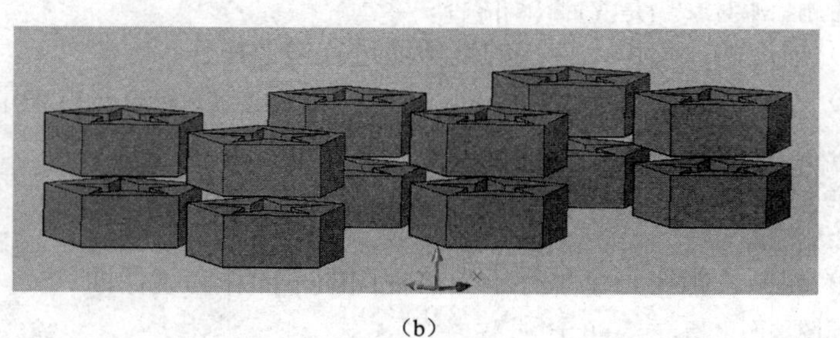

（b）

图 21-33　矩形阵列

（2）环形。按照指定的数目沿两点确定的旋转轴环形阵列。环形阵列的效果如图 21-34 所示。

```
输入阵列中的项目数目: 3
指定要填充的角度（+=逆时针, -=顺时针）<360>:
旋转阵列对象？[是(Y)/否(N)] <Y>:
指定阵列的中心点:
指定旋转轴上的第二点:
```

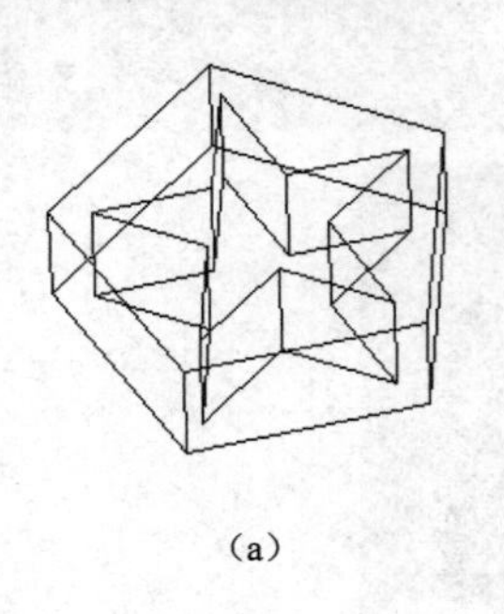
（a）

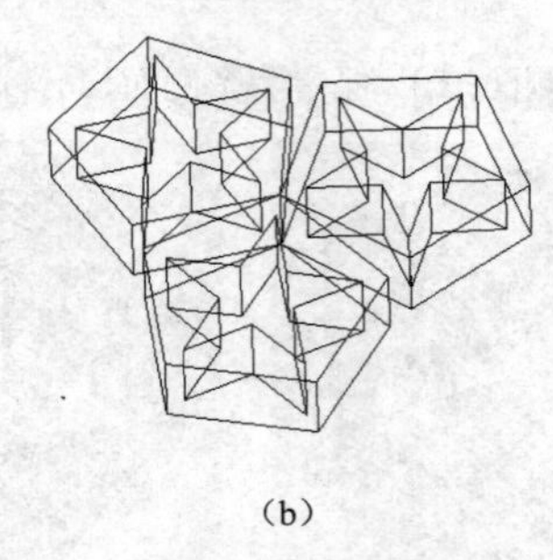
（b）

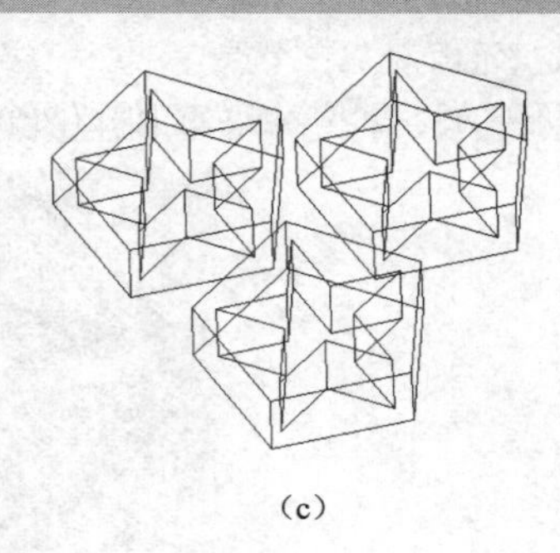
（c）

图 21-34　环形阵列

6）剖切

执行方式

通过菜单栏：选择菜单栏中的“修改”→“三维操作”→“剖切”。

通过命令行：SLICE。

操作步骤

```
命令: slice
选择要剖切的对象: 找到 1 个
选择要剖切的对象:
指定切面的起点或 [平面对象(O)/曲面(S)/Z 轴(Z)/视图(V)/XY/YZ/ZX/三点(3)] <三点>:
指定平面上的第二个点:
在所需的侧面上指定点或 [保留两个侧面(B)] <保留两个侧面>:
```

选项说明

（1）平面对象。将指定对象所在的平面作为剖切面。

```
选择用于定义剖切平面的圆、椭圆、圆弧、二维样条线或二维多段线:
在所需的侧面上指定点或 [保留两个侧面(B)] <保留两个侧面>:
```

（2）Z 轴。首先指定剖切面上的点，再指定垂直于剖切面的直线上的一个点，最后指定剖切后实体的保留方式。

```
指定剖面上的点:
指定平面 Z 轴 (法线) 上的点:
在所需的侧面上指定点或 [保留两个侧面(B)] <保留两个侧面>:
```

（3）视图。通过指定点确定一个与当前视图相平行的平面作为剖切面。

```
指定当前视图平面上的点 <0,0,0>:
在所需的侧面上指定点或 [保留两个侧面(B)] <保留两个侧面>:
```

（4）XY /YZ /ZX。用户可以指定一个点，确定通过这个点与当前用户自定义坐标系（UCS）的 *XY* 面、*YZ* 面、*ZX* 面平行的平面作为剖切面。

```
指定 XY 平面上的点 <0,0,0>:
在所需的侧面上指定点或 [保留两个侧面(B)] <保留两个侧面>:
```

（5）三点（3）。对象捕捉三个点，确定一个平面作为剖切面。剖切的效果如图 21-35 所示。

```
指定平面上的第一个点:
指定平面上的第二个点:
指定平面上的第三个点:
在所需的侧面上指定点或 [保留两个侧面(B)] <保留两个侧面>:
```

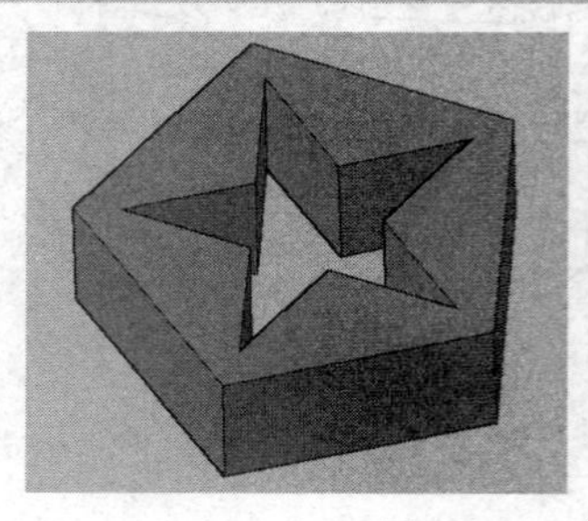

图 21-35　剖切

21.4　操作分析

➘ 操作步骤

1. 绘图准备

转换或打开三维建模空间。
将视觉方向设置为“西南等轴测”。

2. 绘制图形

➘ 操作步骤

（1）使用“圆柱”命令创建如图 21-36 所示的圆桌桌面。

```
命令: cylinder
指定底面的中心点或 [三点(3P)/两点(2P)/相切、相切、半径(T)/椭圆(E)]: 0,0
指定底面半径或 [直径(D)]: 500
指定高度或 [两点(2P)/轴端点(A)]: 50
```

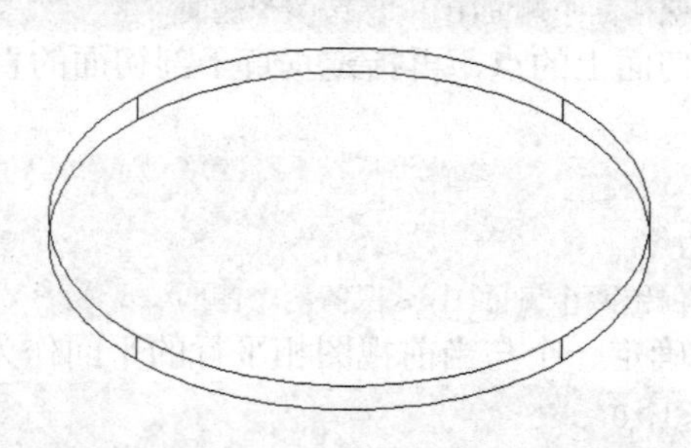

图 21-36　圆桌桌面

（2）创建如图 21-37 所示的桌面向下凹陷的部分。先使用“圆柱”命令绘制出凹陷部分的圆柱体，再用差集将其从大圆柱中减去。

命令: cylinder
指定底面的中心点或 [三点(3P)/两点(2P)/相切、相切、半径(T)/椭圆(E)]:（对象捕捉大圆柱顶面的圆心）
指定底面半径或 [直径(D)] <500.0000>: 480
指定高度或 [两点(2P)/轴端点(A)] <50.0000>: -5（创建一个与大圆柱共用上顶面，且被大圆柱包含在内的小圆柱）
命令: subtract
选择要从中减去的实体或面域...
选择对象: 找到 1 个（选择大圆柱）
选择对象:
选择要减去的实体或面域 ..
选择对象: 找到 1 个（选择小圆柱）
选择对象:

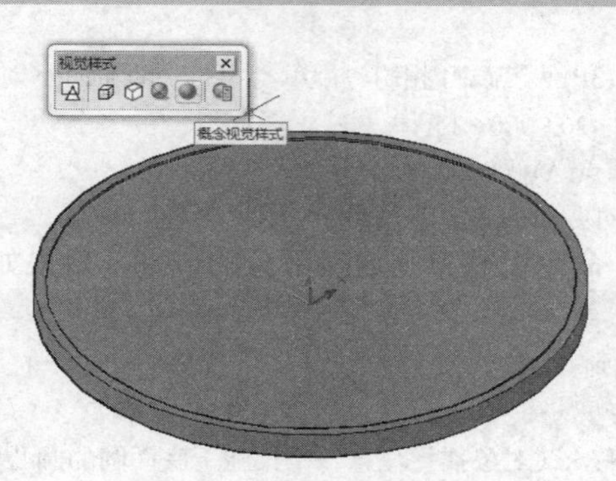

图 21-37　桌面向下凹陷的部分

（3）按照尺寸要求创建如图 21-38 所示的桌腿。

命令: cylinder
指定底面的中心点或 [三点(3P)/两点(2P)/相切、相切、半径(T)/椭圆(E)]: 450（对象捕捉下底面的圆心，通过极轴找到桌腿的位置）
指定底面半径或 [直径(D)] <20.0000>: 20
指定高度或 [两点(2P)/轴端点(A)] <-500.0000>: -1000

（4）使用“三维阵列”命令完成所有桌腿的创建，效果如图 21-39 所示。

命令: 3darray
正在初始化...　已加载 3DARRAY。
选择对象: 指定对角点: 找到 1 个
选择对象:
输入阵列类型 [矩形(R)/环形(P)] <矩形>:p
输入阵列中的项目数目: 4
指定要填充的角度 (+=逆时针, -=顺时针) <360>:
旋转阵列对象？ [是(Y)/否(N)] <Y>: n
指定阵列的中心点:（对象捕捉桌面圆柱上顶面圆的圆心）
指定旋转轴上的第二点:（对象捕捉桌面圆柱下底面圆的圆心）

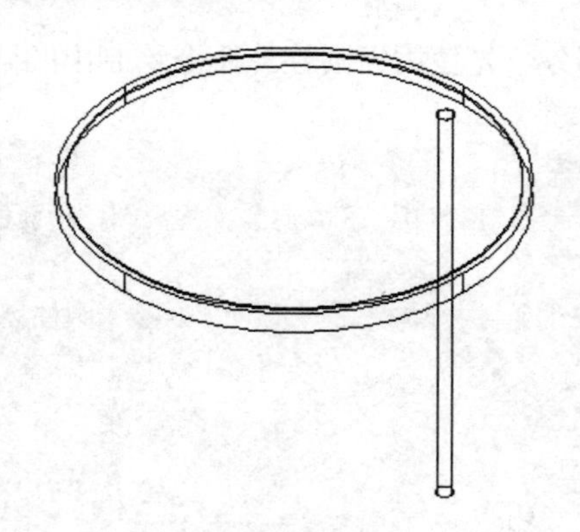

图 21-38　创建桌腿

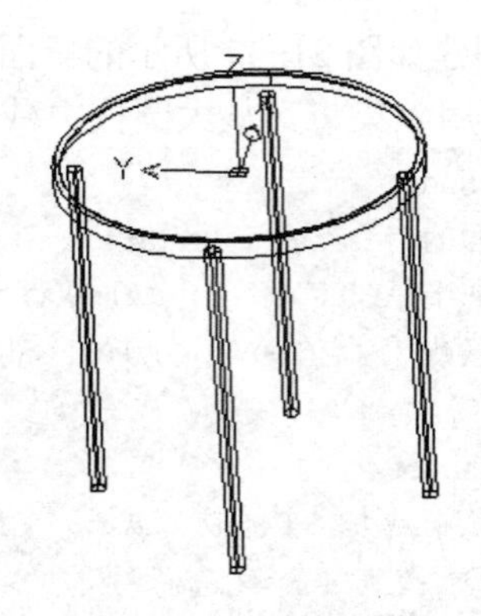

图 21-39　环形阵列得到桌腿

（5）采用“圆柱”命令中指定轴端点的方式分别创建桌腿之间的两个连接圆柱，效果如图 21-40 所示。

命令: cylinder
指定底面的中心点或 [三点(3P)/两点(2P)/相切、相切、半径(T)/椭圆(E)]:（对象捕捉一个桌腿下底面圆的圆心）
指定底面半径或 [直径(D)] <20.0000>:15
指定高度或 [两点(2P)/轴端点(A)] <900.0000>: a
指定轴端点:（对象捕捉相对方向的桌腿下底面圆的圆心）

（6）使用“三维移动”命令调整桌腿连接部分的位置，效果如图 21-41 所示。

命令: 3dmove
选择对象: 指定对角点: 找到 2 个
选择对象:
指定基点或 [位移(D)] <位移>:（对象捕捉任意一个桌腿下底面圆的圆心）
指定第二个点或 <使用第一个点作为位移>: @0,0,250
正在重生成模型。

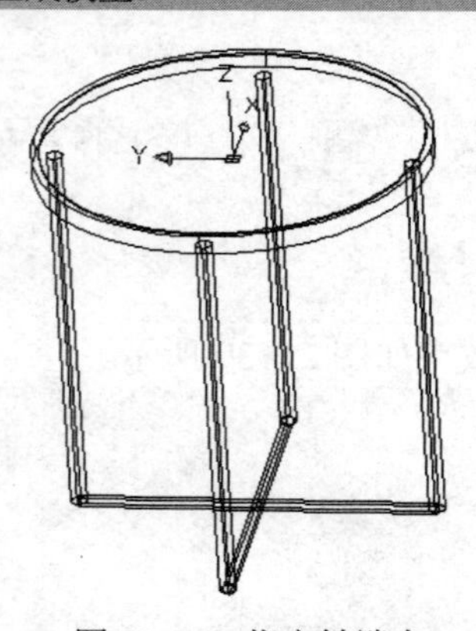

图 21-40　指定轴端点

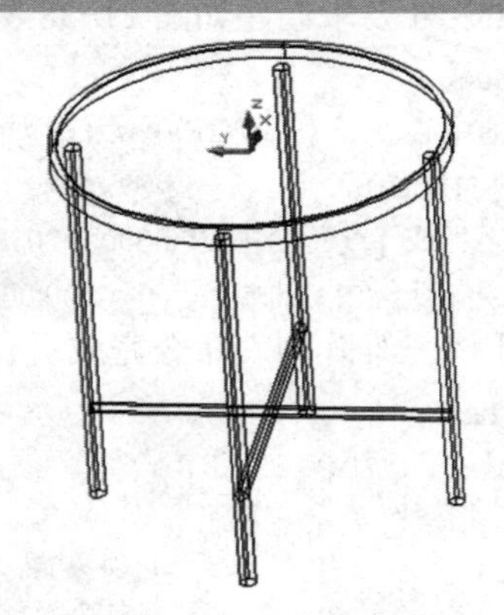

图 21-41　三维移动

（7）用“直线”命令在一个连接柱的两个底面圆的圆心之间绘制一条直线，作为辅助线。利用辅助线的中点确定连接柱之间球体的球心位置，并创建球形连接体。效果如图 21-42 所示。

命令: line
指定第一点:

指定下一点或 [放弃(U)]:（对象捕捉一个柱形连接体底面圆的圆心）
指定下一点或 [放弃(U)]:（对象捕捉此柱形连接体另一个底面圆的圆心）
命令: sphere
指定中心点或 [三点(3P)/两点(2P)/相切、相切、半径(T)]:（对象捕捉辅助线的中点）
指定半径或 [直径(D)] <15.0000>: 30

图 21-42　球形连接体

配 套 练 习

1．绘制三条直线分别代表坐标系中的 *X* 轴、*Y* 轴和 *Z* 轴。然后分别绘制三个圆：第一个以 *X* 轴的端点为圆心，且垂直于 *X* 轴；第二个以 *Y* 轴的端点为圆心，且垂直于 *Y* 轴；第三个以坐标原点为圆心，垂直于 *XOY* 面，且与 *YOZ* 面的夹角为 45 度。如图 21-43 所示。（CAD 资格认证考试题）

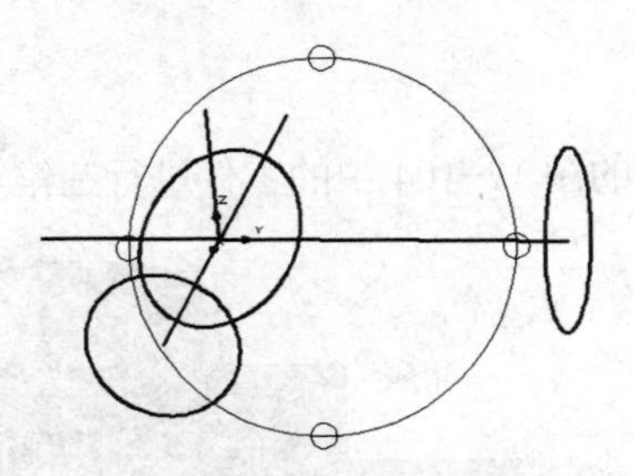

图 21-43　示例图

2. 先绘制边长为 100 mm 的立方体，然后分别在它的正面和左侧面的中心点绘制半径为 20 mm 的圆，如图 21-44 所示。（CAD 资格认证考试题）

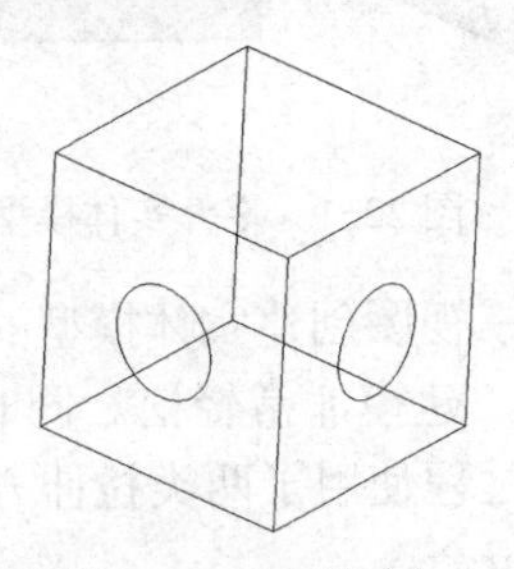

图 21-44　示例图

22 任务二十二

创建拉伸零件模型

22.1 学习目标

知识目标

- 熟悉 AutoCAD 软件创建的三维实体图形的特点。
- 了解三维绘图空间和三维坐标系。
- 掌握拉伸建模命令。

技能目标

- 熟练掌握零件从三视图到实体模型的转换。
- 熟练掌握简单三维实体编辑命令的使用方法及其特点。
- 掌握在三维空间中适时利用二维操作命令。

22.2 任务介绍

本建模任务是对任务十二中的图 12-104 中的零件进行三维实体建模，效果如图 22-1 所示。

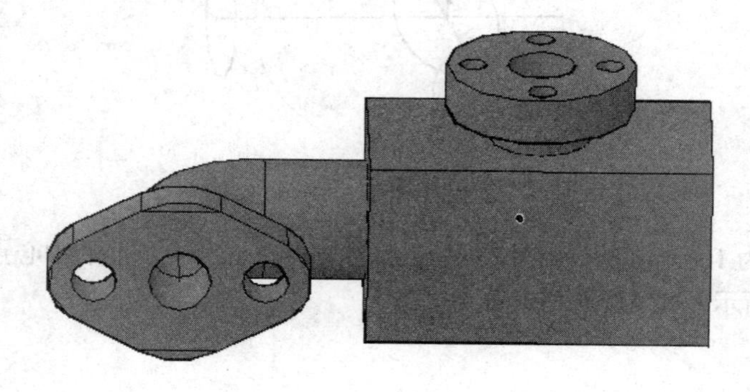

图 22-1　零件实体模型

本任务是一个非常典型的利用三视图创建实体模型的实例，通过这个任务，用户可以真切地体验到在有二维三视图的情况下，建模非常轻松。同时，这也是一个典型的利用 AutoCAD 的拉伸命令完成的建模任务，创建过程使用了两类拉伸方式。除了拉伸命令，在整个建模过程中还需要使用面域命令以及三维编辑命令。

22.3　相关知识

1．面域

使用 AutoCAD 软件中的拉伸命令创建实体模型，需要对“面”进行操作。二维绘图命令绘制的图形对象只是一个线框，二者的比较如图 22-2 所示。左图为线框，右图为创建好的面域，在概念视觉样式下可以看出它们的明显差别。因此，在创建实体模型之前，需要先创建相应形状的面。

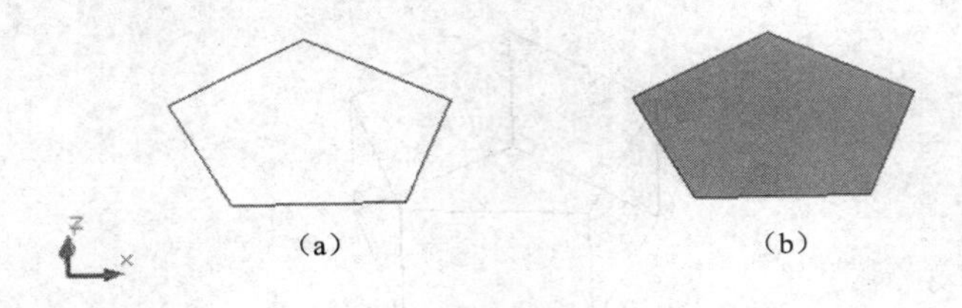

图 22-2　线框与面域
（a）线框　（b）面域

执行方式

通过工具栏：在“绘图”工具栏中选择“面域”命令。

通过菜单栏：选择菜单栏中的“绘图”→“面域”。

通过命令行：REGION。

操作步骤

```
命令: region
选择对象: 指定对角点: 找到 1 个
选择对象:
已提取 1 个环。
已创建 1 个面域。
```

选项说明

用户需要注意，是否完成面域创建，创建的面域个数，命令最后一行会有直接说明。如果完成 0 个，即面域创建不成功，通常是因为 AutoCAD 检测到用来创建面域的线框没有形成一个封闭区域。

2．拉伸命令

拉伸命令可以将闭合的二维多段线或者面域拉伸，创建出实体模型。拉伸通常是沿着某一方向或者一个指定的拉伸路径完成的。拉伸操作不能对三维图形对象进行操作，包含在图块内的图形对象，有交叉的或横断部分的多段线以及没有闭合的多段线也不可以。

执行方式

通过工具栏：在“建模”工具栏中选择“拉伸”命令。

通过菜单栏：选择菜单栏中的“绘图”→“建模”→“拉伸”。

通过命令行：EXTRUDE。

操作步骤

```
命令: extrude
```

当前线框密度： ISOLINES=4
选择要拉伸的对象：找到 1 个
选择要拉伸的对象:
指定拉伸的高度或 [方向(D)/路径(P)/倾斜角(T)]:

选项说明

（1）指定拉伸的高度。在默认情况下用正负值控制实体沿着正的或者负的 Z 轴方向创建实体，如图 22-3 所示。

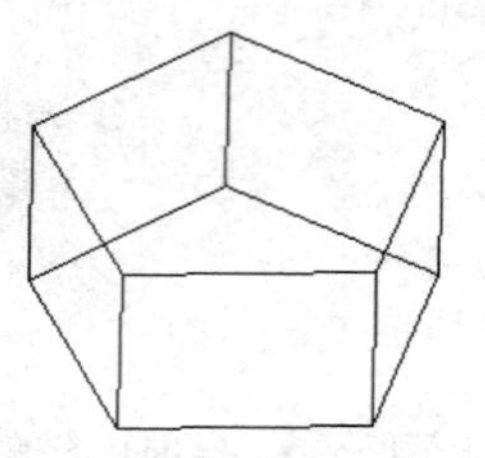

图 22-3　指定拉伸的高度

（2）方向（D）。通过指定空间中的点（如图 22-4 所示）可以创建特定倾斜方向的拉伸实体，效果如图 22-5 所示。

指定方向的起点:
指定方向的端点:

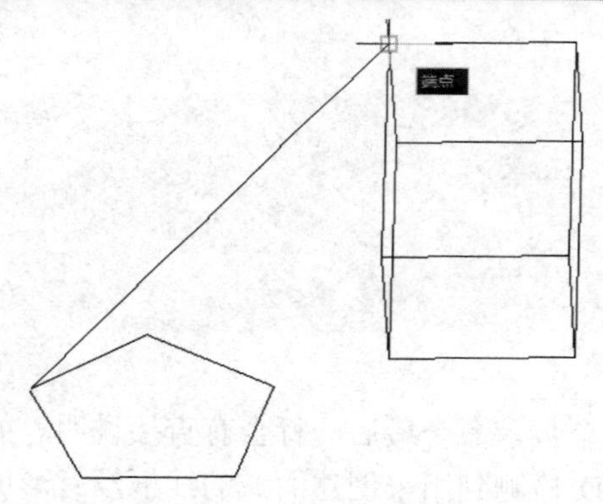

图 22-4　指定空间中的点

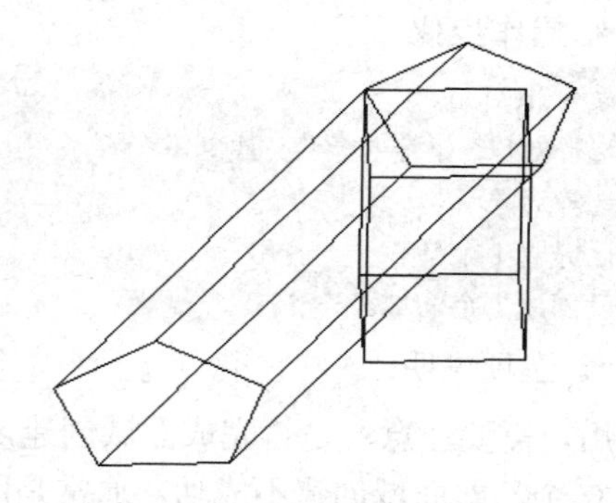

图 22-5　特定倾斜方向的拉伸实体

（3）路径（P）。这一种拉伸方式需要用户提前绘制用作路径的线条，线条应该是一个整体，所以通常使用多段线命令绘制，或者提前把多个线条合并成一个整体图形对象。另外，拉伸路径应该与拉伸图形不在同一平面内，如图 22-6 所示。

选择拉伸路径或 [倾斜角]:（拉伸效果如图 22-7 所示）

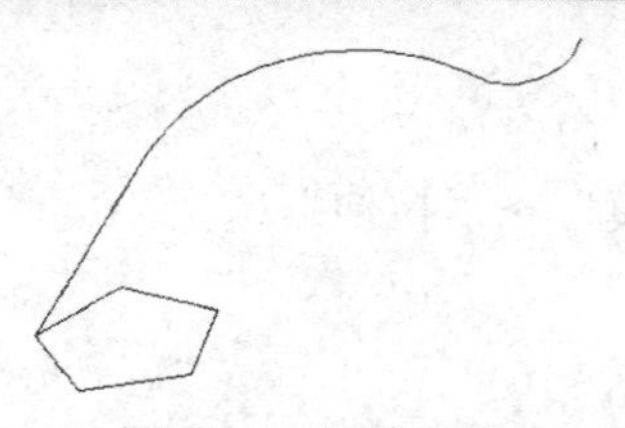

图 22-6　拉伸路径

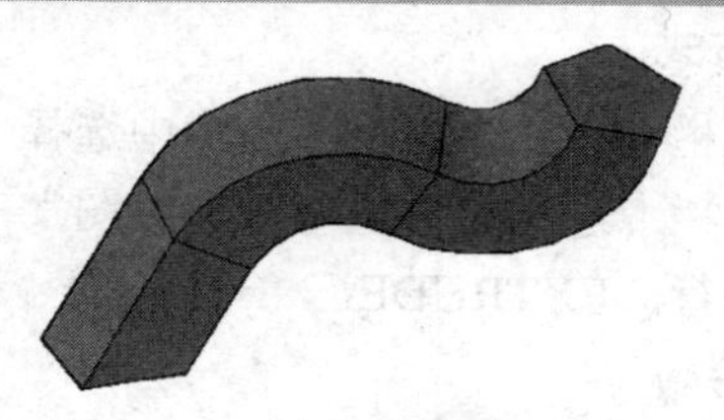

图 22-7　路径拉伸创建的实体

（4）倾斜角（T）。指定拉伸的角度，这个数值应介于-90 度到 90 度之间，同时结合拉伸高度，拉伸得到的实体对象可以是锥体或者台体，如图 22-8 所示。

```
指定拉伸的倾斜角度 <0>: 50
指定拉伸的高度或 [方向(D)/路径(P)/倾斜角(T)] <-2.6278>: 100
```

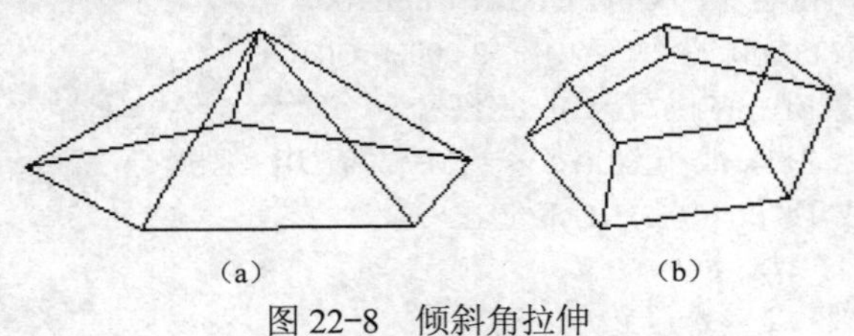

（a）　　　　　　（b）

图 22-8　倾斜角拉伸

（a）橱柜侧立面图　（b）橱柜正立面图

实例演练

按照数据创建如图 22-9 所示的实体模型。

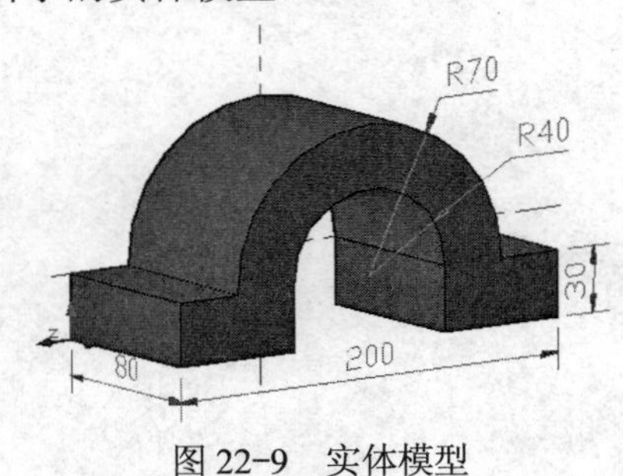

图 22-9　实体模型

将视图方向转换为主视图。绘制如图 22-10 所示的切面，并将其定义为面域。

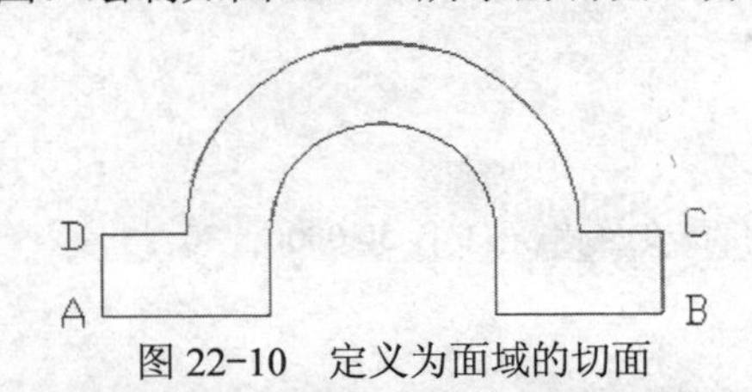

图 22-10　定义为面域的切面

```
命令: pl //绘制 A 点到 B 点的多段线
PLINE
指定起点:
当前线宽为 0.0000
指定下一个点或 [圆弧(A)/半宽(H)/长度(L)/放弃(U)/宽度(W)]: 60
指定下一点或 [圆弧(A)/闭合(C)/半宽(H)/长度(L)/放弃(U)/宽度(W)]: 30
指定下一点或 [圆弧(A)/闭合(C)/半宽(H)/长度(L)/放弃(U)/宽度(W)]: a
指定圆弧的端点或
[角度(A)/圆心(CE)/闭合(CL)/方向(D)/半宽(H)/直线(L)/半径(R)/第二个点(S)/放弃(U)/宽度(W)]: 80
指定圆弧的端点或
[角度(A)/圆心(CE)/闭合(CL)/方向(D)/半宽(H)/直线(L)/半径(R)/第二个点(S)/放弃(U)/宽度(W)]: l
指定下一点或 [圆弧(A)/闭合(C)/半宽(H)/长度(L)/放弃(U)/宽度(W)]:
```

```
指定下一点或 [圆弧(A)/闭合(C)/半宽(H)/长度(L)/放弃(U)/宽度(W)]: 60
指定下一点或 [圆弧(A)/闭合(C)/半宽(H)/长度(L)/放弃(U)/宽度(W)]:
命令: o//根据数据，偏移得到 D 点到 C 点的多段线
OFFSET
当前设置: 删除源=否  图层=源  OFFSETGAPTYPE=0
指定偏移距离或 [通过(T)/删除(E)/图层(L)] <53.0000>: 30
选择要偏移的对象，或 [退出(E)/放弃(U)] <退出>:
指定要偏移的那一侧上的点，或 [退出(E)/多个(M)/放弃(U)] <退出>:
选择要偏移的对象，或 [退出(E)/放弃(U)] <退出>:
//使用直线命令分别连接 AD、BC
命令: l
LINE 指定第一点:
指定下一点或 [放弃(U)]:
指定下一点或 [放弃(U)]:
命令: l
LINE 指定第一点:
指定下一点或 [放弃(U)]:
指定下一点或 [放弃(U)]:
命令: region //选择所有线条创建面域
选择对象: 指定对角点: 找到 4 个
选择对象:
已提取 1 个环。
已创建 1 个面域。
//将视图方向转换为西南等轴测
命令: extrude//使用拉伸命令，按照图示数据完成实体创建，如图 22-11 所示。
当前线框密度:  ISOLINES=4
选择要拉伸的对象: 找到 1 个
选择要拉伸的对象:
指定拉伸的高度或 [方向(D)/路径(P)/倾斜角(T)] <50.0000>: 80
```

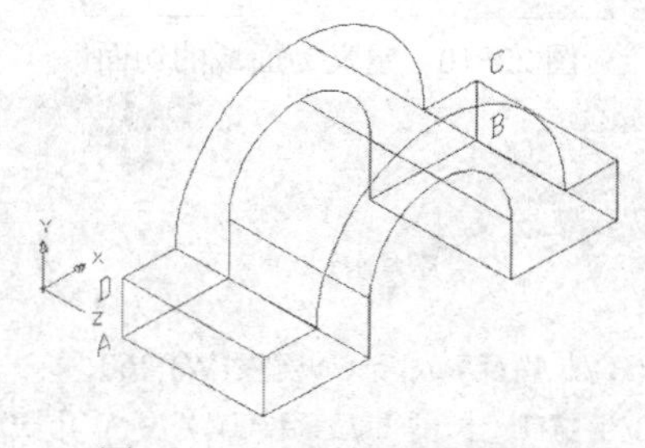

图 22-11　拉伸完成实体创建

3．布尔运算

布尔运算仅能在三维实体之间或处在同一平面的面域之间进行。在创建复杂三维实体图形对象时，通过面域或者实体对象的加、减、相交、干涉等运算，可以极大地简化建模操作。布尔运算的命令集成在“建模”工具栏中。

1）并集

执行方式

通过工具栏：在“建模”工具栏中选择“并集”命令。

通过菜单栏：选择菜单栏中的“修改”→“实体编辑”→“并集”。

通过命令行：UNION。

操作步骤

命令: union

选择对象: 指定对角点: 找到 2 个

选择对象:（操作效果如图 22-12 所示）

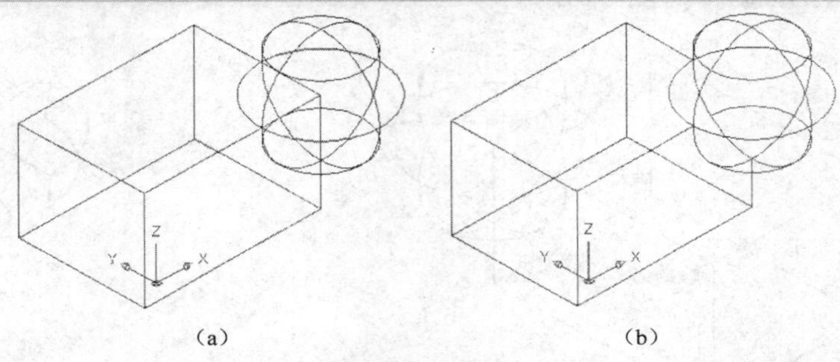

（a）　　（b）

图 22-12　并集

2）差集

执行方式

通过工具栏：在“建模”工具栏中选择“差集”命令。

通过菜单栏：选择菜单栏中的“修改”→“实体编辑”→“差集”。

通过命令行：SUBTRACT。

操作步骤

命令: subtract

选择要从中减去的实体或面域...

选择对象: 找到 1 个

选择对象:

选择要减去的实体或面域 ..

选择对象: 找到 1 个

选择对象:（操作效果如图 22-13 所示）

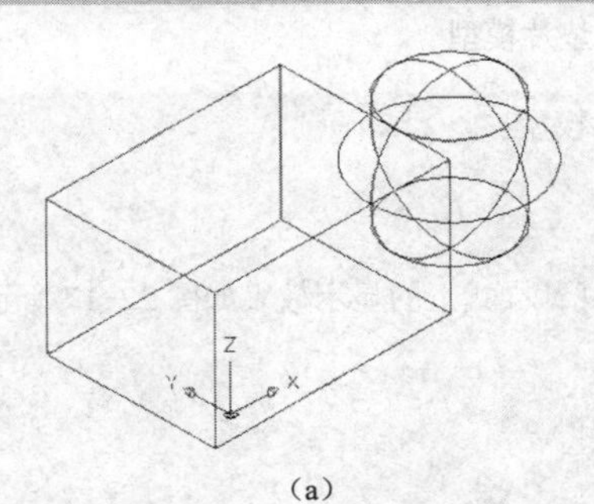

（a）　　（b）

图 22-13　差集

3）交集

执行方式

通过工具栏：在“建模”工具栏中选择“交集”命令。

通过菜单栏：选择菜单栏中的“修改”→“实体编辑”→“交集”。

通过命令行：INTERSECT。

操作步骤

```
命令: intersect
选择对象: 指定对角点: 找到 2 个
选择对象:（操作效果如图 22-14 所示）
```

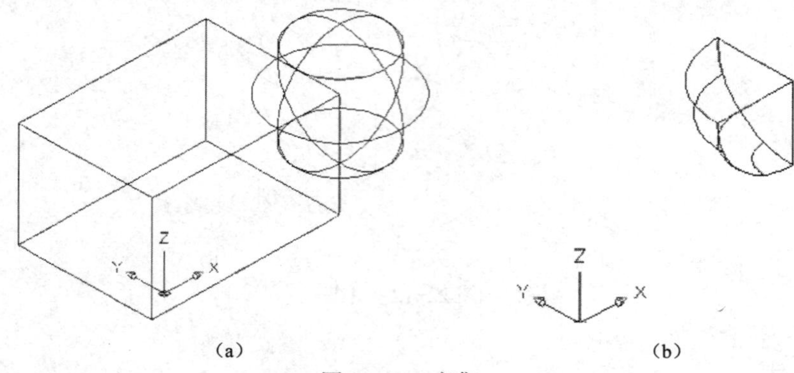

图 22-14　交集

实例演练

利用任务四中已经完成的零件垫片创建如图 22-15 所示的实体模型，模型高度为 3 mm。

图 22-15　垫片模型

```
//打开任务四中绘制好的垫片平面图，另存为垫片模型
//关闭辅助线层和尺寸标注层
//将视图转换为西南等轴测，效果如图 22-16 所示
命令: region//选择所有图形元素创建面域。在概念视觉样式下的显示效果如图 22-17 所示
选择对象: 指定对角点: 找到 10 个
选择对象:
已提取 10 个环。
已创建 10 个面域。
```

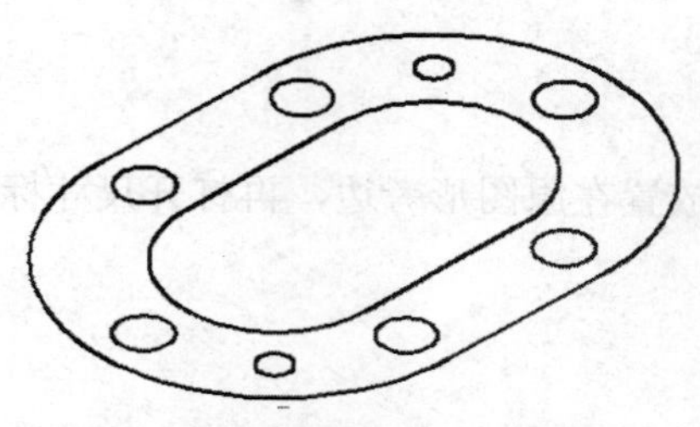

图 22-16　西南等轴测视觉效果

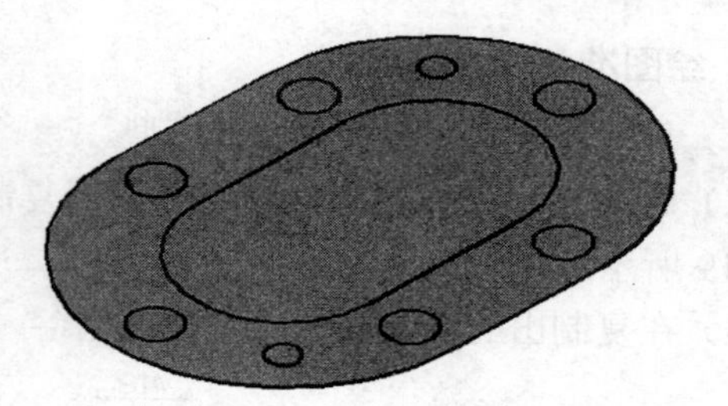

图 22-17　创建面域

命令: subtract //挖除所有孔槽部分。在概念视觉样式下的显示效果如图 22-18 所示
选择要从中减去的实体或面域... //选择最大的面域部分
选择对象: 找到 1 个
选择对象:
选择要减去的实体或面域 .. //选择其他所有需要挖除的部分
选择对象: 找到 1 个
选择对象: 找到 1 个，总计 2 个
选择对象: 找到 1 个，总计 3 个
选择对象: 找到 1 个，总计 4 个
选择对象: 找到 1 个，总计 5 个
选择对象: 找到 1 个，总计 6 个
选择对象: 找到 1 个，总计 7 个
选择对象: 找到 1 个，总计 8 个
选择对象: 找到 1 个，总计 9 个
选择对象:
命令: extrude //拉伸，完成实体建模
当前线框密度:　ISOLINES=4
选择要拉伸的对象: 找到 1 个
选择要拉伸的对象:
指定拉伸的高度或 [方向(D)/路径(P)/倾斜角(T)]: 3

图 22-18　差集

22.4　操作分析

本任务是利用已有的零件三视图完成零件建模，用户应认真分析图形，先构思出模型的各个部分，并分析每一个局部的操作要点，然后确定创建模型的先后顺序。

1. 绘图准备

（1）打开原图形，另存为零件模型。

（2）先关闭尺寸标注层，然后将图形复制并放置在原图形旁边，再打开尺寸标注层。如图 22-19 所示。

（3）在复制出的视图上创建实体模型。

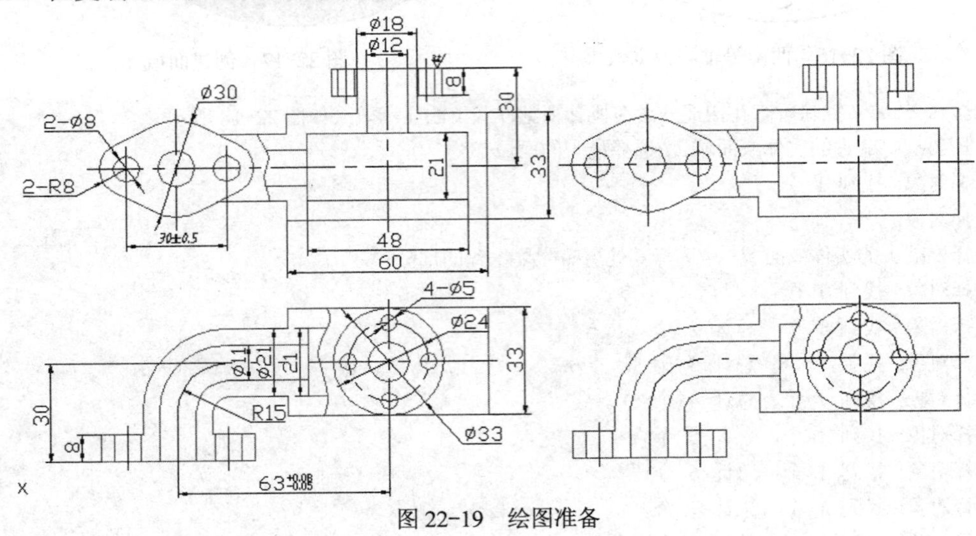

图 22-19　绘图准备

2. 绘制图形

（1）在三视图中俯视图的基础上找点，描出主体部分两个矩形面，并创建面域。如图 22-20 所示。

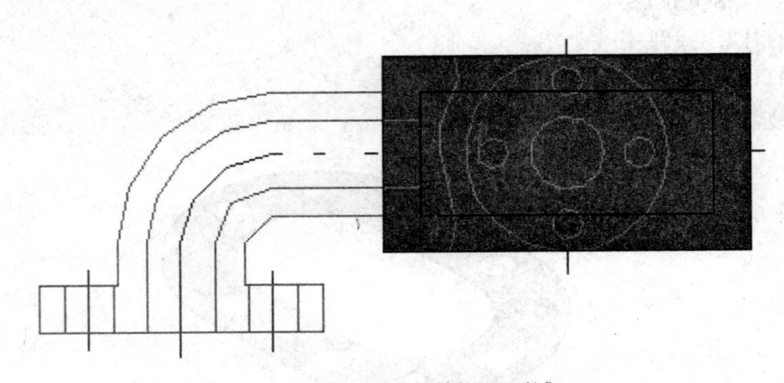

图 22-20　主体矩形面域

```
命令: rec
RECTANG
指定第一个角点或 [倒角(C)/标高(E)/圆角(F)/厚度(T)/宽度(W)]:
指定另一个角点或 [面积(A)/尺寸(D)/旋转(R)]:
命令:
RECTANG
指定第一个角点或 [倒角(C)/标高(E)/圆角(F)/厚度(T)/宽度(W)]:
```

```
指定另一个角点或 [面积(A)/尺寸(D)/旋转(R)]: @48,21
命令: region
选择对象: 找到 1 个
选择对象: 找到 1 个，总计 2 个
选择对象:
已提取 2 个环。
已创建 2 个面域。
```

（2）创建长方体部分的实体模型。

```
命令: extrude //拉伸大矩形面域
当前线框密度: ISOLINES=4
选择要拉伸的对象: 找到 1 个
选择要拉伸的对象:
指定拉伸的高度或 [方向(D)/路径(P)/倾斜角(T)] <3.0000>: 33
命令: m //利用二维移动命令，采用相对坐标的方式，将小矩形面域按尺寸要求向上移动到恰当的位置。
转换为西南等轴测图，再使用动态观察调整视觉角度，效果如图 22-21 所示
MOVE
选择对象: 找到 1 个
选择对象:
指定基点或 [位移(D)] <位移>: 指定第二个点或 <使用第一个点作为位移>: @0,0,6
```

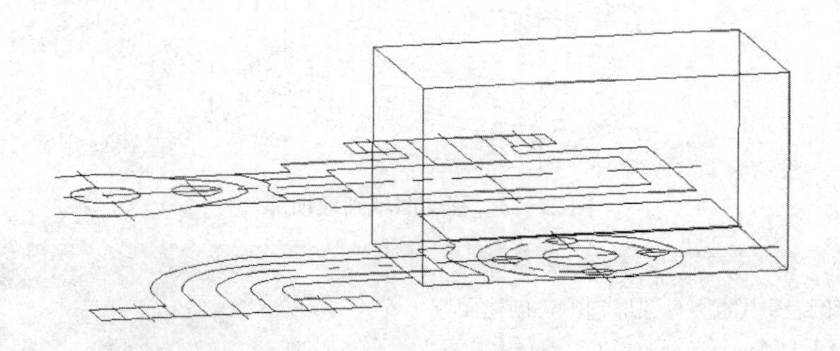

图 22-21　移动小矩形面域

（3）完成空心长方体的创建。

```
命令: extrude //拉伸创建内部的长方体
当前线框密度: ISOLINES=4
选择要拉伸的对象: 找到 1 个
选择要拉伸的对象:
指定拉伸的高度或 [方向(D)/路径(P)/倾斜角(T)] <33.0000>: 21
命令: subtract //将内部的长方体从大长方体中减去，效果如图 22-22 所示
选择要从中减去的实体或面域... //选择大长方体
选择对象: 找到 1 个
选择对象:
选择要减去的实体或面域 .. //选择小长方体
选择对象: 找到 1 个
```

选择对象:

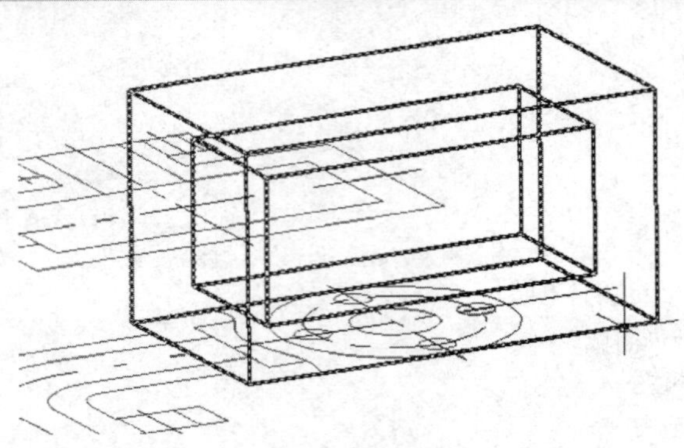

图 22-22　空心长方体

（4）在三视图中的俯视图里选择所有圆形（包括辅助圆），创建面域。并利用移动命令将圆形面域全部移动到实体图形的最顶部。改变视点后如图 22-23 所示。

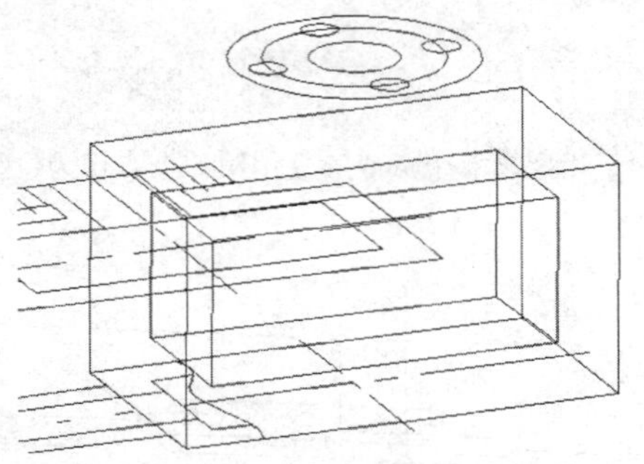

图 22-23　移动面域到最顶部

命令: reg
REGION //将俯视图中的所有圆形选中，创建面域
选择对象: 找到 1 个
选择对象: 找到 1 个，总计 2 个
选择对象: 找到 1 个，总计 3 个
选择对象: 找到 1 个，总计 4 个
选择对象: 找到 1 个，总计 5 个
选择对象: 找到 1 个，总计 6 个
选择对象: 找到 1 个，总计 7 个
选择对象:
已提取 7 个环。
已创建 7 个面域。
命令: m
MOVE //移动面域到最顶部
选择对象: 指定对角点: 找到 7 个
选择对象:
指定基点或 [位移(D)] <位移>: 指定第二个点或 <使用第一个点作为位移>: @0,0,46.5

（5）完成最顶部圆盘实体的创建，转换视点后效果如图 22-24 所示。

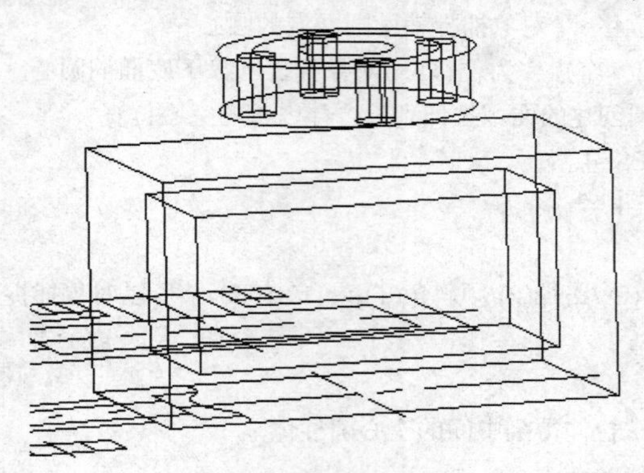

图 22-24　圆盘实体

```
命令: subtract //将四个小圆面域从最大的圆形面域中减去
选择要从中减去的实体或面域...
选择对象: 找到 1 个
选择对象:
选择要减去的实体或面域 ..
选择对象: 找到 1 个
选择对象: 找到 1 个，总计 2 个
选择对象: 找到 1 个，总计 3 个
选择对象: 找到 1 个，总计 4 个
选择对象:
命令: extrude //按照图示数据，将利用差集命令得到的面域向下拉伸
当前线框密度:  ISOLINES=4
选择要拉伸的对象: 找到 1 个
选择要拉伸的对象:
指定拉伸的高度或 [方向(D)/路径(P)/倾斜角(T)] <21.0000>: -8
```

（6）完成圆盘与长方体连接部分的实体建模，效果如图 22-25 所示。

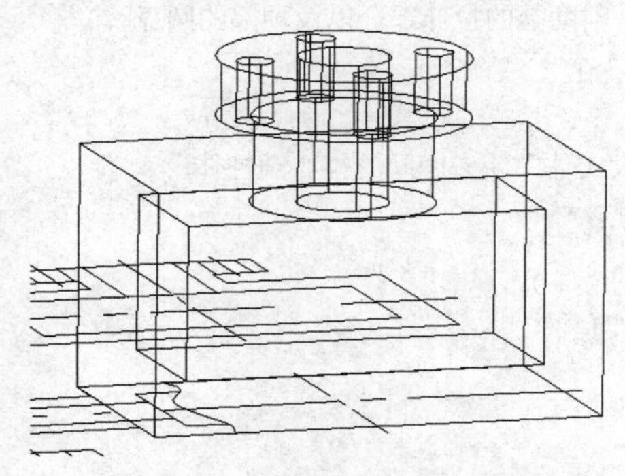

图 22-25　圆盘与长方体连接部分

```
命令: m //将由辅助圆创建的面域移动到圆盘下底面
MOVE
选择对象: 找到 1 个
```

选择对象:

指定基点或 [位移(D)] <位移>: //对象捕捉辅助圆面域的圆心

指定第二个点或 <使用第一个点作为位移>: //对象捕捉圆盘下底面的圆心

命令: extrude //将由辅助圆创建的面域拉伸到长方体内部的空心位置

当前线框密度: ISOLINES=4

选择要拉伸的对象: 找到 1 个

选择要拉伸的对象:

指定拉伸的高度或 [方向(D)/路径(P)/倾斜角(T)] <-19.5000>://可以对象捕捉长方体内部的空心小长方体上顶面边的中点

命令:

EXTRUDE //用同样的方法拉伸得到中间的空心圆柱体

当前线框密度: ISOLINES=4

选择要拉伸的对象: 找到 1 个

选择要拉伸的对象:

指定拉伸的高度或 [方向(D)/路径(P)/倾斜角(T)] <-19.5000>:

（7）完成主体部分的连接与掏空，效果如图 22-26 所示。

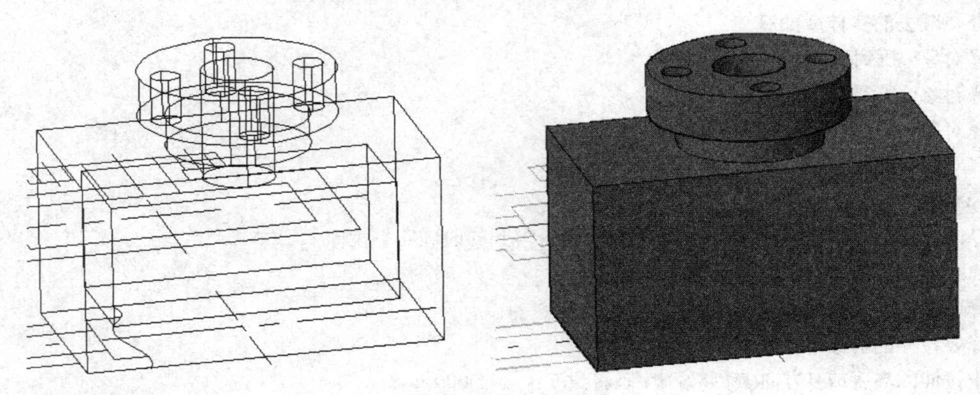

图 22-26　主体模型

命令: union//合并空心长方体、辅助圆的拉伸部分以及顶部的圆盘

选择对象: 指定对角点: 找到 3 个

选择对象:

命令: subtract //从并集得到的大实体中减去中间的空心圆柱体

选择要从中减去的实体或面域...

选择对象: 找到 1 个

选择对象:

选择要减去的实体或面域 ..

选择对象: 找到 1 个

选择对象:

（8）使用左视图，将 *XOY* 面转换到该视图方向，再使用西南等轴测。在主体空心的左侧面中心位置按尺寸要求创建两个圆形面域。效果如图 22-27 所示。

命令: c

CIRCLE 指定圆的圆心或 [三点(3P)/两点(2P)/相切、相切、半径(T)]: //利用两条极轴找左侧面的中心点

```
指定圆的半径或 [直径(D)]: d
指定圆的直径: 21
命令:
CIRCLE 指定圆的圆心或 [三点(3P)/两点(2P)/相切、相切、半径(T)]:
指定圆的半径或 [直径(D)] <10.5000>: d
指定圆的直径 <21.0000>: 11
命令: region //将两个圆都创建成面域
选择对象: 找到 1 个
选择对象: 找到 1 个，总计 2 个
选择对象:
已提取 2 个环。
已创建 2 个面域。
```

（9）选择菜单栏中的“修改”→“对象”→“多段线”，在原三视图中选择适当的线条，将其合并转换为绘制折弯拉伸所需的路径。如图 22-28 所示。

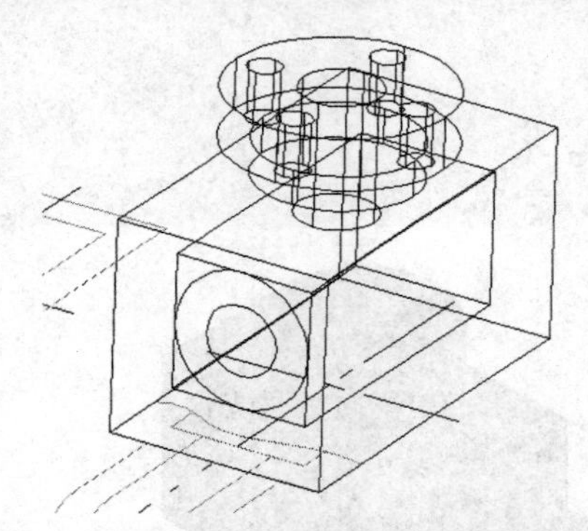

图 22-27　左侧面的圆形面域

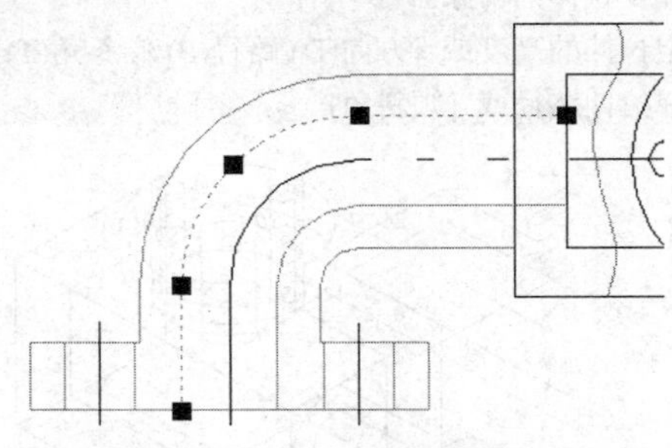

图 22-28　合并后的路径

```
命令: pedit
选择多段线或 [多条(M)]: m
选择对象: 找到 1 个
选择对象: 找到 1 个，总计 2 个
选择对象: 找到 1 个，总计 3 个
选择对象:
是否将直线和圆弧转换为多段线? [是(Y)/否(N)]? <Y>
输入选项 [闭合(C)/打开(O)/合并(J)/宽度(W)/拟合(F)/样条曲线(S)/非曲线化(D)/线型生成(L)/放弃(U)]: j
合并类型 = 延伸
输入模糊距离或 [合并类型(J)] <0.0000>:
多段线已增加 2 条线段
输入选项 [闭合(C)/打开(O)/合并(J)/宽度(W)/拟合(F)/样条曲线(S)/非曲线化(D)/线型生成(L)/放弃(U)]:
```

（10）沿路径拉伸左侧面的两个圆形面域。

```
命令: move //将路径移动到小圆面域的左侧象限点，如图 22-29 所示。
选择对象: 找到 1 个
选择对象:
指定基点或 [位移(D)] <位移>:  指定第二个点或 <使用第一个点作为位移>:
```

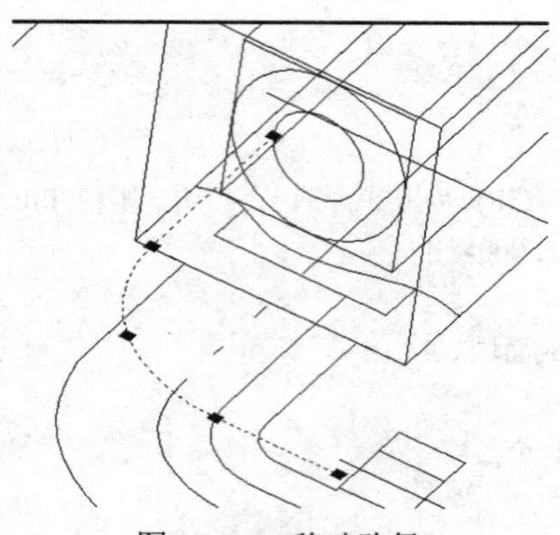

图 22-29　移动路径

```
命令: extrude //沿路径拉伸两个圆形面域，如图 22-30 所示。
当前线框密度:  ISOLINES=4
选择要拉伸的对象: 找到 1 个
选择要拉伸的对象: 找到 1 个，总计 2 个
选择要拉伸的对象:
指定拉伸的高度或 [方向(D)/路径(P)/倾斜角(T)] <26.6289>: p
选择拉伸路径或 [倾斜角]:
```

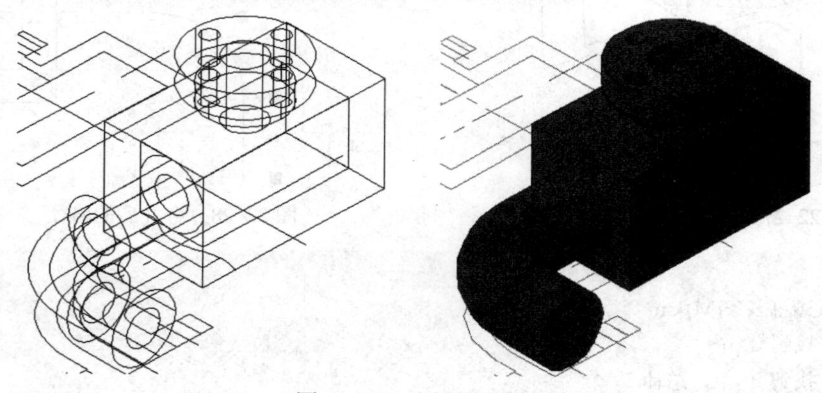

图 22-30　路径拉伸折弯

（11）在原三视图的主视图中创建折弯头部实体模型，效果如图 22-31 所示。

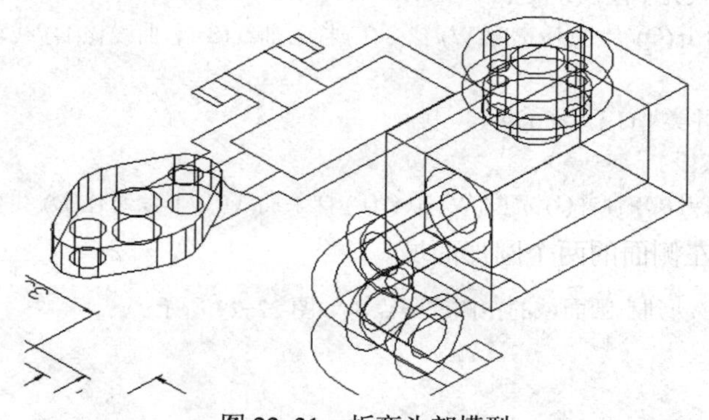

图 22-31　折弯头部模型

```
//将视图转换为俯视，关闭“辅助线”图层
命令: region //将折弯头部轮廓和三个圆孔都创建成面域
选择对象: 指定对角点: 找到 11 个
选择对象:
已提取 4 个环。
已创建 4 个面域。
命令: subtract //从大轮廓中减去三个圆孔
选择要从中减去的实体或面域...
选择对象: 找到 1 个
选择对象:
选择要减去的实体或面域 ..
选择对象: 指定对角点: 找到 3 个
选择对象:
命令: extrude//拉伸折弯头部，完成实体创建
当前线框密度:  ISOLINES=4
选择要拉伸的对象: 找到 1 个
选择要拉伸的对象:
指定拉伸的高度或 [方向(D)/路径(P)/倾斜角(T)]: 8
```

（12）调整折弯头部模型的位置。

```
命令: 3drotate
UCS 当前的正角方向:  ANGDIR=逆时针   ANGBASE=0
选择对象: 找到 1 个
选择对象:
指定基点: //对象捕捉头部底面的中心点
拾取旋转轴: //拾取红色的 X 轴
指定角的起点: //利用 XOY 面中的极轴确定起点，如图 22-32 所示
指定角的端点: //转动光标，找到所需位置的极轴确定端点，如图 22-33 所示
正在重生成模型。
```

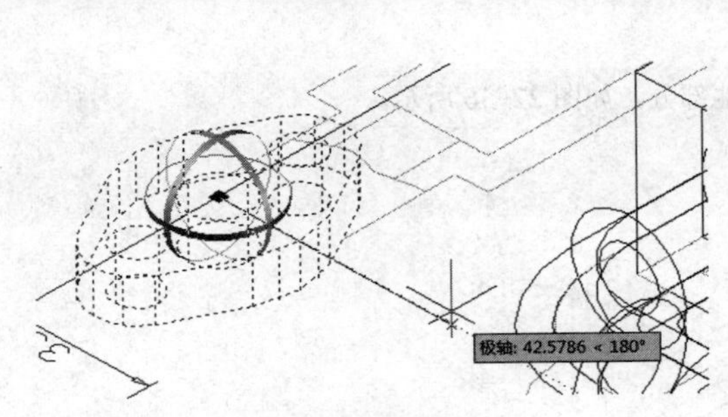

图 22-32　指定角的起点

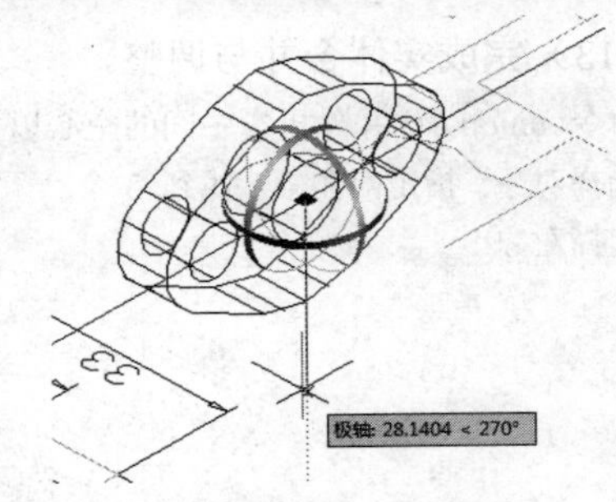

图 22-33　指定角的端点

```
//也可以转换到左视图状态，使用二维旋转命令完成操作，如图 22-34 所示
命令: ro
ROTATE
UCS 当前的正角方向:  ANGDIR=逆时针   ANGBASE=0
选择对象: 找到 1 个
```

```
选择对象:
指定基点:
忽略倾斜、不按统一比例缩放的对象。
指定旋转角度，或 [复制(C)/参照(R)] <0>:
```

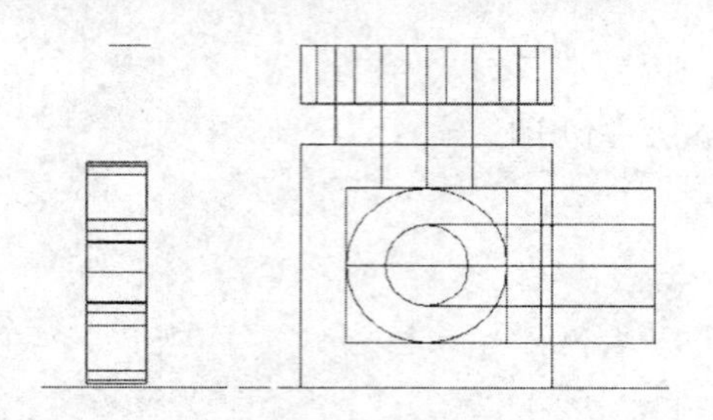

图 22-34　二维旋转效果

```
//将头部移动到确定位置，转换为东南等轴测的视觉效果如图 22-35 所示
命令: 3dmove
选择对象: 找到 1 个
选择对象:
指定基点或 [位移(D)] <位移>: //对象捕捉头部的中心点
指定第二个点或 <使用第一个点作为位移>: //对象捕捉折弯头部的圆心
正在重生成模型。
```

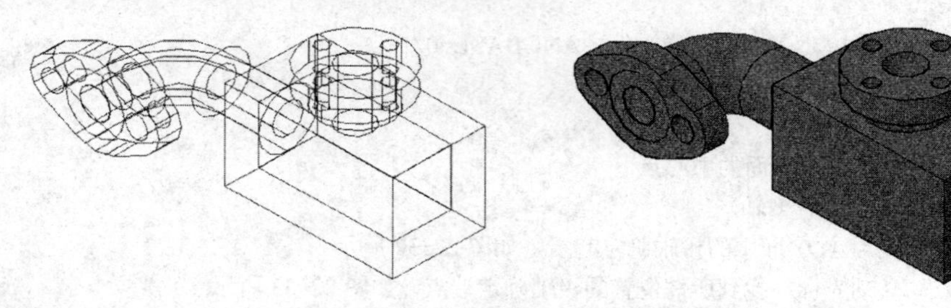

图 22-35　移动头部

（13）完成实体合并与调整。

```
命令: union //合并除折弯中间的空心以外的其他部分，如图 22-36 所示。
选择对象: 指定对角点: 找到 3 个
选择对象:
```

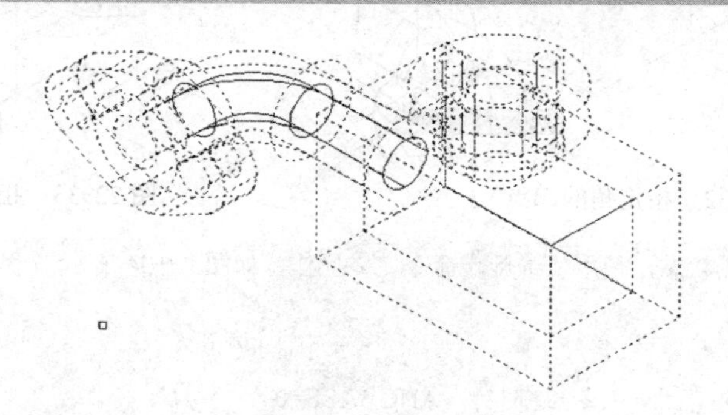

图 22-36　并集操作

```
命令: subtract //从并集得到的大实体中减去中间的空心折弯体
选择要从中减去的实体或面域...
选择对象: 找到 1 个
选择对象:
选择要减去的实体或面域 ..
选择对象: 找到 1 个
选择对象:
```

配 套 练 习

1．绘制三条直线分别代表坐标系中的 X 轴、Y 轴和 Z 轴。然后分别绘制三个圆：第一个以 X 轴的端点为圆心，且垂直于 X 轴；第二个以 Y 轴的端点为圆心，且垂直于 Y 轴；第三个以坐标原点为圆心，垂直于 XOY 面，且与 YOZ 面的夹角为 45 度。如图 22-37 所示（CAD 资格认证考试题）

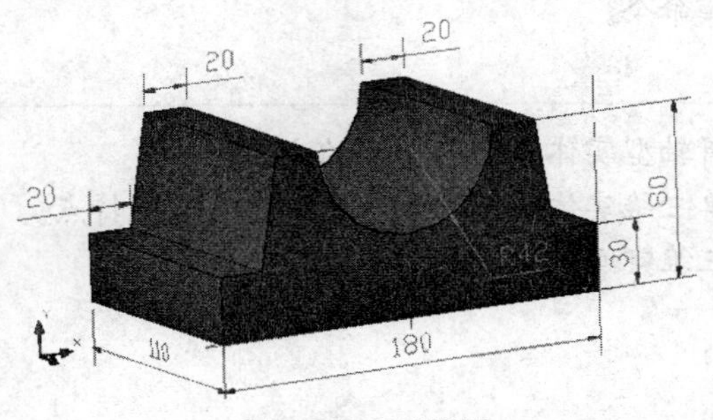

图 22-37　示例图

2．先绘制边长为 100 mm 的立方体，然后分别在它的正面和左侧面的中心点绘制半径为 20 mm 的圆，如图 22-38 所示。（CAD 资格认证考试题）

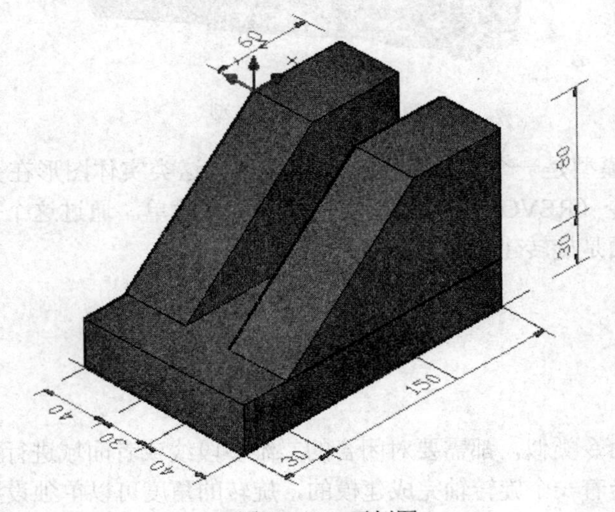

图 22-38　示例图

23 任务二十三

阶梯轴模型

23.1 学习目标

知识目标

- 掌握 AutoCAD 软件创建的三维实体图形的特点。
- 熟悉三维绘图空间和三维坐标系。
- 掌握旋转建模命令。

技能目标

- 熟练掌握分析轴型实体模型的切面的方式。
- 熟练掌握简单三维实体编辑命令的使用方法及其特点。
- 熟练掌握在三维空间中适时利用二维操作命令。

23.2 任务介绍

本建模任务是对任务七中的图 7-12 中的阶梯轴进行三维实体建模，效果如图 23-1 所示。

图 23-1　阶梯轴模型

本任务要创建的模型是一个非常典型的轴状实体，这类实体图形在完成半切面的绘制之后，利用三维旋转命令（REVOLVE）创建实体模型非常简单。通过这个任务，用户会发现确定轴类图形的旋转切面是旋转建模的关键点。

23.3 相关知识

旋转命令

旋转命令和拉伸命令类似，都需要对闭合的二维多段线或者面域进行操作，将其创建成实体模型。旋转通常是沿着一个旋转轴完成建模的，旋转的角度可以单独设置。

执行方式

通过工具栏：从“建模”工具栏中选择“旋转”命令。

通过菜单栏：选择菜单栏中的“绘图”→“建模”→“旋转”。

通过命令行：REVOLVE。

操作步骤

```
命令: revolve
当前线框密度: ISOLINES=4
选择要旋转的对象: 找到 1 个
选择要旋转的对象:
指定轴起点或根据以下选项之一定义轴 [对象(O)/X/Y/Z] <对象>:
指定轴端点:
指定旋转角度或 [起点角度(ST)] <360>:
```

选项说明

（1）对象。指定一个现有的二维图形对象作为旋转轴。

```
选择对象:
指定旋转角度或 [起点角度(ST)] <360>:
```

（2）X/Y/Z。将 X 轴、Y 轴或者 Z 轴作为旋转轴。

（3）起点角度。指定旋转的起始和终止位置，旋转角度可以不是 360 度。如图 23-2 所示。

```
指定起点角度 <0.0>:
指定旋转角度 <360>: 300
```

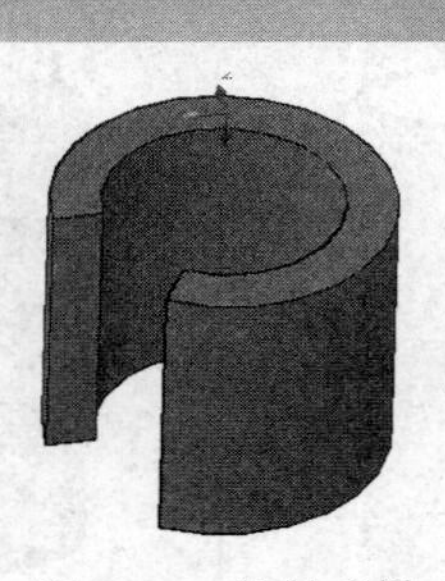

图 23-2　旋转建模

实例演练

创建如图 23-3 所示的茶杯模型（不需要特定数据）。

图 23-3　茶杯模型

```
//将视图转换为主视图方向，在二维线框的视觉效果下使用“多段线”命令绘制如图 23-4 所示的杯体切面，
```

并创建面域

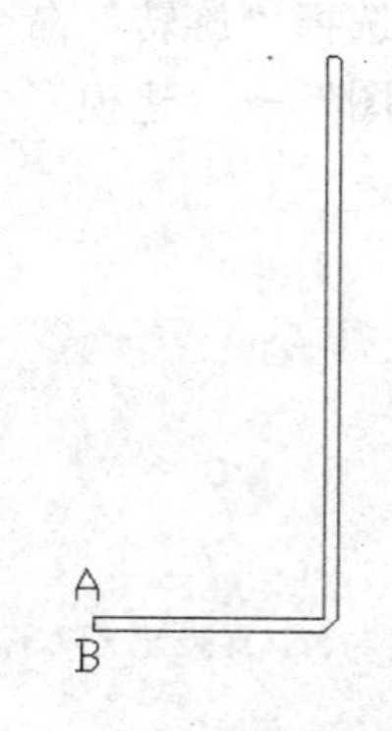

图 23-4　杯体切面

//使用旋转命令创建杯体模型，如图 23-5 所示
命令: revolve
当前线框密度: ISOLINES=4
选择要旋转的对象: 找到 1 个
选择要旋转的对象:
指定轴起点或根据以下选项之一定义轴 [对象(O)/X/Y/Z] <对象>://选择 *A* 点
指定轴端点: //选择 *B* 点
指定旋转角度或 [起点角度(ST)] <360>:

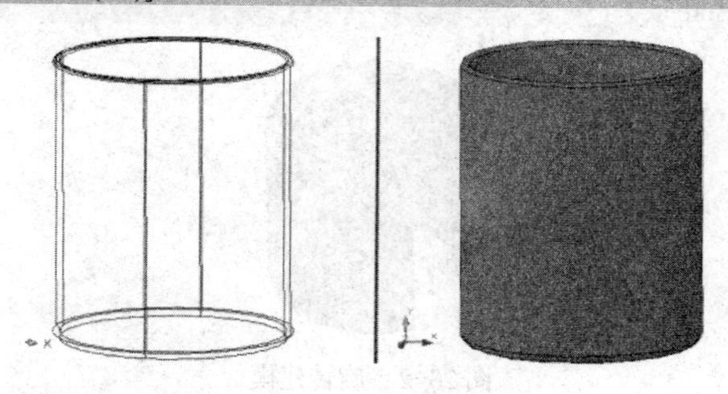

图 23-5　杯体模型

//将视图转换为左视图方向，创建杯子把手部分的切面，如图 23-6 所示

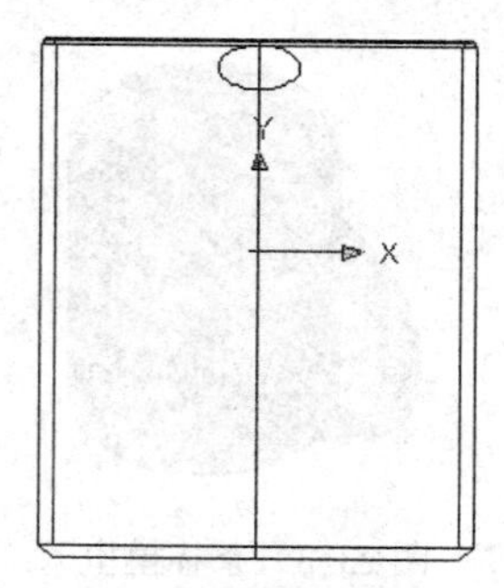

图 23-6　杯子把手部分的切面

//将视图转换为西南等轴测方向，将切面移动到杯壁的中心部分，如图 23-7 所示。此时可以给切面一个亮色，方便下一步操作时捕捉点

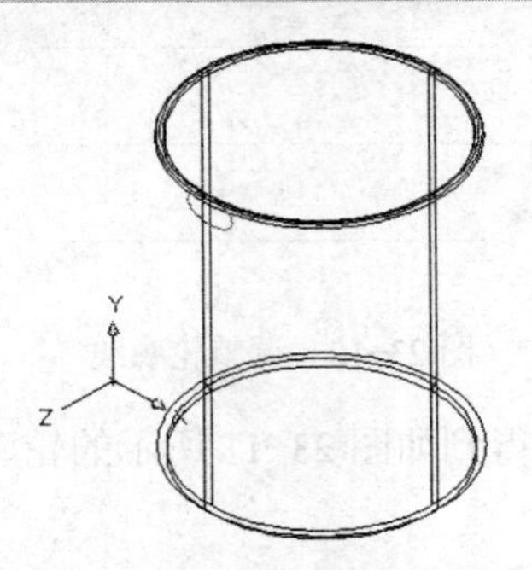

图 23-7　调整切面位置

//将视图转换为主视图方向，使用“多段线”命令绘制杯子把手拉伸时的路径，如图 23-8 所示

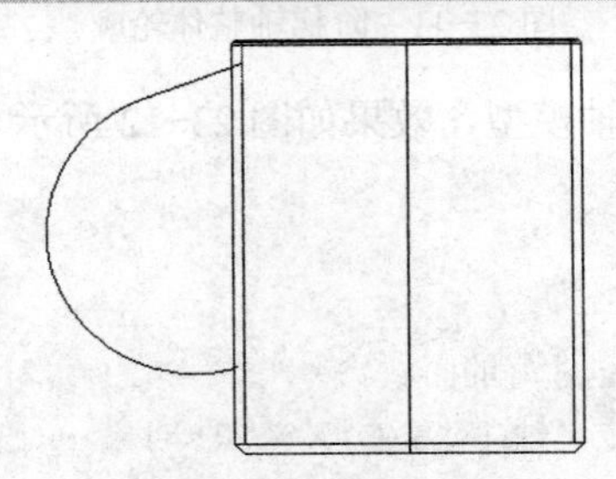

图 23-8　拉伸路径

//将视图转换为西南等轴测方向，使用“拉伸”命令创建杯子把手，如图 23-9 所示

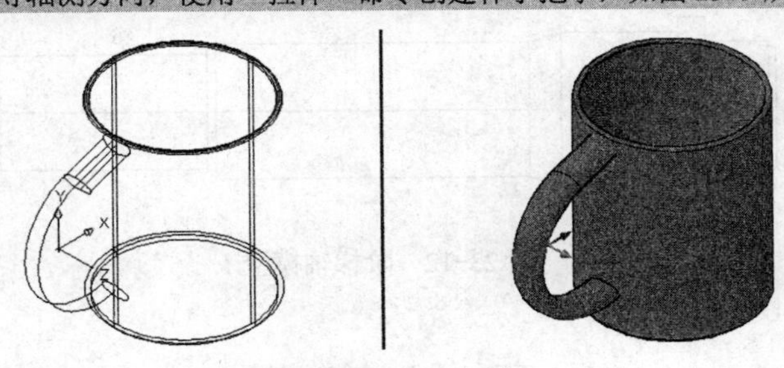

图 23-9　杯子把手

23.4　操作分析

1．设置图形界限

本任务是利用已有的阶梯轴平面图完成轴体三维建模，用户应认真分析图形，根据模型的形状特点确定创建模型的操作方法。

2．绘制图形

（1）打开原图形，另存为阶梯轴模型。

（2）先关闭尺寸标注层，然后对图形轮廓进行修改，注意轮廓线中需要补全的部分。然后

在中线位置用直线命令添加一个分隔线。如图 23-10 所示。

图 23-10　调整轮廓线

（3）利用修剪命令和删除命令得到如图 23-11 所示的轮廓线，并将其创建为面域。

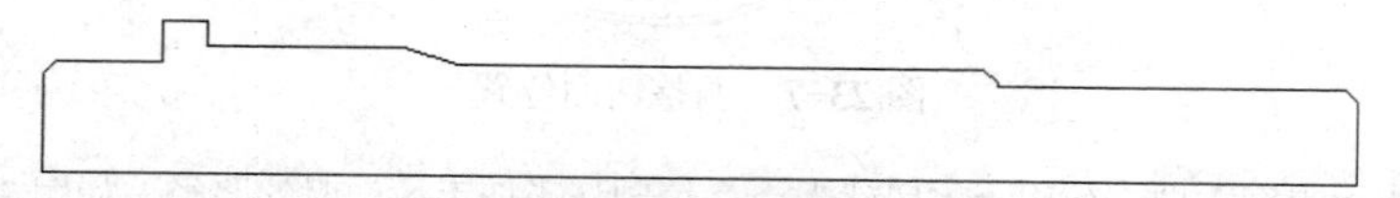

图 23-11　阶梯轴整体轮廓

（4）使用旋转命令创建阶梯轴模型，效果如图 23-12 所示。

```
命令: revolve
当前线框密度: ISOLINES=4
选择要旋转的对象: 找到 1 个
选择要旋转的对象:（选择上一步创建好的面域）
指定轴起点或根据以下选项之一定义轴 [对象(O)/X/Y/Z] <对象>:（选择分隔线的起点 A 点）
指定轴端点:（选择分隔线的端点 B 点）
指定旋转角度或 [起点角度(ST)] <360>:
```

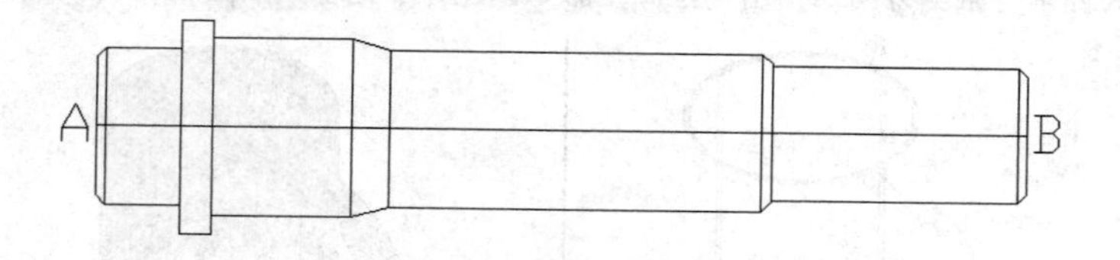

图 23-12　阶梯轴模型

配套练习

1．请为图 23-3 中的杯子建一个合适的杯盖，如图 23-13 所示。

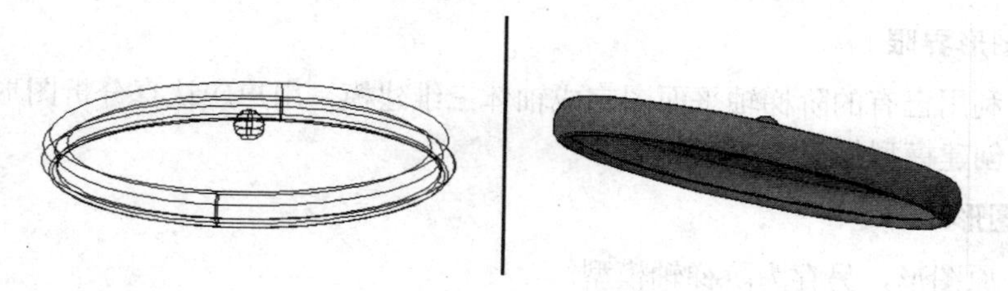

图 23-13　杯盖

2. 模仿图 23-14 中的八角亭建模。

图 23-14　八角亭

24 任务二十四

曲面建模

24.1 学习目标

知识目标

- 熟悉绘制三维面的命令及相关参数的使用方法和运用技巧。
- 掌握绘制旋转曲面的命令及相关参数的使用方法和运用技巧。
- 掌握绘制平移曲面的命令及相关参数的使用方法和运用技巧。
- 掌握绘制直纹曲面的命令及相关参数的使用方法和运用技巧。
- 掌握绘制边界曲面的命令及相关参数的使用方法和运用技巧。
- 掌握绘制网格曲面的命令及相关参数的使用方法和运用技巧。

技能目标

- 能够熟练运用三维面绘制工具创建曲面模型。
- 能够熟练运用旋转曲面绘制工具创建曲面模型。
- 能够熟练运用平移曲面绘制工具创建曲面模型。
- 能够熟练运用直纹曲面绘制工具创建曲面模型。
- 能够熟练运用边界曲面绘制工具创建曲面模型。
- 能够熟练运用网格曲面绘制工具创建曲面模型。

24.2 任务介绍

按照图 24-1 所示的形状和尺寸做出如图 24-2 所示的曲面模型。曲面经线数为 32，纬线数为 8。

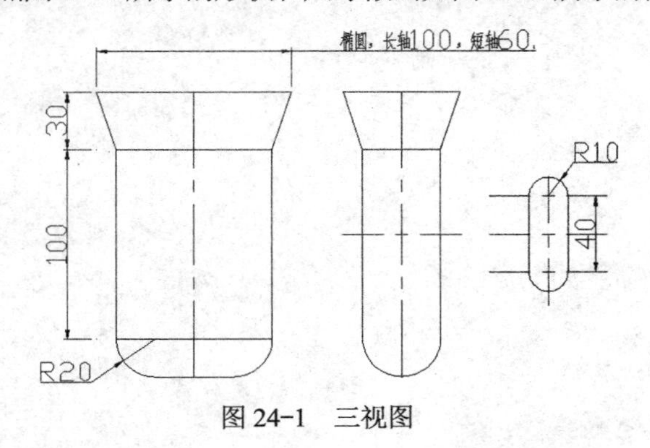

图 24-1　三视图

图 24-2　曲面模型

24.3　相关知识

在 AutoCAD 中，如果用户需要使用消隐、着色和渲染功能，但不需要实体模型的物理特性（质量、体积、重心、惯性矩等），则可以使用网格。也可以使用网格创建不规则的几何体，如山脉的三维地形模型。但由于网格面是平面的，因此网格只能近似于曲面。

1．三维面的创建

三维面（3DFACE）：用来创建具有三边或四边的平面网格。

执行方式

通过菜单栏："绘图"→"建模"→"网格"→"三维面"。

通过命令行：3DFACE。

操作步骤

```
命令: 3dface
指定第一个点或 [不可见(I)]:（指定点（1）或输入 i）
指定第二点或 [不可见(I)]: （指定点（2）或输入 i）
指定第三点或 [不可见(I)] <退出>:（指定点（3），输入 i ，或按"ENTER"键）
指定第四点或 [不可见(I)] <创建三侧面>:（指定点（4），输入 i ，或按"ENTER"键）
```

选项说明

（1）第一点：定义三维面的起点。在输入第一点后，可按顺时针或逆时针顺序输入其余的点，以创建普通三维面。如果将所有的四个顶点定位在同一平面上，将创建一个类似于面域对象的平面。当着色或渲染对象时，该平面将被填充。

（2）不可见：控制三维面各边的可见性，以建立有孔对象的正确模型，如图 24-3 所示。在边的第一点之前输入 i 可以使该边不可见。可创建所有边都不可见的三维面，这样的面是虚幻面，不显示在线框图中，但在线框图中会遮挡形体。

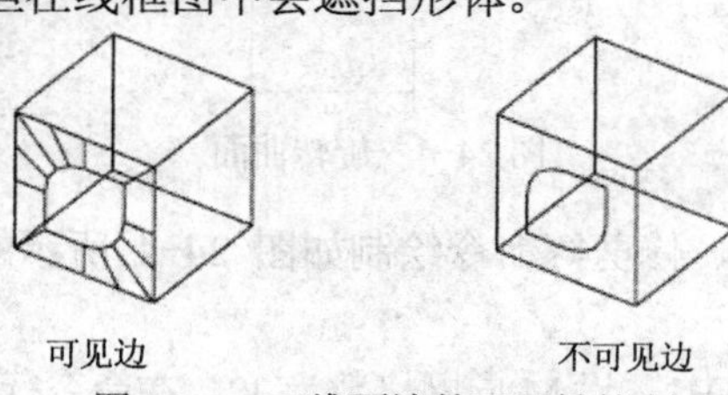

图 24-3　三维面边的可见性控制

2．旋转曲面的创建

旋转曲面（REVSURF）：通过将路径曲线或轮廓（直线、圆、圆弧、椭圆、椭圆弧、闭合多段线、多边形、闭合样条曲线或圆环）按照指定的角度绕轴旋转创建的曲面。

执行方式

通过菜单栏：选择菜单栏中的"绘图"→"建模"→"网格"→"旋转网格"。

通过命令行：REVSURF（快捷命令 REVS）。

操作步骤

```
命令: revsurf
```

当前线框密度: SURFTAB1=6　SURFTAB2=6
选择要旋转的对象:（选择直线、圆弧、圆或二维、三维多段线）
选择定义旋转轴的对象:（选择直线或开放的二维、三维多段线）
指定起点角度 <0>:（输入值或按“ENTER”键）
指定包含角 (+=逆时针，-=顺时针) <360>:（输入值或按“ENTER”键）

选项说明

（1）旋转的对象：可以是直线、圆弧、圆或二维、三维多段线。

（2）旋转轴：可以是直线或开放的二维、三维多段线。

（3）起点角度：如果设置为非零，网格将从路径曲线的某个偏移处开始旋转。

（4）包含角：指定网格绕旋转轴旋转的角度。

生成网格的密度由系统变量 SURFTAB1 和 SURFTAB2 控制。SURFTAB1 为 M 方向的网格密度，指在旋转方向上绘制的网格线数目。SURFTAB2 为 N 方向的网格密度。如果旋转对象是直线、圆弧、圆或样条曲线拟合的多段线，SURFTAB2 将以指定网格线数目等分；如果旋转对象是尚未进行样条曲线拟合的多段线，网格线将绘制在直线段的端点处，并且每个圆弧都被等分为 SURFTAB2 所指定的段数。

实例演练

绘制如图 24-4 所示的图形。M 方向的网格密度为 32，N 方向的网格密度为 12。

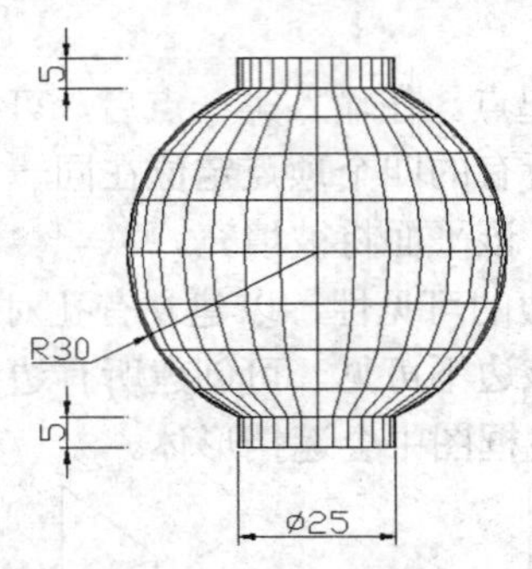

图 24-4　旋转曲面

（1）运用直线、圆、偏移、修剪等命令绘制如图 24-4 所示的图形，并用多段线编辑命令进行合并（图 24-5）。

（2）在命令行输入 SURFTAB1，设 M 向网格数为 32，在命令行输入 SURFTAB2，设 N 向网格数为 12。

（3）选择菜单栏中的“绘图”→“建模”→“网格”→“旋转网格”或在命令行输入 revsurf，绘制旋转网格（图 24-6）。

命令: SURFTAB1
输入 SURFTAB1 的新值 <6>:32（设定系统变量 SURFTAB1=32）
命令: SURFTAB2
输入 SURFTAB2 的新值 <6>:12（设定系统变量 SURFTAB2=12）
命令: revsurf
当前线框密度: SURFTAB1=32　SURFTAB2=12

选择要旋转的对象:（选择合并创建的多段线）
选择定义旋转轴的对象:（选择竖直方向的点画线）
指定起点角度 <0>:（按“Enter”键）
指定包含角 (+=逆时针，-=顺时针) <360>:（按“Enter”键）

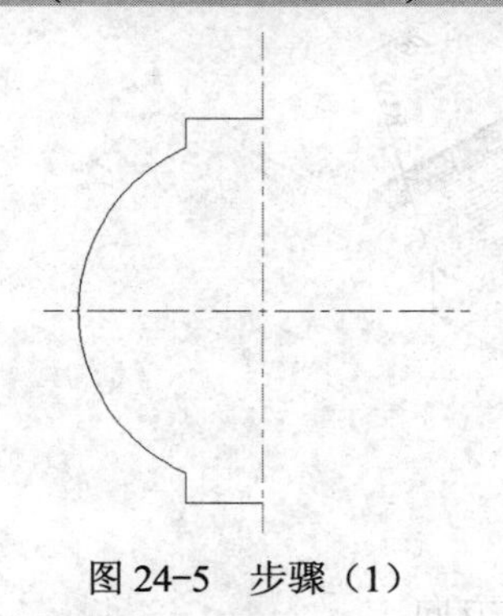

图 24-5　步骤（1）

图 24-6　步骤（3）

3．平移曲面的创建

平移曲面（TABSURF）：创建多边形网格，通过沿指定的方向矢量拉伸直线或路径曲线定义的常规曲面。

执行方式

通过菜单栏：选择菜单栏中的“绘图”→“建模”→“网格”→“平移网格”。
通过命令行：TABSURF（快捷命令 TABS）。

操作步骤

命令: tabsurf
当前线框密度: SURFTAB1=6
选择用作轮廓曲线的对象:（选择用作轮廓曲线的对象）
选择用作方向矢量的对象:（选择直线或开放的多段线）

选项说明

（1）方向矢量：拉伸的方向和距离。

（2）路径曲线：可以是直线、圆弧、圆、椭圆、二维或三维多段线，从路径曲线上离选定点最近的点开始绘制网格。

TABSURF 将构造一个多边形网格，网格的 M 方向由系统变量 SURFTAB1 确定。网格的 N 方向始终为 2 并且沿着方向矢量的方向。网格的 M 方向沿着轮廓曲线的方向。如果路径曲线为直线、圆弧、圆、椭圆或样条曲线拟合的多段线，将绘制网格线，这些网格线按照 SURFTAB1 设置的间距等分路径曲线。如果路径曲线是未经样条曲线拟合的多段线，将在直线段的端点绘制网格线，并将每段圆弧按 SURFTAB1 设置的间距等分。（图 24-7）

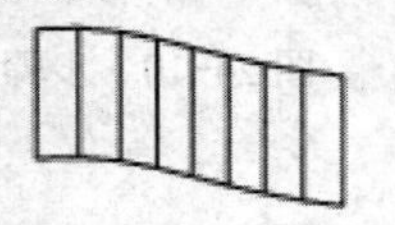

样条曲线拟合的多段线

未经样条曲线拟合的多段线

图 24-7　经样条曲线拟合和未经样条曲线拟合的多段线

实例演练

绘制如图 24-8 所示的图形，M 方向的网格密度为 32。

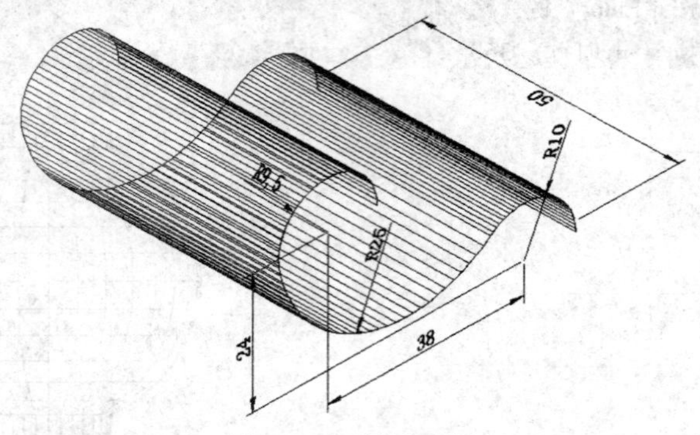

图 24-8　平移曲面

（1）在世界坐标系的 *XOY* 平面上绘制直线作为矢量方向。

（2）运用 UCS 将 *XOY* 平面绕 *X* 轴旋转 90°创建自定义坐标系，用圆、修剪、多段线编辑等命令绘制路径曲线。如图 24-9 所示。

（3）选择菜单栏中的“绘图”→“建模”→“网格”→“平移网格”或在命令行输入 tabsurf，绘制平移网格。如图 24-10 所示。

```
命令:SURFTAB1
输入 SURFTAB1 的新值 <6>:32（设定系统变量 SURFTAB1=32）
命令: tabsurf
当前线框密度: SURFTAB1=32
选择用作轮廓曲线的对象:（选择合并创建的多段线）
选择用作方向矢量的对象:（确定矢量方向由 A-B）
```

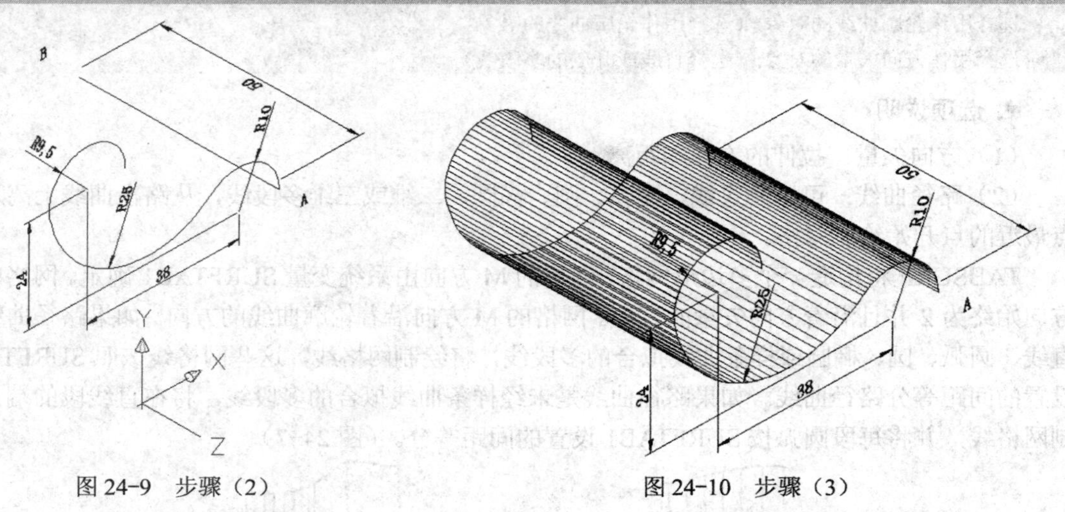

图 24-9　步骤（2）　　图 24-10　步骤（3）

4．直纹曲面的创建

执行方式

通过菜单栏：选择菜单栏中的“绘图”→“建模”→“网格”→“直纹网格”。

通过命令行：RULESURF。

操作步骤

命令: rulesurf
当前线框密度: SURFTAB1=当前值
选择第一条定义曲线:
选择第二条定义曲线:

选项说明

（1）选定的对象用于定义直纹网格的边。该对象可以是点、直线、样条曲线、圆、圆弧或多段线。如果有一个边界是闭合的，那么另一个边界必须也是闭合的。

（2）可以将一个点作为开放或闭合曲线的一个边界，但是只能有一个边界是一个点。

（3）对于闭合曲线，不考虑选择的对象。如果曲线是一个圆，直纹网格将从 0 度象限点开始绘制，此象限点由当前的 *X* 轴加上系统变量 SNAPANG 的当前值确定。对于闭合多段线，直纹网格从最后一个顶点开始沿着多段线反向绘制。

（4）如果在同一端选择对象，则创建多边形网格，如图 24-11 所示。如果在两端选择对象，则创建自交的多边形网格，如图 24-12 所示。

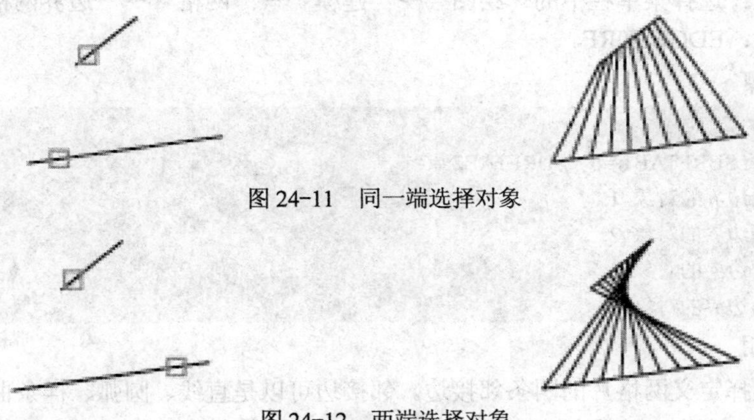

图 24-11　同一端选择对象

图 24-12　两端选择对象

实例演练

绘制如图 24-13 所示的图形，M 方向的网格密度为 32。

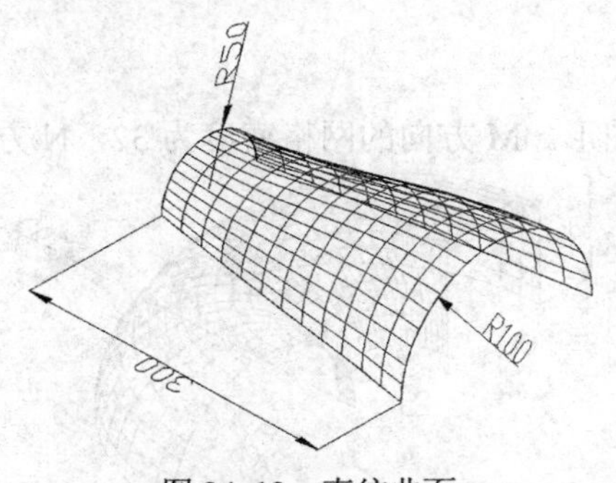

图 24-13　直纹曲面

（1）运用 UCS 将 *XOY* 平面绕 *X* 轴旋转 90°创建自定义坐标系。

（2）运用绘制圆的命令分别绘制半径为 100 mm、50 mm，垂直距离为 300 mm 的圆，并将其修剪为半圆。

（3）选择菜单栏中的“绘图”→“建模”→“网格”→“直纹网格”或在命令行输入 rulesurf，绘制直纹网格。

```
命令: SURFTAB1
输入 SURFTAB1 的新值 <6>:32（设定系统变量 SURFTAB1=32）
命令:rulesurf
当前线框密度: SURFTAB1=32
选择第一条定义曲线:
选择第二条定义曲线:（注意要在同一端选择）
```

5. 边界曲面的创建

边界曲面（EDGESURF）：创建一个多边形网格，此多边形网格近似于一个由四条邻接边定义的孔斯曲面片网格。

执行方式

通过菜单栏：选择菜单栏中的“绘图”→“建模”→“网格”→“边界网格”。

通过命令行：EDGESURF。

操作步骤

```
命令: edgesurf
当前线框密度: SURFTAB1 =6    SURFTAB2 =6
选择用作曲面边界的对象 1:
选择用作曲面边界的对象 2:
选择用作曲面边界的对象 3:
选择用作曲面边界的对象 4:
```

选项说明

（1）必须选择定义网格片的四条邻接边。邻接边可以是直线、圆弧、样条曲线或开放的二维、三维多段线。这些边必须在端点处相交以形成一个拓扑形式的矩形闭合路径。

（2）可以采用任何次序选择这四条边。第一条边（SURFTAB1）决定了生成网格的 M 方向，该方向从距选择点最近的端点延伸到另一端。与第一条边相接的两条边形成了网格 N（SURFTAB2）方向的边。

实例演练

绘制如图 24-14 所示的图形。M 方向的网格密度为 32，N 方向的网格密度为 20。

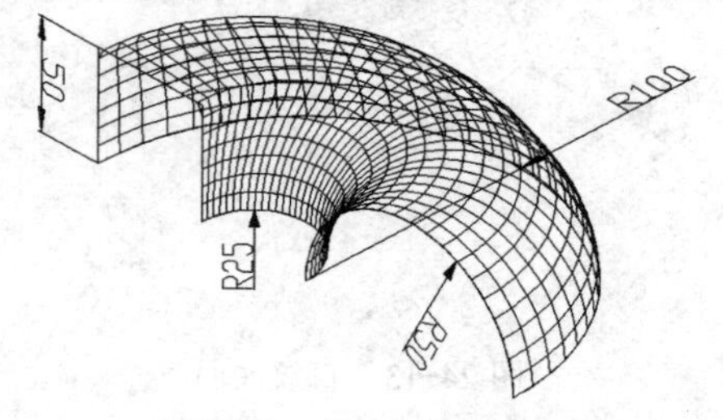

图 24-14　边界曲面

（1）在世界坐标系的 *XOY* 平面上分别绘制半径为 100 mm、25 mm 的圆，并将其修剪为半圆。

（2）运用 UCS 将 *XOY* 平面绕 *Y* 轴旋转 90° 创建自定义坐标系；绘制半径为 50 mm 的圆和边长为 50 mm 的矩形，并将其修剪。如图 24-15 所示。

（3）选择菜单栏中的“绘图”→“建模”→“网格”→“边界网格”或在命令行输入 edgesurf，绘制边界网格。如图 24-16 所示。

```
命令:SURFTAB1
输入 SURFTAB1 的新值 <6>:32（设定系统变量 SURFTAB1=32）
命令:SURFTAB2
输入 SURFTAB2 的新值 <6>:20（设定系统变量 SURFTAB2=20）
命令: edgesurf
当前线框密度: SURFTAB1=32   SURFTAB2=20
选择用作曲面边界的对象 1:（选择多段线）
选择用作曲面边界的对象 2:（选择半径为 25 mm 的圆弧）
选择用作曲面边界的对象 3:（选择半径为 50 mm 的圆弧）
选择用作曲面边界的对象 4:（选择半径为 100 mm 的圆弧）
```

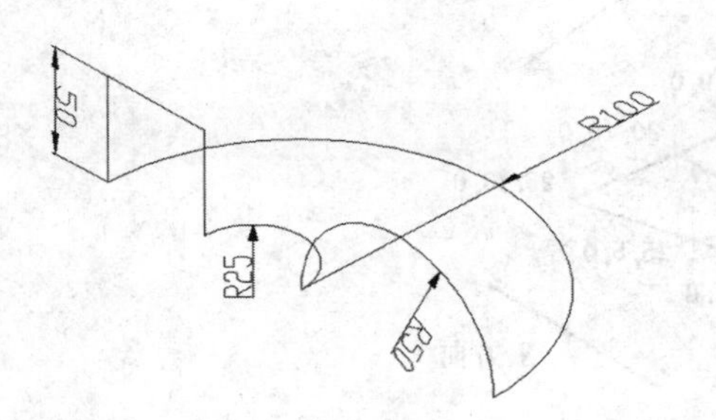

图 24-15　步骤（2）

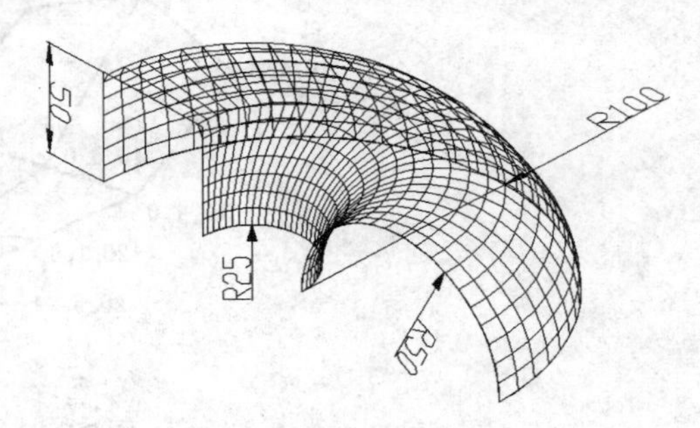

图 24-16　步骤（3）

6. 三维网格曲面的创建

三维网格曲面（3dmesh）：用于创建任意形状的三维多边形网格对象，如图 24-17 所示。

执行方式

通过菜单栏：选择菜单栏中的“绘图”→“建模”→“网格”→“三维网格”。

通过命令行：3DMESH。

操作步骤

```
命令: 3dmesh
输入 M 方向上的网格数量:（输入 2 到 256 之间的 m 值）
输入 N 方向上的网格数量:（输入 2 到 256 之间的 n 值）
指定顶点(0,0)的位置:（输入二维或三维坐标）
指定顶点(0,1)的位置:（输入二维或三维坐标）
……
指定顶点(m,n)的位置:（输入二维或三维坐标）
```

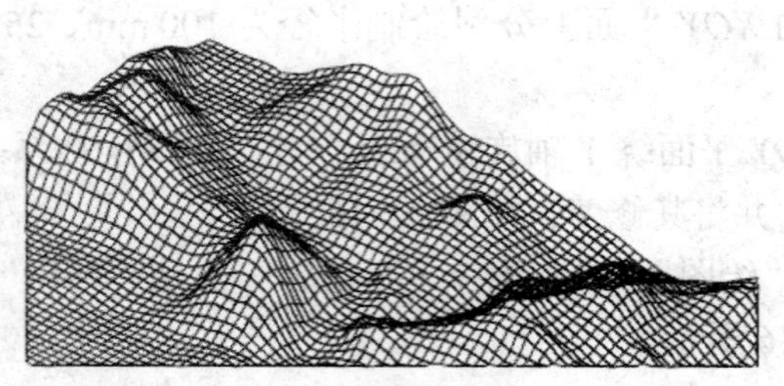

图 24-17　三维网格曲面

选项说明

（1）多边形网格由矩阵定义，其大小由 *M* 和 *N* 值决定。*M* 乘以 *N* 等于必须指定的顶点数。

（2）3DMESH 多边形网格在 M 方向和 N 方向上始终处于打开状态。可以使用“PEDIT”命令闭合网格。

实例演练

绘制如图 24-18 所示的图形。M 方向的网格数目为 4，N 方向的网格数目为 3。

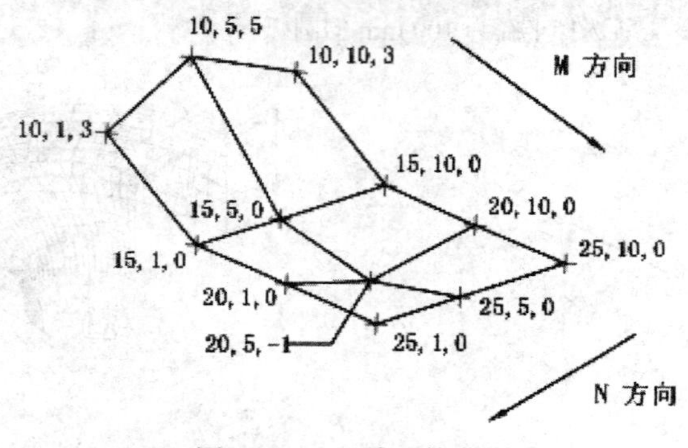

图 24-18　三维网格曲面

```
命令: 3dmesh
输入 M 方向上的网格数量: 4
输入 N 方向上的网格数量: 3
指定顶点 (0,0) 的位置: 10,1,3
指定顶点 (0,1) 的位置: 10,5,5
指定顶点 (0,2) 的位置: 10,10,3
指定顶点 (1,0) 的位置: 15,1,0
指定顶点 (1,1) 的位置: 15,5,0
指定顶点 (1,2) 的位置: 15,10,0
指定顶点 (2,0) 的位置: 20,1,0
指定顶点 (2,1) 的位置: 20,5,-1
指定顶点 (2,2) 的位置: 20,10,0
指定顶点 (3,0) 的位置: 25,1,0
指定顶点 (3,1) 的位置: 25,5,0
指定顶点 (3,2) 的位置: 25,10,0
```

24.4　操作分析

（1）新建一个图形文件，设定图形单位和精度。

（2）设置图层。根据图形分析，本任务中的图形需要三个图层，分别是：轴线层，红色，线型为点画线，线宽为 0；轮廓线层，白色，线型为实线，线宽为 0；尺寸标注层，绿色，线型为实线，线宽为 0。

（3）绘制图形。

① 将视图调整为西南等轴测，绘制如图 24-19 所示的图形。椭圆长轴为 100 mm，短轴为 60 mm；半圆半径为 20 mm，圆心距离为 40 mm。

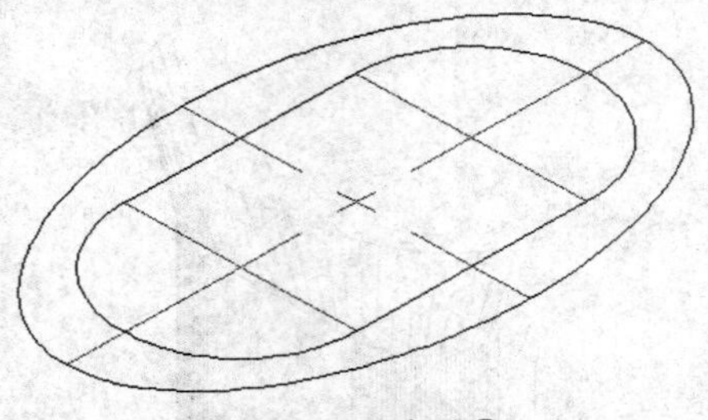

图 24-19　步骤①

② 用多段线编辑工具合并圆弧和直线，修剪掉一半，再用移动命令将其垂直于 *XOY* 平面移动 30 mm，如图 24-20 所示。

图 24-20　步骤②

③ 设置 surftab1=32，surftab2=2，创建直纹网格，如图 24-21 所示。

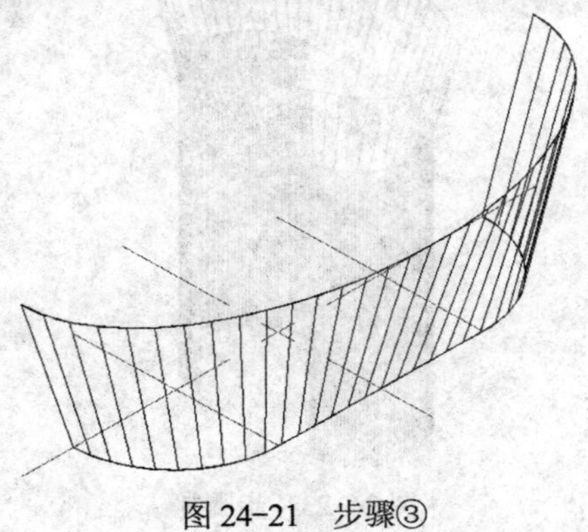

图 24-21　步骤③

```
命令: surftab1
输入 SURFTAB1 的新值 <6>: 32
命令: surftab2
输入 SURFTAB2 的新值 <6>: 8
命令: rulesurf
当前线框密度: SURFTAB1=32
选择第一条定义曲线:
选择第二条定义曲线:
```

④ 垂直于 *XOY* 平面向下绘制长 100 mm 的直线，作为平移曲面的方向矢量，如图 24-22 所示。

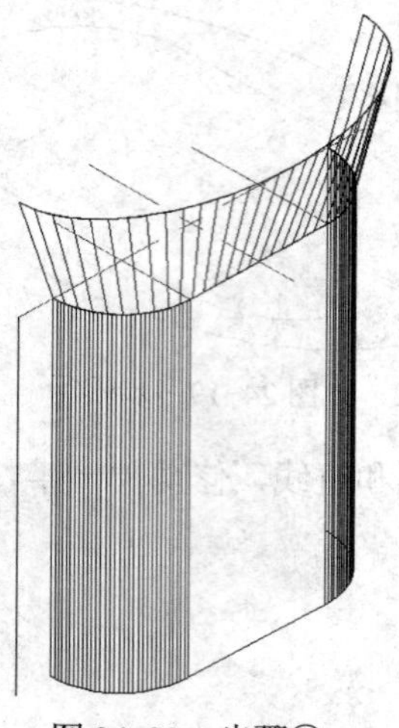

图 24-22　步骤④

```
命令: tabsurf
当前线框密度: SURFTAB1=32
选择用作轮廓曲线的对象:（选择多段线）
选择用作方向矢量的对象:（选择直线，拾取点靠近上端点）
```

⑤ 三维镜像。创建如图 24-23 所示的图形。

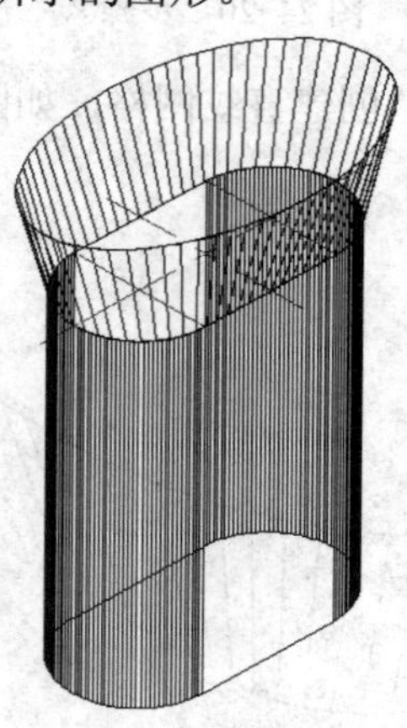

图 24-23　步骤⑤

命令: mirror3d
选择对象: 找到 1 个
选择对象:
指定镜像平面 (三点) 的第一个点或 [对象(O)/最近的(L)/Z 轴(Z)/视图(V)/XY 平面(XY)/YZ 平面(YZ)/ZX 平面(ZX)/三点(3)] <三点>:（敲回车键）
在镜像平面上指定第一点:
在镜像平面上指定第二点:
在镜像平面上指定第三点:
是否删除源对象？[是(Y)/否(N)] <否>:N

⑥ 绘制如图 24-24 所示的多段线，创建旋转网格。（运用图层管理器）

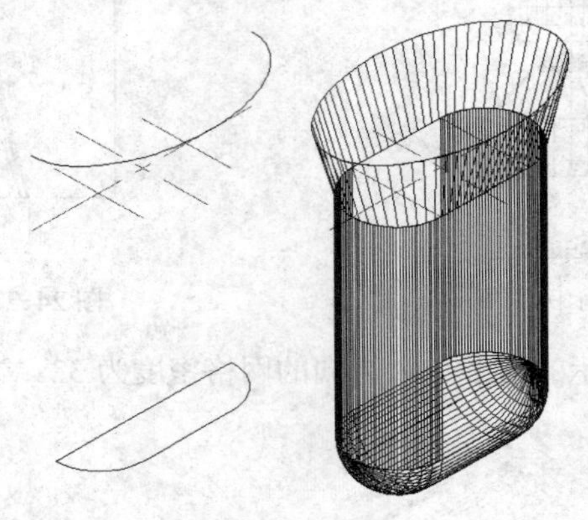

图 24-24　步骤⑥

命令: revsurf
当前线框密度: SURFTAB1=32　SURFTAB2=8
选择要旋转的对象:
选择定义旋转轴的对象:
指定起点角度 <0>:
指定包含角 (+=逆时针，-=顺时针) <360>: 180

⑦ 转换视觉样式为概念视觉样式，得到实体模型，如图 24-25 所示。

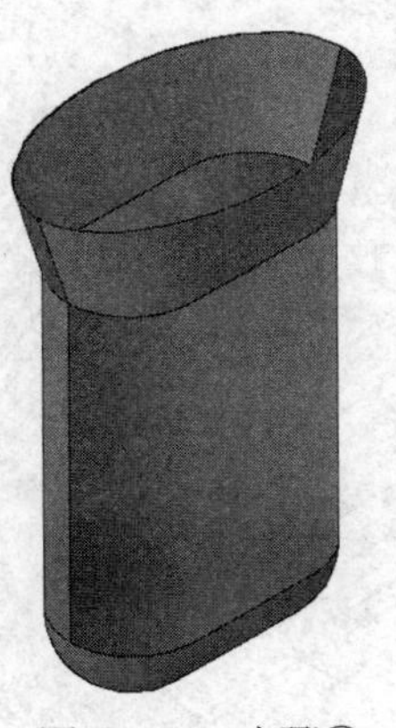

图 24-25　步骤⑦

配套练习

1．绘制图 24-26 和 24-27 所示图形。

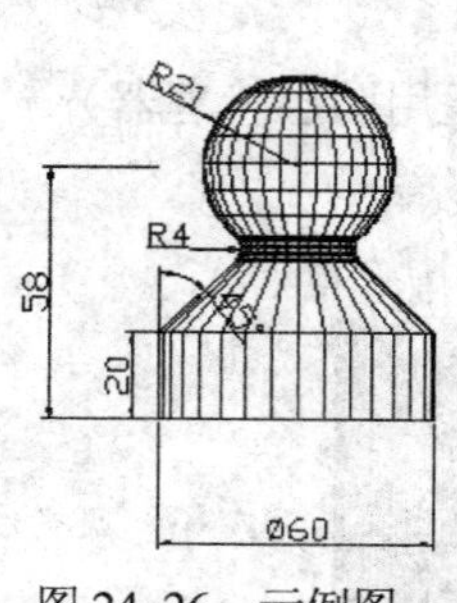

图 24-26　示例图

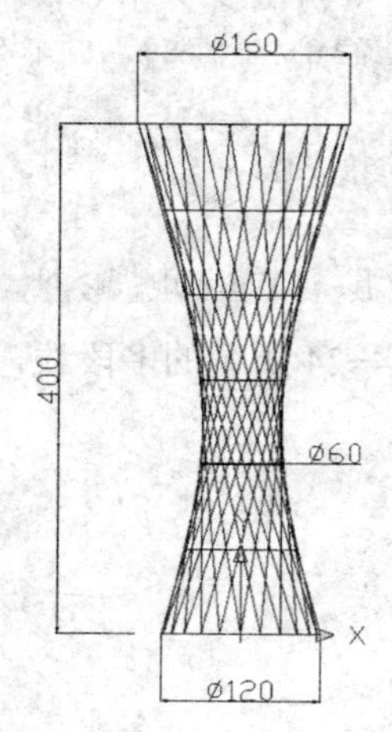

图 24-27　示例图

2．绘制如图 24-28 所示的图形，M 方向的网格密度为 32。

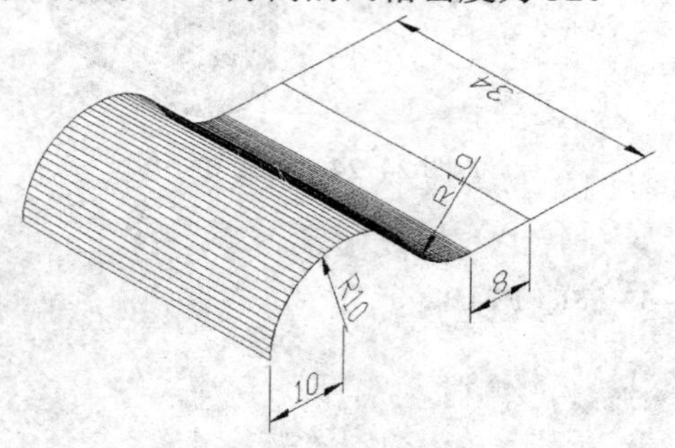

图 24-28　示例图

3．绘制如图 24-29 所示的图形，M 方向的网格密度为 32。

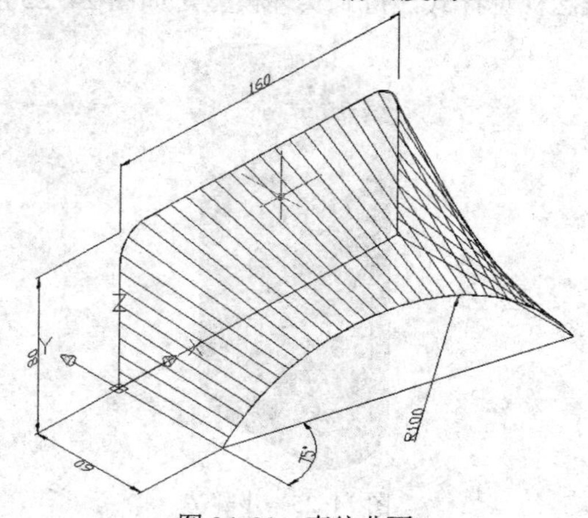

图 24-29　直纹曲面

4．绘制如图 24-30 所示的边界曲面。M 方向的网格密度为 32，N 方向的网格密度为 20。

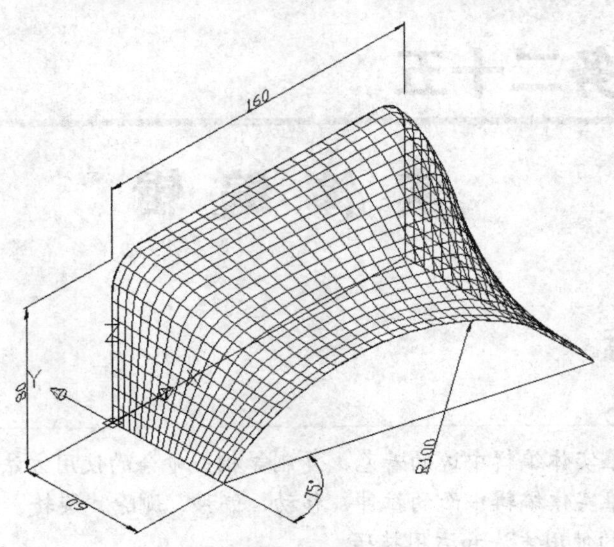

图 24-30　边界曲面

5．绘制如图 24-31、图 24-32 所示的图形。

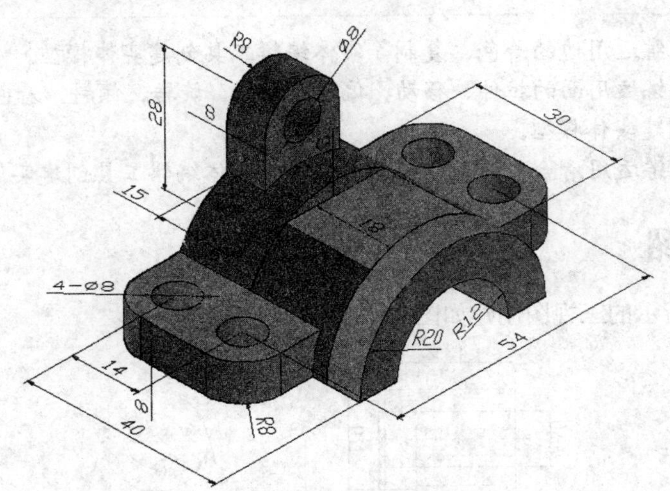

图 24-31　示例图

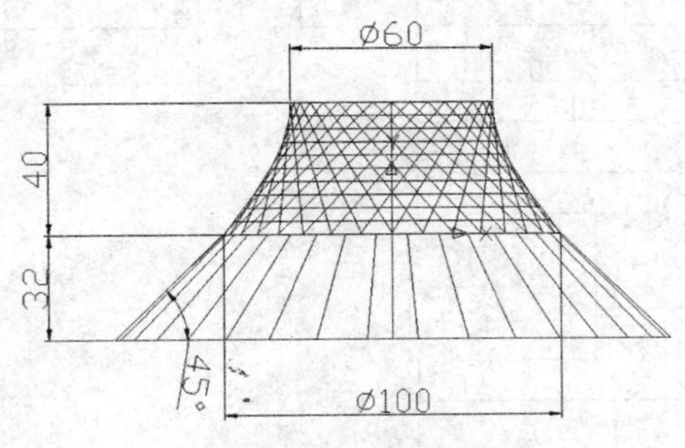

图 24-32　示例图

25 任务二十五

实 体 编 辑

25.1 学习目标

知识目标

- 掌握三维实体编辑中边的着色、复制等相关命令的使用方法和运用技巧。
- 掌握三维实体编辑中面的拉伸、移动、偏移、删除、旋转、倾斜、着色、复制等相关命令的使用方法和运用技巧。
- 掌握三维实体编辑中清除、分割、抽壳、检查等相关命令的使用方法和运用技巧。

技能目标

- 能够熟练运用边的着色、复制等实体编辑工具创建实体模型。
- 能够熟练运用面的拉伸、移动、偏移、删除、旋转、倾斜、着色、复制等实体编辑工具创建实体模型。
- 能够熟练运用清除、分割、抽壳、检查等实体编辑工具创建实体模型。

25.2 任务介绍

按照图 25-1 所示的三视图创建如图 25-2 所示的实体模型。

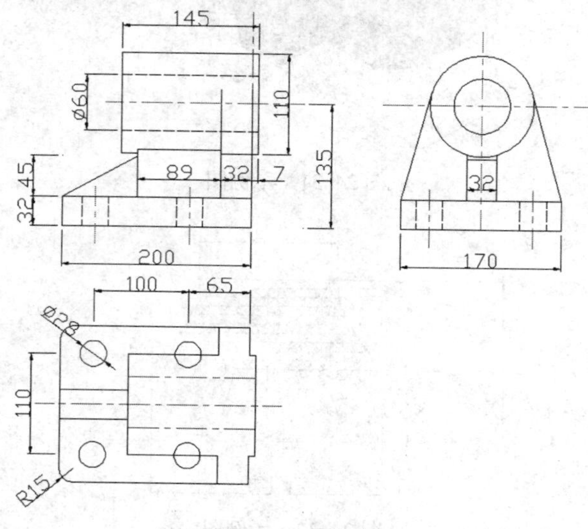

图 25-1 三视图

图 25-2　实体模型

25.3　相关知识

1. 边的编辑

通过修改边的颜色或复制独立的边来编辑三维实体对象。

1）着色边

执行方式

通过工具栏："修改"→"实体编辑"→"着色边"。

操作步骤

```
命令: solidedit
实体编辑自动检查:SOLIDCHECK=1
输入实体编辑选项 [面(F)/边(E)/体(B)/放弃(U)/退出(X)] <退出>:e
输入边编辑选项[复制(C)/着色(L)/放弃(U)/退出(X)]<退出>:l
选择边或[放弃(U)/删除(R)]:
```

修改后如图 25-3 所示。

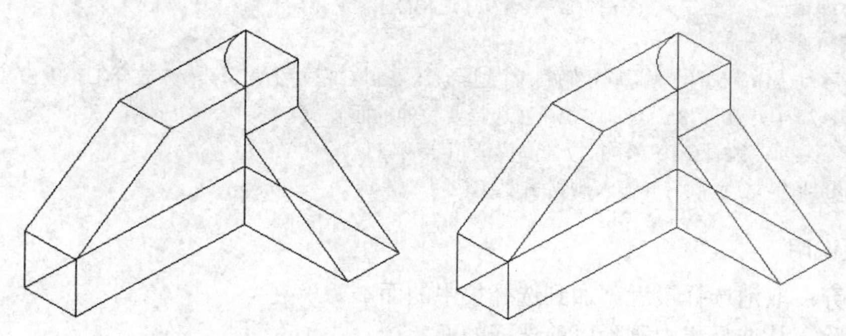

图 25-3　修改边的颜色

2）复制边

执行方式

通过工具栏："修改"→"实体编辑"→"复制边"。

操作步骤

```
命令: solidedit
实体编辑自动检查:SOLIDCHECK=1
输入实体编辑选项 [面(F)/边(E)/体(B)/放弃(U)/退出(X)] <退出>:e
输入边编辑选项[复制(C)/着色(L)/放弃(U)/退出(X)]<退出>:c
选择边或[放弃(U)/删除(R)]:
```

复制后如图 25-4 所示。

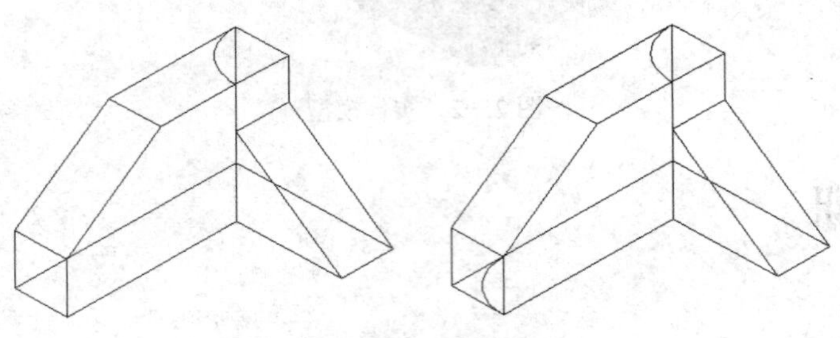

图 25-4　复制边

2. 面的编辑

编辑三维实体的面，可用操作包括拉伸、移动、偏移、删除、旋转、倾斜、着色和复制。

1）拉伸面

将选定的三维实体对象的面按照指定高度或沿路径拉伸。

执行方式

通过工具栏：“修改”→“实体编辑”→“拉伸面”。

操作步骤

```
命令:solidedit
实体编辑自动检查:  SOLIDCHECK=1
输入实体编辑选项 [面(F)/边(E)/体(B)/放弃(U)/退出(X)] <退出>: f
输入面编辑选项
[拉伸(E)/移动(M)/旋转(R)/偏移(O)/倾斜(T)/删除(D)/复制(C)/颜色(L)/材质(A)/放弃(U)/退出(X)] <退出>:e
选择面或[放弃(U)/删除(R)/全部(ALL)]:（选择要拉伸的面）
指定拉伸高度或 [路径(P)]:（输入拉伸高度或指定第二点）
指定拉伸的倾斜角度 <0>:（输入倾斜角度或敲回车键）
```

选项说明

（1）放弃：取消选择最近添加到选择集中的面。

（2）删除：从选择集中删除以前选择的面。

（3）全部：选择所有面，将它们添加到选择集中并重显示提示。

（4）拉伸高度。如果输入正值，则沿面的法向拉伸；如果输入负值，则沿面的反法向拉伸。

（5）拉伸的倾斜角度：指定介于 −90 至+90 度之间的角度。

（6）路径：以指定的直线或曲线设置拉伸路径，所有选定面的轮廓将沿此路径拉伸。拉伸路径可以是直线、圆、圆弧、椭圆、椭圆弧、多段线或样条曲线。拉伸路径不能与面处于同一平面，也不能具有高曲率的部分。

实例演练

将图 25-5 左图所示图形的上顶面拉伸 20 mm。

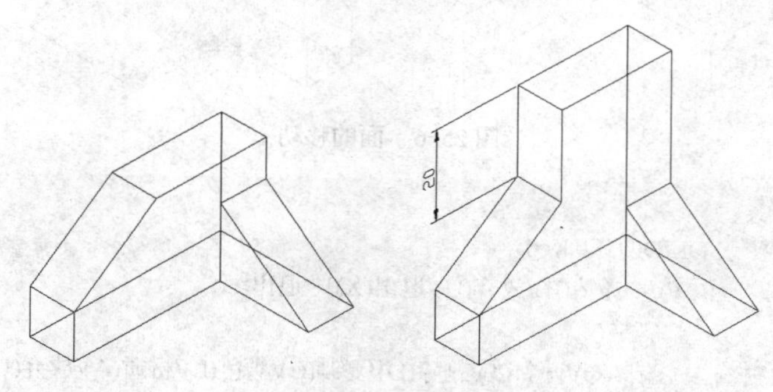

图 25-5　面的拉伸

```
命令: solidedit
实体编辑自动检查:   SOLIDCHECK=1
输入实体编辑选项 [面(F)/边(E)/体(B)/放弃(U)/退出(X)] <退出>:F
输入面编辑选项
[拉伸(E)/移动(M)/旋转(R)/偏移(O)/倾斜(T)/删除(D)/复制(C)/颜色(L)/材质(A)/放弃(U)/退出(X)] <退出>:e
选择面或[放弃(U)/删除(R)]:找到一个面。
选择面或 [放弃(U)/删除(R)/全部(ALL)]:（单击鼠标右键确定）
指定拉伸高度或 [路径(P)]:20
指定拉伸的倾斜角度 <0>:（敲回车键）
```

2）移动面

按指定的高度或距离移动选定的三维实体对象的面。

执行方式

通过工具栏：“修改”→“实体编辑”→“移动面”。

操作步骤

```
命令:solidedit
实体编辑自动检查:   SOLIDCHECK=1
输入实体编辑选项 [面(F)/边(E)/体(B)/放弃(U)/退出(X)] <退出>:f
输入面编辑选项
[拉伸(E)/移动(M)/旋转(R)/偏移(O)/倾斜(T)/删除(D)/复制(C)/颜色(L)/材质(A)/放弃(U)/退出(X)] <退出>:m
选择面或[放弃(U)/删除(R)/全部(ALL)]:（选择要移动的面）
指定基点或位移:（指定移动的基点）
指定位移的第二点:（指定目标点）
```

实例演练

将图 25-6 左图所示图形修改为右图所示图形。

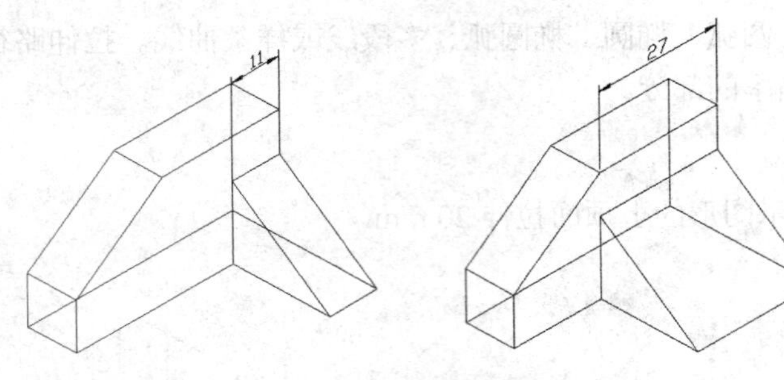

图 25-6　面的移动

```
命令: solidedit
实体编辑自动检查:   SOLIDCHECK=1
输入实体编辑选项 [面(F)/边(E)/体(B)/放弃(U)/退出(X)] <退出>: f
输入面编辑选项
[拉伸(E)/移动(M)/旋转(R)/偏移(O)/倾斜(T)/删除(D)/复制(C)/颜色(L)/材质(A)/放弃(U)/退出(X)] <退出>:m
选择面或 [放弃(U)/删除(R)]: 找到一个面。
选择面或 [放弃(U)/删除(R)/全部(ALL)]:（敲回车键）
指定基点或位移:（指定移动的基点）
指定位移的第二点:（利用极轴追踪输入移动距离 16 mm）
```

选项说明

指定的两个点将定义一个位移矢量，用于指示选定的面移动的距离和方向。

3）偏移面

按指定的距离或通过指定的点将面均匀地偏移。

执行方式

通过工具栏：“修改”→“实体编辑”→“偏移面”。

操作步骤

```
命令:solidedit
实体编辑自动检查: SOLIDCHECK=1
输入实体编辑选项 [面(F)/边(E)/体(B)/放弃(U)/退出(X)] <退出>: f
输入面编辑选项 [拉伸(E)/移动(M)/旋转(R)/偏移(O)/倾斜(T)/删除(D)/复制(C)/颜色(L)/材质(A)/放弃(U)/退出(X)] <退出>:o
选择面或 [放弃(U)/删除(R)]: 找到一个面。（选择要偏移的面）
选择面或 [放弃(U)/删除(R)/全部(ALL)]:
指定偏移距离:16
```

选项说明

正值增大实体的尺寸或体积，负值减小实体的尺寸或体积。

实例演练

将图 25-6 左图所示图形修改为右图所示图形。

```
命令: solidedit
实体编辑自动检查: SOLIDCHECK=1
```

```
输入实体编辑选项 [面(F)/边(E)/体(B)/放弃(U)/退出(X)] <退出>: f
输入面编辑选项
[拉伸(E)/移动(M)/旋转(R)/偏移(O)/倾斜(T)/删除(D)/复制(C)/颜色(L)/材质(A)/放弃(U)/退出(X)] <退出>: o
选择面或 [放弃(U)/删除(R)]: 找到一个面。
选择面或 [放弃(U)/删除(R)/全部(ALL)]:
指定偏移距离:16
```

4）删除面

删除面，包括圆角和倒角。

执行方式

通过工具栏："修改"→"实体编辑"→"删除面"。

操作步骤

```
命令:solidedit
实体编辑自动检查:  SOLIDCHECK=1
输入实体编辑选项 [面(F)/边(E)/体(B)/放弃(U)/退出(X)] <退出>: f
输入面编辑选项
[拉伸(E)/移动(M)/旋转(R)/偏移(O)/倾斜(T)/删除(D)/复制(C)/颜色(L)/材质(A)/放弃(U)/退出(X)] <退出>:d
选择面或[放弃(U)/删除(R)]:（选择要删除的面）
选择面或[放弃(U)/删除(R)/全部(ALL)]:（敲回车键或单击鼠标右键确认）
```

实例演练

将图 25-7 左图所示图形修改为右图所示图形。

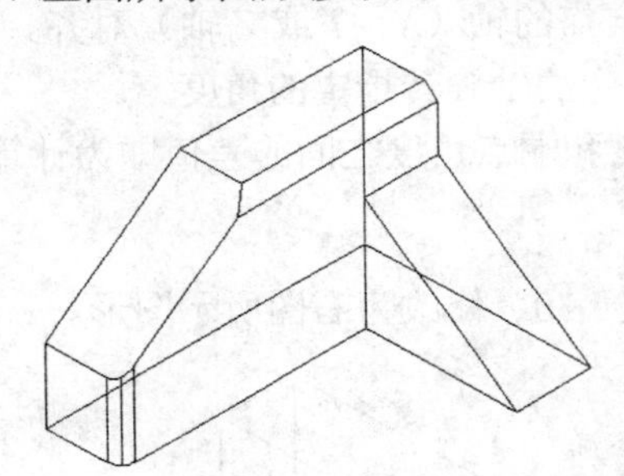
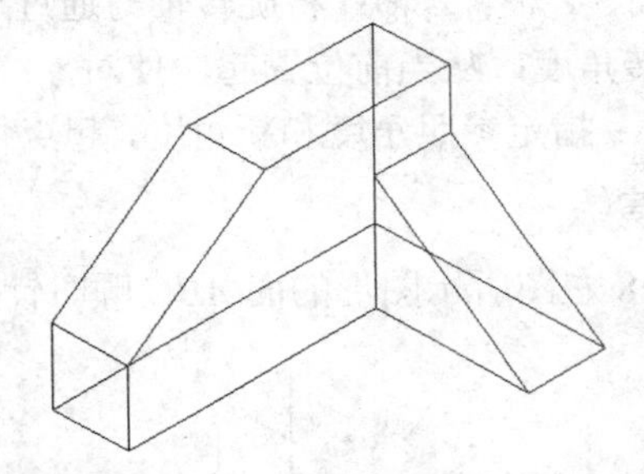

图 25-7　面的删除

```
命令:solidedit
实体编辑自动检查:  SOLIDCHECK=1
输入实体编辑选项 [面(F)/边(E)/体(B)/放弃(U)/退出(X)] <退出>: f
输入面编辑选项
[拉伸(E)/移动(M)/旋转(R)/偏移(O)/倾斜(T)/删除(D)/复制(C)/颜色(L)/材质(A)/放弃(U)/退出(X)] <退出>:d
选择面或[放弃(U)/删除(R)]:（选择要删除的 2 个面）
选择面或[放弃(U)/删除(R)/全部(ALL)]:（敲回车键或单击鼠标右键确认）
已开始实体校验。
已完成实体校验。
```

5）旋转面

绕指定的轴旋转一个或多个面或实体的某些部分。

执行方式

通过工具栏："修改"→"实体编辑"→"旋转面"。

操作步骤

```
命令:solidedit
实体编辑自动检查:  SOLIDCHECK=1
输入实体编辑选项 [面(F)/边(E)/体(B)/放弃(U)/退出(X)] <退出>: f
输入面编辑选项
[拉伸(E)/移动(M)/旋转(R)/偏移(O)/倾斜(T)/删除(D)/复制(C)/颜色(L)/材质(A)/放弃(U)/退出(X)] <退出>:r
选择面或[放弃(U)/删除(R)]:（选择要旋转的面）
选择面或[放弃(U)/删除(R)/全部(ALL)]:（选择一个或多个面、输入选项或按"Enter"键）
指定轴点或[经过对象的轴(A)/视图(V)/X 轴(X)/Y 轴(Y)/Z 轴(Z)]<两点>:（输入选项、指定点或按"Enter"键，指定旋转轴）
指定旋转角度或[参照(R)]:（输入旋转角度或选择参数 R）
指定参照 (起点) 角度 <0>:
指定端点角度:
```

选项说明

（1）指定轴点：使用两个点定义旋转轴。按照指定的旋转角度根据右手螺旋法则旋转，旋转轴的方向由第 1 点指向第 2 点。

（2）将旋转轴与现有对象对齐。可选择直线、圆、圆弧、椭圆、二维和三维多段线。

（3）视图：将旋转轴与当前通过选定点的视口的观察方向对齐。

（4）*X* 轴、*Y* 轴、*Z* 轴：将旋转轴与通过选定点的轴（*X*、*Y* 或 *Z* 轴）对齐。

（5）旋转角度：从当前位置起，使对象绕选定的轴旋转指定的角度。

（6）参照：指定参照角度和新角度，起点角度和端点角度之间的差值即为计算的旋转角度。

实例演练

将图 25-8 左图所示图形的面 *ABC* 顺时针旋转 30° 修改为右图所示图形。

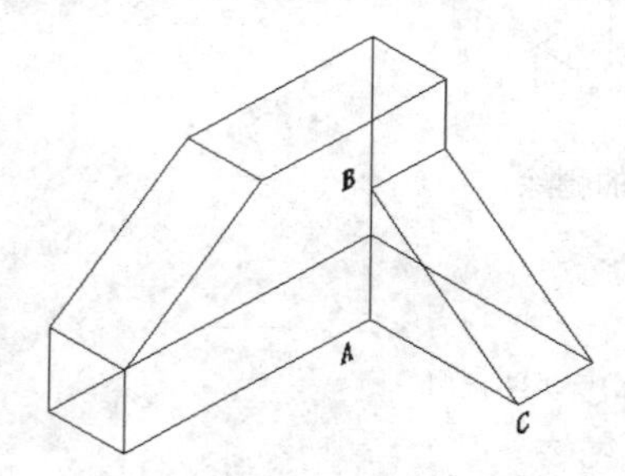

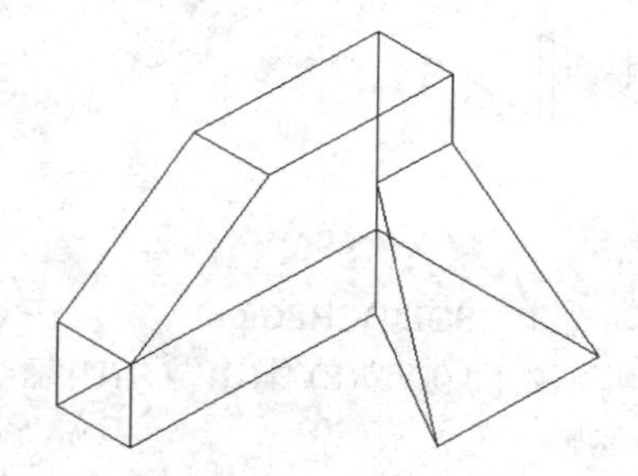

图 25-8　面的旋转

```
命令: solidedit
实体编辑自动检查:  SOLIDCHECK=1
输入实体编辑选项 [面(F)/边(E)/体(B)/放弃(U)/退出(X)] <退出>:f
输入面编辑选项
[拉伸(E)/移动(M)/旋转(R)/偏移(O)/倾斜(T)/删除(D)/复制(C)/颜色(L)/材质(A)/放弃(U)/退出(X)] <退出>:r
```

```
选择面或 [放弃(U)/删除(R)]:找到一个面。
选择面或 [放弃(U)/删除(R)/全部(ALL)]:（敲回车键或单击鼠标右键确认）
指定轴点或[经过对象的轴(A)/视图(V)/X 轴(X)/Y 轴(Y)/Z 轴(Z)] <两点>:（选择 A 点）
在旋转轴上指定第二个点:（选择 B 点）
指定旋转角度或 [参照(R)]: -30
已开始实体校验。
已完成实体校验。
```

6）倾斜面

按一个角度将面倾斜，倾斜角的旋转方向由选择基点和第二点（沿选定矢量）的顺序决定。

执行方式

通过工具栏："修改"→"实体编辑"→"倾斜面"。

操作步骤

```
命令:solidedit
实体编辑自动检查:  SOLIDCHECK=1
输入实体编辑选项 [面(F)/边(E)/体(B)/放弃(U)/退出(X)] <退出>: f
输入面编辑选项
[拉伸(E)/移动(M)/旋转(R)/偏移(O)/倾斜(T)/删除(D)/复制(C)/颜色(L)/材质(A)/放弃(U)/退出(X)] <退出>:t
选择面或 [放弃(U)/删除(R)]:
指定基点:
指定沿倾斜轴的另一个点:
指定倾斜角度:
```

选项说明

（1）倾斜角的旋转方向由基点指向第二点。

（2）角度为正将往里倾斜选定的面，角度为负将往外倾斜选定的面。默认角度为 0，垂直于平面拉伸面。

实例演练

将图 25-8 左图所示图形的面 *ABC* 顺时针旋转 30° 修改为右图所示图形。

```
命令: solidedit
实体编辑自动检查: SOLIDCHECK=1
输入实体编辑选项 [面(F)/边(E)/体(B)/放弃(U)/退出(X)] <退出>:f
输入面编辑选项
[拉伸(E)/移动(M)/旋转(R)/偏移(O)/倾斜(T)/删除(D)/复制(C)/颜色(L)/材质(A)/放弃(U)/退出(X)] <退出>:t
选择面或 [放弃(U)/删除(R)]:（选择面 ABC）
选择面或 [放弃(U)/删除(R)/全部(ALL)]:
指定基点:（选择 A 点）
指定沿倾斜轴的另一个点:（选择 C 点）
指定倾斜角度: -30
已开始实体校验。
已完成实体校验。
```

7）着色面

修改面的颜色。

执行方式

通过工具栏："修改"→"实体编辑"→"着色面"。

操作步骤

```
命令:solidedit
实体编辑自动检查:  SOLIDCHECK=1
输入实体编辑选项 [面(F)/边(E)/体(B)/放弃(U)/退出(X)] <退出>: f
输入面编辑选项
[拉伸(E)/移动(M)/旋转(R)/偏移(O)/倾斜(T)/删除(D)/复制(C)/颜色(L)/材质(A)/放弃(U)/退出(X)] <退出>:l
选择面或[放弃(U)/删除(R)/全部(ALL)]: 找到一个面。
```

修改前后的对比如图 25-9 所示。

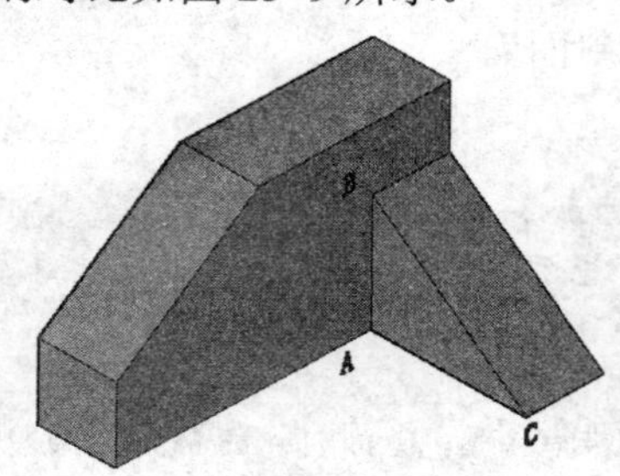

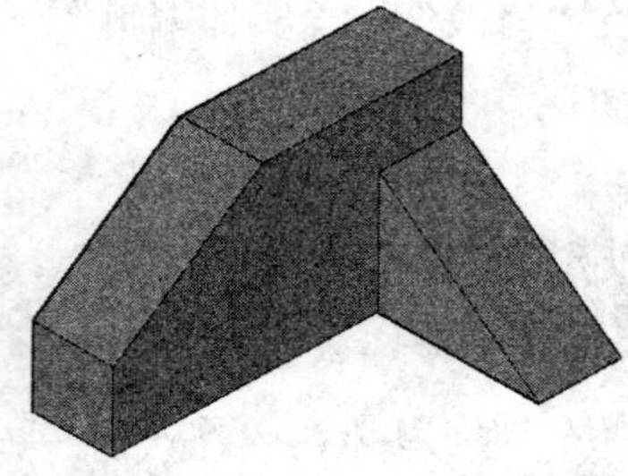

图 25-9　修改面的颜色

8）复制面

将面复制为面域或体。

执行方式

通过工具栏："修改"→"实体编辑"→"复制面"。

操作步骤

```
命令:solidedit
实体编辑自动检查:  SOLIDCHECK=1
输入实体编辑选项[面(F)/边(E)/体(B)/放弃(U)/退出(X)] <退出>: f
输入面编辑选项
[拉伸(E)/移动(M)/旋转(R)/偏移(O)/倾斜(T)/删除(D)/复制(C)/颜色(L)/材质(A)/放弃(U)/退出(X)] <退出>:c
选择面或 [放弃(U)/删除(R)]:（选择要复制的面）
指定基点或位移:（指定复制的基点）
选择面或[放弃(U)/删除(R)/全部(ALL)]:
指定位移的第二点:（指定目标点）
```

选项说明

（1）如果指定两个点，将使用第一个点作为基点，并相对于基点放置一个副本。

（2）如果指定一个点（通常输入坐标），然后按"Enter"键，SOLIDEDIT 将使用此坐标作为新位置。

实例演练

将图 25-10 左图所示图形的面 *ABC* 复制为如右图所示的图形。

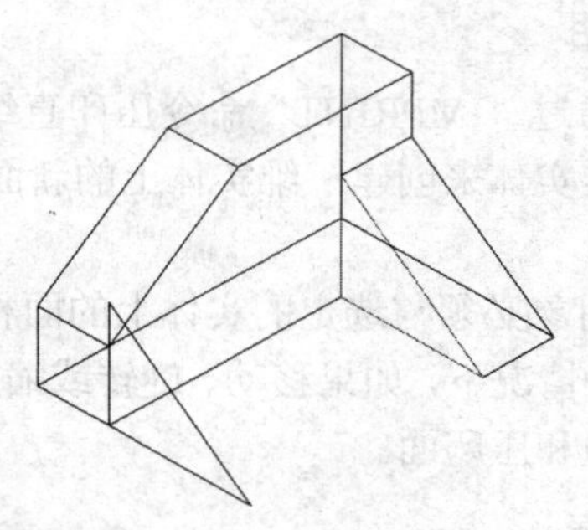

图 25-10　面的复制

命令: solidedit
实体编辑自动检查: SOLIDCHECK=1
输入实体编辑选项 [面(F)/边(E)/体(B)/放弃(U)/退出(X)] <退出>: f
输入面编辑选项
[拉伸(E)/移动(M)/旋转(R)/偏移(O)/倾斜(T)/删除(D)/复制(C)/颜色(L)/材质(A)/放弃(U)/退出(X)] <退出>:c
选择面或[放弃(U)/删除(R)]:（单击面 *ABC*）
选择面或[放弃(U)/删除(R)/全部(ALL)]:
指定基点或位移:（指定 *A* 点为基点）
指定位移的第二点:（指定 *D* 点为目标点）

3．体的编辑

1）压印

压印（imprint）：通过将与选定面相交的对象压印在三维实体上来修改该面的外观。压印将组合对象和面，并创建边。

执行方式

通过工具栏：“修改”→“实体编辑”→“压印边”。
通过命令行：IMPRINT。

操作步骤

命令行: imprint
选择三维实体:
选择要压印的对象:
是否删除源对象 [是(Y)/否(N)] <N>:（按“Enter”键保留原始对象，输入 y 将其删除）
选择要压印的对象按 ENTER 键完成命令。

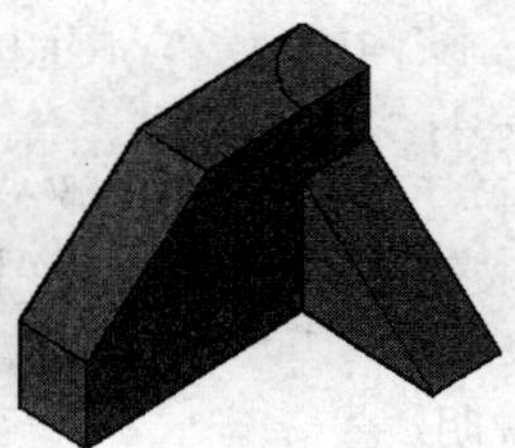

图 25-11　将对象压印在实体上

选项说明

（1）可以通过“IMPRINT”命令压印直线、圆弧、圆、椭圆、二维和三维多段线、样条曲线、面域和三维实体来创建三维实体上的新面。可以删除原始压印对象，也可以保留下来供将来编辑使用。

（2）压印对象必须与选定的实体上的面相交，才能压印成功。

（3）在某些情况下，如果移动、旋转或缩放具有压印边或压印面的面和相邻面的边或顶点，可能遗失压印边和压印面。

知识拓展

注意：在实体的面上压印边时，只能在面所在的平面内移动压印面的边。

2）清除

删除共享边以及在边或顶点具有相同表面或曲线定义的顶点。

执行方式

通过工具栏：“修改”→“实体编辑”→“清除”。

操作步骤

```
命令: solidedit
实体编辑自动检查:   SOLIDCHECK=1
输入实体编辑选项[面(F)/边(E)/体(B)/放弃(U)/退出(X)] <退出>: b
输入体编辑选项
[压印(I)/分割实体(P)/抽壳(S)/清除(L)/检查(C)/放弃(U)/退出(X)]<退出>:l
选择三维实体:（选择有效的 ShapeManager 实体对象）
```

3）抽壳

抽壳是用指定的厚度创建一个空的薄层。可以为所有面指定一个固定的薄层厚度，也可通过选择面可以将某些面排除在壳外。

执行方式

通过工具栏：“修改”→“实体编辑”→“抽壳”。

操作步骤

```
命令: solidedit
实体编辑自动检查: SOLIDCHECK=1
输入实体编辑选项[面(F)/边(E)/体(B)/放弃(U)/退出(X)] <退出>: b
输入体编辑选项
[压印(I)/分割实体(P)/抽壳(S)/清除(L)/检查(C)/放弃(U)/退出(X)] <退出>: s
选择三维实体:
删除面或 [放弃(U)/添加(A)/全部(ALL)]: 找到一个面，已删除 1 个。
删除面或 [放弃(U)/添加(A)/全部(ALL)]:
输入抽壳偏移距离: 1
```

选项说明

（1）一个三维实体只能有一个壳。

（2）抽壳偏移距离：指定为正值从外开始抽壳，指定为负值从内开始抽壳。

实例演练

将图 25-12 左图所示图形创建为如右图所示图形，壳的厚度为 1 mm。

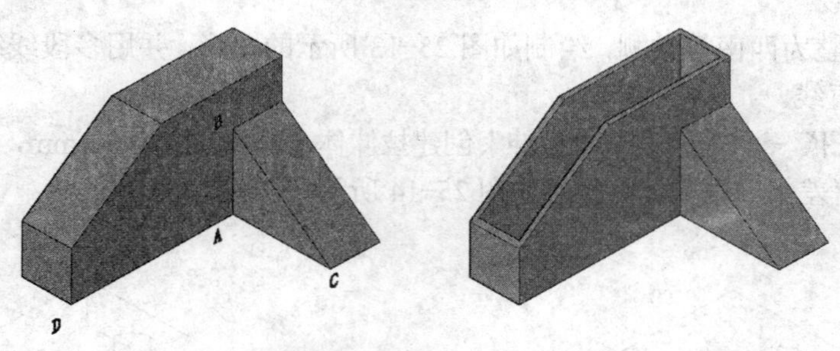

图 25-12　抽壳

4）分割

用不相连的体将一个三维实体对象分割为几个独立的三维实体对象。

执行方式

通过工具栏："修改"→"实体编辑"→"分割"。

操作步骤

```
命令: solidedit
实体编辑自动检查:   SOLIDCHECK=1
输入实体编辑选项 [面(F)/边(E)/体(B)/放弃(U)/退出(X)] <退出>: b
输入体编辑选项
[压印(I)/分割实体(P)/抽壳(S)/清除(L)/检查(C)/放弃(U)/退出(X)] <退出>: p
选择三维实体:
```

5）检查

验证三维实体对象是否为有效的 ShapeManager 实体，此操作独立于 SOLIDCHECK 设置。

执行方式

通过工具栏："修改"→"实体编辑"→"检查"。

操作步骤

```
命令: solidedit
实体编辑自动检查:   SOLIDCHECK=1
输入实体编辑选项[面(F)/边(E)/体(B)/放弃(U)/退出(X)] <退出>: b
输入体编辑选项
[压印(I)/分割实体(P)/抽壳(S)/清除(L)/检查(C)/放弃(U)/退出(X)] <退出>: c
选择三维实体:
```

25.4　操作分析

（1）新建一个图形文件，设定图形单位和精度。

（2）设置图层。根据图形分析，本任务中的图形需要三个图层，分别是：轴线层，红色，线型为点画线，线宽为 0；轮廓线层，白色，线型为实线，线宽为 0；尺寸标注层，绿色，线型为实线，线宽为 0。

（3）绘制图形。

① 将视图调整为西南等轴测，绘制如图 25-13 所示的图形，并用多段线编辑工具创建多段线，合并圆弧和直线。

② 通过“绘图”→“建模”→“拉伸”创建拉伸体，拉伸高度为 32 mm，并通过“修改”→“实体编辑”→“差集”做实体编辑，如图 25-14 所示。

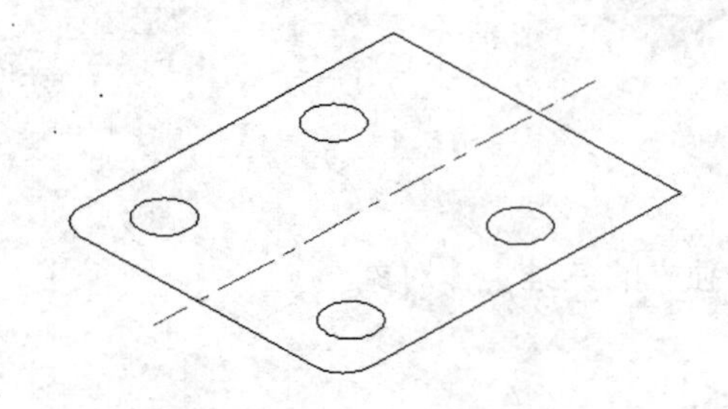

图 25-13　步骤①

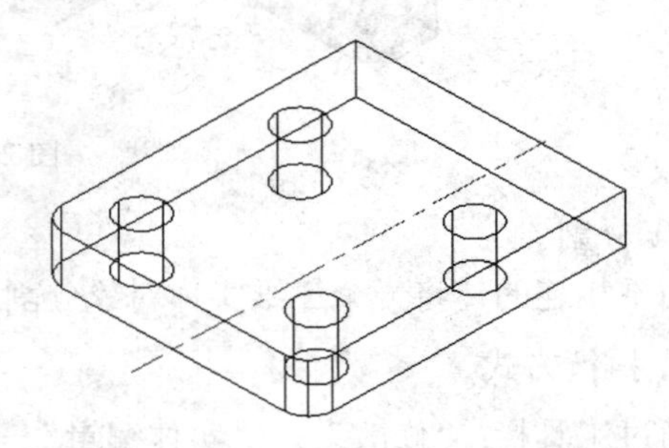

图 25-14　步骤②

```
命令: extrude
当前线框密度:  ISOLINES=4
选择要拉伸的对象:找到 1 个，总计 5 个
选择要拉伸的对象:
指定拉伸的高度或 [方向(D)/路径(P)/倾斜角(T)] <32.0000>:
命令: subtract  选择要从中减去的实体或面域...
选择对象: 选择被减实体或面域，选择长方体并确认。
选择对象: 选择要减去的实体或面域。选择圆柱体并确认，总计 4 个。
```

③ 用三点分定义用户自定义坐标系，如图 25-15 所示。

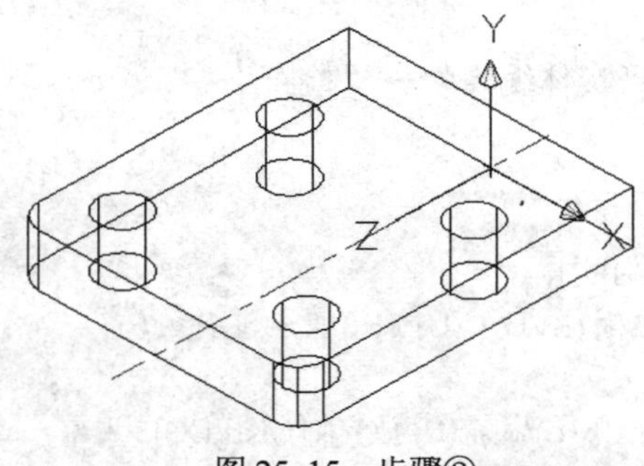

图 25-15　步骤③

```
命令: ucs
当前 UCS 名称: *世界*
指定 UCS 的原点或 [面(F)/命名(NA)/对象(OB)/上一个(P)/视图(V)/世界(W)/X/Y/Z/Z 轴(ZA)] <世界>: 3
指定新原点<0,0,0>:（图 25-16 所示下底边的中点）
```

在正 X 轴范围上指定点:
在 UCS XY 平面的正 Y 轴范围上指定点:

④ 创建圆柱体，并做减运算，如图 25-16 所示。

图 25-16　步骤④

命令: cylinder
指定底面的中心点或 [三点(3P)/两点(2P)/相切、相切、半径(T)/椭圆(E)]: 0,135,0
指定底面半径或 [直径(D)] <55.0000>: 55
指定高度或 [两点(2P)/轴端点(A)]:128
命令: cylinder
指定底面的中心点或 [三点(3P)/两点(2P)/相切、相切、半径(T)/椭圆(E)]: 0,135,7
指定底面半径或 [直径(D)] <55.0000>: 30
指定高度或 [两点(2P)/轴端点(A)]: <128.0000>
命令: subtract
选择对象: 选择要从中减去的实体或面域。还原半径为 55 的圆柱体，并确认。
选择对象: 选择要减去的实体或面域。选择半径为 30 的圆柱体，并确认。

⑤ 运用圆、直线、修剪等命令绘制如图 25-17 所示的图形。(通过图层管理器关闭圆柱体所在图层)

⑥ 创建面域，并拉伸，如图 25-18 所示。

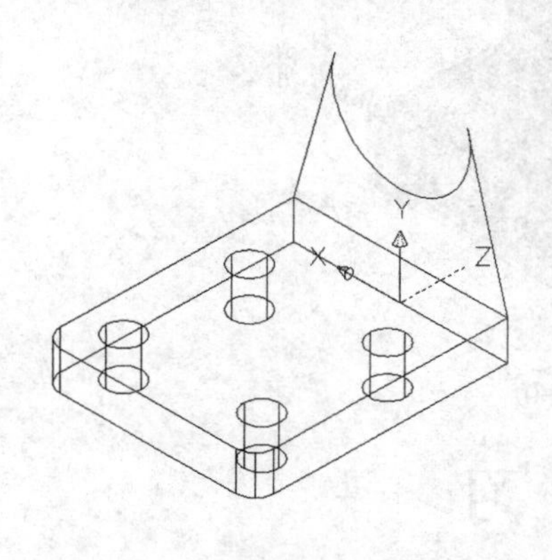

图 25-17　步骤⑤

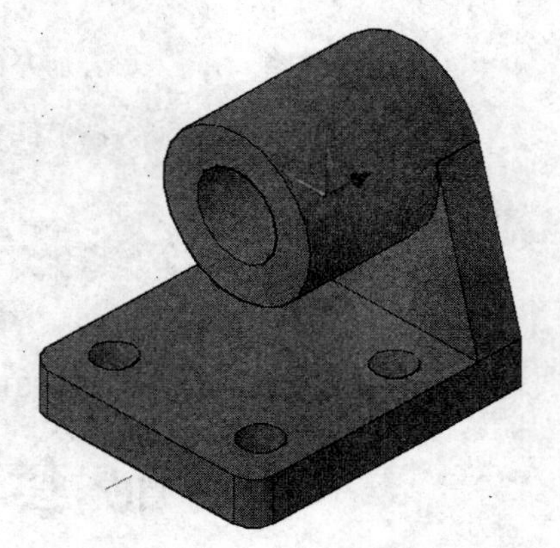

图 25-18　步骤⑥

```
命令: region
选择对象: 找到 1 个
选择对象:
已提取 1 个环。
已创建 1 个面域。
命令: extrude
当前线框密度:  ISOLINES=4
选择要拉伸的对象: 找到 1 个
选择要拉伸的对象:
指定拉伸的高度或 [方向(D)/路径(P)/倾斜角(T)] <32.0000>: -32
```

⑦ 转换为主视图，绘制如图 25-19 所示的图形。

⑧ 创建拉伸体，并对齐，如图 25-20 所示。

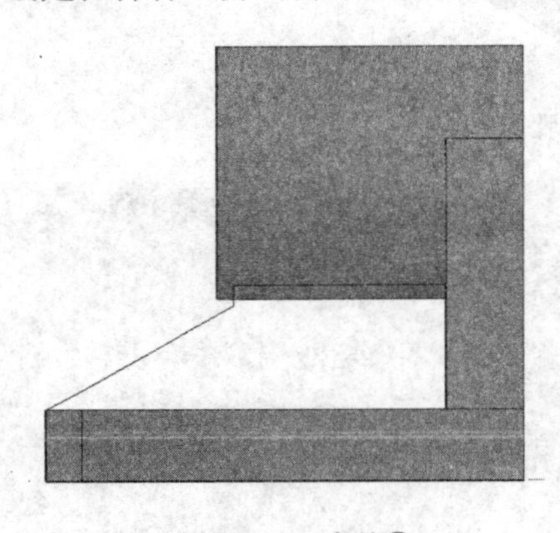

图 25-19　步骤⑦

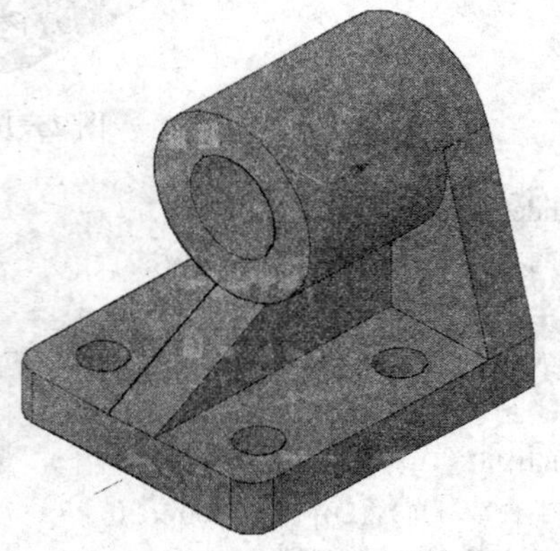

图 25-20　步骤⑧

⑨ 转换为东北等轴测，通过“修改”→“实体编辑”→“拉伸面”进行实体编辑，将圆环面向外拉伸 7 mm。

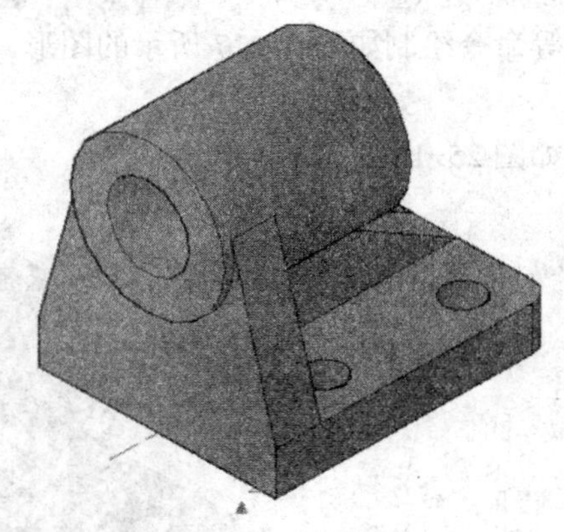

图 25-21　步骤⑨

配 套 练 习

1．根据图 25-22、图 25-23 所示图形创建实体模型。

2．绘制图 25-24 所示实体模型。

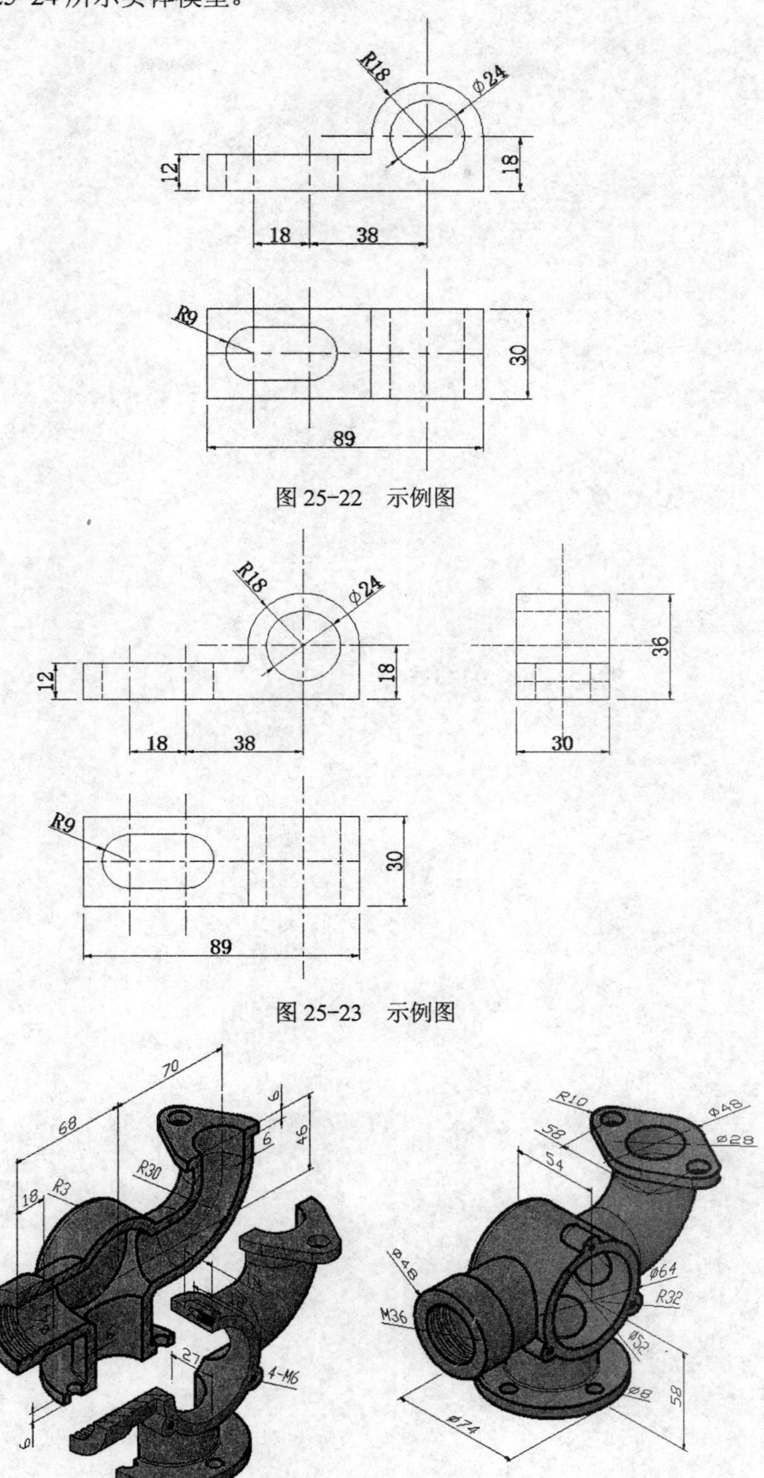

图 25-22　示例图

图 25-23　示例图

图 25-24　实体模型

项目八

打 印 输 出

26 任务二十六

图形的打印和发布

26.1 学习目标

知识目标

- 掌握打印页面设置的方法。
- 掌握自定义图纸的方法。
- 掌握图形的打印方法。
- 掌握图形的输出与格式转换的方法。
- 掌握图形的网上发布的方法。

技能目标

- 能够熟练打印 CAD 图形。
- 能够熟练输出 CAD 数据。
- 能够熟练创建 Web 格式的文件，并发布。

26.2 任务介绍

打印输出图 26-1 所示图形，图形输出比例为 1:100。通过完成图 26-1 中图形的打印、输出和发布，掌握 CAD 图形的输出方法。

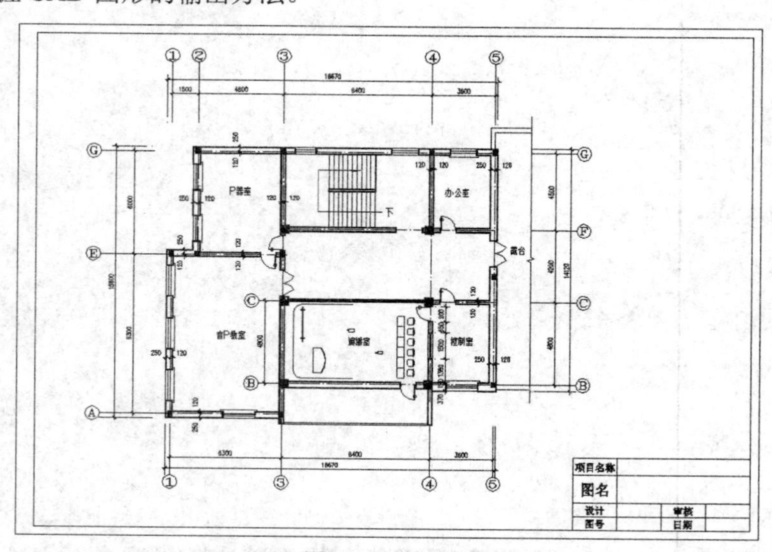

图 26-1　输出图

26.3　相关知识

在 AutoCAD 中绘制的图形可以直接打印出来，也可以把它们的信息传送给其他应用程序，还可以创建 Web 格式的文件（.dwf），并发布到 Web 页。

1．页面设置

页面设置是打印设备和其他影响最终输出的外观和格式的设置的集合，可以修改这些设置并将其应用到其他布局中。在“模型”选项卡中完成图形绘制之后，可以通过单击“布局”选项卡创建要打印的布局。

执行方式

通过菜单栏：“文件”→“页面设置管理器”。

通过命令行：pagesetup。

操作步骤

（1）单击“文件”→“页面设置管理器”或在命令行输入 pagesetup，打开“页面设置管理器”对话框，如图 26-2 所示。单击“新建”按钮，打开“新建页面设置”对话框，如图 26-3 所示。单击确定，开始页面设置，如图 26-4 所示。

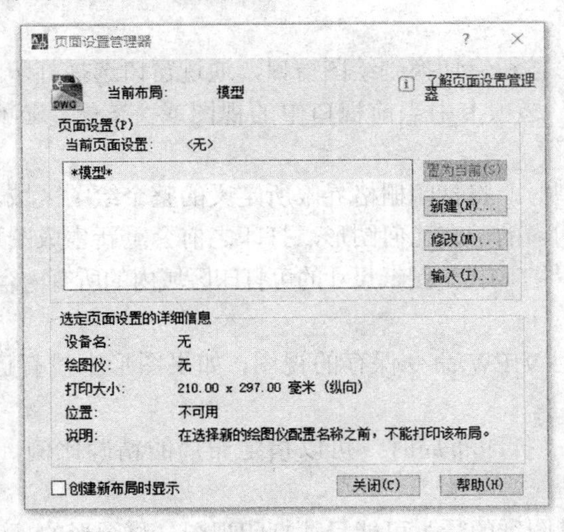

图 26-2 “页面设置管理器”对话框

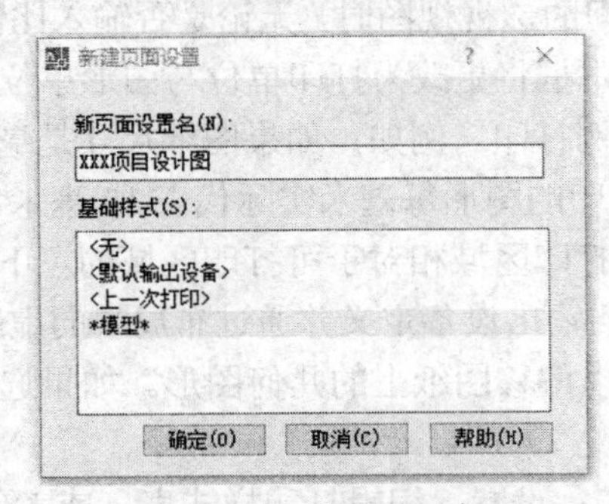

图 26-3 “新建页面设置”对话框

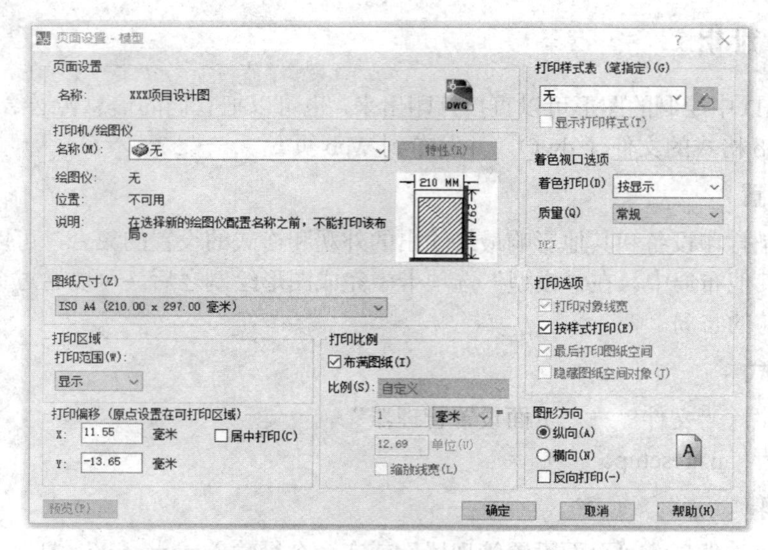

图 26-4 “页面设置”对话框

选项说明

（1）打印区域选项。

窗口：点击“窗口”按钮，切换到绘图窗口，通过窗口选择打印区域的图形。

显示：打印“模型”选项卡中当前视口中的视图或“布局”选项卡中当前图纸空间中的视图。

图形界限：打印模型时，将打印栅格界限所定义的整个绘图区域。

范围：打印当前空间内的所有几何图形，打印之前会重新生成图形以重新计算范围。

布局：打印布局时，将打印指定图纸尺寸的可打印区域内的所有内容，原点由布局中的（0，0）点计算得出。

视图：打印以前使用 VIEW 命令保存的视图，如果图形中没有已保存的视图，此选项不可用。

（2）打印比例选项：打印布局时，可以指定布局的精确比例，也可以根据图纸尺寸调整图像。

布满图纸：按照布满图纸的最大可能尺寸打印视图，将图形的高度或宽度调整为与图纸相应的高度或宽度。打印模型空间的透视视图时，无论是否输入比例，视图都将按图纸尺寸缩放。选中“布满图纸”选项时，文本框将更改为打印单位与图形单位之比。

比例：按照设定的精确比例打印。例如，如果图纸尺寸是毫米，在“毫米”下输入 1，然后在“单位”下输入 10，则打印的图形每毫米实际代表 10 毫米。

（3）打印偏移：用来设定打印区域相对于可打印区域的左下角（原点）或图纸边界的偏移量。图纸的可打印区域由所选的输出设备定义并通过布局中的虚线表示，通过在“X”和“Y”偏移框中输入正值或负值，可以偏移图纸上的几何图形。如果选择打印区域而不是整个布局，还可以使图形在图纸上居中。

（4）打印样式表（笔指定）：设置、编辑打印样式表，或者创建新的打印样式表。

名称（无标签）：显示指定给当前“模型”选项卡或“布局”选项卡的打印样式表，并提供当前可用的打印样式表的列表。

新建：创建新的打印样式表。显示的向导取决于当前图形是处于颜色相关模式还是处于命名模式。

编辑：显示打印样式表编辑器，从中可以查看或修改当前指定的打印样式表的打印样式。

（5）着色视口选项：指定着色和渲染视口的打印方式，并确定它们的分辨率级别和每英寸的点数（DPI）。

着色打印：指定视图的打印方式。在“模型”选项卡中，可以从显示、线框、消隐、三维隐藏、三维线框、概念、真实、渲染等选项中选择。

质量：指定着色和渲染视口的打印分辨率。

DPI：指定渲染和着色视口的每英寸的点数，最大为当前打印设备的最大分辨率。

2. 图形打印

执行方式

通过菜单栏：“文件”→“打印”。

通过命令行：PLOT。

操作步骤

命令: plot（启动“打印”命令，弹出如图 26-5 所示的对话框）

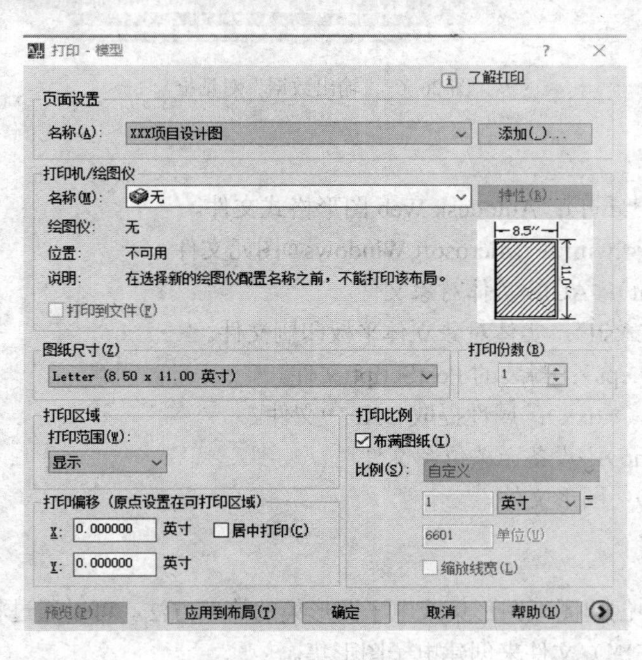

图 26-5 “打印”对话框

3. 数据输出

执行方式

通过菜单栏：“文件”→“输出”。

通过命令行：EXPORT。

✎ 操作步骤

命令: export（启动输出命令，弹出如图 26-6 所示的对话框）

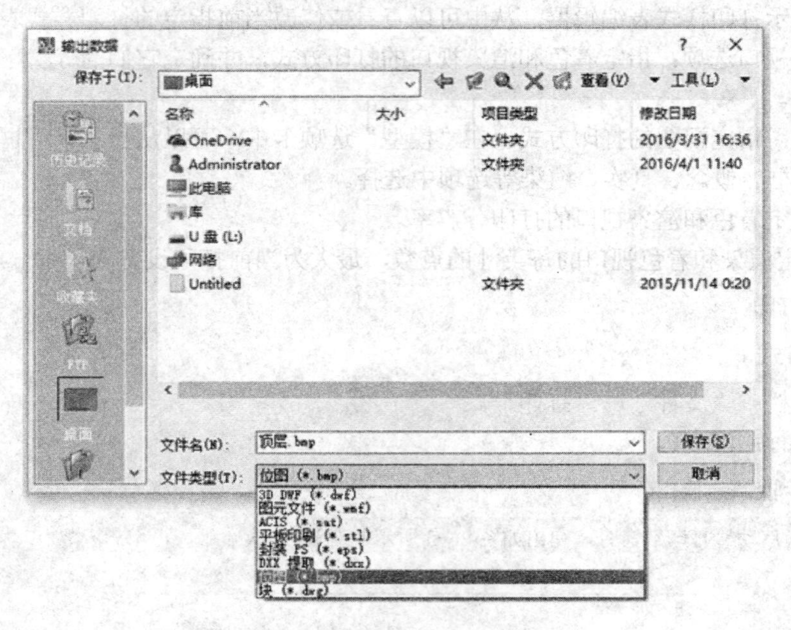

图 26-6 “输出数据”对话框

✎ 选项说明

（1）3D DWF（*.dwf）：Autodesk Web 图形格式文件。

（2）图元文件（*.wmf）：Microsoft Windows®图元文件。

（3）ACIS（*.sat）：ACIS 实体对象文件。

（4）平板印刷（*.stl）：实体对象立体平板印刷文件。

（5）封装 PS（*.eps）：封装的 PostScript 文件。

（6）DXX 提取（*.dxx）：属性提取 DXF™文件。

（7）位图（*.bmp）：设备无关位图文件。

（8）块（*.dwg）：图形文件。

4. 图形发布

发布提供了一种创建图纸图形集或电子图形集的简单方法。可以通过将图形发布至 Design Web Format™（DWF™）文件来创建电子图形集。

✎ 执行方式

通过菜单栏：“文件”→“发布”。

通过命令行：PUBLISH。

操作步骤

命令: publish（启动“发布”命令，弹出如图 26-7 所示的对话框）

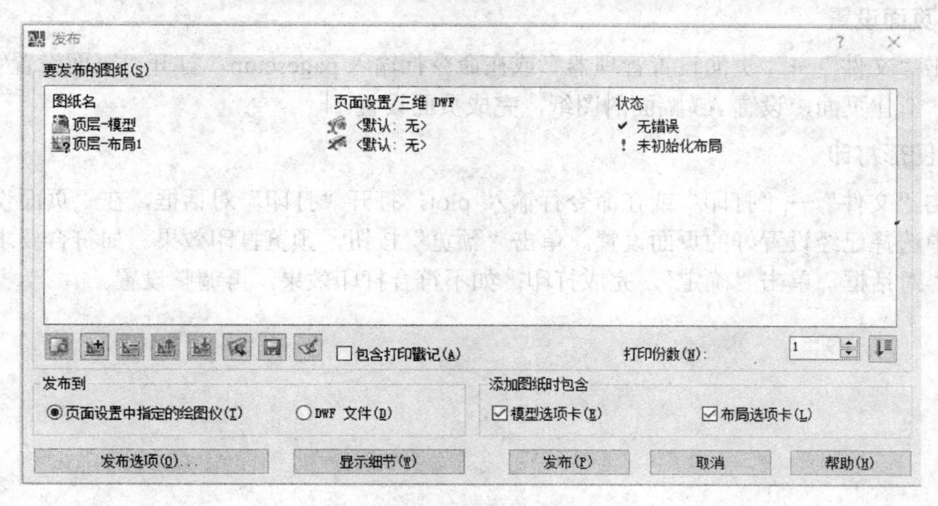

图 26-7 “发布”对话框

单击“发布选项”弹出如图 26-8 所示的对话框。可以设置发布选项，例如输出位置、DWF 类型、多页 DWF 名称、DWF 密码以及是否包含图层信息。还可以确定要在已发布的 DWF 文件中显示的信息类型，可包含以下类型的源数据：图纸集特性（必须使用图纸集管理器发布）、图纸特性（必须使用图纸集管理器发布）、块标准特性及块自定义特性和属性、自定义对象中包含的特性。

发布选项
当前用户: Administrator
默认输出位置（DWF 和打印到文件）
位置 C:\Users\Administrator\Documents\
常规 DWF 选项
DWF ... 多页 DWF
密码... 禁用
密码 N/A
多页 DWF 选项
DWF ... 提示输入名称
名称 N/A
DWF 数据选项
图层... 不包含
块信息 不包含
块样... N/A
三维 DWF 选项
按外... N/A
与材... N/A
确定 取消 帮助

图 26-8 “发布选项”对话框

26.4 操作分析

1. 页面设置

单击“文件”→“页面设置管理器”或在命令行输入 pagesetup，打开“页面设置管理器”对话框。新建页面，设置 A3 幅面的图纸，完成页面设置。

2. 图形打印

单击“文件”→“打印”或在命令行输入 plot，打开“打印”对话框，在“页面设置”下拉选项中选择已经设置好的页面设置。单击“预览”按钮，预览打印效果。如符合要求，回到“打印”对话框，单击“确定”，完成打印；如不符合打印效果，再调整设置。